"十三五"普通高等教育本科规划教材

电站锅炉运行特性

主编　刘　彤
编写　郭永红　倪永中
主审　孙　键

中国电力出版社
CHINA ELECTRIC POWER PRESS

内 容 提 要

本书以火力发电厂300、600、1000MW等容量燃煤机组为重点，系统介绍了自然循环锅炉、控制循环锅炉和超临界压力直流锅炉的运行特性、控制特点，以及不同种类锅炉的燃烧调整方法。全书共分为十章，主要内容包括典型锅炉及其技术特点、汽包锅炉运行特性、直流锅炉运行特性、锅炉运行参数的监督与调节、锅炉的燃烧特性及燃烧调整、电站锅炉的启停特性、汽包锅炉的启停、超临界压力锅炉启停、制粉系统的运行特性以及锅炉受热面异常工况特性及处理等。

本书可作为高等院校能源与动力类专业研究生“锅炉运行特性”课程的教科书，也可作为相关学科本科生“锅炉运行”课程参考书，还可为有关电力科研部门和设计单位的工程技术人员提供参考。

图书在版编目（CIP）数据

电站锅炉运行特性/刘彤主编．—北京：中国电力出版社，2018.8
“十三五”普通高等教育本科规划教材
ISBN 978-7-5198-1676-6

Ⅰ.①电…　Ⅱ.①刘…　Ⅲ.①火电厂—锅炉运行—高等学校—教材　Ⅳ.①TM621.2

中国版本图书馆CIP数据核字（2018）第000668号

出版发行：中国电力出版社
地　　址：北京市东城区北京站西街19号（邮政编码100005）
网　　址：http：//www.cepp.sgcc.com.cn
责任编辑：李　莉（010－63412538）
责任校对：王开云
装帧设计：郝晓燕
责任印制：吴　迪

印　　刷：北京雁林吉兆印刷有限公司
版　　次：2018年8月第一版
印　　次：2018年8月北京第一次印刷
开　　本：787毫米×1092毫米　16开本
印　　张：15.25
字　　数：369千字
定　　价：45.00元

前　言

本书介绍了大型电站锅炉的运行特性，是在华北电力大学热能工程、动力工程专业硕士研究生多年使用的讲义基础上编写而成的。

全书针对电站大型锅炉，特别是亚临界、超临界和超超临界压力锅炉，着重分析锅炉状态参数的静态特性和动态特性、锅炉的启停特性、锅炉运行参数的监督与调节、锅炉的燃烧调整与经济运行、制粉系统的运行调节以及锅炉受热面的安全运行等内容。

书中收集了国内外电站煤粉锅炉最新技术，并结合国内电站锅炉运行的实际案例，介绍了锅炉运行相关的最新研究成果、研究方法，以培养学生分析和解决问题的能力。

本书由华北电力大学刘彤教授任主编，倪永中副教授和郭永红讲师参与编写。刘彤编写一～八章，倪永忠编写第九章，郭永红编写第十章。

本书由东北电力大学孙键教授审阅，主审老师提出了许多宝贵意见和建议；研究生赵雨兰、赵鑫、张慧职等在资料收集及文字编辑方面也投入了较多的时间和精力，在此一并表示感谢。

限于编者水平，书中难免有不足之处，敬请读者批评指正。

编　者

2018年6月

目 录

第一章 典型锅炉及其技术特点

第一节 我国电站锅炉发展概况

我国电力工业发展迅速，尤其近三十年更可谓突飞猛进。电站锅炉在数量上和技术水平上有了质的飞跃。在20世纪50年代，主力机组仅是容量120～230t/h、参数3.83MPa、450℃的自然循环煤粉锅炉；20世纪六七十年代，主力机组发展为高温高压（7.8～14.7MPa，535～540℃）的125MW和200MW再热机组，并建造了一批1000t/h的UP型直流锅炉，同时引进了300MW和500MW的低循环倍率锅炉，在燃烧技术方面也发展了液态排渣炉和小型鼓泡流化床炉；1978年是我国锅炉技术发展历史的重要转折点，加快了设备和技术的引进，300～600MW亚临界压力（约18MPa，540℃）控制循环锅炉机组逐渐成为主力，设计、制造、安装和运行水平得到大幅度的提升，达到了世界先进水平。进入21世纪后，随着高速的经济发展，节约能源和环保要求日益严格，我国火电机组进入了向1000MW、超临界和超超临界参数发展的新时期，其发展速度之快和建设周期之短在世界上都是创纪录的。整个过程可分为如下几个阶段。

第一阶段：初建、学习、创业。

从1949年到20世纪50年代末，是我国电站锅炉发展的初级阶段。从无到有，依赖苏联、捷克斯洛伐克、波兰等国的技术，生产锅炉的容量为40、65、130t/h，压力为3.8MPa，过热汽温450℃。该阶段我国为了掌握电站锅炉的设计及制造技术、锅炉运行技术，在部分大学开办了锅炉专业和热能专业。为我国电站锅炉的技术发展，成立了原第一机械工业部汽轮机锅炉研究所。与此同时，国家向苏联和东欧国家派遣了一批锅炉相关专业的留学生。

由国家投资、全国各地支援并在苏联及捷克斯洛伐克的援助下建立了以生产大型电站锅炉为主的哈尔滨锅炉厂；以生产中、低压锅炉为主的武汉锅炉厂；国家向上海锅炉厂投资，提高其生产力。

第二阶段：发展壮大、自力更生。

1960年到1980年的20年中，我国的锅炉制造发扬独立自主、自力更生的精神，设计技术、制造工艺、生产装备都得到明显提高。在此期间，我国自主研发的电站锅炉品种、容量、参数都有较大发展；有燃烧煤、油锅炉，也有燃烧黑液、废气及生物质燃料的特种锅炉；有自然循环锅炉，也有直流锅炉；在这一阶段，锅炉参数经历了中温中压、高温高压到超高压和亚临界压力；蒸汽从一次过热到二次过热；水循环方式由自然循环到直流锅炉的发展过程。

我国直流锅炉的研究和发展经历了漫长且曲折的道路。早在1958年，当时的上海汽轮机锅炉研究所就开始了直流锅炉的研究，于1959年底建成了12t/h、9.8MPa/510℃的拉姆辛式螺旋管圈直流锅炉试验炉，通过多次试验解决了管间脉动等问题。在此基础上，由上海锅炉厂设计制造了220t/h的直流锅炉，1968年10月在上海杨树浦发电厂投入运行。1973

年8月，我国首台125MW拉姆辛式直流锅炉在秦岭电厂投入运行。1975年9月，我国首台由上海锅炉厂设计制造的300MW UP型直流锅炉在姚孟电厂运行。

这一阶段东方锅炉厂从四川盆地崛起，在我国迅速形成哈尔滨、上海、东方三大锅炉集团及武汉锅炉集团共同发展的格局。

第三阶段：引进技术、消化吸收、优化提高、建立自主的具世界先进水平的产品开发体系。

20世纪80年代初引进了美国CE公司的亚临界300、600MW控制循环锅炉设计制造技术，并围绕首台300MW机组进行了一系列重大技术攻关。首台引进型1025t/h控制循环中间再热锅炉1983年由上海锅炉厂制造，于1987年7月12日在山东石横电厂正式运行；首台引进型600MW控制循环锅炉由哈尔滨锅炉厂生产，于1989年11月14日在安徽平圩电厂正式投运。

1985年12月，东方锅炉厂自主开发的亚临界压力300MW自然循环锅炉于山东邹县电厂投运，该锅炉主要性能达到进口机组水平。

在这一阶段，我国锅炉的设计、制造及运行水平逐步接近国际先进水平；同时还分别与世界著名的锅炉制造公司（如福斯特惠勒、苏尔寿、B&W、三菱等）合作，广泛学习国外先进技术，生产能力也迅速提高，各企业在满足国内市场需求的同时，向国际市场迈进。分别向东南亚、非洲、南美洲、东欧等地区出口我国制造的大容量电站锅炉。

第四阶段：跟随世界技术发展趋势，自主开发新一代环保型、大容量、高参数锅炉机组。

20世纪末，在引进消化吸收的基础上，锅炉制造行业、研究单位、高等院校联合开展了引进机组的优化工作，在此基础上紧跟国内电力市场的需要，不失时机地自主研发了300、600MW等级的亚临界压力锅炉以及600MW等级的超临界压力锅炉，锅炉的管圈形式、燃烧方式也各不相同。

物理学定义水与水蒸气的临界状态点为压力22.125MPa、温度374.15℃，当锅炉出口主蒸汽参数高于临界点，则称为超临界压力锅炉。超超临界压力锅炉是相对于超临界压力锅炉而言的，它没有明确的物理学意义，而是人为规定的一种高参数锅炉。不同国家对超超临界压力锅炉的定义并不完全相同，国际上通常把主蒸汽参数达到压力25～31MPa、温度580～610℃的锅炉称为超超临界压力锅炉。随着锅炉机组蒸汽参数的提高，锅炉效率将得到大幅提高，而污染物的排放则会大幅下降，主蒸汽压力每上升1MPa，机组热效率提高0.18～0.29个百分点；主蒸汽或再热蒸汽温度每上升10℃，机组热效率提高0.25～0.3个百分点。超超临界压力火电机组是目前国际上参数最高，最先进的高效、节能、低排放的发电设备，可大幅度提高机组效率。表1-1为典型的超临界与超超临界压力机组经济性对比。

表1-1　典型的超临界与超超临界压力机组经济性对比

项目	单位	超超临界参数	超临界参数
主蒸汽压力	MPa	27.46	25.4
主蒸汽温度	℃	605	571
锅炉效率	℃	93.88	92.72
电厂效率	%	45.39	43.75
发电煤耗	g/kWh	270.6	281.65
厂用电率	%	4.45	5.573
供电煤耗	g/kWh	283.2	298.28

目前超超临界压力机组的发展方向主要有两种：一种是提高蒸汽温度，其主要代表为日本（三菱、东芝、日立）；一种是提高蒸汽压力，其主要代表为欧洲（西门子、阿尔斯通）。此两种方式都可达到提高机组整体效率的目的，其发展的主要限制因素为能够承受高温、高压的材料的研发，我国已经启动了700℃等级超超临界压力发电技术的研究工作。我国三大锅炉厂的超超临界压力技术来源见表1-2。

表1-2　我国三大锅炉厂的超超临界压力技术来源

厂　家	时　间	技　术　来　源
哈尔滨锅炉厂	2004年	日本三菱重工500～1200MW超超临界压力锅炉 美国ALSTOM公司500～1000MW超超临界压力Ⅱ型锅炉
上海锅炉厂	2003年	德国ALSTOM公司500～1000MW超超临界压力Ⅱ型锅炉 600MW等级超超临界压力锅炉技术自主开发
东方锅炉厂	2004年	日本日立公司超超临界压力锅炉

目前，上海锅炉厂共生产两种类型的1000MW等级超超临界压力直流锅炉。其中一种是1000MW等级超超临界压力塔型直流锅炉，变压运行，一次（或二次）中间再热，四角切圆燃烧低NO_x燃烧系统；所有受热面均为水平布置，容易疏水；蒸汽参数：压力26～33MPa，过热蒸汽出口温度605℃；燃料为烟煤、贫煤等。另一种是1000MW等级超超临界压力Ⅱ型直流锅炉；变压运行，一次（或二次）中间再热，双切圆燃烧低NO_x燃烧系统；蒸汽参数：压力26～33MPa，过热蒸汽出口温度605℃；燃料为烟煤、贫煤等。

第二节　电站锅炉技术特点

一、锅炉本体布置方式

锅炉本体的布置形式是指锅炉炉膛和炉膛中的辐射受热面与对流烟道和其中的各种对流受热面之间的相互关系及相对位置，锅炉本体的布置形式既与锅炉的容量、参数有关，又与锅炉所用的燃料性质以及钢材、地皮相对价格有关。由于具体条件不同，会有许多不同的布置形式。大型锅炉常见的本体布置形式有以下几种：

1. Ⅱ形布置

在燃用煤粉的自然循环锅炉、强制循环锅炉和直流锅炉中，广泛采用这种布置形式。它是用炉膛组成上升烟道，用对流烟道组成水平烟道和垂直下降烟道的锅炉布置形式，如图1-1所示。Ⅱ形布置的主要优点是：

（1）锅炉的排烟口在下部，因此，转动机械和笨重设备，如送风机、引风机及除尘器都可布置在地面上，可减轻厂房和锅炉构架的负载。

（2）锅炉及厂房的高度较低。

（3）在水平烟道中可采用支吊方式比较简单的悬吊式受热面。

（4）在尾部垂直下降烟道中，受热面易布置成逆流传热方式，强化对流传热。

（5）下降烟道中，气流向下流动，吹灰容易并有自吹灰作用。

（6）尾部受热面检修方便。

（7）锅炉本身及锅炉和汽轮机之间的连接管道都不太长。

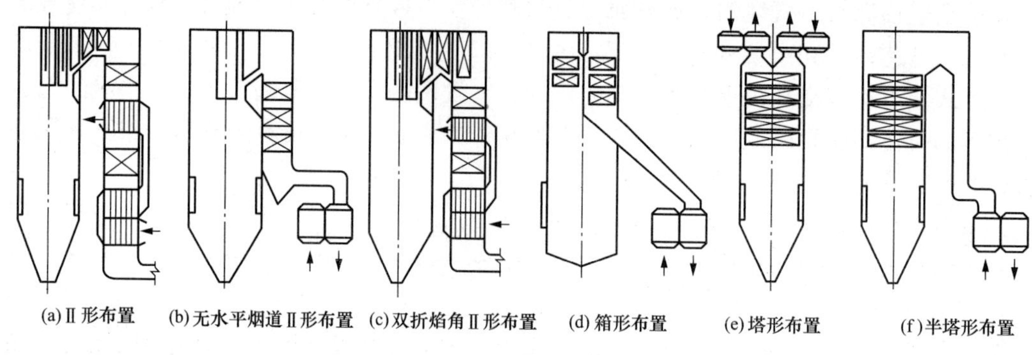

图 1-1 锅炉布置形式

但这种形式也有缺点，主要有：

(1) 占地面积大。

(2) 由于有水平烟道，使锅炉构架复杂，而且不能充分利用其所有空间来布置受热面。

(3) 由于有水平烟道，烟气在炉内流动要经两次转弯，造成烟气在炉内的速度场、温度场和飞灰浓度场不均匀，影响传热效果，并导致对流受热面局部飞灰磨损严重。

(4) 由于锅炉高度低，又要求下降烟道与锅炉高度基本相近，因而在大容量锅炉中，在尾部烟道中要布置足够的尾部受热面便有困难，特别是在燃用低发热值的劣质煤时更显得突出。

2. Γ 形布置

Γ 形布置实质上是 Π 形布置的一种改进，这种布置如图 1-1 (b) 所示，Γ 形布置只是取消了 Π 形布置中的水平烟道，其他则大致相同。因此，它保留了 Π 形布置的许多优点，但却布置紧凑，可节省钢材，而且占地面积小；但尾部受热面的检修不方便。大容量锅炉如果采用管式空气预热器时，因为不便支吊，而且尾部烟道高度不够，就不宜采用这种布置。但如果采用回转式空气预热器时，则采用这种布置形式比较适宜。

双折焰角 Π 形，如图 1-1 (c) 所示的目的是改善烟气在水平烟道的流动情况，利用转弯烟室的空间，在水平烟道部分布置更多的受热面。

如果要采用管式空气预热器，为解决尾部受热面布置不下的困难，也可将尾部烟道对称地分成左右两个，形成 T 形布置。

3. 塔形布置

图 1-1 (e) 为塔形布置方案，下部为炉膛，对流烟道就布置在炉膛上方，锅炉本体形成一个塔形，优点如下：

(1) 占地面积小。

(2) 取消了不宜布置受热面的转弯室，烟气流动方向一直向上不变，可大大减轻对流受热面的局部磨损，因此，对燃用多灰分的燃料特别有利。

(3) 锅炉本身有自身通风作用，烟气流动阻力也较小。

(4) 对流受热面可全部水平布置，易于疏水。

但这种方案也有以下缺点：

(1) 锅炉本体高度很高，过热器、省煤器、再热器等对流受热面都布置在很高位置，连接的汽水管道较长。

(2) 空气预热器、送风机、引风机及除尘器等笨重设备都布置在锅炉顶部，加重了锅炉构架和厂房的负载，因而造价高。

(3) 安装及检修均较复杂。

因我国具体情况，较少采用这种方案，但在燃用灰分很多的固体燃料时，也有采用这种布置的。

为了减轻转动机械及笨重设备施加给锅炉构架的负载，便把空气预热器、送风机、引风机、除尘器及烟囱等都布置在地面，形成半塔形布置，如图 1-1 (f) 所示。

4. 箱形布置

箱形布置中下部为炉膛，上部分隔成两个串联的对流烟道，形成一个箱形的结构，如图 1-1 (d) 所示。

表 1-3 为我国国内制造的 1000MW 超超临界压力锅炉的炉型技术对比。

表 1-3　我国国内制造的 1000MW 超超临界压力锅炉的炉型技术对比

项目	哈尔滨锅炉厂	上海锅炉厂	上海锅炉厂	东方锅炉厂、北京巴威公司
锅炉炉型	Π 形	Π 形	塔式	Π 形
燃烧方式	单炉膛八角切圆	单炉膛八角切圆	单炉膛四角切圆	单炉膛前后墙对冲
燃烧器形式	直流摆动燃烧器	直流摆动燃烧器	直流摆动燃烧器	旋流燃烧器
技术源头	CE-MHI	ALSTOM	ALSTOM	Babcok
水冷壁类型	均采用内螺纹螺旋垂直管圈	下部采用内螺纹螺旋管圈，上部采用垂直管圈	下部采用内螺纹螺旋管圈，上部采用垂直管圈	下部采用内螺纹螺旋管圈，上部采用垂直管圈
启动系统	带启动循环泵	带启动循环泵	带启动循环泵	带启动循环泵
最小直流负荷 (%)	25	30	25	25～30
再热器主要调温方式	烟气挡板＋摆动燃烧器	烟气挡板＋摆动燃烧器	烟气挡板	烟气挡板

二、汽水流动方式

国内目前电站锅炉主要有自然循环、控制循环和直流锅炉三种形式。直流锅炉适合于超临界压力及亚临界压力参数，自然循环及控制循环只适宜于亚临界压力以下参数。

1. 自然循环汽包锅炉

自然循环汽包锅炉的主要特点是流动方式简单、运行可靠，在以往的电站锅炉中采用自然循环锅炉是相当普遍的。在美国，为了保证机组的可用率，20 世纪 70 年代定购的大部分电站锅炉都是亚临界压力自然循环汽包锅炉，并设计成能超压 5%运行。

自然循环主要依靠下降管内水的平均密度与水冷壁内汽水混合物的平均密度之差而进行，由于它们的密度差形成一定的流动压头，从而使蒸发受热面内工质达到往复循环。另外，由于自然循环锅炉具有能适应炉膛内吸收热量变化而进行自调节的优点，因此吸收热量最多的管子通过的水量也最多，可防止传热不均匀现象的产生。自然循环不需用循环泵，故投资及运行费用均可减少。

在炉膛高热负荷区域，为使管子得到充分冷却并维持核态沸腾，需要一定的质量流速，而这种流速随着汽包运行压力的升高而增加。现已证明，采用光管的自然循环能够达到这种流速，但它防止偏离核态沸腾的能力较小，特别在不稳定工况下更是如此，有可能产生膜态沸腾，但可用内螺纹管（不设置循环泵）来提高核态沸腾的可靠性。即使压力达到20.678MPa时，其循环可靠性仍然很好。北京巴威公司根据其在亚临界压力直流锅炉上为防止膜态沸腾而采用内螺纹管的经验，在自然循环汽包锅炉上亦加用内螺纹管，以保证循环可靠，使其成为保证炉膛水冷壁达到充分冷却的最简单、有效及可靠的方法。

2. 控制循环锅炉

控制循环锅炉是美国燃烧工程公司（CE）的专利，我国哈尔滨锅炉厂和上海锅炉厂也引进此种锅炉的制造技术，第一、第二台600MW级的控制循环锅炉在安徽平圩电厂投运，之后在国内不少电厂安装了这种类型600MW级的锅炉。控制循环锅炉的主要特点是在锅炉循环回路的下降管和上升管之间加装循环泵以提高循环回路的流动压头，因此汽包及上升管、下降管可采用较小的直径。但是加装辅助循环泵，运行时需消耗一定的功率，一般情况下循环泵消耗功率相当于锅炉功率的0.3%～0.4%。

3. 直流锅炉

直流锅炉是大容量锅炉发展方向之一。特别是采用超临界参数的锅炉，直流锅炉是唯一能采用的锅炉形式。本生型直流锅炉发源于德国，早期本生型锅炉的炉膛蒸发受热面管子是多次上升垂直管屏，用中间混合联箱与不受热的下降管互相串联。因此每个管屏侧边的管子与相邻管屏中的侧边管子有一定的温差、会产生一定的热应力，对膜式水冷壁的焊缝会起破坏作用。通用压力型锅炉（UP炉）是北京巴威公司在本生炉基础上加以改进的一种炉型，所谓通用压力型锅炉是指无论亚临界或超临界参数，均可采用的炉型。UP炉的主要特点是采用全焊膜式水冷壁，工质一次或二次上升，连接管多次混合，每个回路焓增较小，并有较高的质量流速，可保持水冷壁可靠的冷却。采用内螺纹管以防止蒸发段产生膜态沸腾。对于UP炉来说一般用于大型超临界压力直流锅炉，以确保水冷壁管内的质量流速。

不论本生型直流锅炉或一次垂直上升的UP型直流锅炉，由于水冷壁系统中有混合联箱，不适应大容量机组变压运行的要求。在变压运行中，随着锅炉压力下降、机组负荷下降，当在低压运行时，蒸发受热面中工质温差的大幅度变化以及汽水混合物难以从中间混合联箱出口进行均匀分配等问题，使这种直流锅炉管屏形式（垂直上升）不能与之相适应。因此北京巴威公司、德国斯坦缪勒公司等在炉膛的辐射受热面的结构形式上相继采用螺旋上升管圈。管圈自炉膛底部冷灰斗沿炉膛四周盘旋上升至炉膛折焰角处，炉膛上部管屏改为垂直上升管屏，以利于管子穿墙及悬吊结构的布置。螺旋管圈除进出口联箱外，中间不设置混合联箱，这种管圈的优点是热偏差小，且因无中间混合联箱，不会产生汽水混合物不均匀分配的问题，因此可做成全焊接的膜式水冷壁管圈，这是本生型锅炉的一大改革。采用螺旋管水冷壁具有如下的优点：

（1）蒸发受热面采用螺旋管圈时，管子数目可按设计要求而选取，不受炉膛大小的影响，可选取较粗管径以增加水冷壁的刚度。

（2）螺旋管圈热偏差小，工质流速高，水动力特性比较稳定，不易出现膜态沸腾，又可防止产生偏高的金属壁温。

（3）因无中间混合联箱，不会产生汽水混合物不均匀分配的问题。

（4）带循环泵系统，启动及低负荷运行的热损失较小，可以提高机组的效率。循环泵只在15%～35%负荷时才使用，故泵的功率消耗较小。

（5）因启动有汽水分离器，使蒸发受热面与过热受热面有比较明显的分界线，易于处理调节系统。

（6）螺旋形管圈对燃料的适应范围比较大，可燃用挥发分低、灰分高的煤。

（7）能变压运行，快速启停，能适应电网负荷的频繁变化，调频性能好。

螺旋管圈虽有以上优点，但它的结构与制造工艺复杂，故制造与安装比较困难，所需工期较长。

内螺纹垂直水冷壁形式在支吊、安装及运行等方面具有较大的优越性，尤其是锅炉容量增大以后，许多问题都自然解决了，也是重要的发展方向。内螺纹垂直管屏水冷壁有以下优点：

（1）水冷壁阻力较小，可降低给水泵耗电量，其水冷壁的总阻力仅为螺旋管圈的一半左右。

（2）与光管相比，内螺纹管的传热特性较好。

（3）安装焊缝少，减少了安装工作量和焊口可能泄漏概率，同时缩短了安装工期。

（4）水冷壁本身支吊，且支撑结构和刚性梁结构简单，热应力小，可采用传统的支吊形式。

（5）维护和检修较易，检查和更换管子较方便。

（6）比螺旋管圈结渣轻。

缺点：

（1）水冷壁管径较细，内螺纹管相对于光管来说价格较高，一般高出10%～15%。需装设节流孔圈，增加了水冷壁和下联箱结构的复杂性，节流圈的加工精度要求高，调节较为复杂。

（2）机组容量会受垂直管屏管径的限制，对容量较小机组，其炉膛周界相对较大，无法保证质量流速。

三、过热器、再热器系统

大型锅炉的过热器一般采用多级布置，严格控制每一级的焓升，以防止热偏差过大。基本采用辐射—对流组合式，包括顶棚、包覆、低温过热器、分隔屏过热器、后屏过热器和高温过热器等几个部分。顶棚过热器和包覆过热器布置在低温区域，吸热少，传热效果差。过热器是锅炉中将一定压力下的饱和蒸汽加热成相应压力下的过热蒸气的受热面，降低排烟损失，提高锅炉热效率。高低温过热器的区别是位置不同，高温过热器位于炉膛出口处，低温过热器位于水平烟道。以上是超临界压力锅炉过热器的一般形式，不同的锅炉布置会略有不同。

由于辐射式和对流式的汽温特性正好相反，同时采用辐射式和对流式联合布置的过热器与再热器系统，可得到比较平缓的汽温特性。300MW亚临界压力锅炉采用包括有壁式、屏式和末级对流式组成的高温布置再热器系统，锅炉负荷在50%至额定负荷范围变化时，再热蒸汽温度都能维持额定值。一般电站锅炉过热器由屏式和对流式组合，因辐射吸热份额不够大，整个过热器汽温特性仍是对流式的。

对汽温调节方法的基本要求是：调节惯性或延迟时间小，调节范围大，对循环热效率影响小，结构简单可靠且附加设备消耗少。

现代大型电站锅炉常用的汽温调节方法有喷水减温、分隔烟道挡板调节和摆动燃烧器。前一种属蒸汽侧调节方法，后两种属烟气侧调节方法。一般切圆燃烧搭配摆动燃烧器调节再热汽温，墙式燃烧搭配分隔烟道挡板调节再热汽温。而对于直流锅炉，无论过热和再热汽温，首先是煤水比调节，其他的调节作为细调和精调。

过热器、再热器的运行安全要求在某种程度上要高于水冷壁。目前，对于超超临界压力锅炉过热器、再热器水动力设计技术和运行技术已经比较成熟，而且在超临界参数下，水动力特性要优于亚临界。但是现在1000MW超超临界压力锅炉的主蒸汽/再热蒸汽温度已经升高到605℃/603℃，已经达到当前金属材料所能承受的极限，加之锅炉容量的增加，热偏差也随之增大，所以对于锅炉过热器、再热器而言必须周密设计，稍有不慎就会产生严重后果。

四、燃烧系统

煤粉的燃烧方式，主要有切向燃烧方式（四角、六角或八角）、墙式燃烧方式（前后墙对冲燃烧）和W型火焰燃烧方式（拱式燃烧）三种。

1. 切圆布置的直流燃烧器

切圆燃烧中四角火焰的相互支持，一次风、二次风的混合便于控制，其煤种适应性很强，可以燃用各种低挥发分和高灰分的煤种，适合我国燃煤电站锅炉煤种多变和煤质逐渐变差的特点，目前投运的超临界压力机组较多采用切圆燃烧方式。

（1）采用高调节比的煤粉喷嘴。为了提高低负荷时燃烧的稳定性，美国燃烧工程公司对一次风喷嘴的结构作了改进。在煤粉喷嘴管内装置水平肋片，并改进了喷嘴头部的装配，使喷嘴出口截面和入口截面相等，而喉口截面积约为入口截面积的95%，这样使喷嘴出口速度降低。这一改进的主要目的是有意识地利用煤粉气流在一次风管内转弯后煤粉的分离作用，使喷嘴上半部出口气流的煤粉浓度较高，以利于煤粉着火，也适当降低了一次风出口速度。在此基础上，燃烧工程公司又发展了一种新的一次风喷嘴，并称为高调节比喷嘴。

（2）低NO_x燃烧器。用两级燃烧（或称分级燃烧），即用约80%的空气量从下部燃烧器喷口送入，使下部风量小于完全燃烧所需风量（即富燃料燃烧），从而降低燃烧区段温度，使NO_x的反应率下降，此时有些氮得不到氧，复合为N_2，NO_x就会减少（即燃烧过程延迟），然后再从上部燃烧器喷口送入其余约20%的空气（即富空气燃烧）以达到风煤燃烧平衡。两级燃烧不但能抑制生成NO_x，而且也能抑制空气中的氮在高温下与氧反应生成的NO_x，这是控制NO_x较为有效的方法。利用这一原理，CE公司在大容量煤粉炉上普遍推广采用燃尽风（over fire air，OFA），即在角置式直流燃烧器喷口的最上端再布置2～3层燃尽风喷口，将10%～25%总风量的风从此处送进炉膛上部。目前从CE引进设备或引进CE技术制造的600MW级锅炉的角置式直流燃烧器的最上方都布置了两层燃尽风喷口。

（3）减少四角切圆燃烧锅炉的炉膛出口水平烟道左右两侧烟温差、流速偏差及防止过热器、再热器局部超温爆管，对600MW以上机组的安全运行有极为重要的意义。

锅炉过热器、再热器各管存在汽温偏差的根本原因在于各管的传热、流动特性不同。通常，引起汽温偏差的因素包括：吸热偏差、流量偏差、结构偏差及进口汽温偏差。在四角布置切圆燃烧的锅炉中，沿烟道宽度各管之间的吸热偏差是造成汽温偏差的最主要的原因之一。

切圆燃烧方式的锅炉，由于炉膛出口气流残余旋转的影响，会引起在水平烟道左右两侧存在一定的速度偏差及温度偏差，从而造成两侧对流传热系数及温压的不同，这是沿烟道宽度左右两侧存在吸热偏差的最主要原因。随着锅炉容量的增加，水平烟道中的速度偏差及烟温偏差有增大的趋势。通过对国产200、300MW及600MW机组锅炉炉内空气动力场的模化实验发现，水平烟道左右两侧平均速度之比分别可达1.24、2.0和2.15。这一增加趋势是锅炉从小容量向大容量发展过程中的内在因素造成的。随着锅炉容量的增大，炉膛出口水平烟道左右侧烟气流速及烟温偏差增加，引起烟道中过热器及再热器各管传热温压及对流传热系数的不同，造成过热器与再热器的吸热偏差。因而，对于大容量电站锅炉，特别是600MW机组锅炉，如何减少过热器与再热器的吸热偏差是个非常重要的问题。

如前所述，沿烟道宽度各管的吸热偏差是由于炉膛出口气流的残余旋转导致了水平烟道左右侧烟气流速和温度偏差所引起。因此，降低沿烟道宽度各管之间的吸热偏差的根本途径在于削弱炉膛出口气流的残余旋转。通过适当控制一、二次风动压比和使部分射流风反切，将一次风或部分二次风、燃尽风射流与主体旋转气流反切，可以削弱炉膛出口气流残余旋转，降低水平烟道左右侧烟气流速偏差。另外，在两级过热器、再热器之间安装混合联箱或左右交叉系统也是十分必要的，特别是对于再热器（因为再热蒸汽压力低、比热容小，汽温偏差更大）更有必要。

同时为了防止大容量锅炉切圆燃烧炉膛出口烟气流存在残余旋转，使炉膛出口烟温及烟量分布偏差加剧，导致炉膛出口过热器与再热器区域烟温偏大，ALSTOM-CE率先使用了单炉膛反向双切圆燃烧技术，后来三菱重工引进这种燃烧技术的专利设计了多台超临界和超超临界压力机组。由于双切圆燃烧技术增加了燃烧器数量，降低了单只燃烧器的负荷，可以有效防止结渣，保证燃尽，使炉膛内热负荷分布均匀，炉膛出口烟温偏差降低。因此，采用单炉膛双切圆燃烧技术已成为Π形布置切圆燃烧锅炉超大型化后的发展趋势。

2. 墙式布置旋流燃烧器

采用分级燃烧的方式、降低NO_x的生成率。所谓分级燃烧亦常称“偏离化学当量燃烧”，它是将一部分小于化学当量的空气引入燃烧器，而将其余空气由燃尽风口引入炉膛，这样可降低燃烧区域的过量氧量，以减少NO_x的生成量。一次风设计风率一般为15%～25%，二次风设计风率为60%～70%，在燃烧器最顶部设置约15%的燃尽风（OFA），以实现二级燃烧，控制NO_x生成。这种布置方式可实现燃料燃烧分三个阶段完成，避免高温和高氧浓度这两个条件同时出现，以抑制NO_x和SO_2的生成量。燃烧过程中煤粉气流首先与少量根部二次风混合，浓相煤粉迅速、稳定燃烧，但这部分空气只能使挥发分基本燃尽和焦炭被点燃，其后与二次风迅速混合，强烈燃烧使火焰中心形成，但是火焰中心区域的氧浓度有限，前面两个阶段进入的总空气量略小于理论空气量，还处于一定的还原气氛，使NO_x具有良好的裂变还原条件。最后是燃尽风助燃，使前两阶段未能燃尽的可燃物燃尽，此时虽然氧浓度较高，但燃烧已处于火焰中心区域之外，温度低而NO_x生成量较少。

目前国内600MW以上机组的旋流燃烧器多为双调风切向叶片式旋流燃烧器，在不少资料中也称为低NO_x的燃烧器，其设计的思想是使燃烧过程按二段燃烧方式进行，达到稳燃和遏制NO_x生成量的目的。

对于旋流燃烧器来说，它单个燃烧器基本上是一个独立的火焰，燃烧过程都在近燃烧器出口区域基本完成，为使过程按二段燃烧方式进行，就需要在每个燃烧器的火焰区域都形成燃料过浓和过稀的区域，然后二者再进行混合。将二次风分成风量和旋转强度分别可调的两股，其目的即在于此。使内二次风与煤粉气流间的混合以及内、外二次风间的混合可分别控制。煤粉气流因与内二次风的混合而被带动旋转，形成回流区抽吸已着火前沿的高温介质，构成一个燃料浓度高的内部着火燃烧区域，这一区域内燃烧工况可通过内二次风的旋转强度和风量，亦即内二次风的挡板开度调节。外二次风与内二次风及煤粉气流的混合使在内部燃烧区域的外缘构成一个燃料过稀的燃烧区域，燃尽过程随着二者的混合而进行与完成。混合过程也可通过挡板开度进行控制。NO_x及SO_x的生成同样因内部燃烧区内的氧气浓度低而受到遏制，也同样因外部燃料过稀区域中温度相对较低而受到遏制。因此它与直流燃烧器一样，是通过使生成NO_x的两个主要因素（氧浓度及温度）不同时具备而达到遏制的目的。

旋流式燃烧器前后墙对冲布置Ⅱ形锅炉炉膛截面可布置为长方形，则炉膛出口高度降低呈长方形，解决了四角切向燃烧Ⅱ形炉存在的炉膛出口水平烟道左右侧的烟温偏差大及其左、右侧主蒸汽及再热蒸汽温差较大的问题。旋流式燃烧器前后墙对冲布置和直流式燃烧器切向布置相比，其主要优点是上部炉膛宽度方向上的烟气温度和速度分布比较均匀，使过热蒸汽温度偏差较小，并可降低整个过热器和再热器的金属最高点温度。

3. W形火焰锅炉

与常规的煤粉锅炉相比，W形火焰锅炉不同的是它的燃烧室由下部的着火炉室和上部的辐射炉室组成。其中，下炉室大面积布置了卫燃带以确保无烟煤的稳定燃烧，上炉室大量布置了水冷壁、屏式过热器等吸热面，以确保出口烟温保持在合适的温度。着火炉室的深度比辐射炉室大80%～120%。前后墙突出部分的顶部构成拱体，拱体倾斜。煤粉气流和二次风喷嘴装设在拱体上，前、后墙下喷的煤粉气流较多地接触到高温回流的烟气，提高火焰根部的温度水平，有利于低挥发分煤的着火。在着火炉室下部与另一股空气射流相遇后折转向上，沿炉室中轴线上升，从而形成W形火焰。由于火焰先下行后上行，增加了煤粉在炉内的停留时间，有利于燃料的燃尽。

国际上公认W形火焰锅炉在稳燃能力、降低NO_x排放、防止结渣、最低不投油稳燃负荷及调峰方面具有显著的优势。我国的煤炭储量丰富，而且低挥发分的贫煤和无烟煤约占19%，是世界上少数贫煤和无烟煤储量丰富的国家之一。随着无烟煤的进一步开发，为有效利用能源，电力工业燃用贫煤、无烟煤的数量还将增长。因此，W形火焰炉是今后主要采用的炉型之一。

W形火焰燃烧方式对难燃的贫煤及无烟煤在燃烧稳定性上优于四角和墙式燃烧方式，但是，由于炉膛截面积大，形状复杂，锅炉本体造价大致要增加20%。另外，形成和控制W形火焰使其充满整个炉膛，要求成熟的设计经验和较高的运行水平。

4. 炉膛结构设计

炉膛设计有三个因素。首先炉膛容积应足够大，使燃料完全燃烧，并具有足够的受热面使烟气进入对流烟道前得到充分冷却。其次需将NO_x的生成量限制到可被接受的程度。最后应使烟气流量保持均匀，使炉膛出口温度维持稳定，以防锅炉对流受热面产生结渣、堵灰及金属超温等问题。

根据大量经验分析，造成炉膛结渣有四个因素：每只燃烧器的热输入量、燃烧器与侧墙及灰斗的距离、炉膛单位截面上的热输入量及燃烧器区域的热负荷。某公司设计的锅炉，不论容量大小，单只燃烧器热输入量一直保持较低水平，燃烧器与侧墙、灰斗及燃烧器之间的距离都加大了。炉膛单位截面的热输入量根据结渣情况不同而定为4.85～5.82MW/m²，燃烧器区域的热负荷降低了30%～45%，使火焰尖端温度降低以满足限制NO_x生成的要求，并减少结渣的可能性。同时，为了减少对流烟道中灰粒对管子的磨损，近年来选用了较低的烟气流速。

煤的灰分中某些矿物质会造成炉膛及对流管束的结渣、堵灰，尤其是煤中的含钠量对灰分的熔化凝聚性有很大影响，含钠量越高，灰分的熔化凝聚性越强，这样就使炉膛及对流受热面上的积灰很难清除。为解决这一个问题，设计上采取一系列措施，其中包括：

（1）加大炉膛下部尺寸，以降低燃烧器区域的最大热流量。

（2）维持足够的炉膛受热面使炉膛出口烟气温度降低。

（3）加大各旋流燃烧器间的间距，加大燃烧器与炉墙及灰斗的间距，以降低炉墙的热流量，减少NO_x的生成。

（4）采用“灰斗下通空气”及“空气屏幕”的方法，使在灰斗倾斜槽及封闭炉墙等处易结渣的地方形成一层由燃烧空气形成的防护层，从而产生氧化气氛，防止结渣及堵灰。

（5）采用蒸汽吹灰，在蒸汽吹灰不足以解决问题的地方用水力吹灰防止积灰，保持受热面清洁。

（6）加大管子的横向间距，炉膛出口处的立式管屏最易积灰，其管屏横向节距最小应为91cm，而管子之间则基本为相切。锅炉后部烟道采用光管，管子横向节距不得小于18cm，管子之间距离为10～13cm。

第三节　典型电站锅炉

一、600MW亚临界压力自然循环锅炉

某电厂2号炉为加拿大Babcock&Wilcox公司设计制造的亚临界压力、一次中间再热、自然循环、单汽包、尾部平行分流、倒U形半露天布置锅炉，采用平衡通风，前后墙对冲燃烧技术，600MW自然循环锅炉总体布置如图1-2所示。锅炉特点如下：

（1）属于B&W公司RBC（radiant boiler carolina）自然循环锅炉系列。辐射型高温过热器，对流再热器，尾部烟道布置低温再热器、低温过热器和省煤器，其后设再热汽温调节的烟气偏流挡板。

（2）具有良好的调峰能力，可满足周期性负荷，两班制运行需要。在水动力方面，RBC锅炉拥有12头内螺纹管技术，可最大限度地提高循环可靠性。

设有RBC锅炉旁路系统以适应50%～100%变工况周期运行及调峰要求。该系统由四个子系统组成，可实现三种功能：

1）汽包压力控制——过热器旁路。

2）再热器出口温度控制——再热器蒸汽减温器。

3）主汽温控制并实行双压运行——过热器蒸汽减温器加二级过热器切断阀旁路调节阀。

为提高本体结构承受周期疲劳应力的能力，采取了特殊严格的结构措施应用B&W公司核容器低周疲劳分析成果，确定厚壁汽包在各种运行工况的安全限制，还提高了燃烧系统的适应性。

（3）B&W的RBC锅炉燃烧技术具有鲜明传统风格，采用旋流燃烧器前后墙对冲燃烧

方式。有如下特点：具有局部浓缩型高浓度燃烧因素，着火能力强，是典型低NO_x燃烧器。单只燃烧器火焰自支持力强，靠自身烟气回流区卷吸高温烟气着火稳燃；炉膛火焰前后墙对冲扰动，不形成大的旋转火球，左旋右旋对等沿炉宽对称投停，可使火焰不刷墙，热负荷火焰均匀，炉膛出口温差小，提高运行可靠性；燃烧器布置灵活，数量可较多。

（4）既可采用中速磨直吹式也可采用钢球磨中储式制粉系统。

（5）汽水分离采用B&W技术的旋风分离器和百叶窗式分离系统。

（6）具有邻炉加热系统。

（7）采用两台立式三分仓容克式空气预热器。

（8）采用适应北方省水的刮板式捞渣机，也可用CE式水封式除渣装置。

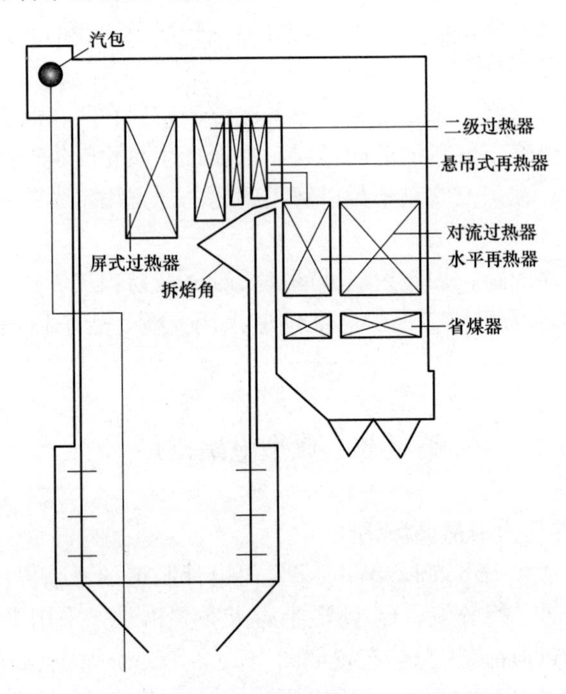

图1-2 600MW自然循环锅炉总体布置简图

二、600MW亚临界压力控制循环锅炉

图1-3为上海锅炉厂有限公司设计制造的SG-2028/17.5-M909型600MW控制循环锅炉系统。锅炉四角布置、切向燃烧、单炉膛、Ⅱ形露天布置、全钢架悬吊结构、平衡通风、固态排渣，锅炉的制粉系统采用中速磨冷一次风机正压直吹式系统，设计煤种为神府东胜煤。锅炉特点如下：

（1）锅水循环系统采用“低压头循环泵＋内螺纹管”的改良型控制循环。炉前布置三台低压头锅水循环泵，以保证水冷壁内介质循环安全可靠，水冷壁四周采用了内螺纹管，可使水冷壁的质量流速降低，流量减少。

（2）燃烧器共设置六层煤粉喷嘴，锅炉配置6台HP1003型中速磨煤机，每台磨的出口由四根煤粉管接至炉膛四角的同一层煤粉喷嘴，锅炉MCR和ECR负荷时均投五层，另一层备用。燃烧器的一次风、二次风喷嘴呈间隔排列，顶部设有OFA二次风。连同煤粉喷嘴的周界风，每组燃烧器各有二次风挡板14组，均由气动执行器单独操作。为满足锅炉汽温

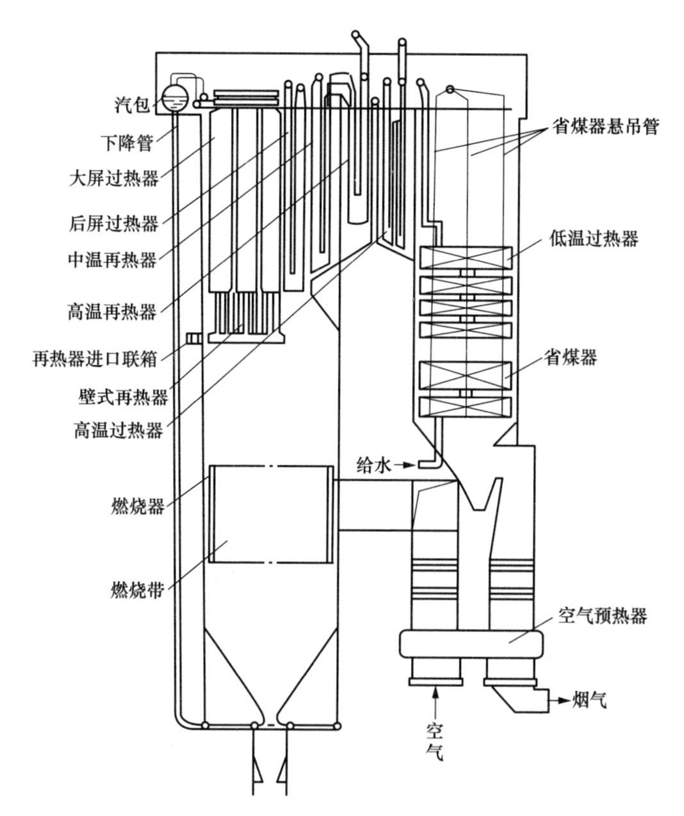

图 1-3　600MW 控制循环锅炉系统

调节的需要，燃烧器喷嘴采用摆动结构，除 OFA 层喷嘴单独摆动外，其余喷嘴由内外连杆组成一个摆动系统，由一台气动执行器集中带动作上下摆动。

满足锅炉调峰的要求，煤粉喷嘴采用了宽调节比（WR）结构。宽调节比煤粉喷嘴不仅提高了单只喷嘴自身的稳燃能力，而且也是抑制氧化氮形成的有效措施之一。

（3）过热蒸汽系统由顶棚管过热器、水平烟道和尾部烟道包覆管、低温过热器、分隔屏过热器、后屏过热器及高温过热器组成，设两级喷水减温。再热蒸汽流程由墙式再热器、屏式再热器及高温再热器组成，采用摆动式燃烧器调温。

（4）炉后布置两台三分仓回转式空气预热器，预热器转子直径 13.492m，转子反转，一次风分隔角度为 50°。

（5）正压直吹式制粉系统、固态排渣、平衡通风。

该锅炉的炉膛宽度为 19 558mm，深度为 17 448.5mm，炉顶标高为 73 600mm，炉筒中心线标高为 74 600mm，炉顶大板梁底标高 82 100mm。锅炉炉顶采用金属全密封结构，并设有大罩壳。炉膛由膜式水冷壁组成，炉底冷灰斗角度 55°，炉底密封采用水封结构，炉膛上部布置了分隔屏、后屏及屏式再热器，前墙及两侧墙前部均设有墙式辐射再热器，炉室下水包标高 7970mm。

水平烟道深度为 8548mm，由水冷壁延伸部分和后烟井延伸部分组成，内部布置有末级再热器和末级过热器。

后烟井深度 12 768mm，后烟井内设有低温过热器和省煤器。

三、600MW 超临界压力 W 火焰锅炉

如图 1-4 为北京 B&W 公司设计的超临界参数 W 火焰锅炉系统。该锅炉设备为超临界参数、垂直炉膛、一次中间再热、平衡通风、固态排渣、全钢构架、露天布置的 Π 形锅炉，锅炉配有带循环泵的内置式启动系统。制粉系统为双进双出磨煤机正压直吹系统，锅炉采用 W 火焰燃烧方式，并配置浓缩型 EI-XCL 低 NO_x 双调风旋流燃烧器。尾部设置分烟道，采用烟气调节挡板调节再热器出口汽温。机组同步装设选择性催化还原脱硝装置 SCR，SCR 装设在省煤器与空气预热器之间的连接烟道上。尾部竖井下设置两台三分仓回转式空气预热器，空气预热器考虑了 SCR 的影响，换热元件按高、低两段布置，低温段换热元件涂搪瓷。其特点为：

（1）锅炉整个炉膛由下部垂直水冷壁和上部垂直水冷壁构成，水循环系统采用集中供水，分散引入、引出方式。其主要作用是：吸收炉膛中高温火焰及炉烟的辐射热量，使水冷壁内的水汽化，产生饱和水蒸气；降低高温对炉墙的破坏作用，保护炉墙；强化传热，减少锅炉受热面面积，节省金属耗量；有效防止炉壁结渣；悬吊炉墙。水冷壁和包墙工质流程如图 1-4 所示。

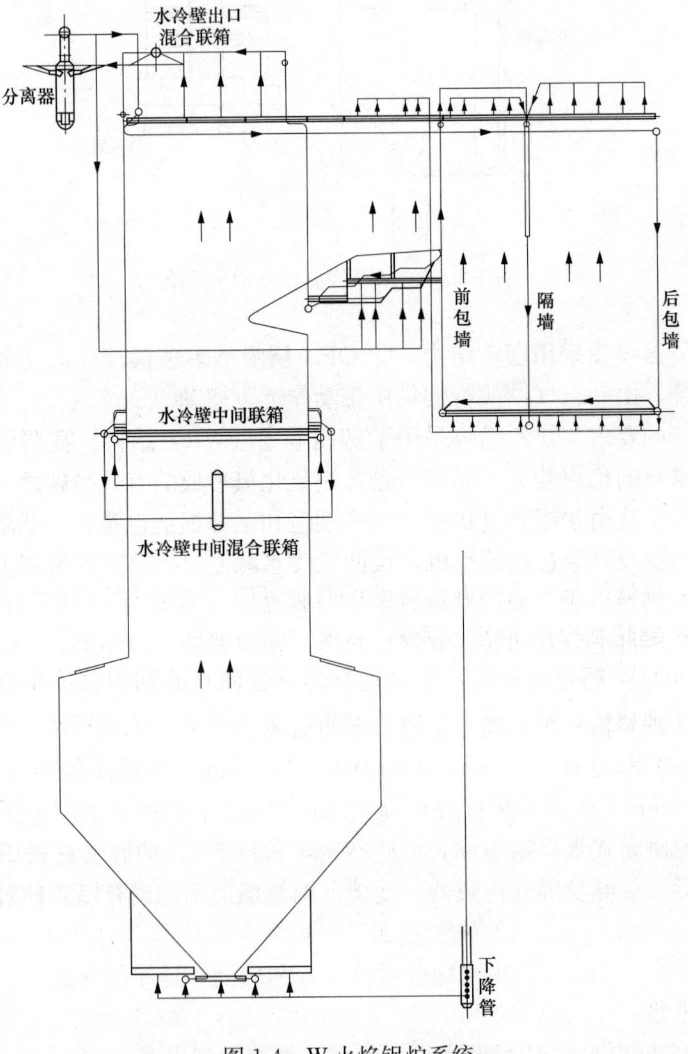

图 1-4 W 火焰锅炉系统

（2）过热器由顶棚管、包墙管，一级过热器，屏式过热器，二级过热器进口管组和二级过热器出口管组构成。过热器和再热器是电站锅炉的两个重要受热面，它们的功用是：将饱和蒸汽或低温蒸汽加热成为达到合格温度的过热蒸汽。调节蒸汽温度。当锅炉负荷、煤种等运行工况变化时，进行调节，保持其出口蒸汽温度在额定温度的－5～＋5℃范围内。

（3）省煤器位于尾部竖井后烟道下部的低烟温区，由一组与烟气成逆流布置的水平管组和悬吊管组成。省煤器额定负荷下的工作压力 29.06MPa，进口水温度为 282℃，设计最大压力为 32.68MPa，设计出口温度为 337℃，采用蛇形管的布置。

四、900MW 超超临界压力直流锅炉

如图 1-5 为 900MW 超超临界参数变压直流锅炉总体布置简图，设计煤种为神府东胜煤，校核煤种为晋北煤。一次再热、平衡通风、露天布置、固态排渣、全钢构架、全悬吊结构 Ⅱ 形锅炉。锅炉特点如下：

（1）设计煤种和校核煤种均是易结渣，着火稳定性、燃尽特性较好，灰黏污性强，校核煤种煤灰的磨损性较严重。根据以上分析，在炉膛设计中充分考虑了炉内结渣、低 NO_x 排放、低负荷稳燃和高效等方面问题，同时在扩大对煤种变化和煤质变差趋势的适应能力、负荷调节能力、水冷壁高温腐蚀等方面，也将采取切实有效的措施。另外注意飞灰对尾部对流受热面的磨损问题。在炉膛设计时采用了合理的炉膛断面，较高的炉膛高度和较大的炉膛容积，较低的炉膛容积热负荷指标等。

（2）成熟、安全可靠的超临界本生直流水循环系统，水冷壁采用螺旋盘绕上升和垂直上升膜式壁结构，螺旋盘绕区布置内螺纹管，合理设计管内最低质量流速，确保了水循环系统的安全可靠。

（3）燃烧器：采用前后墙对冲燃烧方式，48 只 HT-NR3 低 NO_x 燃烧器分三层布置在炉膛前后墙上，沿炉膛宽度方向热负荷及烟气温度分布更均匀。

（4）过热器系统：过热器为辐射-对流型受热面。过热蒸汽系统采用两级喷水减温，一次左右交叉。采用横向节距较宽的屏式受热面，有效防止管屏挂渣。

（5）再热器系统：高温再热器布置于水平烟道，低温再热器布置于后竖井前烟道内。再热汽温通过尾部烟气挡板调节，在低温再热器出口至高再进口管道上设置喷水减温器，一次左右交叉。

（6）省煤器：较低的烟气流速并装设防磨盖板等能有效减少受热面的磨损。

五、1000MW 超超临界压力塔式锅炉

图 1-6 为 1000MW 超超临界参数变压运行螺旋管圈直流锅炉总体布置，锅炉采用一次再热、单炉膛单切圆燃烧、平衡通风、露天布置、固态排渣、全钢构架、全悬吊结构塔式布置。由上海锅炉厂有限公司引进 Alstom-Power 公司 BoilerGmbh 的技术生产。

该锅炉具有以下特点：

（1）锅炉采用塔式布置。

（2）锅炉省煤器、过热器和再热器采用卧式结构，具有很强的自疏水能力。

（3）锅炉启动疏水系统设计有锅炉水循环泵，锅炉启动损失小，同时具备优异的备用和快速启动特点。

（4）采用单炉膛单切圆燃烧技术，并对烟气进行了消旋处理，在所有工况下，水冷壁出口温度、过热器再热器烟气温度分布均匀。

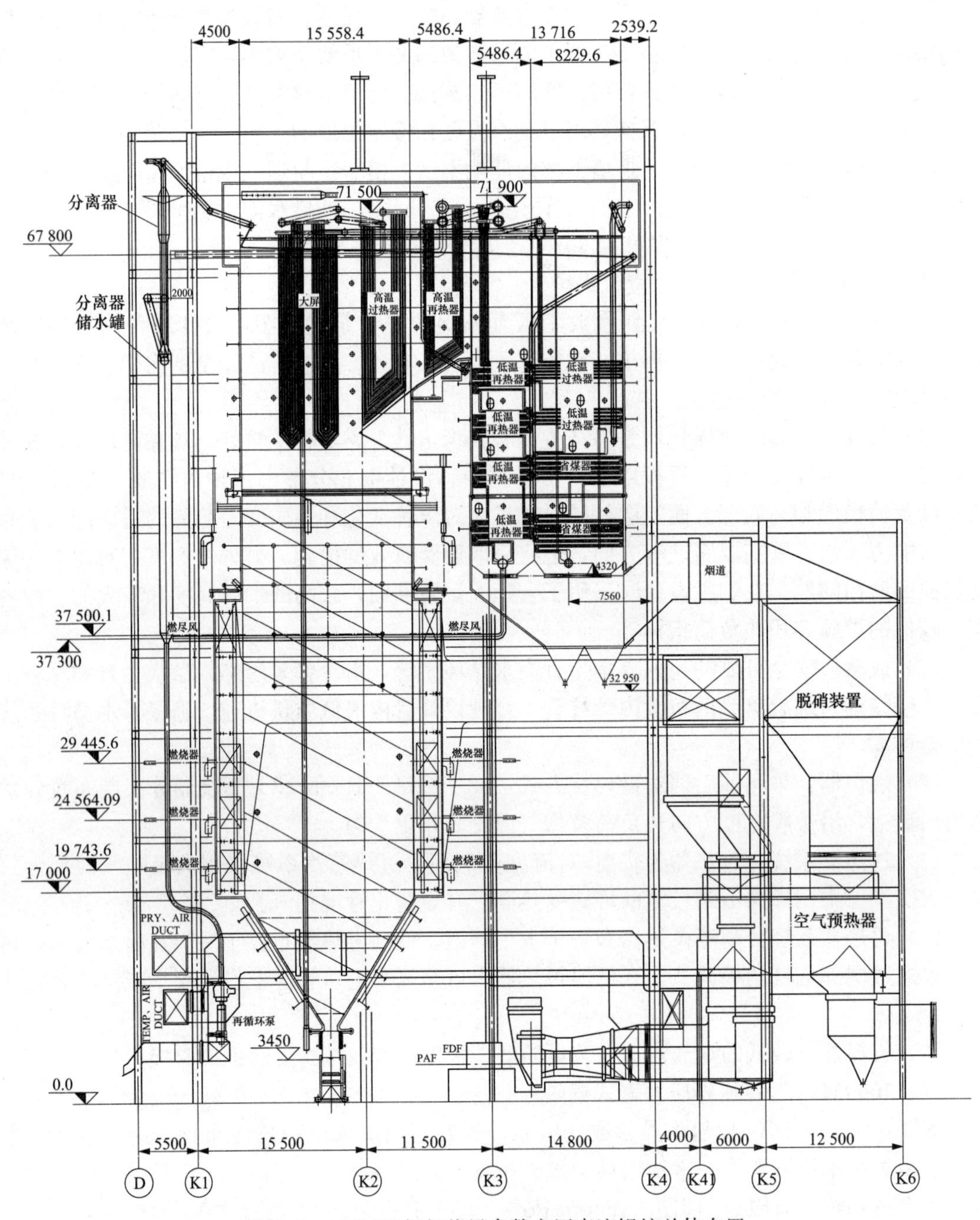

图 1-5 900MW 超超临界参数变压直流锅炉总体布置

(5) 针对神华煤易结焦特点加大了炉膛尺寸，降低炉膛截面热负荷和燃烧器区域壁面热负荷，同时降低了烟气流速，减少烟气的转折，受热面磨损小。

(6) 采用低 NO_x 同轴燃烧技术（LNTFSTM)，ECO 出口 NO_x 可控制在标准状态下低于 300mg/m^3。

(7) 过热蒸汽温度采用煤水比粗调，两级八点喷水减温细调；再热器温度采用燃烧器摆角调节，在再热器进口和两级再热器中间装有微量喷水，做危急喷水，在低负荷时，可通过

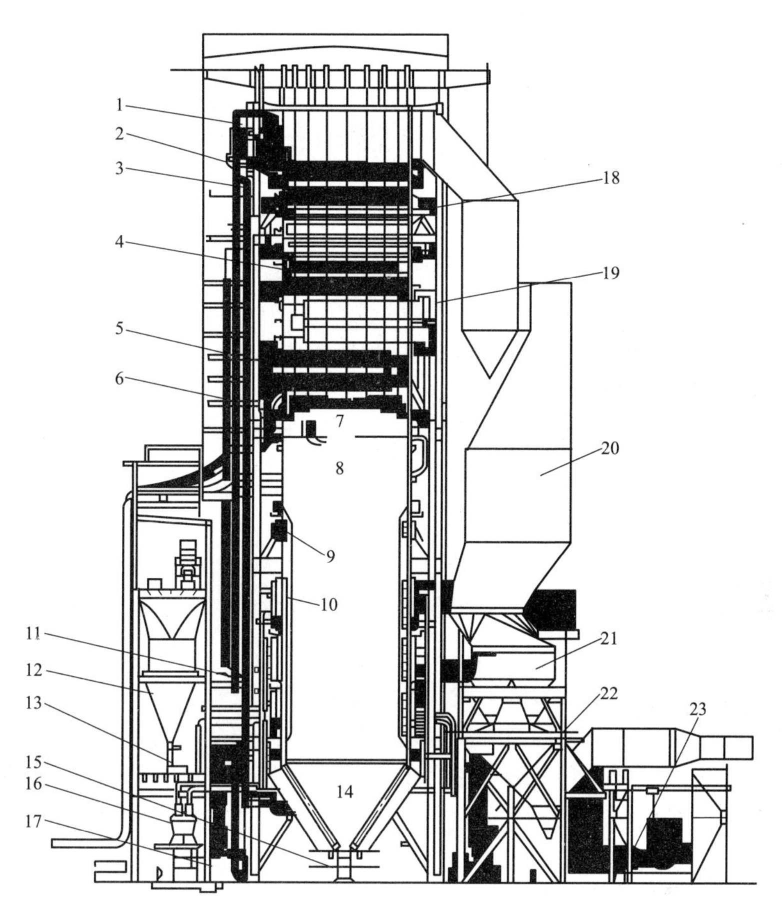

图 1-6 1000MW 超超临界参数变压运行螺旋管圈直流锅炉总体布置

1—汽水分离器；2—省煤器；3—汽水分离器疏水箱；4—二级过热器；5—三级过热器；6——级过热器；7—垂直水冷壁；8—螺旋水冷壁；9—燃尽风；10—燃烧器；11—锅炉水循环泵；12—原煤斗；13—给煤机；14—冷灰斗；15—捞渣机；16—磨煤机；17—磨煤机密封风机；18—低温再热器；19—高温再热器；20—脱硝装置；21—空气预热器；22——次风机；23—送风机

调节过量空气系数调节再热器温度。

(8) 水冷壁设置有中间混合联箱，再热器、过热器无水力侧偏差，蒸汽温度分布均匀。

(9) 在不同受热面之间采用联箱连接方式，不存在管子直接连接的现象，不会因为安装引起偏差（携带偏差）。

(10) 受热面间距布置合理，下部宽松，不会堵灰。

(11) 采用全悬吊结构，悬吊结构规则，支撑结构简单，锅炉受热后能够自由膨胀，同时塔式锅炉结构占地面积小。

(12) 锅炉高温受热面采用先进材料，受热面金属温度有较大的裕度。

第二章 汽包锅炉运行特性

锅炉启动后的正常运行就是指机组启动后的运行过程。锅炉是单元机组的一个重要组成部分，锅炉与汽轮机在运行中相互联系、相互影响，锅炉正常运行内容是监视和调整各种状态参数，满足汽轮机对蒸汽流量和蒸汽参数的要求并保持锅炉长期安全经济运行。

锅炉运行中各种参数之间的关系和变化规律称为锅炉的运行特性，包括静态特性和动态特性两种。稳定状态下锅炉工况的各种状态参数之间都有确定的关系，称为静态特性。例如，一定的燃料量就有对应的蒸汽流量、受热面吸热量、汽温与汽压，这些就是锅炉的静态特性。

锅炉从一个工况变化到另一个工况的过程中，各种状态参数随时间而变化，最终达到另一个新的稳定状态。各种状态参数在变工况中随时间变化的方向、历程和速度等称为锅炉的动态特性。

锅炉正常运行中，各种状态参数的变化是绝对的，稳定不变是相对的。因为锅炉经常受到内外干扰，往往在一个动态过程尚未结束时，又来了另一个动态过程。锅炉的静态特性与动态特性表明各种状态参数随时会偏离设计值。锅炉正常运行的任务就是使各种状态参数不论在静态或动态过程都在允许的安全、经济范围内波动。这必须通过调节手段才能实现。锅炉运行调节可分为自动调节和人工调节，以确保静态过程和动态过程各种状态参数在允许的范围内。

第一节 汽包锅炉静态特性

一、汽温静态特性

（一）负荷变动

锅炉运行中，其负荷必须跟随电网要求不断变化，燃料量则与负荷成比例。锅炉燃料量要与锅炉负荷相适应，负荷高燃料量多，负荷低燃料量少，改变负荷必须改变燃料量。改变燃料量将使锅炉辐射、对流传热的传热量份额在各级受热面中的分配发生变化。从而使各级受热面的吸热量与工质焓增发生变化，因此，燃料量与不同传热方式传热量分配特性是锅炉烟温、汽温静态特性的基础。下面分析负荷或燃料量变化对汽温的影响。

1. 锅炉辐射、对流传热量分配

锅炉传热方式分配如图 2-1 所示，大致是炉膛内为辐射传热，烟道内为对流传热，炉膛出口断面为其分界面。因此，布置在炉膛内的受热面称为辐射受热面，布置在烟道内的受热面称为对流受热面，布置在分界面上的受热面称为半辐射受热面。但是，布置在炉膛内的受热面也会有少量的对流换热，布置在靠近炉膛出口处的对流受热面还吸收部分炉膛辐射传热量，例如高温对流过热器、高温对流再热器等。

辐射传热和对流传热的份额分配决定于分界面处的烟气温度和烟气容积。如分界面处烟气温度升高，辐射传热量份额减少，对流传热量份额增大。同时，如炉膛出口处的过量空气系数增大、烟气容积增大，则辐射传热量份额减少，对流传热量份额增大。

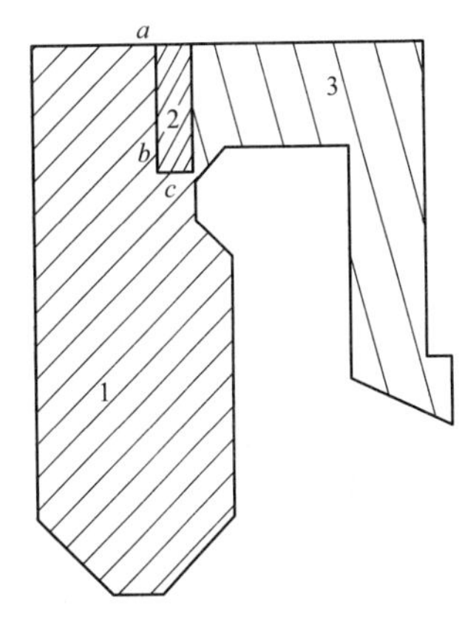

图 2-1　锅炉传热方式分配
1—辐射传热方式；2—对流辐射传热方式；3—对流传热方式；a、b、c—传热方式分界面

2. 燃料量—辐射传热量

传热方式分界面处的烟气温度可表示为

$$T''_1=\frac{T_a}{C\dfrac{T_a^{1.8}}{B_j}+1} \quad (2\text{-}1)$$

式中　T_a——炉膛内理论燃烧温度，K；

B_j——计算燃料量，kg/h；

C——与炉膛黑度、受热面积等有关的常数。

分析式（2-1），燃料量（B_j）增大，炉膛出口烟温（T''_1）上升。炉膛内的平均烟气温度（$T_{1,pj}$）可表示为

$$T_{1,pj}=\frac{T_a+T''_1}{2}\text{K} \quad (2\text{-}2)$$

由于理论燃烧温度 T_a与燃料量基本无关，而只与煤的发热量和过量空气系数有关，故 $T_{1,pj}$随炉膛出口烟温上升而上升，炉膛内辐射热量 B_jQ_f与 $T^4_{1,pj}$成正比，故燃料量增大，炉内的辐射传热量增加。

相应于每千克燃料在炉内放出的辐射热量 Q_f（称为单位辐射热，kJ/kg）可按式（2-3）计算，即

$$Q_f=\phi c_p V_y(T_a-T''_1) \quad (2\text{-}3)$$

式中　ϕ——保热系数；

c_p、V_y——烟气平均比定压热容、烟气容积。

炉膛出口烟温升高则单位辐射热 Q_f 减小，炉膛出口烟温降低则单位辐射热量 Q_f 增大。综上所述，燃料量增加，将使炉内总的辐射传热量增大，单位辐射热量减少。

3. 燃料量—对流传热量

高温烟气离开炉膛出口以后的传热方式主要是对流传热，相应于 1kg 煤的对流传热量（包括小部分容积辐射）称单位对流热量 Q_d，当负荷变动时，各对流受热面的 Q_d 均相应变化，工质焓增亦随之变动。Q_d 的大小按式（2-4）计算，即

$$Q_d=kA\Delta t/B \quad (2\text{-}4)$$

式中　k、A、Δt——传热系数、传热面积和传热温差。

相应于每千克燃料带入炉内的热量 Q_l包括两部分，一部分用于炉内辐射，热量传给水冷壁和屏，记为 Q_f；其余部分用于对流传热，热量传给屏、对流式过热器、再热器、省煤器及空气预热器，记为$\sum Q_d$，即 $Q_1=Q_f+\sum Q_d$。

当负荷（燃料量）增加时，辐射热 Q_f减少，但 Q_l并未变化。所以，总的对流传热量$\sum Q_d$势必增加，即若 $B_1>B_2$，那么$\sum Q^1_d>\sum Q^2_d$。而离炉膛出口较近的对流式过热器、再热器，由于传热温差的关系、其单位对流热量增加得更多些，而省煤器则因给水温度增加而

使其单位传热量减少。就单个过热受热面而言，当燃料量 B 增加时，烟气流量、流速成比例增大，烟气侧表面传热系数增加；同时，负荷增加又使工质流量、流速增大，工质侧表面传热系数也增大，二者使传热系数 k 有较大的增加。另一方面，由于炉膛出口温度升高及烟气量增加，各对流受热面进口的烟温升高，依次使传热温差 Δt 也增加。尽管蒸汽量的增大倾向于 Q_d 减小。但 k 和 Δt 增加得更快，因此单位对流传热量 Q_d 增加。综上所述燃料量增多将使每小时对流传热量与单位对流传热量都增大。

实际上，随着负荷的增加，空气预热器的吸热量相对增加，入炉热空气温度升高，将使理论燃烧温度增加。另外，排烟温度升高也会使对流放热减少。但这两个影响相对很小，不会影响上述定性分析的结论。

4. 传热量份额

锅炉受热面传热量是辐射传热量和对流传热量总和，即 $B_jQ_d+B_jQ_f$。辐射传热量份额为

$$\frac{B_jQ_f}{B_jQ_f+B_jQ_d} \tag{2-5}$$

由于 B_j 增多时，Q_f 下降，故辐射传热量份额随 B_j 增多而下降。对流传热量份额为

$$\frac{B_jQ_d}{B_jQ_f+B_jQ_d} \tag{2-6}$$

由于 B_j 增多时，Q_d 上升，故对流传热量份额随 B_j 增多而上升。

5. 负荷-汽温静态特性

负荷变化时，由于炉内辐射换热特性，每千克煤传给过热器（包括辐射式和对流式）的热量 Q_{gr} 与每千克煤用于蒸发水的热量 Q_s（水冷壁吸热量与省煤器吸热量之和）之比（Q_{gr}/Q_s）要发生变化，每千克煤传给再热器（包括辐射式和对流式）的热量 Q_{zr} 与每千克煤用于蒸发水的热量之比（Q_{zr}/Q_s）也要变化。以下的分析指出，这两个热量比的变化是导致过热汽温和再热汽温变动的最基本原因。

由整个过热器的热平衡得到

$$B_jQ_{gr}=D\Delta h_{gr} \tag{2-7}$$

将 $D=B_jQ_s/\Delta h_s$ 代入式（2-7）得

$$Q_{gr}/Q_s=\Delta h_{gr}/\Delta h_s \tag{2-8}$$

式中 D——水冷壁产汽量，kJ/kg；

Δh_{gr}——过热器出口比焓与饱和汽比焓之差，kJ/kg；

Δh_s——每千克工质从给水加热到饱和蒸汽所吸收的热量，kJ/kg。

式（2-8）表明，工况变动时，不论燃料量、蒸发量的具体数值怎样改变，过热汽温的高低（即 Δh_{gr} 的变化）只取决于 Q_{gr}/Q_s 的增减，若 Q_{gr}/Q_s 增大，则 $\Delta h_{gr}/\Delta h_s$ 增大，而定压下近似认为 Δh_s 不变，故 Δh_{gr} 增大，汽温升高；若 Q_{gr}/Q_s 降低，则汽温下降。只要 Q_{gr}/Q_s 维持不变，则过热汽温不变。

再热汽温的变化可按照上述相同的方法推导，相应的公式为

$$Q_{zr}/Q_s=d\Delta h_{zr}/\Delta h_s \tag{2-9}$$

式中 d——再热蒸汽流量份额，$d=D_{zr}/D$。

如前所述，燃料量增加时，炉膛出口烟温升高，炉内单位辐射热 Q_f 减小，对流总热量

$\sum Q_d$增加。且Q_f减少的数值与$\sum Q_d$增加的数值相等。在总对流热量中，对流式过热器和对流式再热器的吸热量所占份额比其他对流受热面要大得多，且负荷增加时这个比例还要上升（它们离炉膛出口最近）。而在炉内换热中，辐射式过热器和辐射式再热器的吸热份额又小于水冷壁。因此，当负荷增加时，由对流总热量增加而引起的对流过热器、再热器的吸热量增加要大于由炉内辐射热量减小而引起的辐射式过热器、再热器吸热量的减小，故过热器、再热器总的及各自的吸热量均增加。即式（2-8）和式(2-9)中的Q_{gr}、Q_{zr}增大，而Q_s减小（用于蒸发水的热量Q_s为锅炉有效热量与过热器、再热器总吸热量之差）。因此，过热、再热汽温升高。

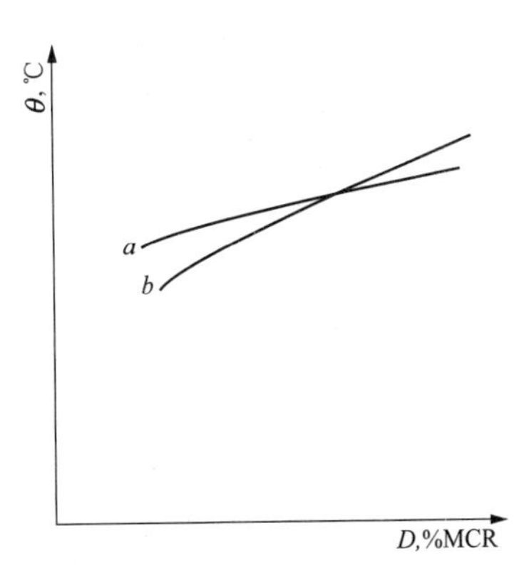

图 2-2　负荷—汽温静态特性
a—负荷—主蒸汽温度静态特性；
b—负荷—再热汽温静态特性

负荷—汽温静态特性如图 2-2 所示，过热蒸汽温度随负荷增加而上升。再热汽温也随负荷增加而上升，但是再热器有较强的对流型传热量份额分配特性和汽轮机高压缸排汽温度随负荷升高特性，使再热蒸汽温度随负荷上升的幅度大于主蒸汽温度。

（二）过量空气系数变动

1. 炉膛出口过量空气系数—辐射传热量

当炉膛出口过量空气系数增大时，理论燃烧温度降低，作为炉内传热过程的起点，这将使炉膛出口温度降低；但由于理论燃烧温度降低，炉内辐射减弱，加之α''_1的增大使炉内烟气量加大，又倾向于抬高炉膛出口温度。计算和运行经验表明，少量炉膛过量空气系数的增大对炉膛出口温度影响不大。炉膛烟气温度与炉内风量的关系如图 2-3 所示。

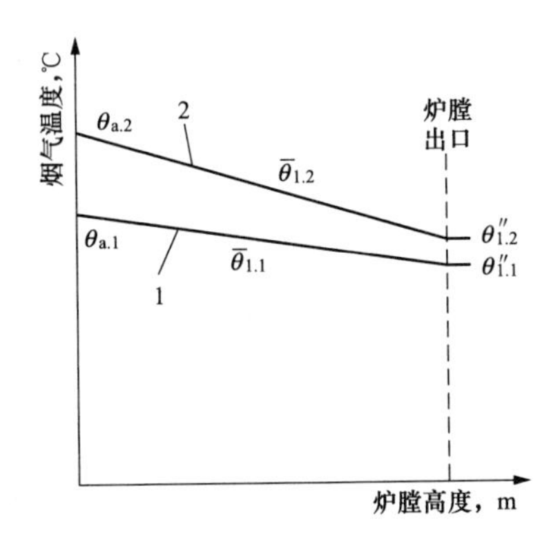

图 2-3　炉膛温度与炉内风量的关系
$1—\alpha''_1=1.35$；$2—\alpha''_1=1.20$

尽管炉膛出口温度基本没有变化，但单位燃料炉内辐射热量Q_f却随风量而变化。当风量增加时，由于离开炉膛出口的烟气容积变大，相应每千克煤从炉膛带走的烟气焓值变大。但随燃料进入炉内的热量几乎没有增加，因而Q_f是减小的，这一点也不难从式（2-3）看出。Q_f的变化可按式（2-10）估算：

$$\frac{\Delta Q_f}{Q_f}=C_a\frac{\Delta\alpha}{\alpha} \tag{2-10}$$

$$c_a=-\left(\frac{\theta''_1-\frac{c_k}{c_y}}{\theta_a-\theta''_1}\right)_0$$

式中　$Q''_{1,1}$——高负荷炉膛出口烟温；

$Q''_{1,2}$——低负荷炉膛出口烟温；

$\theta_{a,1}$——高负荷理论燃烧温度；

$\theta_{a,2}$——低负荷理论燃烧温度；

$\bar{\theta}_{1,1}$——高负荷平均烟温；

c_a——影响系数；

$\bar{\theta}_{1,2}$——低负荷平均烟温；

c_k、c_y——空气、烟气比热容，$c_k/c_y \approx 0.9$，kJ/(kg·K)；

θ''_1、θ_a——炉膛出口温度、理论燃烧温度，可分别取1050、2000℃。

将以上数据带入C_a计算式，可得$C_a \approx -0.75$。即α每增加1%，Q_f约减少0.75%。

综上所述：炉膛过量空气系数增大会使炉膛总的辐射传热量和单位辐射传热量都下降。

2. 炉膛出口过量空气系数—对流传热量

炉膛过量空气系数上升使燃料产生的烟气容积增大，烟气在烟道中的流速上升，使对流传热量B_jQ_d、Q_d都增大。这是由于当炉内的风量增加时，入炉的总热量变化不大，但是炉内总的辐射吸热量减少，故总的对流吸热量增大。当炉膛过量空气系数增大时，炉膛出口温度不变，但随着烟气的流动，烟气量增加，烟气热容按1次方关系增大，而传热系数k则按0.6次方关系提高。所以烟气依次流过各受热面后，与变动前相比，各出口处的烟温均升高，传热温差逐渐增大，根据式（2-4），单位对流传热量增加。

但是对流传热量增大幅度小于烟气容积量的增大幅度，故烟气温度沿烟道流程下降速度比原来的相对较小，烟道内烟温下降曲线如图2-4所示，α''_1—θ静态特性如图2-5所示。

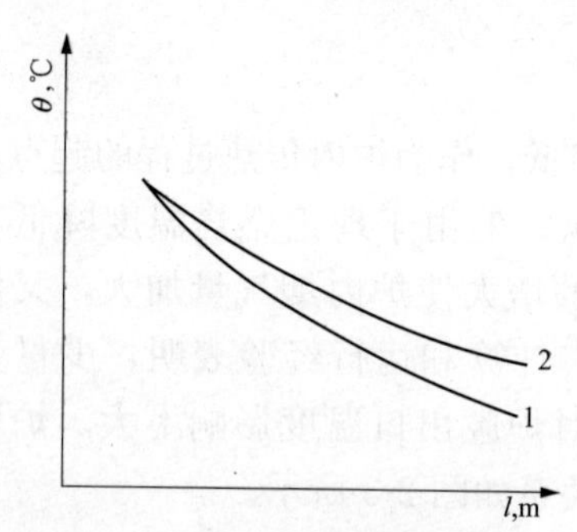

图2-4　烟道内烟温下降曲线

1—α''_1；2—$\alpha''_1+\Delta\alpha''_1$；$\alpha''_1$—过量空气系数

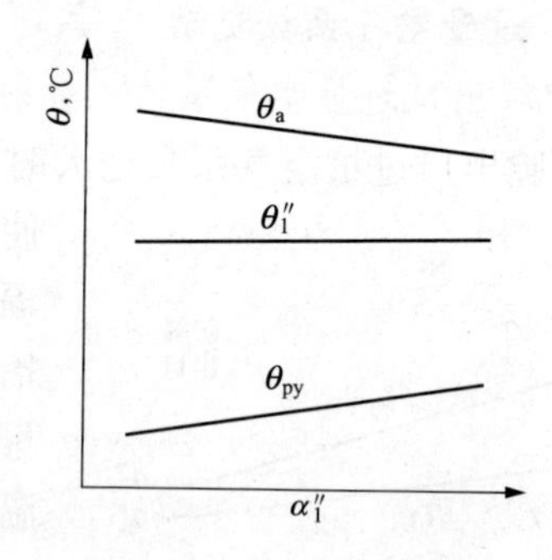

图2-5　α''_1—θ静态特性

θ_a—理论燃烧温度，℃；θ''_1—炉膛出口烟温，℃；θ_{py}—排烟温度，℃

3. 炉膛出口过量空气系数—汽温静态特性

炉膛风量增大将使汽温上升，反之，则汽温下降。这是因为，随着炉膛风量的增大，烟气量增加，对流式过热器、再热器的吸热量增大，蒸汽焓升增加；对于辐射式过热器、再热器，虽平均炉温降低，但炉膛出口温度和屏间烟气温度基本不变，故影响辐射换热量甚小。影响较大的是水冷壁蒸发率（单位燃料量水冷壁产气量）的减少，它使过热器（再热器）内的工质流量减少，导致焓升增加，汽温升高。一般再热器的布置位置偏后于过热器，因此再热汽温受炉膛风量的影响程度比过热汽温来得更大些。

4. 炉膛及制粉系统漏风—汽温静态特性

经过空气预热器的风量又称有组织风量α_{zz}，它与炉膛漏风$\Delta\alpha_{lf}$、制粉系统漏风$\Delta\alpha_{zf}$一起，合成炉膛出口过量空气系数α_1，其间的关系为

$$\alpha''_1 = \alpha_{zz} + \Delta\alpha_{lf} + \Delta\alpha_{zf} \tag{2-11}$$

对于正压直吹式制粉系统，密封风量$\Delta\alpha_{mf}$进入制粉系统相当于$\Delta\alpha_{zf}$。

在运行中控制α_1''不变的情况下，炉膛漏风$\Delta\alpha_{lf}$和制粉系统漏风$\Delta\alpha_{zf}$均是以冷的空气取代部分热空气进炉膛，使理论燃烧温度降低，煤着火条件变差；若漏风点在炉膛上部，有可能使燃烧区缺风，影响燃尽；或者导致炉膛出口附近烟温降低，屏的吸热减少，出现汽温偏低现象。若漏风在炉底，则会抬高火焰中心，使飞灰中的可燃物增加。

对于对流式受热面，当漏风在炉膛下部时，影响煤的燃尽，炉膛内单位辐射传热量减少，因此对流受热面的传热量增加。当漏风位于炉膛出口时，由于总的过量空气系数不变，炉内的空气量少，燃料由于缺氧燃烧不充分，所以炉内单位辐射传热量减少。因此，不管漏风点是位于炉膛下部还是炉膛出口，单位对流传热量增加，对流式过热汽温，对流式再热汽温都将升高。

5. 对流烟道漏风—汽温静态特性

烟道漏风（$\Delta\alpha$）对对流传热量（BQ_d）、烟温的影响决定于漏风点的位置。如漏风在炉膛出口处，则该处的烟温下降，对流传热量减少，但是随着烟气流程烟温逐渐接近原来值，某一位置后超过原来值，对流传热量也随着烟温升高而增大。$\Delta\alpha—\theta$ 静态特性曲线如图 2-6 所示，如果漏风发生在尾部烟道某位置，其变化规律与上述同，有可能烟温还未到达原来值烟气已离开最后一级受热面了。

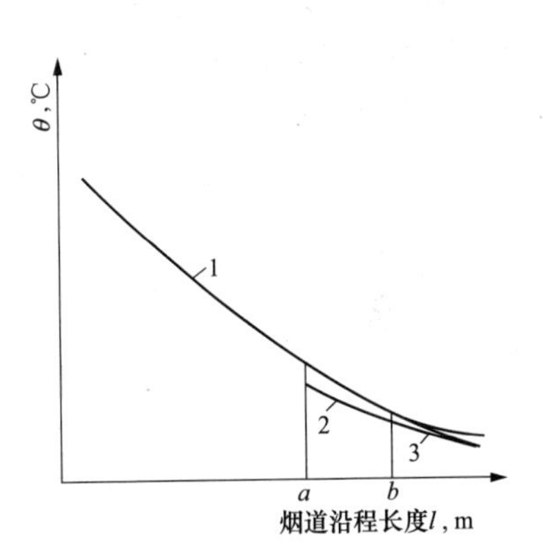

图 2-6　$\Delta\alpha—\theta$ 静态特性

a、b—烟道漏风点；1—原烟温曲线；2、3—对应 a、b 点漏风的烟温变化曲线

（三）给水温度变动

当汽轮机切除高压加热器时，给水温度会降低。利用式（2-8）可粗略计算给水温度对汽温的影响。当给水温度降低时，汽化热Δh_s增加，若忽略燃料量变化对烟气放热比例（等式左边）的影响，则过热蒸汽的总焓升Δh_{gr}与Δh_s按相同比例增加，引起蒸汽温度升高。对亚临界参数，给水温度每变化 10℃，过热汽温变化 5～6℃，再热汽温变化 4～5℃。

（四）煤质变动

煤质变化中，影响较大的是煤的发热量、挥发分、灰分和水分。低位发热量$Q_{net,ar}$降低时，在锅炉负荷不变的情况下，燃料量增加，总烟气量通常增加，炉膛出口烟温升高，Q_f降低，故会引起对流特性的过热器汽温和再热器汽温的升高。

燃用高挥发分、低灰分的煤，释热集中于燃烧区，故主燃区炉温升高。由于炉内燃烧早、传热早，炉内最高温度区在炉膛下部，所以炉膛出口烟温降低，Q_f大些，对流特性的过热器汽温和再热汽温会降低。燃用低挥发分、高灰分的煤结论相反。

燃用高水分的煤时，理论燃烧温度显著下降，炉温降低，炉内的辐射传热量减少，炉膛出口烟气温度也会有所降低，对于辐射式过热器或辐射式再热器，辐射传热量降低，出口蒸汽温度下降。对流式受热面，燃煤水分增加，烟气量增大，烟气流速上升，对流换热面传热系数增大，对流传热量增加，出口蒸汽温度上升。

综合以上煤质影响的特点，凡运行中煤质变差，都会使炉膛出口温度升高，对流特性的过热器汽温升高。反之若运行中煤质较好，则炉膛出口温度及呈对流特性的过热器汽温和再热器汽温降低，辐射热增加、锅炉效率升高。

二、汽压静态特性

（一）燃料量变动

主蒸汽压力的高低主要取决于锅炉汽包压力和汽轮机调节门开度。汽包压力稍高于主蒸汽压力，其差值为从汽包到过热器出口的流动压降。负荷高时相差较大，负荷低时相差较小。所以欲维持主蒸汽压力一定，就应保持适当的汽包压力。汽压的变化实质上反映了锅炉蒸发量与外界负荷的平衡关系。增加燃料量、保持给水流量和汽轮机调节门开度不变，燃料量增加使水冷壁吸热量增加，造成锅炉输入热量大于输出热量，水冷壁产汽量增加，汽压上升。

（二）汽轮机调节门扰动

若使汽轮机调节门开大，维持燃料量和给水量不变。这时蒸汽流量增加，调节门前工质密度会下降，汽包压力和主蒸汽压力会下降。汽轮机调节门关小时，结论相反。

三、水位静态特性

锅炉运行中引起水位变化的根本原因是蒸发区内物质平衡破坏或者工质状态发生改变。运行中影响水位变化的主要因素是锅炉负荷、汽压变动速度、燃烧工况和给水压力的扰动等。燃料量增加时（保持给水量和汽轮机调节门不变），产汽量增加，此时物质平衡被破坏，汽包水位下降。图 2-7 为某电厂水位静态特性的仿真结果。

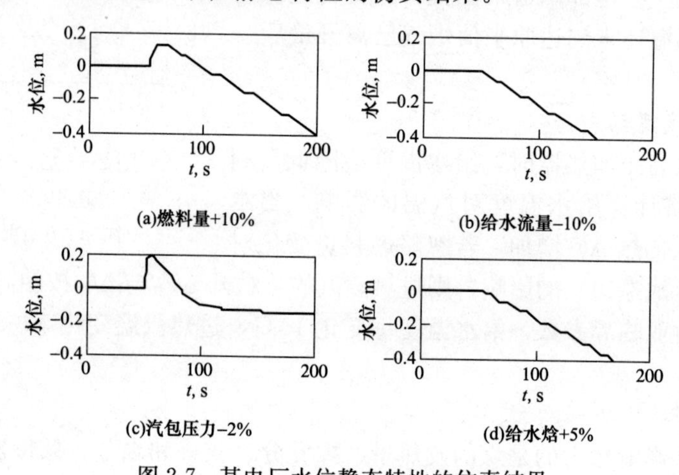

图 2-7 某电厂水位静态特性的仿真结果

（一）锅炉负荷

汽包水位是否稳定首先取决于锅炉负荷的变化及其变化的速度。例如锅炉的负荷突然升高，在给水和燃料量未及调整之前，会使水位先升高，最终则降低。前者是由于水面下蒸汽容积增大（虚假水位），后者是由于给水量小于蒸发量所造成的物质不平衡。锅炉负荷变动速度越快，水位的波动也就越大。

（二）汽包压力

汽包压力发生扰动时，压力降低则水位上升，压力升高则水位下降，变化速度越快，对水位的影响也就越大。由图 2-7（c）可知汽包压力下降 2%时，汽包水位下降约 0.2m。

（三）燃烧工况

燃烧工况的扰动对水位的影响也很大。在外界负荷及给水量不变的情况下，当燃料量突然增多时，水位暂时升高而后下降；当燃料量突然减少时，情况则相反。这是因为燃烧强化会使水面下汽泡增多，水位涨起，但随着汽压和饱和温度的上升，锅水中汽泡又会随之减少，水位有所降低。因此，水位波动的大小，也与燃烧工况改变的强烈程度以及运行调节的及时性有关。由图 2-7（a）可知当燃料量增减 10%时，水位先增加，后下降，下降约为 0.4m。

（四）给水压力

给水压力的波动将使送入锅炉的给水量发生变化，从而破坏了蒸发量与给水量的平衡。将引起汽包水位的波动。在其他条件不变时其影响是：给水压力高时，给水量增大，水位升高；给水压力低时，给水量减小，水位下降。由图 2-7（b）可知，给水流量下降 10%时，水位下降 0.4m。给水压力的波动大多是由给水泵的流量控制机构不稳定工作或转速波动引起的。

（五）给水焓

给水焓增加时，由于锅炉的燃烧工况不变，单位质量的工质吸热量减少，产汽量增加，此时给水量不变，因此蒸发量大于给水量，汽包水位下降。由图 2-7（d）可知，当给水焓增加 5%时，水位下降 0.4m。

第二节　汽包锅炉动态特性

动态特性是热工对象从一个平衡状态到另一个平衡状态的过渡特性。对锅炉来说，是指锅炉在受到扰动（包括施加某一操作）时，汽包或受热面中各参数（p、t、D）随时间变化的规律。根据锅炉的这些变化规律，就可了解锅炉对运行中可能产生的扰动的反应，确定在各种不同扰动下操作的极限允许值，从而认识锅炉变工况时的调节规律。因此，掌握锅炉动态特性对提高锅炉运行水平、分析处理异常工况都很有意义。

一、汽压动态特性

主蒸汽压力的高低主要决定于锅炉的汽包压力和汽轮机调节门的开度。运行中导致汽压变化的因素有两个方面。一是由于外界负荷的变化，如外界负荷增加，汽轮机调速汽门开大，进入汽轮机的蒸汽流量增大，锅炉蒸发设备内部热量减少，锅炉汽压降低。二是即使汽轮机调速汽门开度没有改变，但锅炉本身的燃烧工况发生了变化，比如煤质变化，煤量变化等，只要工况变化的结果使炉内燃烧增强，则锅炉蒸发设备内部热量将增加，汽压升高。所以欲维持主蒸汽压力一定，就应保持适当的汽包压力。

汽包内的压力是蒸发设备内部能量的集中表现，其变化决定于输入与输出热量的平衡。当输入热量大于输出热量时. 蒸发设备内部能量增大，汽压上升；反之则汽压下降。蒸发设备输入热量主要是水冷壁吸热量，汽包进水热量；输出热量主要是离开汽包的蒸汽热量，还有连续排污等。此外，蒸发设备内存汽水处于饱和状态，其压力、温度相应变化，汽包等金属温度也随着变化，可见汽压变化过程工质和金属也参与吸收或释放热量。蒸发设备输入侧的能量变化称为内部扰动，输出侧的能量变化称为外部扰动。内部或外部扰动都会发生汽压的变化。

输入蒸发区的净能量以两种形式转为蒸发设备的内部能量。一是增加蒸汽的密度（压力），使单位汽空间具有更多的物质量；二是伴随压力的提高，提升饱和水和金属的温度，使锅炉储存热量增加。由于输入系统中的能量必有一部分用于改变锅炉的储热量，故延缓了压力变化的速度。例如，在稳定工况下，水冷壁的产汽量与汽轮机用汽量相等，系统的能量交换为零，因此汽包内汽空间的物质量不变、汽压不变。但当扰动发生，如汽轮机调节门有一增开的扰动后，排汽量瞬间增加。此时锅炉燃料量尚来不及变化，致使汽轮机用汽量大于锅炉的产汽量。汽空间内物质存量逐渐减少，汽包压力降低，一部分锅水因为过饱和而汽化；与此同时汽包、水冷壁等厚壁金属通过降低温度而释放出物理显热也用于产汽。这样两部分蒸发虽并非来自燃料量的增加，而纯粹是由于锅水、金属壁降低温度释放储热而引起的，所以称为附加蒸发量。附加蒸发量起到阻止压力下降、减缓压力下降速度的作用。蒸发区域蓄热能力的影响具有两面性：一方面，当外界负荷变化时，锅炉本身蓄热量可减缓压力变动速度；另一方面，主动改变锅炉负荷时，蓄热能力越大，出力和参数反应越迟缓，不能迅速跟上工况变动的要求。

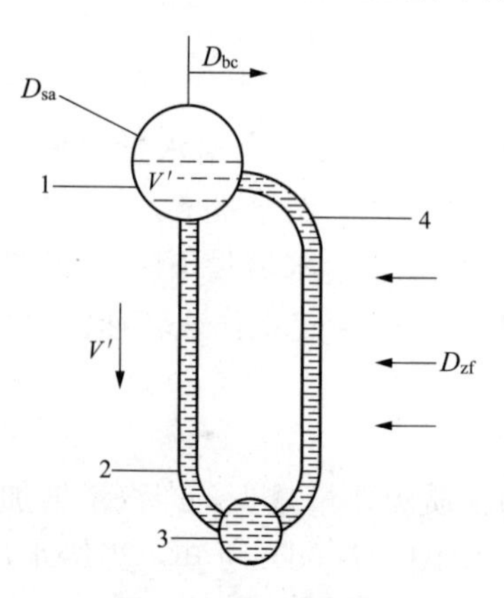

图 2-8　蒸发区系统

1—汽包；2—下降管；
3—水冷壁入口联箱；4—水冷壁

以下对汽压变动速度公式作简单推导，目的是定量观察影响汽压变化速度的因素，蒸发区系统如图 2-8 所示。

质量平衡（增量形式）：进入系统的质量－离开系统的质量＝系统质量的增量，即

$$\Delta D_{sm}-\Delta D_{bq}=\frac{d}{d\tau}(V'\rho'+V''\rho'') \tag{2-12}$$

能量平衡（增量形式）：进入系统的能量－离开系统的能量＝系统能量的增量，即

$$\Delta Q_{zf}+\Delta D_{sm}h_{gs}-\Delta D_{bq}h''=\frac{d}{d\tau}(V'\rho'h'+V''\rho''h''+G_{js}c_{js}t_{js}) \tag{2-13}$$

蒸发设备内部容积平衡，即

$$V_{zf}=V'+V''$$

此外，蒸汽流量压力特性为

$$D_{bq}=k_t p''_{qb}$$

式中　D_{sm}、h_{gs}——由省煤器进入汽包的给水质量流量和给水焓，kg/s，kJ/kg；

D_{bq}——汽包出口饱和蒸汽质量流量，kg/s；

Q_{zf}——水冷壁吸热量，kW；

h'、h''——饱和水及饱和蒸汽焓，kJ/kg；

ρ'、ρ''——饱和水及饱和蒸汽密度，kg/m^3；

G_{js}、c_{js}、t_{js}——蒸发系统金属质量、比热容和温度，kg，kJ/(kg·℃)，℃；

τ——时间，s；

p''_{qb}——汽包压力，Pa。

再利用以下关系：$h''=h'+r$；$h_{gs}=h'+\Delta h_q$

其中，r 为汽化潜热，h_{gs}为给水焓；Δh_q 为给水欠焓。

工质的焓、密度和金属的温度对时间的导数与压力变动速度存在以下关系：

$$\frac{dh}{d\tau}=\frac{\partial h}{\partial p}\frac{dp}{d\tau} \tag{2-14}$$

$$\frac{d\rho}{d\tau}=\frac{\partial \rho}{\partial p}\frac{dp}{d\tau} \tag{2-15}$$

$$\frac{\mathrm{d}t_{\mathrm{b}}}{\mathrm{d}\tau}=\frac{\partial t_{\mathrm{b}}}{\partial p}\frac{\mathrm{d}p}{\mathrm{d}\tau} \tag{2-16}$$

求解以上各式，可知汽包压力变化速度

$$\frac{\mathrm{d}p_{\mathrm{qb}}}{\mathrm{d}\tau}=\frac{\Delta Q_{\mathrm{zf}}+(a_1-h_{\mathrm{q},0})\Delta D_{\mathrm{sm}}-a_2(kp_{\mathrm{qb}}-D_{\mathrm{bq},0})-p_{\mathrm{bq}}\dfrac{\mathrm{d}h''}{\mathrm{d}p}\Delta p_{\mathrm{qb}}}{a_3V'_0+a_4V''_0+a_5a_{\mathrm{js}}} \tag{2-17}$$

其中注脚“0”表示扰动前的状态参数；$a_1\sim a_5$ 分别为扰动前状态参数综合常数，他们的表达式为

$$a_1=\left(\frac{r\rho''}{\rho'-\rho''}\right) \tag{2-18}$$

$$a_2=\left(\frac{r\rho'}{\rho'-\rho''}\right) \tag{2-19}$$

$$a_3=\left(\rho'\frac{\mathrm{d}h'}{\mathrm{d}p}+a_2\frac{\mathrm{d}\rho'}{\mathrm{d}p}\right) \tag{2-20}$$

$$a_4=\left(\rho''\frac{\mathrm{d}h''}{\mathrm{d}p}+a_3\frac{\mathrm{d}\rho'}{\mathrm{d}p}\right) \tag{2-21}$$

$$a_5=\frac{\mathrm{d}t}{\mathrm{d}p}c_{\mathrm{j}} \tag{2-22}$$

$a_1\sim a_5$与汽包压力的关系如图 2-9 所示。由图可看出式 (2-17) 中各项在压力变化速度中的主次程度，如分子中第三项比第二项重要，分母中第一项比第二项重要，第二项比第三项重要。还可看出不同压力等级的锅炉式中各项影响程度的变化，对于亚临界压力的锅炉与压力较低的锅炉比较，式中分子部分第二项的影响增大，第三项的影响减小；分母部分第一项、第三项影响减小，第二项影响增大。

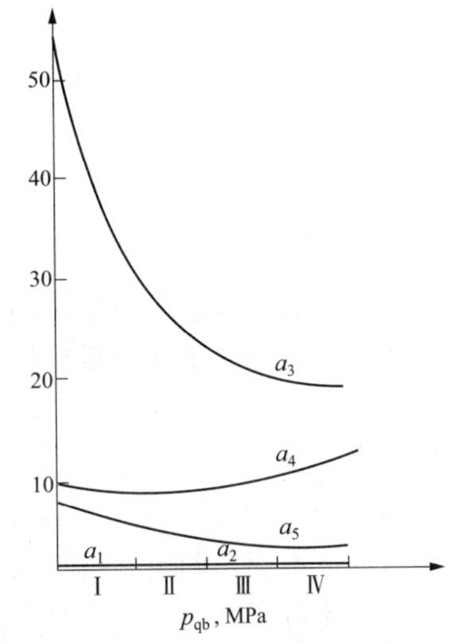

图 2-9　$a_1\sim a_5$与汽包压力的关系
p_{qb}—汽包压力

式 (2-17) 的分母为蒸发设备压力变动的热惯性，用 I 表示：

$$I=a_3V'_0+a_4V''_0+a_5G_{\mathrm{js}} \tag{2-23}$$

热惯性 I 的物理意义就是在汽压变动时蒸发设备水容积、汽容积及金属吸收（升压时）或释放（降压时）的热量，其值越大，各种扰动对汽压变化程度影响减小，汽压变化速度下降，趋向汽压稳定。

式 (2-17) 的分子为蒸发设备进出热量不平衡程度，用 ΔE 表示（Δ 表示扰动后某参数与扰动前该参数稳定值之差）如下：

$$\Delta E=\Delta Q_{\mathrm{zf}}+(a_1-h_{\mathrm{q},0})\Delta D_{\mathrm{sm}}-a_2(k_{\mathrm{t}}p_{\mathrm{qb}}-D_{\mathrm{qb},0})-D_{\mathrm{qb},0}\frac{\mathrm{d}h''}{\mathrm{d}p}\Delta p_{\mathrm{qb}} \tag{2-24}$$

下面分析 ΔE 的性质。ΔE 组成各项等于零，说明工况无扰动，汽压不变化；ΔE 组成各项自身不等于零，但是各项之和等于零，说明原工况变到新工况始终保持输入和输出热量协调一致，汽压也不变化。如果发生任何一个扰动而使 $\Delta E>0$，或 $\Delta E<0$，汽压按式 (2-17) 规律变化。例如，$\Delta Q_{\mathrm{zf}}>0$ 则 $\Delta E>0$，结果是$\dfrac{\mathrm{d}\Delta p_{\mathrm{qb}}}{\mathrm{d}\tau}>0$，汽压上升；$k_{\mathrm{t}}p_{\mathrm{qb}}$随汽压上

升而增大，它对$\frac{d\Delta p_{qb}}{d\tau}$有负反馈作用，使汽压上升速度减小。此外，根据蒸汽性质，$p_{qb}<$ 3.2MPa时，$\frac{dh''}{dp}$为正值，$p_{qb}>$3.2MPa时，$\frac{dh''}{dp}$为负值。因此前者对$\frac{dh''}{dp}$起负反馈的作用，后者起正反馈的作用。$k_t p_{qb}$与$\frac{dh''}{dp}$两项因素的综合，结果是$p_{qb}<$3.2MPa为负反馈性质，高压、超高压也是负反馈性质，$p_{qb}=$20MPa正负反馈差不多相互抵消，$p_{qb}>$20MPa为正反馈性质。

式（2-23）和式（2-24）代入式（2-17）得

$$\frac{d\Delta p_{qb}}{d\tau}=\frac{\Delta E}{I} \tag{2-25}$$

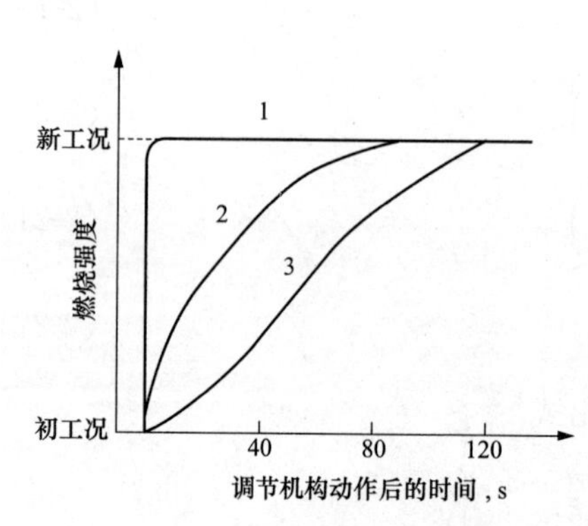

图 2-10　几种系统的飞升曲线
1—燃油或燃气炉；2—中间储仓式系统；3—直吹式系统

式（2-25）简明表示了汽压变化速度正比于热量不平衡ΔE，反比于热惯性I。煤粉炉燃烧系统的惯性，是燃烧调节系统主要时间迟缓。它是指燃料从开始变化，到炉内建立起新的状态所需要的时间。影响燃烧系统惯性的因素很多，如燃料的种类、制粉系统类型。油炉着火和燃烧迅速，比煤粉炉惯性小；中间储仓式系统比直吹式系统惯性小。燃烧系统的动态特性常用飞升曲线来表征。图2-10所示为几种系统的飞升曲线，可通过具体设备的试验来确定。中间储仓式系统需40～60s可接近新水平。油炉只需要3～5s，就能达到新水平。

图2-11为汽包压力阶跃响应曲线，图2-11（a）为燃料量增加时汽包压力变化的动态过程，在此过程中保持给水流量和汽轮机调节门开度不变，燃料量增加使水冷壁吸热量增加，造成锅炉输入热量大于输出热量，汽包压力和主汽压力上升，工质温度也随着升高，系统吸收部分蓄热，使汽压升高速度减缓；同时，汽轮机前汽压升高，在调速汽门开度不变的条件下蒸汽流量将增加，它的作用也使汽压升高速度降低。图2-11（b）为汽轮机调速汽门开大时汽包压力变化的动态过程，在此过程中保持燃料量和给水量不变，调速汽门开大使蒸汽流量增加，汽包压力和主蒸汽压力下降，汽压的降低又使蒸汽流量有所减小，同时系统释放出部分储热，减缓了压力的降低速度，最终压力降低至一个新的稳定值。

二、汽温动态特性

锅炉运行中，影响过热汽温和再热汽温的因素很多，有蒸汽侧的，也有烟气侧的。但是不论何种因素扰动，都并不是一扰动汽温就立即变化，而是有一定的时滞；同时汽温的变化也不是阶跃的，而是从慢到快，经过一定的时间，最后稳定在一个新的水平。

图2-12所示为过热汽温动态特性。汽温从初值到终值的变化曲线称飞升曲线。曲线的拐点（A点）是汽温变化速度最大的点，通过该点做一切线，与汽温的初值线、终值线分别交于B、D两点。从扰动开始到B点的时间称延迟时间，记为τ_z表示汽温在多长时间后才“感受到”扰动。从B到D的时间称时间常数，记为τ_c，它表示从初值变化到终值大致经历的时间。对于调节动态过程，总是希望τ_z和τ_c愈小愈好，这样调节才灵敏迅速。

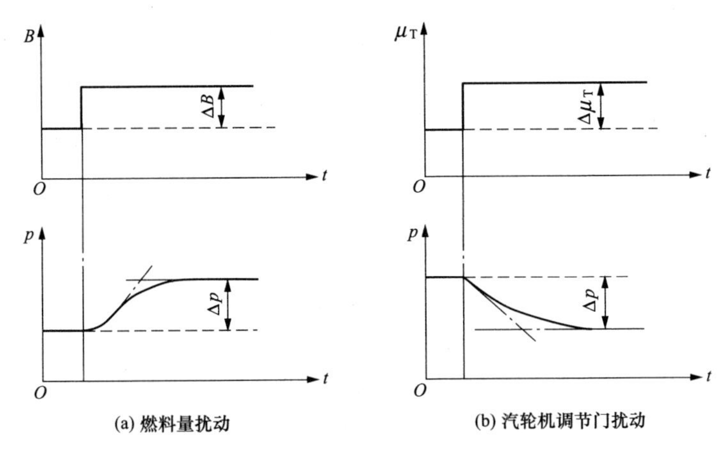

图 2-11　汽包压力阶跃响应曲线

ΔB—燃料量扰动；$\Delta\mu_T$—汽轮机调速汽阀开度变化；p—汽包压力

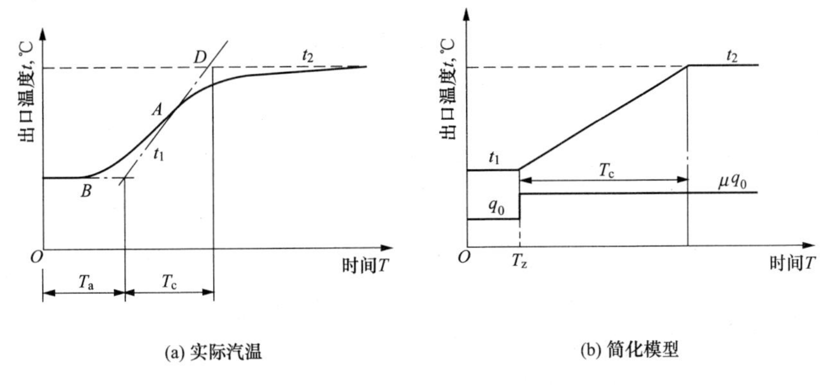

图 2-12　过热汽温动态特性

T_z—延滞时间；T_c—时间常数；ΔB—燃料量扰动

出口汽温变化的快慢与过热器系统中的储热量有关。当汽温在扰动后下降时，过热器的金属温度也将下降，并放出一部分储热，其结果使出口汽温延缓下降。过热器管子和联箱的壁厚愈大，蒸汽压力愈高，金属的储热能力愈大，汽温变化速度也就更为缓慢。

过热汽温的变化时滞还同扰动方式有关：烟气侧和蒸汽流量的扰动通常在几秒钟内，甚至在更短的时间内，能使整个过热器受到影响，这时汽温变化的时滞较小。进口蒸汽焓或减温水量的变动对出口汽温的影响就较慢。这时出口汽温变化的时滞将与进口流量成正比，而与蒸汽流量成反比。近代锅炉的过热器，当进口端蒸汽侧发生扰动时，时滞为 50～100s，时间常数 τ_c为 150～200s，如扰动发生在高温过热器入口，由于喷水点与过热器出口之间的距离较短，所以 τ_z 更小，调节作用最灵敏。

对于中储式系统，当锅炉的燃烧调节机构动作后，炉内燃烧强度几乎立即变化，对于辐射受热面而言，几乎没有时滞，而对其他受热面来说也是极短的。即使是容量很大的锅炉，烟气从炉膛流至锅炉出口的时间也只有 10s 左右。这与锅炉动态过程所需要的时间相比是很小的。而对于中速磨直吹式系统，在调节锅炉负荷时，燃烧系统的动态过程时间可能稍长些，但与工质侧相比，仍然要快得多。

汽温动态特性的数学描述，是以下六个方程组成的封闭方程组。

连续性方程：

$$\frac{\partial}{\partial x}(\omega\rho)\frac{\partial\rho}{\partial\tau}=0 \tag{2-26}$$

动量方程：

$$-\frac{\partial p}{\partial x}=\zeta\frac{\omega^2\rho}{2} \tag{2-27}$$

热平衡方程（对管内）：

$$a_2 s(t_w-t)=A\frac{\partial}{\partial x}(h\omega\rho)+A\frac{\partial}{\partial\tau}(h\rho) \tag{2-28}$$

传热方程（对管壁）：

$$q-mc_w\frac{\partial t_w}{\partial\tau}=a_2 s(t_w-t) \tag{2-29}$$

蒸汽的状态方程：

$$\rho=f_1(p,\ h) \tag{2-30}$$

$$h=f_2(p,\ t) \tag{2-31}$$

式中 ρ、ω、p、t、h——蒸汽密度、流速、压力、温度、比焓；

τ——时间，s；

ζ——流动阻力系数，$\zeta=\lambda/d_0$；

a_2——管壁对蒸汽的对流换热表面传热系数，kW/(m^2·℃)；

q——单位管长的热流密度，kW/m；

m——单位管长的金属质量，kg/m；

c_w——金属的比热容，kJ/(kg·℃)；

s——以内壁计算的管子周长；

t_w——管壁温度，℃；

A——过热器的蒸汽流通总面积，m^2。

在适当的简化下（过热器流阻为零，蒸汽密度为常数）便可得到描述汽温特性的偏微分方程

$$A\omega\rho\frac{\partial h}{\partial x}+A\rho\frac{\partial h}{\partial\tau}=q-m\frac{c_w}{c_p}\frac{\partial h}{\partial\tau} \tag{2-32}$$

在稳定工况下，汽温的分布可借助于令式（2-32）$\frac{\partial h}{\partial\tau}=0$，即

$$h=h'+\frac{q_0}{A\omega\rho}x$$

式中 h'——过热器入口蒸汽比焓，kJ/kg；

q_0——扰动前的壁面热负荷，kW/m。

当烟气侧有一扰动时，如壁面热负荷由 q_0 突变到 q，且 $q=\mu q_0$，则有初始条件：$\tau=0$

时，$h=h'+\frac{q_0}{A\omega\rho}x$；边界条件：$x=0$ 时，$h(\tau)=h'$，将式（2-32）中的 q 代以 μq_0，则可得到

$$h=f(x,\tau)=h'+\frac{q_0}{A\omega\rho}x+\frac{c_p(\mu-1)q_0}{A\rho c_p+mc_w}\tau \tag{2-33}$$

另 $x=L$（L 为过热器出口到入口的长度）可得到如图 2-12 所示的形式，有

$$h''=f(\tau)$$

锅炉快变负荷时，管子壁面热负荷均先于流量变化，即呈现如图 2-12（a）所示的动态特性。一旦汽量也发生变化（相当于叠加汽量扰动），汽温又将恢复到由静态特性规定的稳定值。这个过程常会引起过热器的短时超温。

三、水位动态特性

汽包水位是锅炉运行中一个重要的控制参数。汽包水位过高，蒸汽空间缩小，将会引起蒸汽带水，使蒸汽品质恶化以致在过热器内产生结垢使管子过热，金属强度降低而发生爆管；满水时，蒸汽大量带水将会引起管道和汽轮机内产生严重的水冲击，造成设备损坏。水位过低，将会引起水循环的破坏使水冷壁管超温，严重缺水时，还可能造成很严重的设备损坏事故。因此，运行时必须严格监视和限制汽包水位的变动和变动速度。汽包正常水位一般在汽包中心线以下 100mm 范围内，在水位标准线的±50mm 以内为水位允许的波动范围。

锅炉运行中，引起水位变化的根本原因是蒸发区内物质平衡的破坏或者工质状态发生了改变。稳定情况下，给水量与产汽量相等，水位不变。而当给水量与产汽量不相等时，水位会发生变化。例如在只增加燃烧率而不进行其他操作（如给水调节和汽轮机调节门动作）的情况下，由于物质平衡被破坏，给水量小于产汽量，水位将降低。

在汽包压力变化很快时，汽包水位不只取决于物质平衡，还与工质状态的变化有关。例如在锅炉跟随方式下，当汽轮机调节门突然开大而增加负荷时，汽压迅速降低，所产生的附加蒸汽量会使水位涨起，造成所谓的“虚假水位”。运行中虚假水位变化幅度不大时，一般不易察觉，但在有些工况下，产生明显的虚假水位，应给与足够的重视，容易出现虚假水位的工况有汽轮机突然甩负荷、锅炉熄火、安全门动作、给水温度大幅度变动。因为从调节看，此时本应加大给水量（由于给水量将小于产汽量），但单纯根据水位判断则为减小给水量。

在汽轮机跟随方式下，如果是上升管出口在水空间内，锅炉增加负荷过快，也会产生“虚假水位”。当燃烧率增加而给水来不及调整时，水冷壁蒸发量增多会使水位胀起，之后则由于输出汽量大于输入的给水量以及汽压的升高，水位下降。对上升管出口在汽空间内的蒸发系统，锅炉增加产汽量不会产生“虚假水位”，汽压变化与物质平衡对水位影响方向一致，若负荷增加率过大，亦会加剧水位的变化。

图 2-13 为汽包的物质平衡，可列出下列的物质平衡式和蒸发系统容积公式：

$$V'+V''=V'+V''_x+V''_s=V$$

质量平衡（增量形式）：进水量－产汽量＝系统质量的增量，即

$$\Delta D_{sm}-\Delta D_{zf}=\frac{d}{d\tau}(V'\rho'+V''_x\rho''+V''_s\rho'') \tag{2-34}$$

式中 V''_x、V''_s——水位下、水位上空间蒸汽体积，m^3。

$$dV''_s = -A_b dh$$

$$\frac{d\rho''}{d\tau} = \frac{\partial\rho''}{\partial p}\frac{dp}{d\tau}, \frac{d\rho''}{d\tau} = \frac{\partial\rho''}{\partial p}\frac{dp}{d\tau}$$

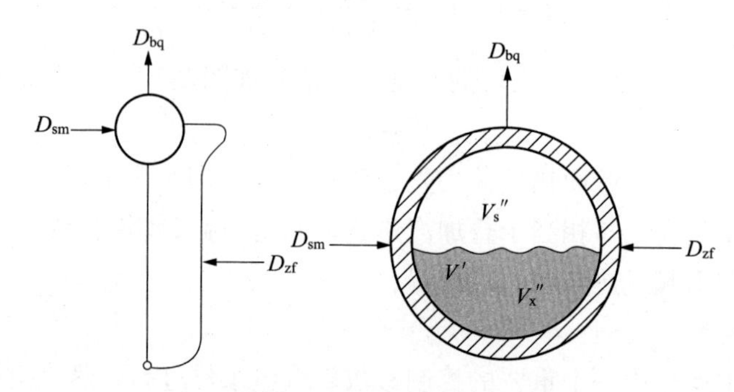

图 2-13 汽包物质平衡

经整理后可得

$$\frac{dh}{d\tau} = \frac{\Delta D_{sm} - \Delta D_{bq}}{A_b(\rho' - \rho'')} - \frac{V'\frac{\partial\rho'}{\partial P} + V''\frac{\partial\rho''}{\partial P}}{A_b(\rho' - \rho'')}\frac{dp}{d\tau} + \frac{1}{A_b}\frac{dV''_x}{d\tau} \tag{2-35}$$

式中 h——汽包水位，m；

A_b——汽包水位截面积，m^2；

V——蒸发区总容积。

式（2-35）中等号右边的三项反映了影响水位变化的因素，以下分别进行分析。第一项为蒸发设备内部质量不平衡因素的影响，例如，蒸汽流量不变 $\Delta D_{bq}=0$，给水流量增大，$\Delta D_{sm}>0$ 则 $dh/d\tau>0$，水位上升，分母部分表明在同样的质量流量扰动下，汽包断面积小（汽包直径和长度），水位变换速度就快；压力高的锅炉汽水密度差小（$p'-p''$），水位变化速度快。第二项为汽压变化引起汽水密度变化对水位的影响，前面的负号表示水位与汽压变化的方向相反。例如，锅炉燃料量增加 ΔB，汽压上升 $dp/d\tau<0$，$\partial\rho'/\partial p$ 大于零，$\partial\rho''/\partial p$ 略小于零，使分子部分大于零，$dh/d\tau<0$ 汽包水位降低。这个影响说明蒸发区水汽总量不变的情况下，汽水密度的变化使水、汽量发生了重新分配。第三项为水位以下蒸汽容积变化对水位变化的影响因素。例如，燃料量增多，产汽量上升，水位以下蒸汽容积增大，结果 $dh/d\tau>0$，水位上升。这一项较难计算，对水冷壁而言，水下汽容积 V''_x与单位时间的产汽量 D_{zf}有关，苏联计算标准给出的公式为 $V''_x/V=c$（D_{zf}/D_e），其中 c 为常数，D_e为额定蒸发量。对于“闪蒸”的情况，D_{zf}还应包括由于汽压下降而产生的附加蒸发量。

图 2-14（a）示意了汽轮机调节门扰动（$\Delta D>0$）时水位变化的情况。此时，先是汽压下降导致 V''_x增加水位涨起（图中曲线 2），之后燃料量跟上，D_{zf}增加使水冷壁的产汽量大于进入汽包的给水流量，即 $D_{zf}>D_{sm}$，水位下降（图中曲线 1）。实际汽包水位变化是上述二曲线的叠加，水位先上升，然后又下降（图中曲线 3）。图 2-14（b）则是燃料量扰动时水位变化的情况。与图 2-14（a）相比，水位上升较少而滞后较大，这一方面是由于蒸发量随燃料量的增加有惯性和时滞，另一方面也是因为汽压的随之增加对水位的上升

起了削减的作用。

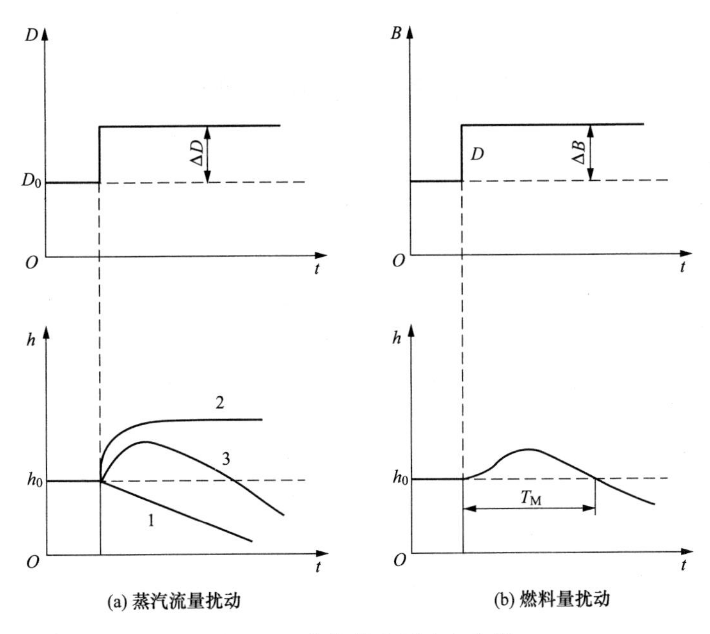

图 2-14　水位的阶跃响应曲线

1—只考虑物质不平衡的响应曲线；

2—只考虑蒸发面下蒸汽容积 V''_x 的响应曲线；3—实际的水位响应曲线

第三章　直流锅炉运行特性

直流锅炉的主要特点是汽水系统中不设置汽包，工质一次性通过省煤器、水冷壁、过热器，直流锅炉工作原理如图 3-1 所示。

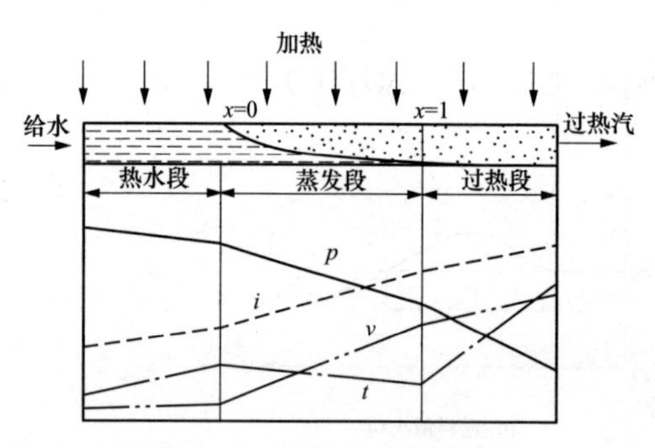

图 3-1　直流锅炉工作原理

直流锅炉由于没有汽包，对于亚临界压力直流锅炉，热水段、蒸发段和过热段受热面之间没有固定界限，对于超临界压力锅炉，当工作于超临界区时，热水段和过热段受热面之间也没有固定界限，因此其运行特性与汽包锅炉有较大的区别。直流锅炉运行特性有以下几个特点：

(1) 直流锅炉的热水段、蒸发段与过热段之间没有固定的界限，一种扰动的发生将对各种被调参数产生影响，因此，直流锅炉的各个调节过程相互影响较大，不像汽包锅炉那样汽温、汽压的两个调节过程基本上可分别进行。

(2) 直流锅炉的受热面容积较小，工质储量较少，相应的蓄热能力较小，所以任何扰动对汽温、汽压等参数的影响要比汽包锅炉大得多。但对增减负荷，因为灵活性好、蓄热能力小则是有利条件。

(3) 当燃料量和给水量的比例（即通常所说的煤水比）失调时，过热段受热面积、工质的存储量就要改变，将会使汽温的变化很大。

(4) 直流锅炉出口汽温的变化，与汽水通道上所有中间截面工质焓值的变化是相互关联的。当锅炉工况变动时，首先反映出来的是过热器入口汽温的变化，然后是过热器各中间截面汽温逐渐向后变动，最后导致出口汽温的变化。大型直流锅炉的汽水流程长度很长，例如 300～600MW 锅炉，蒸发管长度单程约 200m，加上省煤器和过热器的长度，总长度达 1000m 左右，输出对输入的延迟很大。所以，为了维持锅炉出口汽温的稳定，通常在过热器区段中找一点温度，即通常所说的中间点温度，作为超前信号用于调节。

第一节　静　态　特　性

一、汽温静态特性

稳定工况下，以给水为基准的过热蒸汽总焓升可按式（3-1）计算，即

$$h''_{gr}-h_{gs}=\frac{\eta BQ_{r}(1-r_{zr})}{G} \tag{3-1}$$

式中　h_{gr}、h_{gs}——过热器出口焓、给水焓，kJ/kg；

η——锅炉效率；

Q_r——锅炉输入热量，kJ/kg；

r_{zr}——再热器相对吸热量 $r_{zr}=Q_{zr}/(\eta Q_r)$；

Q_{zr}——再热器吸热量，kJ/kg。

下面，对式（3-1）进行分析。

1. 煤水比 B/G

燃料量和给水量的比值称为煤水比。直流锅炉的煤水比对汽温的静态特性影响很大。保持式中 h_{gs}、η、Q_r、和 r_{zr}不变，则当锅炉给水量从 G_0变化到 G_1，对应的燃料量由 B_0变化到 B_1时，过热器出口比焓的变化量可写为

$$\Delta h''_{gr}=h''_{gr,1}-h''_{gr,0}=(h''_{gr}-h_{gs})_0(\Delta B/B_1-\Delta G/G_1) \tag{3-2}$$

或

$$\Delta h''_{gr}=h''_{gr,1}-h''_{gr,0}=(h''_{gr}-h_{gs})_0(1-m_0/m_1) \tag{3-3}$$

式中　$h''_{gr,0}$、$h''_{gr,1}$——工况变动前后过热器出口比焓，kJ/kg；

m_0、m_1——工况变动前后的煤水比，$m_0=B_0/G_0$，$m_1=B_1/G_1$；

ΔB——工况变化前后燃料量的变化量，kg/s；

ΔG——工况变化前后给水量的变化量，kg/s。

根据式（3-3），当煤水比增大时，过热汽温升高；相反，当煤水比减小时，过热汽温降低。由式（3-3）可计算煤水比变化对汽温的影响。对于超临界压力锅炉（以 25.5MPa，571/571℃参数为例），$h''_{gr}-h_{gs}\approx 2170$kJ/kg。若保持给水流量不变，燃料量增加 10%（$m_1=1.1m_0$），则过热蒸汽出口比焓将增加 197kJ/kg，相应的温升约为 70℃；如果热负荷不变，而工质流量减少 10%（$m_1=1.1m_0$），则过热蒸汽焓增为 215kJ/kg，相应的温升约 90℃。由此可见，当直流锅炉的燃料量与给水量不相适应时，出口汽温的变化是很剧烈的。实际运行中，为维持额定汽温必须严格控制煤水比，根据式（3-2），应使$\dfrac{\Delta B}{B_1}-\dfrac{\Delta G}{G_1}=0$或 $m_0=m_1$。

式（3-3）表明，在锅炉运行中应使 B/G 为定值，也就是保持一定的煤水比。但是，即使这样，在燃料和给水扰动后的变工况过程中，汽温还会有短暂的变化。其原因在于燃料扰动与给水扰动对汽温发生影响的过程不同，进行的速度也不同，因而在动态过程中两种影响不能相互抵消。但由此引起的汽温变化幅度一般不会很大。

2. 给水温度

当给水温度降低时，若保持煤水比不变，则由式（3-1）可知，过热器出口焓（汽温）将随之降低。只有调大煤水比，使之与增大了的过热蒸汽总焓升（$h''_{gr}-h_{gs}$）相对应，才能保持汽温稳定。

3. 过量空气系数

炉内过量空气系数主要是通过再热器相对吸热量 r_{zr}的变化而影响过热汽温的。当炉内送风量增大时，对流式再热器的吸热量因烟气流量的增大而增加，而辐射式再热器的吸热量则基本不变，因此再热器总吸热量 Q_{zr}及相对吸热量 r_{zr}增大，在煤水比未变动的情况下，根据式（3-1）过热器出口汽温将降低。运行中也需要改变设定的煤水比。

4. 锅炉效率

由式（3-1）可知，当锅炉效率降低时，过热汽温将下降。运行中炉膛结焦、过热器结

焦、风量偏大，都会使排烟损失增大，效率降低；燃烧不完全也是锅炉效率下降的一个因素。上述情况出现时均会使煤水比发生变化。

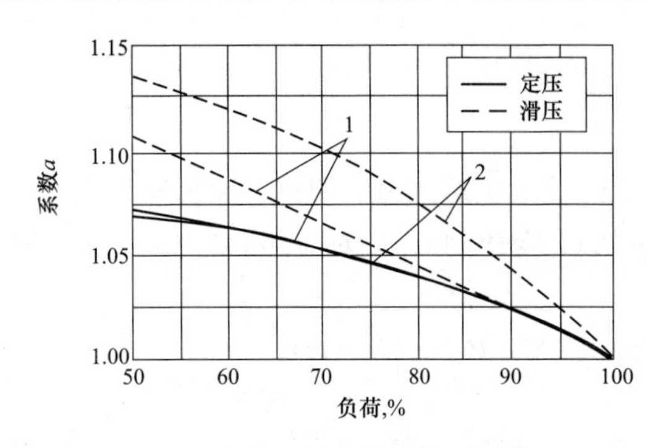

图 3-2 系数 a 与负荷的关系
1—亚临界参数；2—超临界参数

5. 变压运行

变压运行时的主蒸汽压力是锅炉负荷的函数。当负荷降低时主蒸汽压力下降，与之相应的工质理论热量（从给水加热至额定出口汽温所必须吸收的热量）增大，如煤水比不变，则汽温将下降。如保持汽温，则煤水比按比例增加。图 3-2 是工质理论热量与负荷的对应关系。图中的系数 a 定义为工质理论热量对 100%MCR 时工质理论热量的比值。由图可知，对于超临界参数锅炉，在其他条件均不变的情况下，50%负荷运行理论上需增加煤水比 11%左右。若考虑中间点温度控制，煤水比的增加还要大些。

6. 燃料发热量

根据式（3-1），新工况的燃料发热量增大，Q_r增大，过热蒸汽温度升高；反之，过热汽温降低。对于再热汽温，稳定工况下，再热器出口比焓 h''_{zr}(kJ/kg) 计算式为

$$h''_{zr}-h'_{zr}=\frac{B\eta Q_r r_{zr}}{dG} \tag{3-4}$$

式中 h'_{zr}——再热器进口比焓，kJ/kg；

d——再热器流量份额。

若公式中 h'_{zr}、η、Q_r和 r_{zr}保持不变，则当锅炉给水量从 G_0变化到 G_1，对应的燃料量由 B_0变化到 B_1时，再热器出口焓值的增量为

$$\Delta h''_{zr}=h''_{zr,1}-h''_{zr,0}=(h''_{zr}-h_{zr})_0(1-m_0/m_1) \tag{3-5}$$

由式（3-5）可知，在任何负荷下，当燃料量与给水量成比例变化（$m_1=m_0$）时，即可保证再热汽温为额定值。这个结论与主汽温调节的要求是一致的。

煤发热量、过量空气系数、受热面结焦、定压运行、滑压运行方式等对再热汽温影响的分析与过热汽温相仿。随着煤发热值、过量空气的增加，在煤水比不变时再热汽温升高；再热器前的受热面结焦越重，再热器进口比焓 h'_{zr}越高，再热汽温升高越多。滑压运行比定压运行更易于稳定再热汽温，这是因为前者的 h'_{zr}值比较稳定，基本不随负荷变化而变化。

二、汽压静态特性

直流锅炉工质串联通过各级受热面，主蒸汽压力是由系统的质量平衡、热量平衡以及工质流动压力降等因素共同决定的。

1. 燃料量扰动

假设燃料量增加 ΔB，汽轮机调速汽门开度不变，以下从三种情况分析工况变动后的汽压。

（1）给水流量随燃料量增加，保持煤水比不变（$m_0=m_1$），由于锅炉产汽量增大汽压上升。

（2）给水流量保持不变，煤水比增大（$m_1>m_0$），为维持汽温必须增加减温水量，同样

由于蒸汽流量增大，汽压上升。

（3）给水流量和减温水量都不变，则汽温升高，蒸汽容积增大，汽压也有所上升。这是由于在汽轮机调节门开度不变的情况下，蒸汽流速增大使流动阻力增大所致。但如果汽温的升高在允许的较小值，则汽压无明显变化。

2. 煤发热量扰动

假设煤的发热量增加 ΔQ_r，其他运行条件不变，这相当于燃料量扰动而煤质不变。结果汽温升高，汽压也有所升高。

3. 给水量扰动

假设给水流量增加 ΔG，汽轮机调速汽门开度不变，也有三种情况：

（1）燃料量随给水流量增加，保持煤水比不变（$m_0=m_1$），由于蒸汽流量增大，汽压上升。

（2）燃料量不变，减小减温水量保持汽温，此时过热器出口蒸汽流量不变，则汽压不变。

（3）燃料量和减温水量都不变，如汽温下降在许可范围内，则蒸汽流量的增大使汽压上升。

4. 汽轮机调节门扰动

若汽轮机调节门开大 Δk，而燃料量和给水流量均不变，由于工况稳定后，汽轮机排汽量仍等于给水流量，并未变化。根据汽轮机调节门的压力—流量特性可知，汽压降低。

第二节 动 态 特 性

一、燃料量和给水量变动对工质储存量的影响

1. 现象和原因

直流锅炉受热面可简化成省煤器、水冷壁、过热器三个受热管段串联组成，直流锅炉受热管段如图 3-3 所示。水通过省煤器进行加热，水冷壁进口为欠焓水，在水冷壁中进行加热、汽化和蒸汽微过热，蒸汽通过过热器加热。省煤器受热管段长度为 l_{sm}，水冷壁受热管段长度分为热水段 l_{rs}、蒸发为 l_{zf}和微过热段 l_q三段，过热蒸汽段长度为 l_{gr}。

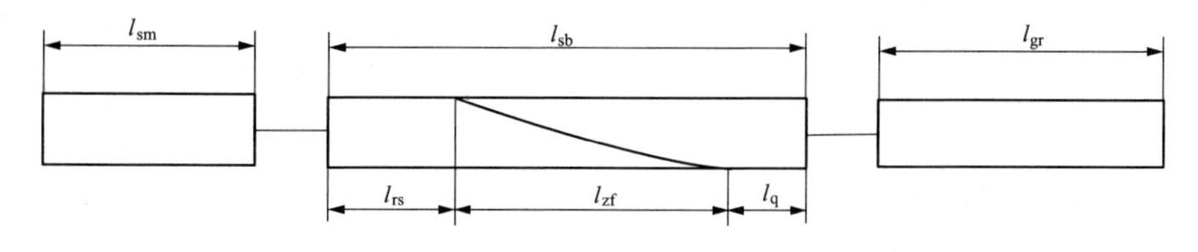

图 3-3 直流锅炉受热管段

l_{sm}—省煤器受热管段长度，m；l_{sb}—水冷壁受热管段长度，m；
l_{zf}—蒸发段长度，m；l_q—蒸汽微过热长度，m；l_{gr}—过热器受热段长度，m

燃料量或给水流量扰动，会使水冷壁热水段、蒸发段和微过热段长度发生变化，从而使锅内工质储存量发生变化，例如，燃料量增加使受热面热负荷增大，l_{rs}缩短、l_{zf}缩短、l_q增长，部分空间的储水转变成蒸汽，短时间内蒸汽质量流量大于给水质量流量。又如，给水流量增大，使 l_{rs}增长、l_{zf}增长、l_q缩短，部分蒸汽空间转变成水空间，储存水量增大，短时间

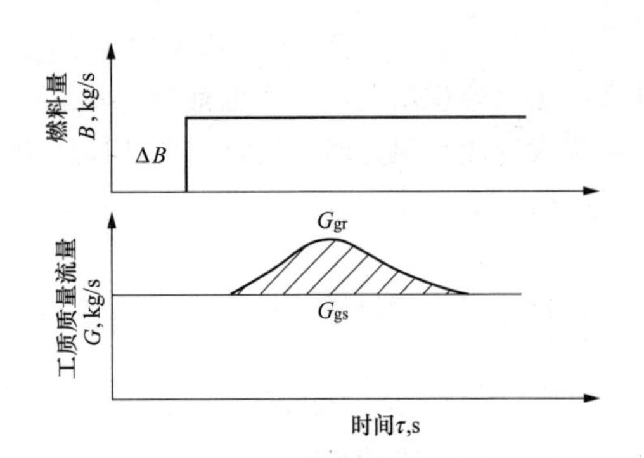

图 3-4　直流锅炉附加蒸发量

ΔB—燃料量扰动，kg/s；G_{gs}—给水质量流量，kg/s；G_{gr}—过热蒸汽质量流量，kg/s

内蒸汽质量流量小于给水质量流量。由于锅内储存水量发生变化而使蒸汽质量流量增加或减小的部分称为附加蒸发量。图 3-4 所示为直流锅炉附加蒸发量，显示了燃料量扰动 ΔB、附加蒸发量 ΔD 的动态过程，图中 G_{gs} 与 G_{gr} 之间的阴影面积表示锅内工质储存量的变动。

2. 工质储存量变化的确定

直流锅炉内工质储量变化发生在水冷壁管段内，省煤器出口水焓对其有一定的影响，故取水冷壁管段、省煤器管段为分析对象。

(1) 基本公式。水冷壁管段工质储存量变化可表示为

$$\Delta M = \Delta V_S(\rho' - \rho'') \tag{3-6}$$

式中　ΔM——两工况间工质储量变化，kg；

ΔV_S——两工况间水冷壁管段内储水空间变化，m^3；

ρ'——饱和水密度，kg/m^3；

ρ''——饱和汽密度，kg/m^3。

$$\Delta V_S = V_{S2} - V_{S1} \tag{3-7}$$

式中 V_{S1} 为工况 1 的储水空间，相当于图 3-5 中的 1234 面积，V_{S2} 为工况 2 的储水空间，相当于图 3-5 中 1564 面积。

在稳定工况下各管段长度为

$$l_{sm} = \frac{G(h_{sm} - h_{gs})}{q_{sm}} \tag{3-8}$$

$$l_{rs} = \frac{G(h' - h_{sm})}{q_{sb}} \tag{3-9}$$

$$l_{zf} = \frac{G(h'' - h')}{q_{sb}} \tag{3-10}$$

$$l_q = \frac{G(h_{sb} - h'')}{q_{sb}} \tag{3-11}$$

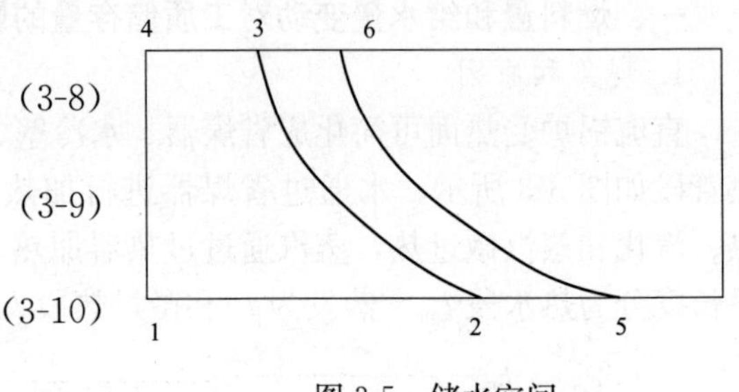

图 3-5　储水空间

1234 面积—工况 1 储水空间；1564 面积—工况 2 储水空间

式中　l_{sm}——省煤器热水段长度，m；

l_{rs}——热水管段长度，m；

l_{zf}——蒸发管段长度，m；

l_q——微过热管段长度，m；

G——给水质量流量，kg/s；

h_{sm}——省煤器出口焓值，kJ/kg；

h_{gs}——给水焓，kJ/kg；

h'——饱和水焓，kJ/kg；

h''——饱和蒸汽焓，kJ/kg；

h_{sb}——水冷壁出口微过热蒸汽焓，kJ/kg；

q_{sm}——省煤器受热面热负荷，kJ/(m·s)；

q_{sb}——水冷壁受热面热负荷，kJ/(m·s)。

图 3-6 所示为省煤器和水冷壁受热管段长度、热负荷和工质焓。

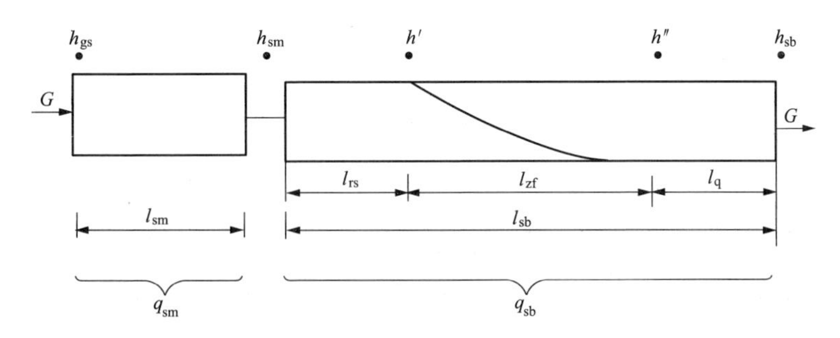

图 3-6　省煤器和水冷壁受热管段长度、热负荷和工质焓

设工况 1 的燃料量为 B(kg/s)，工况 2 的燃料量为 $B+\Delta B$，则工况 2 的受热面热负荷的增值可表示为

$$\Delta q_{sm}=q_{sm}k_{sm}\frac{\Delta B}{B} \tag{3-12}$$

$$\Delta q_{sb}=q_{sb}k_{sb}\frac{\Delta B}{B} \tag{3-13}$$

式中　Δq_{sm}——省煤器受热段热负荷增值，kJ/(m·s)；

Δq_{sb}——水冷壁受热段热负荷增值，kJ/(m·s)；

k_{sm}——省煤器吸热量分配变化系数；

k_{sb}——水冷壁吸热量分配变化系数。

(2) 燃料量扰动储水空间变化。燃料量扰动 ΔB 储水空间变化如图 3-7 所示。

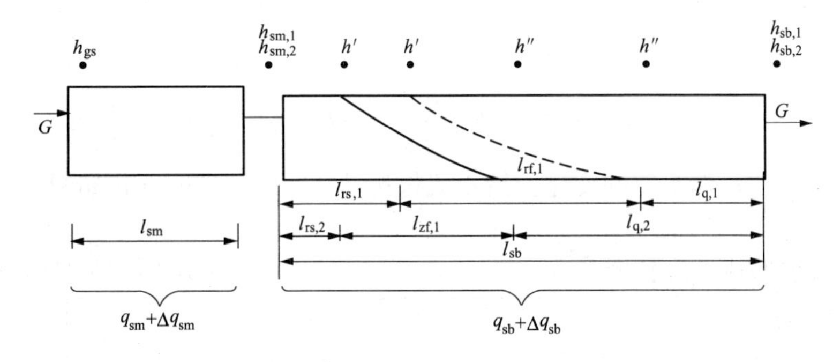

图 3-7　燃料量扰动 ΔB 储水空间变化

工况 1 水空间为

$$V_{S1}=[l_{rs1}+l_{zf1}(1-\overline{\varphi})]A \tag{3-14}$$

式中　$\overline{\varphi}$——蒸发段平均截面含汽率；

A——管内流通截面积，假定省煤器和水冷壁流通截面积相等都为 A，m^2。

工况 2 的水空间为

$$V_{S2}=[l_{rs,2}+l_{zf,2}(1-\overline{\varphi})]A \tag{3-15}$$

工况 2 省煤器出口水焓及热负荷变化，使热水段长度发生变化，故 $l_{rs,2}$ 为

$$l_{rs,2}=\left[\frac{G(h'-h_{sm2})}{q_{sb,1}}\right]\frac{q_{sb,1}}{q_{sb,2}}\left[\frac{G(h'-h_{sm,1})}{q_{sb,1}}+\frac{G(h_{sm,1}-h_{sm,2})}{q_{sb,1}}\right]\frac{q_{sb,1}}{q_{sb,2}} \tag{3-16}$$

其中

$$\frac{G(h'-h_{sm,1})}{q_{sb,1}}=l_{rs,1} \tag{3-17}$$

$$\frac{G(h_{sm,1}-h_{sm,2})}{q_{sm,2}}=\Delta l_{sm}$$

即

$$\frac{G(h_{sm,1}-h_{sm,2})}{q_{sb,1}}\frac{q_{sb,1}}{q_{sm,2}}=\Delta l_{sm}$$

故

$$\frac{G(h_{sm,1}-h_{sm,2})}{q_{sb,1}}=\Delta l_{sm}\frac{q_{sm,2}}{q_{sb,1}} \tag{3-18}$$

$$-\Delta l_{sm}=l_{sm,1}-l_{sm,1}\frac{q_{sm,1}}{q_{sm,2}}=l_{sm,1}\left(1-\frac{q_{sm,1}}{q_{sm,2}}\right) \tag{3-19}$$

将式（3-17）～式（3-19）代入式（3-20），可得

$$l_{rs,2}=l_{rs,1}\frac{q_{sb,1}}{q_{sb,2}}-l_{sm,1}\left(1-\frac{q_{sm,1}}{q_{sm,2}}\right)\frac{q_{sm,2}}{q_{sb,2}} \tag{3-20}$$

$l_{zf,2}$ 可表示为

$$l_{zf,2}=l_{zf,1}\frac{q_{sb,1}}{q_{sb,2}} \tag{3-21}$$

将式（3-20）和式（3-21）代入式（3-15），可得

$$V_{s2}=\left[l_{rs,1}\frac{q_{sb,1}}{q_{sb,2}}-l_{sm,1}\left(1-\frac{q_{sm,1}}{q_{sm,2}}\right)\frac{q_{sm,2}}{q_{sb,2}}+l_{zf,1}(1-\overline{\varphi})\frac{q_{sb,1}}{q_{sb,2}}\right]A \tag{3-22}$$

将式（3-18）和式（3-22）代入式（3-7），并考虑到以下关系：

$$\frac{q_{sm,1}}{q_{sm,2}}-1=-k_{sm}\frac{\Delta B}{B}$$

$$\frac{q_{sb,1}}{q_{sb,2}}-1=-k_{sb}\frac{\Delta B}{B}$$

可得

$$\Delta V_S=-\left[l_{rs1}k_{sb}+l_{sm,1}k_{sm}\frac{q_{sm,2}}{q_{sb,2}}+l_{zf,1}(1-\overline{\varphi})k_{sb}\right]\frac{\Delta B}{B}A \tag{3-23}$$

（3）给水流量扰动储水空间变化。给水流量扰动 ΔG 储水空间变化如图 3-8 所示。

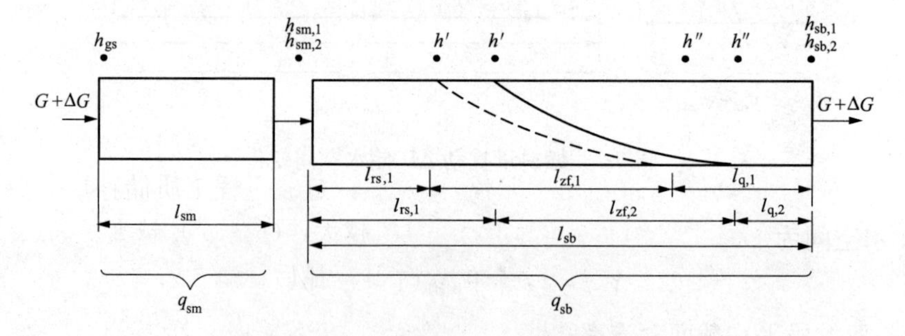

图 3-8 给水流量扰动 ΔG 储水空间变化

水空间 V_{S1} 与 V_{S2} 基本式同式（3-10）与式（3-15），$l_{rs,2}$ 可表示为

$$l_{rs,2}=\frac{G_2(h'-h_{sm,2})}{q_{sb}}=\frac{G_2(h'-h_{sm,1})}{q_{sb}}+\frac{G_2(h_{sm,1}-h_{sm,2})}{q_{sb}} \tag{3-24}$$

其中

$$\frac{G_2(h'-h_{sm,1})}{q_{sb}}=l_{rs,1}\frac{G_2}{G_1} \tag{3-25}$$

$$\frac{G_2(h_{sm,1}-h_{sm,2})}{q_{sb}}=\left(l_{sm,1}\frac{G_2}{G_1}-l_{sm,1}\right)\frac{q_{sm}}{q_{sb}}=\left(\frac{G_2}{G_1}-1\right)l_{sm1}\frac{q_{sm}}{q_{sb}} \tag{3-26}$$

将式（3-25）和式（3-26）代入式（3-24）得

$$l_{rs,2}=l_{rs,1}\frac{G_2}{G_1}+l_{sm,1}\left(\frac{G_2}{G_1}-1\right)\frac{q_{sm}}{q_{sb}} \tag{3-27}$$

将式（3-26）和式（3-27）代入式（3-15）得

$$V_{s2}=\left[l_{rs,1}\frac{G_2}{G_1}+l_{sm,1}\left(\frac{G_2}{G_1}-1\right)\frac{q_{sm}}{q_{sb}}+l_{zf}(1-\bar{\varphi})\frac{G_2}{G_1}\right]A \tag{3-28}$$

将式（3-10）和式（3-28）代入式（3-7）得

$$\Delta V_s=\left[l_{rs,1}+l_{sm,1}\frac{q_{sm}}{q_{sb}}+l_{zf,1}(1-\varphi)\right]\frac{\Delta G}{G}A \tag{3-29}$$

（4）锅内工质储水量变换。锅炉燃料量和给水质量流量扰动使储水空间变化 ΔM 的计算可由式（3-29）和式（3-23）代入式（3-6）得到：

$$\Delta M=\left\{\left[l_{rs,1}+l_{sm,1}\frac{q_{sm}}{q_{sb}}+l_{zf,1}(1-\bar{\varphi}\right]\frac{\Delta G}{G}-\left[l_{rs,1}k_{sb}+l_{sm,1}k_{sm}\frac{q_{sm,2}}{q_{sb,2}}+l_{zf,1}(1-\bar{\varphi})k_{sb}\right]\frac{\Delta B}{B}\right\} A(\rho'-\rho'') \tag{3-30}$$

分析得到以下规律：压力高的锅炉，汽水密度差小，在相同的$\frac{\Delta B}{B}$、$\frac{\Delta G}{G}$扰动下，ΔM 值较小；锅炉负荷高，B_1、G_1大，在相同的 ΔB 与 ΔG 扰动下，ΔM 数值较小。

此外，如给水量扰动 ΔG，动态过程中由于 ΔG 与 ΔM 对蒸汽流量有相反的作用，故开始时蒸汽流量基本不变，待 ΔM 的作用消失后，蒸汽流量等于给水流量；燃料量与给水量同时比例增加的情况下，蒸汽流量较快地增加，直至与给水流量相等。

二、汽压动态特性

1. 燃料量扰动

图 3-9 所示为亚临界参数直流锅炉的动态特性。图 3-9（a）为燃料量扰动时的动态特性曲线。在其他条件不变的情况下，燃料量 B 增加 ΔB。蒸发量在短暂延迟后先上升，后下降，最后稳定下来与给水量保持平衡。其原因是，在变化之初，由于热负荷立即变化，热水段逐步缩短；蒸发段将蒸发出更多的饱和蒸汽，使过热蒸汽流量 D 增大，其长度也逐步缩短，当蒸发段和热水段的长度减少到使过热蒸汽流量 D 重新与给水量相等时，即不再变化（见图中曲线 1）。在这段时间内，由于蒸发量始终大于给水量，锅炉内部的工质储存量不断减少（一部分水容积渐渐为蒸汽容积所取代）。显然，过渡过程工质储存量减少的总量 ΔM 与燃料增量 ΔB 和水汽密度差（$\rho'-\rho''$）有关，ΔB 越大，（$\rho'-\rho''$）越大，则 ΔM 越大。

蒸汽压力（图中曲线 3）在短暂延迟后逐渐上升，最后稳定在较高的水平。最初的上升是由于蒸发量的增大，随后保持较高的数值是由于汽温的升高（汽轮机调速阀开度未变），蒸汽体积流量增大，流动阻力增大所致。

2. 给水量扰动

图 3-9（b）为给水量扰动时的汽压动态特性曲线。在其他条件不变的情况下，给水量

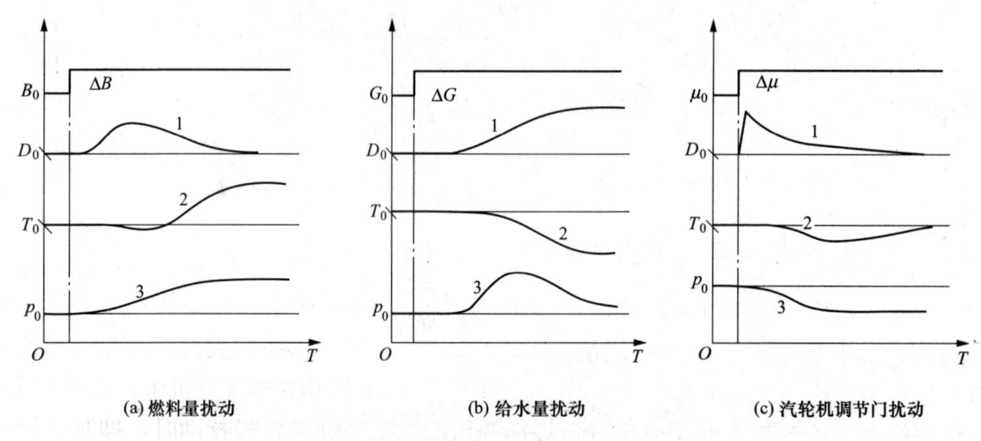

图 3-9 亚临界参数直流锅炉的动态特性

1—主蒸汽流量；2—主蒸汽温度；3—主蒸汽压力

增加 ΔG。蒸汽流量逐渐增大到扰动后的给水流量，过渡过程中，由于蒸汽流量小于给水流量，所以工质储存量不断增加，汽压随着蒸汽流量的增大而逐渐升高。由图可看出，当给水量扰动时，蒸发量、汽压的变化都存在时滞。这是因为自扰动开始，给水自入口流动到原热水段末端时需要一定的时间，因而蒸发量产生时滞，蒸发量时滞又引起汽压的时滞。

3. 功率扰动

此处功率扰动是指调速汽门动作取用部分蒸汽，增加汽轮机功率，而燃料量、给水量不变化的情况。若调速汽门突然开大，蒸汽流量立即增加，汽压下降。从图 3-9（c）看，汽压没有像蒸汽流量那样急速变化。这是由于当汽压下降时，饱和温度下降，锅炉工质“闪蒸”、金属释放储热，产生附加蒸发量，抑制汽压下降。随后，蒸汽流量因汽压降低而逐渐减少，最终与给水量相等，保持平衡。同时汽压降低速度也趋缓，最后达到一稳定值。

三、汽温动态特性

1. 燃料量扰动

由图 3-9（a）曲线 3 可以看出燃料量扰动时温度的动态特性。燃料量增加，过热段变长，过热汽温升高，已如前述。但在过渡过程的初始阶段，由于蒸发量与燃烧放热量近乎按比例变化，再加以管壁金属储热所起的延缓作用，所以过热汽温要经过一定时滞后才逐渐变化。如果燃料量增加的速度和幅度都很急剧，有可能使锅炉瞬间排出大量蒸汽。在这种情况下，汽温将首先下降，然后再逐渐上升。

2. 给水量扰动

图 3-9（b）是给水量扰动时的汽温动态特性曲线。当给水量增加时，由于壁面热负荷未变化，故热水段和蒸发段都要延长。随着蒸汽流量的逐渐增大和过热段的减小，出口过热汽温渐渐降低。但在汽温降低时金属放出储热，对汽温变化有一定的减缓作用。值得一提的是，虽然蒸汽流量增加，但由于燃料量并未增加，故稳定后工质的总吸热量并未变化，只是单位工质吸热量减小（出口汽温降低）而已。由图可看出，当给水量扰动时，蒸发量、汽温的变化都存在时滞，这是因为自扰动开始，给水自入口流动到原热水段末端时需要一定的时间，因而蒸发量产生时滞。蒸发量时滞又引起汽温的时滞。

3. 功率扰动

由 3-9（c）可看出功率扰动时汽温的动态特性。在给水压力和给水门开度不变的条件下，由于汽压降低，给水流量实际上是自动增加的。这样，平衡后的给水流量和蒸汽流量有所增加。在燃料量不变的情况下，这意味着单位工质吸热量必定减小，或者说出口汽温（比焓）必定减小。出口汽温的降低过程，同样由于金属储热的释放而变得迟缓。并且由于金属储热的释放，稳定后的汽温降低值也并不显著。

对于超临界压力机组在超临界区运行时，其动态特性与亚临界压力锅炉相似，但变化过程较为和缓。燃料量 B 增加时，锅炉热水、过热段的边界发生移动，尽管没有蒸发段，但热水、过热段的比体积差异也会使工质储存量在动态过程中有所减小。因此出口蒸汽量稍大于入口给水量直至稳态下建立新的平衡。由于上述特点，对于超临界压力机组，在燃料量、给水量和功率扰动时的动态特性，受蒸汽量波动的影响较小，如燃料量扰动时，抑制过热汽温变化的因素主要是金属储热，而较少受蒸汽量影响，因而过热汽温变化得就快一些；而汽压的波动则基本上产生于汽温的变化，变得较为和缓。

第四章　锅炉运行参数的监督与调节

锅炉机组的运行参数主要是指过热蒸汽压力和温度、再热蒸汽温度、汽包水位和锅炉蒸发量等。锅炉机组的运行经济性、安全性就是通过对锅炉运行参数进行监督和调节来达到的。对运行锅炉进行监督和调节的主要任务如下：

（1）保证锅炉的蒸发量（即锅炉出力），以满足外界负荷的需要。

（2）保持正常的过热蒸汽压力、过热蒸汽和再热蒸汽温度，保证蒸汽品质。

（3）维持燃料经济燃烧，减少各项损失，提高锅炉效率；努力减少厂用电消耗。

（4）及时进行正确的调节操作，消除各种障碍、异常和隐性事故，保持锅炉机组的正常运行。

为完成上述任务，运行人员必须充分了解各种因素对锅炉运行的影响，掌握锅炉运行特性，根据设备的特性和各项安全经济指标进行监视和调节工作。目前单元机组配套的锅炉，都配备有较完善的自动调节装置，采用计算机参与控制、调节和保护。因此运行人员还应掌握自动调节的基本原理和过程，以便运行工况发生变化时能及时分析、判断并进行必要的调整和处理。

第一节　汽包锅炉运行参数监督与调节

一、影响汽压变化的因素

影响汽压变化的因素，一部分是锅炉外部的因素，称为外扰；另一部分是锅炉内部的因素，称为内扰。外扰主要是指外界负荷的正常增减及事故情况下的大幅度甩负荷，它反映在汽轮机所需蒸汽量的变化上。当外界负荷突然增加时，汽轮机调速汽门开大，蒸汽量瞬间增大。如燃料量未能及时增加，再加以锅炉本身的热惯性（即从燃料量变化到锅炉汽压变化需要一定的时间），将使锅炉的蒸发量小于汽轮机的蒸汽流量，汽压就要下降。相反，当外界负荷突减时，汽压就要上升。在外扰的作用下，锅炉汽压与蒸汽流量（发电负荷）的变化方向是相反的。

内扰主要是指在外界负荷不变的情况下，由于炉内燃烧工况的变动所引起汽压的变化。汽压的稳定取决于锅炉燃烧工况的稳定。当燃烧不稳定或风粉配合失调时，炉膛热强度将发生变化，使蒸发受热面的吸热量发生变化，因而受热后所产生的蒸汽量，将会增加或减少，这就引起了汽压的变化。

影响燃烧不稳定和风粉配合失调的因素很多，例如煤种改变、送入炉膛的煤粉量改变、煤粉细度改变和风粉配合不当、风量风速配比不当，如炉膛结渣、漏风等都会造成炉膛温度增高和降低，引起汽压变化。给粉、燃油、制粉系统故障也会引起汽压变化。在内扰的作用下，锅炉汽压与蒸汽流量的变化方向开始时相同，然后又相反。例如，锅炉燃烧率扰动增加，将引起汽压上升，在调速汽门未改变以前，必然引起蒸汽流量的增大，机组出力增加。

调速汽门随之要关小，以维持原有出力，蒸汽流量与汽压则会向相反方向变化，反之亦然。

汽压变化无论是外部因素还是内部因素，都反映在蒸汽流量上。因此，锅炉运行中可根据汽压和蒸汽流量的变化情况来判断汽压变化的原因是属于外部因素还是内部因素的影响。当汽压与蒸汽流量的变化方向相反时，则属于外因；当汽压与蒸汽流量的变化方向相同则属于内因。

应该指出，对于单元机组，上述判断内扰的方法仅适用于工况变化的初期，即汽轮机调速汽门未动作之前，调速汽门动作以后，汽压与蒸汽流量的变化方向则是相反的。如当外界负荷不变时，锅炉然料量突然增加（内扰），在最初汽压上升，同时蒸汽流量增加，但当汽轮机调速汽门关小（为了维持汽轮机额定转速）以后，汽压继续上升，而蒸汽流量则减少；反之，当燃料量突然减少时，在最初汽压下降，同时蒸汽流量减少，但汽轮机调速汽门开大以后，汽压继续下降，而蒸汽流量则增加。

当外界负荷变化时，锅炉保持或恢复规定汽压的能力取决于外界负荷变化的速度、锅炉的储热能力、燃烧设备的惯性及运行人员操作的灵敏性或自动调节装置的特性等。

二、汽压变化速度

蒸汽压力是运行中必须监视和控制的主要参数之一。汽压过高、过低对锅炉、汽轮机的安全、经济运行都不利。若汽压过高而安全门万一发生故障不动作，轻则超压，严重时可能发生爆破事故。超压会使承压部件产生过大的机械应力，将威胁设备的安全运行，爆破将使锅炉被迫停运。当安全门动作时，排出大量蒸汽造成经济损失，如果安全门动作次数过多，蒸汽冲击阀瓣磨损结合面，容易发生回座后关闭不严，增加漏汽损失，有时安全门甚至不回座，而被迫停炉。

若汽压降低，则会减少蒸汽在汽轮机中做功的焓降，使汽耗增大，煤耗增加。某些资料表明，当汽压较额定值降低5%时，则汽轮机的蒸汽消耗量将增加1%。对布置有双面水冷壁的直流锅炉来说，汽压降低过多可能使双面水冷壁出口工质汽化，影响膜式水冷壁水动力稳定性。正常汽压波动范围高压锅炉和超高压锅炉为±(0.1～0.2)MPa。

1. 影响汽压变化速度的因素

汽压变化速度表现了一台锅炉抗内、外扰动能力的大小。一般地讲，汽压变化的速度主要同扰动量的大小、锅炉的蓄热能力、锅炉容量、燃烧设备的惯性和调节品质的好坏等有关。

扰动量的大小对汽压的变化将产生直接的影响。扰动量越大，汽压变化的速度就越快，变化幅度也就越大。此外，对于单元制机组来说，汽轮机负荷的变化将直接影响锅炉的汽压，对于直流锅炉，这种影响尤为明显。

所谓锅炉的蓄热能力是指锅炉在受到外扰的影响而燃烧工况不变时，锅炉能够放出或吸收热量的大小。蓄热能力越大，则在汽轮机负荷发生变化时保持汽压稳定的能力愈大，即汽压变化速度越慢；反之，保持汽压稳定的能力就愈小，汽压变化速度就越快。

锅炉容量越大，蓄热量就越多。对同一种类型的锅炉，其蓄热量越多，蓄热能力就越大，对汽压的稳定能力就越强。

影响汽压变化的速度中还有燃烧设备的惯性。燃烧设备的惯性越大，在变工况或经受内、外扰动时，锅炉汽压恢复的速度就越慢。

2. 汽压变化速度的影响

（1）汽压突变对锅炉安全的影响。汽压的剧烈变化对锅炉水动力工况将产生直接影响。直流锅炉水动力工况的稳定是靠给水压力与蒸汽压力的压差来保证的，当汽压突然升高时，压差突然减小，而受热面中各段压力相应升高，各管屏的压降减小，这样就有可能使受热较弱的管子发生停滞或倒流。若汽压突降，就会使原加热段受热面内工质温度高于对应压力下的饱和温度，而使工质汽化，可能造成水力分配不均，严重时会造成受热面管子传热恶化，引起管壁超温。如果汽压的突升和突降交替出现，则受热面中三区段将发生交变位移，导致受热面管材发生疲劳损坏。汽压变化速度和幅度越大，影响就越严重。根据对高压锅炉研究的结果表明，不致引起水循环破坏的压力波动范围为工作压力的2%～5%。

（2）汽压变化对汽温、水位的影响。一般当汽压升高时，过热蒸汽温度也要升高。这是由于，当汽压升高时，饱和温度随之升高，则从水变为蒸汽需要消耗更多的热量（水冷壁金属也要多吸收热量）。在燃料量未变的条件下，锅炉的蒸发量瞬间要减少（因锅水中的部分蒸汽凝结），即通过过热器的蒸汽量减少，相对蒸汽的吸热量增大，导致过热蒸汽温度升高。

当汽压降低时，由于饱和温度的降低使部分锅水蒸发，引起锅水体积的膨胀，故水位要上升；反之，当汽压升高时，由于饱和温度的升高，使锅水中部分蒸汽要凝结下来，引起锅水体积的收缩，故水位要下降。如果汽压变化是由于负荷变化引起的，则上述的水位变化是暂时的现象，接着就要向反方向变化，若判断失误，调节不当，容易发生水位事故。

三、汽压调节

在锅炉运行中，负荷与汽压的调节通常是由单元机组负荷控制系统来实现的。单元机组汽压控制的要求和调节方式与机组的运行方式有关。单元机组的基本运行方式有两种：定压运行和变压运行。定压运行方式是指当外界负荷变动时，主汽压力维持在额定压力范围内不变，依靠改变汽轮机调速汽门开度来适应外界负荷的变化；变压运行方式是指当外界负荷变动时，保持汽轮机调速汽门开度不变（全开或部分全开），由锅炉调节主汽流量和压力（汽温基本保持不变）来适应外界负荷的变化。

1. 定压运行时的汽压调节

定压运行方式下，汽压的变化幅度和速度都应严格地限制，在负荷变化过程中，应维持它们在规定的范围以内。汽压降低将减少新汽做功的能力，因而增加汽轮机的汽耗，甚至限制机组的出力；压力过高又会影响设备的安全；过大的汽压变动速度会引起虚假水位，还可能导致下降管带汽，影响水循环安全。

对于定压运行而言，汽压的变化反映了锅炉燃烧（或蒸发量）与机组负荷不相适应的程度。汽压降低，说明锅炉燃烧出力小于外界负荷要求；汽压升高，说明锅炉燃烧出力大于外界负荷要求。因此，无论引起汽压变化的原因是外扰还是内扰，都可通过改变锅炉燃烧率加以调节。只要锅炉汽压降低，即增加燃料量、风量；反之，则减少燃料量、风量。

汽压的控制与调节以改变锅炉蒸发量作为基本的调节手段。只有当锅炉蒸发量已超出允许值或有其他特殊情况时，才用增、减汽轮机负荷的方法来调节。在异常情况下，当汽压急剧升高，单靠锅炉燃烧调节来不及时，可开启旁路或过热器疏水、排汽门，以尽快降压。

单元机组的汽压调节方式有三种。第一种是锅炉跟随控制方式（定压），如图4-1所示。当外界负荷变化时，例如要增大机组出力，在功率定值信号P_{sp}增大后，功率调节器G1首先开大汽轮机调节阀，增大汽轮机进汽量，使实发功率P_e与P_{sp}一致。由于蒸汽流量增加，

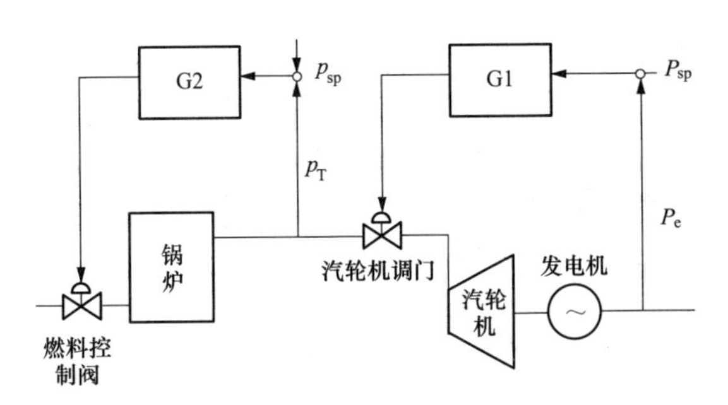

图 4-1　锅炉跟随控制方式（定压）

引起机前压力 p_T 下降，使机前压力低于汽压定值 p_{sp}（即额定汽压），锅炉按照此压力偏差信号，用压力调节器 G2 增加燃料量，以保持主汽压力恢复到给定压力值。在这种调节方式中，机组功率由汽轮机调节门控制，主蒸汽压力由锅炉燃料阀控制。

在这种调节方式中，机组负荷由汽轮机控制，而机组的机前压力由锅炉控制，锅炉的负荷是按照汽轮机的需要随之改变，所以把这种控制方式称为锅炉跟随，或者锅炉调压的控制方式。

锅炉跟随控制方式，在需要改变机组出力时，利用一部分锅炉的蓄热量（主蒸汽压力变化），使机组功率迅速随之变化，在锅炉压力的允许范围内，可以快速做出反应，有利于系统调频。但由于锅炉燃烧延迟大，对主蒸汽压力的调节不可避免地有滞后现象，在锅炉开始跟踪时，机前压力已变化较大，因此调节过程中汽压波动较大，在较大的负荷变动情况下，只能限制负荷的变化率。

第二种是汽轮机跟随控制方式（定压），如图 4-2 所示。需要增加外界负荷时，功率定值信号增大，功率调节器首先开大燃料调节阀，增加燃料量。随着锅炉蒸发量的增加，主蒸汽压力升高，为了维持主蒸汽压力不变，压力调节器开大汽轮机调节门，增大蒸汽流量和发电机的功率，使发电机输出功率与给定功率相等。

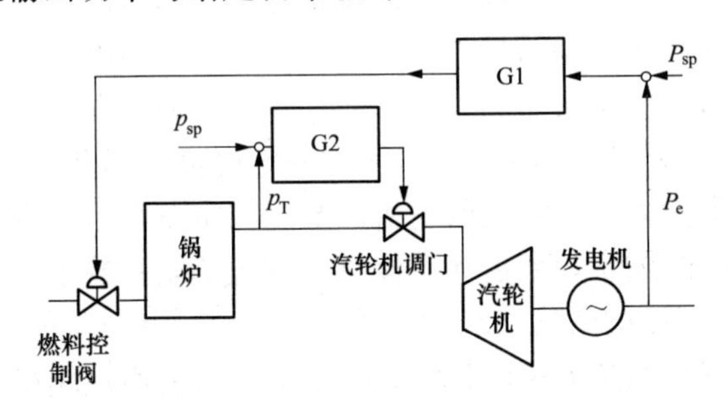

图 4-2　汽轮机跟随控制方式（定压）

由于主蒸汽压力对于汽轮机调节门的响应几乎没有延迟，所以主蒸汽压力变化甚小，这对于锅炉运行的稳定有利。但是汽轮发电机出力必须随着主蒸汽压力的升高才能增加上去。由于锅炉燃料量、燃烧及热传导变化是有迟延的，因而机组输出功率的变化也有较大的迟延。所以这种调节方式适用于承担基本负荷的机组，或者当汽轮机运行正常，因锅炉有缺陷而限制机组输出功率的情况。从上述两种控制方式可以看出，锅炉跟随方式对电网负荷变化的跟踪速度快，即调频能力好，但当动用锅炉蓄热量较大时（负荷变动速度过大），会造成机前压力波动较大，机组运行不稳定；反之，汽轮机跟随方式，根本不动用锅炉的蓄热量，汽压可以十分稳定，但负荷变化迟缓大，不能满足电网快速的负荷要求，即调频能力差。

第三种是机炉协调控制方式，如图 4-3 所示。如果将锅炉、汽轮机视为一个整体，把上述两种负荷控制方式结合起来，取长补短，使整个机组的实发功率能迅速跟踪给定功率变化的同时，又能维持锅炉输出蒸汽量与汽轮机输入蒸汽量相平衡，保持机前压力稳定，这种联合起来的控制方式即为机炉协调控制方式。

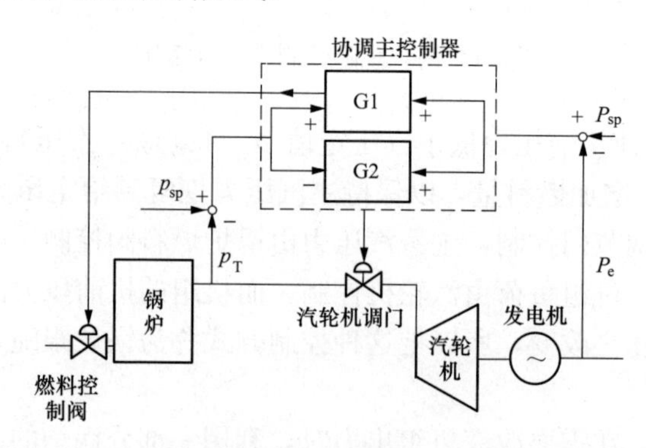

图 4-3　机炉协调控制方式

当外界负荷增大时，功率定值与实发功率的偏差信号同时送至锅炉调节器 G1 和汽轮机调节器 G2，受该信号的作用，G1 开大燃料调节阀，增加燃料量、产汽量；G2 则开大汽轮机调节门，使实发功率增加。

汽轮机调节门的开大会立即引起机前压力的下降，这时锅炉虽已增加燃料量。但蒸发量有时间延迟。因而此时会出现正的压力偏差信号（汽压定值高于机前压力），该信号按正方向加在锅炉调节器上，促使燃料调节门开得更快；按负方向加在汽轮机调节器上，促使调节门向关小的方向变化，使机前压力得以较快恢复正常。在随后的过程中，当同时作用于汽轮机调节器上的功率偏差和汽压偏差信号相等时，汽轮机调节门即不再继续开大，避免了它的动态过开。当然，这种情况只是暂时的。因为从锅炉调节器来看，无论功率偏差信号还是汽压偏差信号，其作用均使锅炉燃料量增大，经过一定时间的延迟后，主蒸汽压力将转而升高，压力偏差信号将逐渐消失。同时，汽轮机调节门在主蒸汽压力恢复的作用下，提高汽轮机出力，使功率偏差也逐渐缩小，最后功率偏差和汽压偏差均趋于零，机组在新的功率下达到新的稳定状态。

协调控制方式综合了前两种方式的优劣，一方面可以利用汽轮机调节门的动作，调用锅炉的蓄热量，快速加负荷；另一方面又向锅炉迅速补进燃料（压力与功率偏差均使燃料量迅速变化）。这样，机组既有较快的负荷跟踪能力，又能使主蒸汽压力控制在允许范围之内。

这种协调控制方式具有补偿汽轮机侧、锅炉侧扰动的功能。例如，当锅炉侧产生燃料量或煤质等的扰动时，将引起汽压和实发功率偏离给定值。依据功率偏差，锅炉调节器将改变燃料量，以消除内扰。但此时并不希望汽轮机调节门动作。由于将功率偏差信号引入汽轮机调节器 G2，利用扰动后 p_T变化与 p_e变化曲线相似的特性，近似地使作用于 G2 上的功率偏差信号与汽压偏差信号相互抵消，保持 G2 的输出不变。这样，实现了锅炉侧扰动由锅炉调节器消除，而不引起汽轮机调节门不必要的动作。对于汽轮机侧的扰动，如汽轮机调节门的扰动，其补偿作用的分析与锅炉侧扰动相似。

当单元机组正常运行又需要机组参加电网调频时，应采用机炉协调控制方式，然而为了适应单元机组的不同运行工况，单元机组的负荷调节系统应当考虑同时具备几种调节方式，以使机组可根据实际需要任意选择其中的一种调节方式。

2. 变压运行时汽压的调节

变压运行时，主蒸汽压力根据变压运行曲线来控制。要求主蒸汽压力与压力定值保持一致。压力定值与发电负荷在变压运行曲线上是一一对应的关系。变压运行的汽压调节，压力定值是一个变量，除此之外，与定压运行的汽压调节并无多大差别。

变压运行时汽压的调节也分为锅炉跟随、汽轮机跟随、机炉协调控制三种。

汽轮机跟随方式参见图 4-2，功率定值信号控制燃料调节阀，由锅炉主动改变燃料量，而汽轮机调节门不动（压力定值始终跟随机前实际压力）。随着燃料量的增加，蒸汽量和机前压力增加，实发功率增大，当实发功率与功率定值相等时，汽压维持在一个新的稳定值。显然，这种方式汽压变化过程中的波动小，但负荷响应较慢。

锅炉跟随控制方式（定压）如图 4-4 所示，功率定值信号 P_{sp} 经压力定值生成回路 U。输出压力定值信号 p_{sp}。当增大功率时，功率定值信号 P_{sp} 与实发功率信号的偏差送至汽轮机调节器 G1 使汽轮机调节门暂先开大，迅速增加负荷。此时，锅炉调节器按压力偏差信号开大燃料调节阀，增加机前压力和实发功率。实发功率只要超过功率定值（功率偏差变负），汽轮机调节门就会立即向关小方向动作，使压力加快升高直至与压力定值相等。在新的稳态下，实发功率等于功率定值，机前压力等于压力定值，汽轮机调节门恢复变动前的开度（开度定值）u_{sp}。

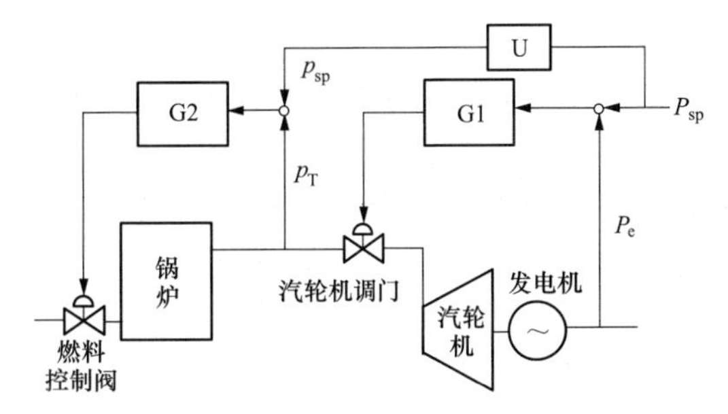

图 4-4　锅炉跟随控制方式（变压）

上述系统中，汽轮机调节门之所以能够恢复开度定值 u_{sp}（通常为三阀全开位置或 91%全开），是因为采用了功率定值信号 P_{sp} 与汽门开度定值解 u_{sp} 之比作为变压运行方式下的压力定值，即 P_{sp} 正比于 p_{sp}/u_{sp}，而机组的实发功率 P_e 与汽轮机调节门开度 u 和机前压力 p_T 的乘积成正比关系，即 $p_e=kup_T$，所以当机前压力、实发功率分别与新的给定值相等时，汽轮机调节门开度 u 相应恢复开度定值 u_{sp}。这就是说，实发功率的变化实际上是由机前压力的变化得到的。

机炉协调控制方式的原理如图 4-5 所示。功率指令 P_{sp} 除以调节门开度定值 u_{sp}（u_{sp}=91%），输出压力定值的基本部分。当功率指令变化，比如 P_{sp} 增加时，一方面汽轮机调节器 G2 的输出增大，使汽轮机调节门开大，迅速增加机组功率。与此同时，P_{sp} 利用一积分环节，使压力定值 p_{sp} 按一定的速度增加。由于压力定值 p_{sp} 的升高比机前压力 p_T 的上升要快得多，压力偏差信号将借助 G2，使压力定值信号的上升与功率偏差信号相互抵消，避免汽轮机调节门的进一步过开。

另一方面，锅炉燃料阀受到功率定值 P_{sp} 的前馈作用而开大。增加燃料量，提高机前压力；差压信号也将通过 G1 使燃料量增加，这样，就使得锅炉的蒸发量和汽压很快增加。最

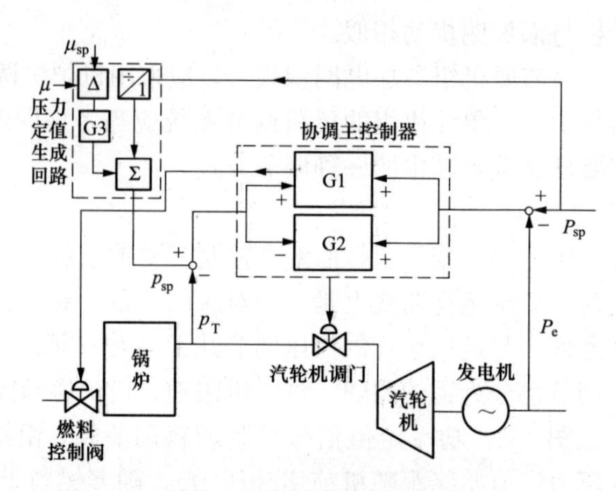

图 4-5 机炉协调控制方式

终，使实发功率与功率定值平衡、机前压力与压力定值平衡、汽轮机调节门开度与开度定值相平衡。

该系统稳定时可保证汽轮机调节门开度为给定位置，动态时可额外地改变燃烧率，使其更快地适应负荷要求。系统中 G3 调节器的作用是通过对压力定值 p_{sp}进行修正，消除变压运行时的阀位偏差。调节过程中，只要 u 不等于 u_{sp}则 G3 就会不断地改变输出，使 p_{sp}变化。

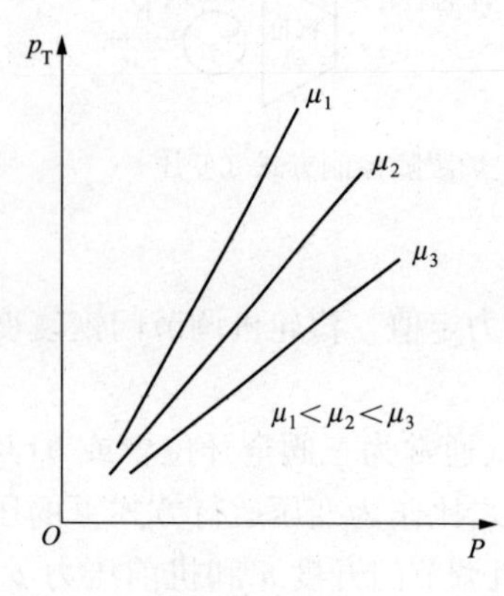

图 4-6 功率-汽压曲线与汽轮机调节门开度的关系

变压运行的主蒸汽压力与发电功率的关系曲线（变压曲线）的斜率，取决于汽轮机调节门的开度。例如，在相同功率输出下，当调节门开度变大时，汽压要降低，如图 4-6 所示。实际运行中，可以通过调整汽压偏置值（一般为 0.1～0.3MPa）改变主蒸汽压力。这一个调节实质是改变调节门的开度定值 u_{sp}。内、外扰发生时，也要自行变动变压曲线。例如，当汽轮机真空降低时，同样电负荷下，需要更多的蒸汽量。若仍维持阀位不变，将使机前压力上升。这相当于人工干预增加偏置（如图 4-6 中曲线 μ 所示）。

机组的变压运行曲线通常是根据安全经济运行的原则拟定的。因此，锅炉运行中主蒸汽压力偏离变压曲线的要求，也会影响机组的经济运行。譬如，若低负荷下难以维持额定汽温时，将汽压适当降低一些一般总是有利的。

四、汽温调节的意义及影响因素

1. 控制汽温的意义

近代锅炉对过热汽温和再热汽温的控制是十分严格的，允许变化范围一般为额定汽温±5℃。汽温过高或过低，以及大幅度的波动都将严重影响锅炉、汽轮机的安全和经济性。蒸汽温度过高，若超过了设备部件（如过热器管、蒸汽管道、阀门，汽轮机的喷嘴、叶片等）的允许工作温度，将使钢管加速蠕变，从而降低设备使用寿命。严重的超温甚至会使管子过热而爆破。过热器、再热器一般由若干级组成。各级管子常使用不同的材料，分别对应一定的最高许用温度。因此为保证金属安全，还应当对各级受热面出口的汽温加以限制。此外，还应考虑平行过热器管的热偏差及汽温两侧偏差，防止局部管子的超温爆漏和汽轮机汽缸两侧的受热不均。

蒸汽温度过低，将会降低热力设备的经济性。对于亚临界、超临界压力机组，过热汽温每降低10℃，发电煤耗将增加约1.0g（标煤）/(kW·h)，再热汽温每降低10℃，发电煤耗将增加约0.8g（标煤）/(kW·h)。汽温过低，还会使汽轮机最后几级的蒸汽湿度增加，对叶片的侵蚀作用加剧，严重时将会发生水冲击、威胁汽轮机的安全。因此运行中规定，在汽温低到一定数值时，汽轮机就要减负荷甚至紧急停机。

汽温突升或突降会使锅炉各受热面焊口及连接部分产生较大的热应力。还将造成汽轮机的汽缸与转子间的相对位移增加，即胀差增加。严重时甚至可能发生叶轮与隔板的动静摩擦，汽轮机剧烈振动等。

如某受热面管材为12CrMOV，在585℃时能连续运行10万h，但如果长期在595℃运行，其寿命就只有3万h。可见，其工作温度提高了10℃，寿命只有原来的30%了。

2. 过热汽温影响因素

影响汽温变化的因素分为结构因素和运行因素两大类。从运行的角度看，影响过热汽温变化的主要因素有锅炉负荷、给水温度、火焰中心的位置、制粉系统的投停方式、受热面沾污情况、饱和蒸汽温度、减温水量和负荷变化率等，这些因素还可能相互制约。

（1）锅炉负荷的影响。锅炉负荷变化是运行中引起汽温变化的最基本的因素。过热器出口汽温与锅炉负荷之间的关系称为汽温特性。分析单元机组锅炉的汽温特性必须考虑以下四个方面：燃料量—蒸汽量变动关系，过量空气系数改变，主蒸汽压力变动及再热器调温方式。

1）燃料量—蒸汽量变动关系。讨论燃料量-蒸汽量变动关系的影响时，将其余三个方面的因素固定，即锅炉定压运行、恒定过量空气系数、再热器调温装置不动作。在这种情况下，主要是过热器的传热形式影响汽温特性。

对于辐射式过热器，随着锅炉负荷的增加，锅炉的燃料量与工质流量按比例增加，炉膛温度有所提高，辐射传热量也将增加（尤其炉膛出口烟温的增加将以接近4次方的关系影响辐射热量）。但是，由于炉膛平均温度和出口温度提高不多，在辐射过热器中，负荷增加时辐射传热量的增加低于蒸汽流量增加时所需的热量，导致单位工质的辐射热减小，所以辐射过热器的汽温是随着锅炉负荷的增加而降低的。这种汽温特性称为辐射式汽温特性或反向汽温特性（如图4-7中曲线1所示）。

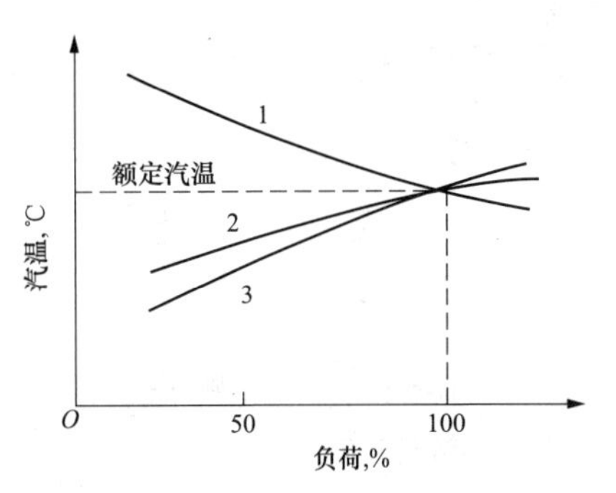

图4-7　过热器的汽温特性
1—辐射式过热器；2、3—对流式过热器

对流式过热器的汽温特性恰好与此相反，当锅炉负荷增加时，因为燃料量基本同比增大，所以对流过热器中的烟速增加，烟气侧的对流换热表面传热系数增大；同时由于燃料耗量的增加也使得烟温增加，烟温增加使得对流过热器的传热温差增大，从而使对流过热器的对流吸热量的增加超过了负荷的增加值，使对流过热器中单位质量蒸汽的吸热量增加，即焓增加，最终对流过热器的出口汽温增加。所以对流过热器的焓升是随着锅炉负荷的增加而增加的，这种汽温特性称为对流式汽温特性或正向汽温特性（如图4-7中曲线2所示）。

半辐射式过热器，由于同时接受炉内辐射热量和烟气对流放热量，所以它的汽温特性介于辐射式和对流式之间，其出口汽温随锅炉负荷的变化较小，当其吸收的辐射热多于对流热时，其汽温特性呈弱辐射性；反之如果其吸收的对流热多于辐射热时，其汽温特性呈弱对流性。其汽温特性取决于布置的位置和锅炉负荷的大小。

负荷变化对汽温的这个影响，从根本上说是由于改变了炉内辐射热量与炉外对流热量两种传热量的分配比例。

2）过量空气系数改变。根据前述锅炉静态特性，当炉内氧量增加时，炉膛烟气量增加，炉膛出口烟温基本不变，理论燃烧温度降低，炉内单位辐射热量减小。发生这些变化时，不论对流式过热器还是辐射式过热器，其工质焓升都是增加的，因而主蒸汽温度、再热蒸汽温度升高。

对于对流式过热器，工质焓升的增加是由于烟气流量的增加引起的。而对于远离炉膛出口的过热器（如布置于尾部烟井的对流过热器）和再热器，根据对流传热规律，工质焓升的增加还来自进口烟温的升高。对于辐射式过热器，炉内单位辐射热量减小使水冷壁蒸发率下降，过热器内工质流量减小。虽然平均炉温有所降低，但对于屏的辐射换热而言，主要是炉膛出口烟温和屏间烟温起决定性的作用，故屏的单位辐射热基本不减少（这与炉内单位辐射热的变化是不同的）。由此可知，辐射式过热器的介质焓升也是增加的。

炉内氧量的增加会导致排烟损失增大，锅炉效率降低。所以用增大送风量的办法提高过热汽温是不经济的。但是在低负荷下，由于最佳过量空气系数增大和稳定燃烧的要求，故允许炉内送风量相对增大，这对于维持额定过热汽温也是十分有利的。锅炉运行中，如果由于引风机出力相对不足（如空气预热器发生堵灰）而导致炉膛正压，则 MCR 负荷时送风量被迫减少，炉内氧量降低，也会使汽温及减温水量降低，使汽温特性发生变化。

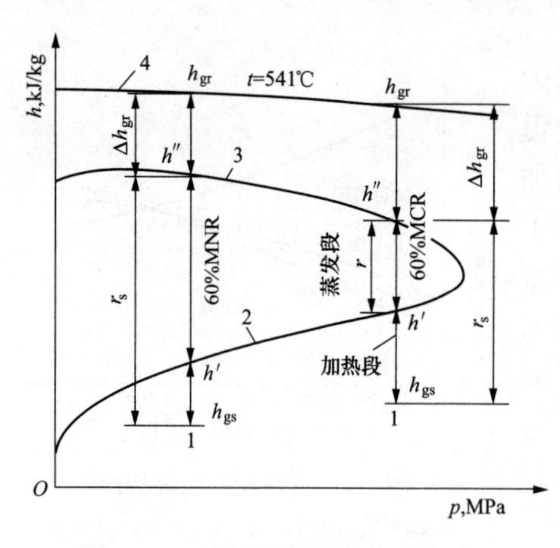

图 4-8　工质焓升与压力的对应关系

1—给水比焓；2—饱和水比焓；
3—饱和汽比焓；4—设计出口比焓

3）主蒸汽压力变动。主蒸汽压力对于过热汽温的影响，是通过工质焓升分配和蒸汽比热容的变化而实现的。过热蒸汽的比热容受压力影响较大。低压下额定汽温与饱和温度的差值增大，但过热汽总焓升减小。工质焓升与压力的对应关系如图 4-8 所示。当汽压降低时，饱和蒸汽焓升增大，汽化潜热增加、相应的过热总焓升减小。在燃料量不变时，汽化潜热的增加使水冷壁产汽量（过热蒸汽流量）减少，相同传热量下的工质焓升增加；而过热热的减少，又使得过热器有相同蒸汽焓升时，汽温升高。同理，当汽压升高时，汽温则降低。这个结论根据式（2-8）也可得出。在相同低负荷下，变压运行时的汽化热 Δh_s 大于定压运行时的 Δh_s。由于 $\Delta h_{gr}/\Delta h_s$ 恒等于 Q_{gr}/Q_s，而后者的大小与压力无关。故低压下的过热蒸汽焓升大于定压下的 Δh_{gr}。加之低压下的过热蒸汽比热容小于定压，所以过热蒸汽温度必然升高。也就是说，机组采用变压运行时更易在低负荷下维持额定汽温。

4）再热器调温方式。这里以使用较多的再热器烟气挡板调温为例说明调温方式对过热汽温的影响。如图 4-9 所示，当负荷降低时，主通道的烟气挡板开大、低温过热器通道的烟气挡板同时关小，以维持再热汽温。由于改变了低温过热器的烟气流量和流速，过热器出口汽温将降低。这相当于使低温过热器的汽温特性更趋陡峭，见图 4-9。这个影响的大小，与低温过热器的焓升在过热器系统总焓升中所占份额有直接关系。

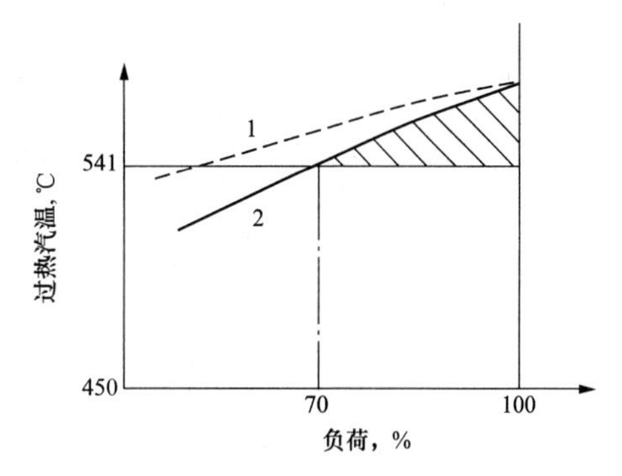

图 4-9　再热器调温对过热器的影响
1—挡板全开时汽温特性；
2—挡板调节后汽温特性

近代锅炉全部都采用对流—辐射联合式过热器，旨在获得较平稳的汽温特性。较为典型的 DG1000/170-1 型自然循环锅炉变压运行汽温特性如图 4-10 所示，由图 4-10（b）可见，整个过热器系统在 70％负荷以上显示辐射换热特性，而在 70％负荷以下显示对流换热特性。辐射屏、后屏和末级过热器的喷水率均在 65％～70％负荷时达到最大。各级过热器中，又以屏式过热器将上述特性表现得更为突出。这种汽温特性是上面分析的四种影响因素叠加的结果。当锅炉负荷从 100％降低至 55％时，主蒸汽压力由 16.2MPa 降到 10.46MPa。饱和温度由 363℃降至 341℃，从省煤器进口到汽包出口的工质焓升由 1340kJ/kg 增加至 1654kI/kg，而从汽包出口到过热器出口的工质（额定）焓升则由 959kJ/kg 减少至 854kJ/kg。这意味着，在相同的低负荷下，如果烟气的辐射/对流换热分配不变，过热器总焓升将升高 23.4％，而总温升将升高 54.6％。这一事实是将过热器系统的对流换热特性向低负荷推移的主要原因。此外，低负荷下过量空气相对增大（由 20％增大到 35％）也在一定程度上起了抑制对流传热特性的作用。

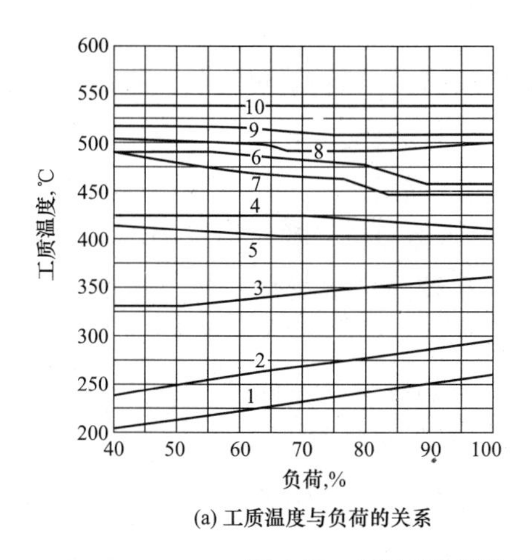

(a) 工质温度与负荷的关系

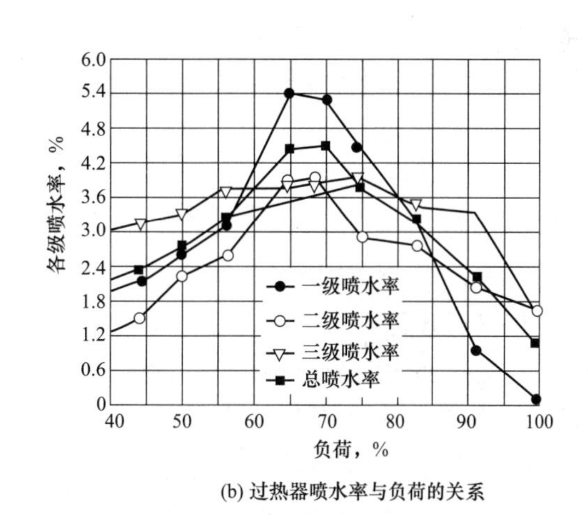

(b) 过热器喷水率与负荷的关系

图 4-10　DG1000/170-1 型自然循环锅炉变压运行汽温特性
1—省煤器进口；2—省煤器出口；3—饱和温度；4—低温过热器出口；5—分隔屏进口；
6—分割屏出口；7—后屏进口；8—后屏出口；9—高温过热器进口；10—高温过热器出口

从图 4-10（a）还可看出，各级受热面出口管的金属温度随负荷的变化是不同的。后屏、高温过热器变化较小，变化最大的是分割屏的出口壁温，在 50％负荷时的壁温高出额定负荷时的 25～30℃，这主要是由压力低时工质比热容变小以及其较强的辐射热特性所致。

（2）给水温度的影响。当给水温度降低时，1kg 给水加热成为饱和蒸汽的汽化热 r 增加，根据式（2-8）则过热蒸汽的总焓升 Δh_{gr} 增加，过热汽温升高。实际上，在锅炉负荷及参数不变的情况下，需要增加燃料消耗量，这一方面使炉内总辐射热和炉膛出口烟温增加，辐射式过热器出口汽温将升高；另一方面，因烟气量及传热温差的增大，对流式过热器出口汽温升高；二者变化的总和使过热汽温有较大的升高。这个升高，比锅炉单纯增加负荷（燃料量）而给水温度不变时的影响要大得多；反之，当给水温度升高时，则汽温降低。一般给水温度每降低 3℃，过热汽温升高约 1℃。

（3）火焰中心位置的影响。随着炉膛火焰中心位置的向上移动，炉膛出口烟温升高，由于辐射式过热器和对流式过热器吸热量的增加而使汽温升高。此外，火焰中心上移，相当于炉内参与辐射的有效面积减少，蒸发量减少，即使过热器的吸热量不变，汽温也将升高。所以火焰中心位置对于过热汽温的影响是很大的。运行中影响炉膛火焰中心位置的因素包括：

1）燃烧器运行方式。燃烧器的投切和负荷分配方式对改变火焰中心也有较大影响。多层燃烧器，投上面几层时火焰中心高，投下面几层时火焰中心低。当上几层燃烧器增加燃烧率时，火焰中心上移；当下几层燃烧器增加燃烧率时，火焰中心下移。对于摆动式燃烧器，抬高或压低喷嘴角度则可明显改变火焰中心。

2）炉底漏风。炉底漏风也将使燃烧过程推迟，从而提高火焰的中心位置。

3）煤质。影响较大的是水分、挥发分、灰分、发热量和煤粉细度。煤中水分、灰分变大，挥发分减小，都会导致燃料着火晚、燃烧和燃尽过程推迟，最高火焰温度位置上移；发热量降低，则会使燃料量增加，相应增大烟气量，抬高火焰中心，同时也使后面的对流换热增强，煤粉变粗，燃尽困难，火焰向炉膛出口移动。总的规律是：只要煤质变差，过热汽温就升高；煤质变好，过热汽温就降低。所以，运行中应加强监督，当煤质变差时要注意金属壁温是否有超温现象。

（4）制粉系统投停的影响。对于直吹式制粉系统，当投停一台磨煤机时，炉内燃料量及燃烧工况将有较大的变化，导致炉膛出口烟温和烟气流量的较大变化，过热汽温会有较大波动。对于中间储仓式制粉系统，投停磨煤机主要是影响炉内的水分和烟气量；若为热风送粉三次风将随之投停，三次风投入后，瞬间使风量增大，汽温升高；稳定后则会由于炉内氧量控制的要求，使主燃烧区风量减少，未燃尽煤粉继续在较高位置燃烧，使炉膛出口烟温升高，过热汽温升高。

（5）受热面沾污的影响。不同的受热面沾污对汽温的影响是不同的。当过热器（或再热器）之前的受热面积灰或者结渣时，会使前面受热面的吸热量减少，使进入过热器（或再热器）区域的烟温升高，因而使过热汽温（或再热汽温）升高；反之，若沾污发生在过热器外壁，则使过热器的传热热阻增大，对流传热量减少，过热汽温降低，同时，排烟温度升高。

（6）饱和蒸汽温度的影响。来自汽包的饱和蒸汽总含有少量水分，在正常情况下，这个湿度是允许的。但在不稳定的工况或不正常的条件下，例如当锅炉负荷突变、汽包水位过高及锅水含盐量太大而发生汽水共腾时，饱和蒸汽湿度将大大增加。由于增加的水分在过热器内蒸发需要多吸收热量，用于干饱和蒸汽过热的热量则要减少，因而将引起过热汽温的降低。

锅炉负荷突然增加时的“闪蒸”不仅使水位涨起，饱和蒸汽的湿度增加。而且由于蒸汽流量瞬间加大，导致过热汽温的不正常下降。

（7）减温水的影响。采用喷水减温时，减温水大多来自给水系统。在给水系统压力增高时，虽然减温水调节阀的开度未变，但这时减温水量增加了，汽温因而降低。喷水减温器若发生泄漏，也会在并未操作减温水调节阀的情况下，使减温水量增大、汽温降低。当减温水温度降低时，如减温水量未变，也会使蒸汽温度下降。

（8）负荷变动率的影响。变负荷过快会使汽温发生较大的波动，这会在动态过程中引起超温。在汽轮机跟随控制方式下，主要是因为燃料量和空气量剧增时，过热器吸热量增加。而蒸汽流量和压力的变化滞后，过热蒸汽焓升提高，从而导致蒸汽温度超过额定值；在锅炉跟随控制方式下，则情况相反，燃烧率和过热器热负荷的变化滞后于蒸汽流量的变化，持续降负荷将导致汽温超过额定值。这两种情况都会使减温水量的曲线急速变化。

（9）饱和蒸汽用量变化的影响。当锅炉采用饱和蒸汽作为吹灰等用途时，用汽量增多将使过热汽温升高。锅炉的排污量对汽温也有影响，但因排污水的焓值低，故影响不大。

3. 再热汽温的影响因素

再热汽温变化的影响因素及其汽温特性与过热汽温基本相同。例如，当锅炉负荷、给水温度、炉内风量、燃烧工况、燃料品质、受热面的沾污程度等改变时，再热汽温也随之变化。但是，再热蒸汽的压力低，平均汽温高，因而其比热容小于过热蒸汽。这样，等量的蒸汽在获得相同的热量时，再热汽温的变化幅度要比过热蒸汽大。所以，当工况变动时，再热汽温比过热汽温更敏感些。此外，再热器的出口汽温不仅受到锅炉方面因素的影响，而且汽轮机运行工况的改变对它的影响也较大。因为在过热器中，其进口蒸汽温度始终等于汽包压力下的饱和温度，而再热器的进汽则是汽轮机高压缸排汽，在定压运行情况下其温度随汽轮机负荷的增加而升高。随负荷的减小而降低，每千克蒸汽在再热器内需要吸收的热量随之增减，因此加剧了再热器的正向汽温特性。

过热蒸汽的汽温、汽压也会影响再热汽温。因为机前主蒸汽温度的升高将导致汽轮机高压缸排汽温度的升高，从而使再热汽温升高；机前主蒸汽压力越低，蒸汽在汽轮机内做功的能力越小，理想焓降也越小，高压缸排汽温度则相应升高，从而再热汽温也升高。此外、运行中再热汽温还会受到再热汽流量变化的影响。如当高压加热器投停（抽汽量变化）、吹灰器投停、汽轮机旁路动作等情况发生时，再热汽流量将增大或减少，在其他工况不变时，再热汽温即随之变化。

图 4-11 为某 2208t/h 自然循环锅炉再热器系统的汽温特性。二级对流式再热器分别布置于水平烟道和尾部竖井。由于高温再热器为对流式的，故随着负荷的降低，高温再热器焓升减少（从 80％负荷降至 50％负荷，高温再热器工质温升减少 17℃，焓增减少 39.6kJ/kg，为高温再热器工质焓升的 18％），因此需要低温再热器吸收更多热量以提升高温再热器的进口汽温，这一点依靠烟气调温挡板的逐渐开大实现。流过低温再热器的烟气量增加，使低温再热器的汽温特性由对流特性变为辐射特性。至 50％负荷后挡板开满，无论高温再热器还是低温再热器只能按照原有对流传热特性使汽温随负荷下降。

五、蒸汽温度的调节方式

1. 过热汽温的调节

汽温的调节方法有两类：一类是蒸汽侧调温，一类是烟气侧调温，蒸汽侧调温是指通过改变蒸汽热焓来调节汽温的方法，主要有喷水减温法；烟气侧调温是指通过改变锅炉辐射受

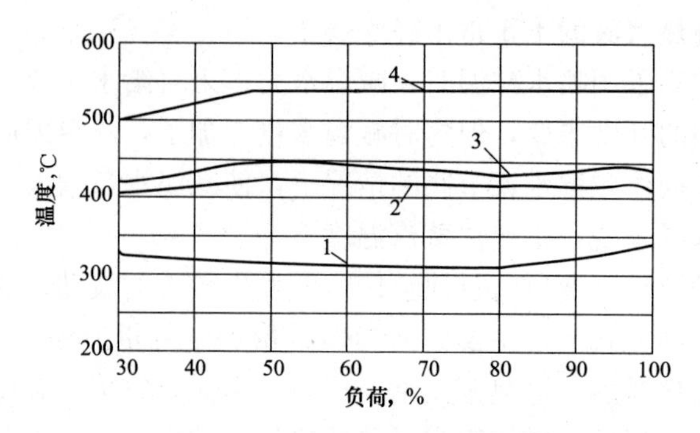

图 4-11 2208t/h 自然循环锅炉再热器系统的汽温特性

1—低温再热器进口；2—低温再热器出口；

3—低温再热器悬吊管出口；4—高温再热器出口

热面和对流受热面的吸热量分配比例来实现调温的方法，主要有改变火焰中心的位置、改变烟气量。

(1) 蒸汽侧调节。目前汽包锅炉的过热器侧调温都是以喷水减温方式为主的。它的原理是将减温水直接喷进蒸汽，水吸收蒸汽的热量，从而改变过热蒸汽温度。汽温的变化通过减温器喷水量的调节加以控制。喷水减温器结构简单，调节幅度大，惯性小，调节灵敏，有利于自动调节，因此在现代大型锅炉中得到广泛的应用。

喷水减温器前后的温度改变值与喷水量、锅炉负荷、工作压力有关，计算式为

$$\Delta t=\frac{h''}{c_p}\frac{(1-\varphi)\phi}{1+\varphi} \tag{4-1}$$

$$\phi=D_{jw}/D_q \tag{4-2}$$

$$\varphi=h_{gs}/h'' \tag{4-3}$$

式中 ϕ——喷水率；

D_{jw}——减温水流量，t/h；

D_q——减温水进口蒸汽流量，t/h；

φ——减温水比焓与蒸汽比焓之比；

h_{gs}——给水比焓，kJ/kg；

h''——减温水进口蒸汽比焓，kJ/kg；

c_p——蒸汽比定压热容，kJ/(kg·℃)。

根据式 (4-1)，同样的喷水量，低负荷时的温度改变要大于高负荷时的温度改变；压力低时的温度改变要大于压力高时的温度改变。对于具有不平稳汽温特性的过热器系统，在负荷的一定范围内，靠喷入减温水维持额定汽温。当喷水量减为零、继续降低负荷时过热汽温只能按汽温特性自然降低。锅炉能够保持额定汽温的负荷范围称调温范围，减温水量减为零时的负荷，称汽温控制点。例如 HG-2045/17.3 型控制循环锅炉的调温范围为 50%～100%MCR；汽温控制点就是 50%MCR。当采用变压运行时，调温范围可扩展到 40%～100%MCR。

HG-2045/17.3 型控制循环锅炉负荷与过热器喷水量的关系如图 4-12 所示。图 4-12 (a) 为定压运行，此时随着锅炉负荷升高，过热器出口的汽温将上升，所以，负荷越高，减温水的投入量就越大。图 4-12 (b) 为变压运行，由于此时过热器出口温度最大值出现在 57%额

定负荷左右，故相应的最大减温水量也出现在这个阶段。当锅炉负荷升高到100%额定负荷时，减温水量也基本降到零。

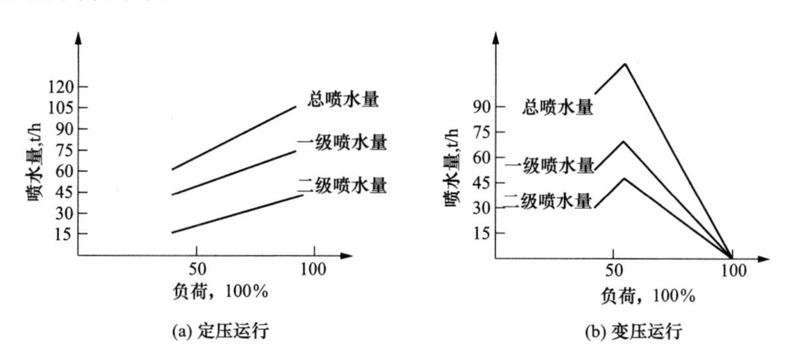

图 4-12　HG-2045/17.3 型控制循环锅炉负荷与过热器喷水量的关系

喷水减温在热经济性上有一定损失，部分给水用去作减温水，使进入省煤器的水量减少，出口水温升高，因而增大了排烟损失。若减温水引自给水泵出口，则当减温水量增大时会使流经高压加热器的给水量减少，排挤部分高压加热器抽汽量，降低回热循环的热效率。但由于其设备简单、调节灵敏、易于实现自动化等优点，得到了广泛应用。

大容量锅炉通常设置二级以上喷水减温器。第一级布置在分隔屏式过热器入口联箱处，由于该级减温器距末级过热器出口尚有较长的距离，且从该级过热器至过热器出口的蒸汽温升幅度相对较大，所以调温时滞、惯性较大，维持最终汽温在规定的范围内较为困难。因此，这级喷水减温器只作为主蒸汽温度的粗调节，其任务是按一定的规律将分隔屏出口汽温控制在设定的水平。第一级减温器的另一个作用是保护其后的屏式过热器，不使其管壁金属超温。第二级喷水减温布置在末级过热器入口，由于此处距过热器出口近，且此后工质温升较小，所以喷水减温的调节时滞较小，调节灵敏度高，因而该级喷水是对过热汽温进行细调，并最终维持汽温的稳定。

不同的过热器系统可采用不同的汽温控制方案。一种是分段控制法。这种控制方法是在不同负荷下均将各段汽温维持在一定值。每段设置独立的控制系统。图 4-13 所示为过热器分段控制系统，调节器 G1 接受第Ⅱ段过热器出口汽温 t_2信号及第一级减温器后的汽温 t_1的微分信号，去控制第一级喷水量 W_1，以保持第Ⅱ段过热器出口的汽温 t_2不变。第一级喷水为第二级喷水打下基础。第二级喷水保持第Ⅲ段过热器出口的汽温 t_4不变。由于分段进行汽温控制，因此使调节的滞后和惯性都小于采用一段喷水的方案。各级过热器出口的汽温控制值可在 CRT 上利用“偏置”按钮加以改变，当偏置向正增加时，喷水量自动减少；向负减小时，喷水量自动增大。借此可对各级减温水量进行分配并对屏式过热器进行壁温保护。

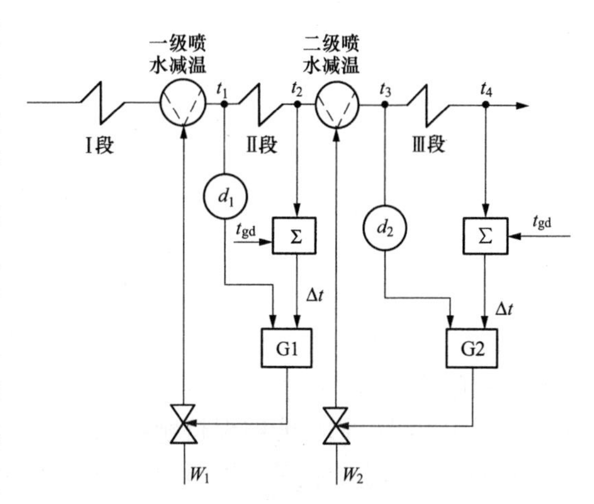

图 4-13　过热器分段控制系统

另一种方案是温差控制方案，对于第Ⅱ段过热器显示较强辐射特性而第Ⅲ段过热器又显示较强对流特性的过热器系统，若仍采用分段控制方案，那么随着负荷的降低，第一级喷水（控制大屏出口汽温）将减小，第二级喷水却要增大。整个过热器喷水量将不均衡，因此采用保持二级减温器的降温幅度的温差控制系统。温差控制系统如图 4-14 所示。调节器 G1 接受二级减温器的前后温差信号 Δt_2，其输出作为一级减温调节器的比较值，去控制一级减温器的喷水量，维持二级减温器的前后温差 Δt_2随负荷而变化。温差随负荷的变化如图 4-15 所示，图中 T 为给定值。由图可见，当负荷降低时 Δt_2是增加的，这意味着一级喷水必须适当减少些才能将一段过热器出口汽温 t_2维持在较高值。这样可防止负荷降低时一级喷水量增加，达到两级减温水量相差不大的目的。Δt_2与负荷的具体对应，主要取决于减温器前后受热面的汽温特性。

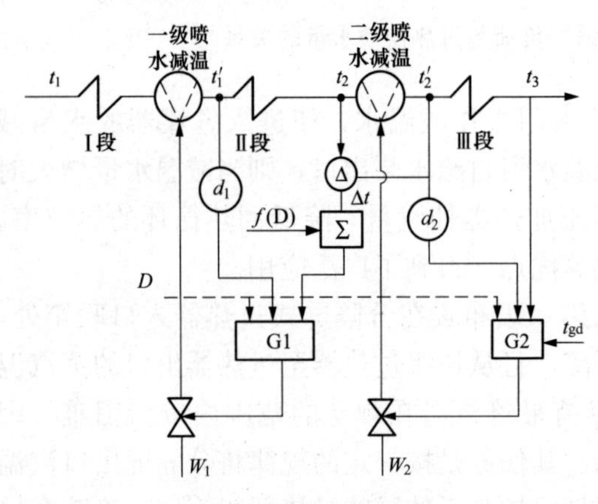

图 4-14　温差控制系统

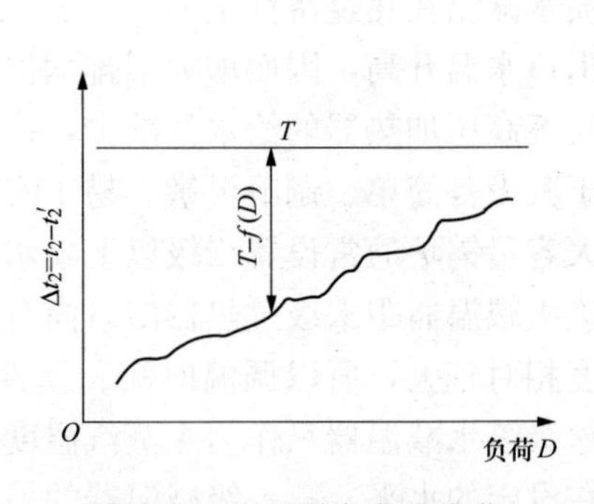

图 4-15　温差随负荷的变化

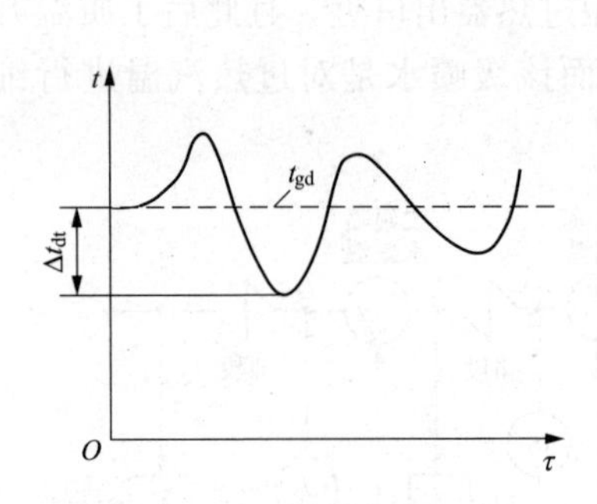

图 4-16　汽温过调与动态偏差

以上两种汽温控制方式均采用了减温器出口温度的变化率作为前馈信号送入调节器。用来及时反映调节的作用。这是因为若只采用被调量出口汽温做调节信号（称单回路系统），那么由于延迟和惯性的存在，就可能出现过调，即虽然出口汽温仍高于给定值。但其实减温水量已足够，只不过出口汽温尚未“感觉到”而已。因此调节装置会在差值 Δt_1或 Δt_2的作用下继续开大减温水门，产生动态偏差（见图 4-16）。前馈信号起粗调的作用，而被调量（过热汽温）则起校正作用，只要过热汽温不恢复给定值，则调节器就不断改变减温水量。为进一步提高调节质量，在有的调温系统中还加入能提前反映汽温变化的其他信号，如锅炉负荷、汽轮机功率等。

（2）烟气侧调温。当通过蒸汽侧调温不能满足调温需要时，应配合烟气侧进行调整。

1）改变火焰中心位置。对具有摆动式燃烧器的锅炉，可通过改变燃烧器的倾角来调节火焰中心位置，也可采用改变燃烧器组合方式或运行燃烧器的位置（如上、下排燃烧器切换，增大或减少上、下层燃烧器的二次风量等）。当汽温偏低时，适当提高火焰中心位置；反之，适当降低火焰中心位置。由于烟气温度的变化同时作用在整个过热器系统和再热器系统的所有受热面上，所以这种调温方法非常灵敏，时滞很小。在采用改变燃烧器倾角调节火焰中心时，应注意燃烧器倾角的调角范围不可过大（一般为±20°），若向下倾角过大，可能会造成水冷壁下部或冷灰斗结渣；若向上倾角过大，则会增大不完全燃烧损失并造成炉膛出口的屏式过热器或凝渣管结渣；低负荷时，若向上倾角过大，还可能造成锅炉灭火。

2）改变烟气量，通过改变流经过热器的烟气量从而改变烟气对过热器的放热量。增大烟气量时烟气流速增大，对流换热表面传热系数增大，烟气对过热器的放热量增加，对于呈现对流特性的过热器其过热汽温升高；反之，过热汽温降低。改变烟气量的常用方法有烟气再循环和烟气旁路法（该方法一般作为调节再热汽温的重要手段）。

2. 再热汽温的调节

与过热汽温相似，再热汽温偏离额定值也会影响机组运行的经济性和安全性。例如：再热汽温过低，将使汽轮机汽耗量增加；再热汽温过高，也会造成金属材料的超温损坏。因此，运行中也必须保持再热汽温在规定范围内。

与过热器相比，再热器管内工质压力较低，表面传热系数较小，工质比体积大，为减小流动阻力，质量流速不宜过大。因此，再热器管壁的冷却条件较差。此外，低压蒸汽的比热容小，如受热不均匀，再热汽温的热偏差将大于过热汽温的热偏差。况且再热器的运行工况不仅受锅炉各种因素的影响，还与汽轮机的运行工况有关，这就增加了再热汽温调节的困难。由于再热蒸汽流量与燃料量之间无直接的单值关系，不能用燃料量与蒸汽量的比例来调节再热汽温。

采用喷水调节虽然有效，但不经济，因为减温水喷入再热蒸汽后，增加了汽轮机中、低压缸的蒸汽流量，也增加了中低压缸的出力，在机组功率不变的情况下，则势必限制汽轮机高压缸的出力，即减少高压缸的蒸汽流量，相当于用低压蒸汽循环代替了高压蒸汽循环，必然会降低整个机组的热经济性，故喷水减温不宜作为再热汽温的主要调节手段，而只作为事故喷水或辅助调节手段。

对于亚临界压力单元机组，每喷入1%的减温水，发电煤耗降低0.4～0.6g(标煤)/(kW·h)。因此再热器的调温大都采用烟气侧的调温方式，而只将喷水减温作为事故降温（防止再热器管壁超温）手段或对再热汽温进行微调之用。常用的烟气侧调温方式包括改变火焰中心位置、分隔烟道挡板、烟气再循环等几种。改变火焰中心位置和前面过热器调节方式相同。

（1）分隔烟道挡板。分隔烟道挡板调温法，是将尾部竖井烟道分隔成并联的两部分，将再热器和过热器分别布置在相互隔开的两个烟道中。过热器和再热器的下面布置省煤器，在省煤器的下方装设烟气调节挡板，调节挡板开度，可以改变流经再热器的烟气量，达到调节再热汽温的目的。与此同时，流经过热器的烟气量也将改变，从而使过热汽温改变，但这可通过调节减温器的喷水量来维持过热汽温的稳定。

图4-17是用烟气挡板调节汽温时的调节方式示意。分隔烟道挡板法的优点是结构简单，操作方便，已被许多大型电站锅炉采用；其缺点是汽温调节的时滞太大，挡板的开度与汽温变化为非线性关系，大多数挡板只在0～40%的开度范围内比较有效。另外，为避免烟气挡板的热变形，挡板应布置在烟温低于400℃的区域，并应防止磨损。应注意平行烟道的隔墙密封，最好采用膜式壁结构，以防止烟气泄漏。

（2）烟气再循环。用再循环风机从锅炉尾部低温烟道中（一般为省煤器后）抽出一部分温度为250～350℃的烟气，由冷灰斗附近送入炉膛，烟气再循环系统如图4-18所示，可以改变炉内辐射和对流受热面的吸热量分配，从而达到调节汽温的目的。

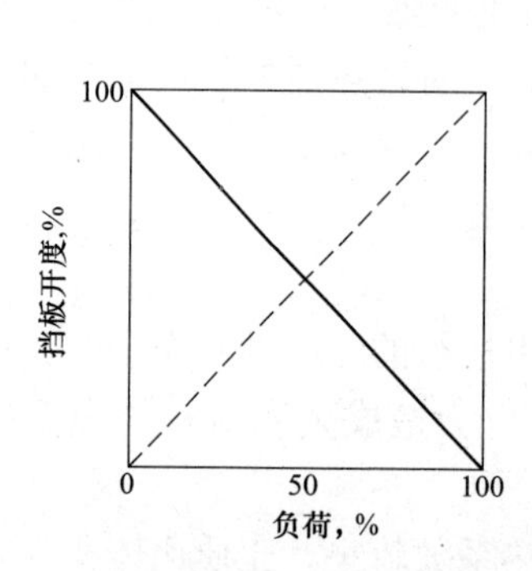

图 4-17　用烟气挡板调节汽温时的调节方式

——— 过热器侧挡板开度随负荷变化关系；

－－－－ 再热器侧挡板开度随负荷变化关系

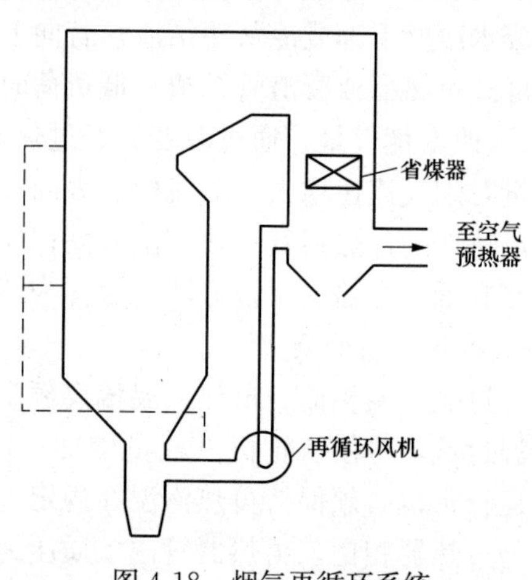

图 4-18　烟气再循环系统

当低温再循环烟气送入炉膛后，炉膛温度会降低些，使炉内辐射传热减少，而炉膛出口烟温变化不大。在对流受热面中，因为烟气量增加其对流吸热量将增加，使蒸汽温度升高。而且，受热面离炉膛越远，对流吸热量的增加就越显著。这是因为在炉膛出口附近的高温对流受热面中，只是烟气流量增加了（使传热系数增加），但传热温压基本不变（有时还降低些）；而在后面的对流受热面中，不但烟气量增大（使传热系数增加），而且传热温压也增大了。

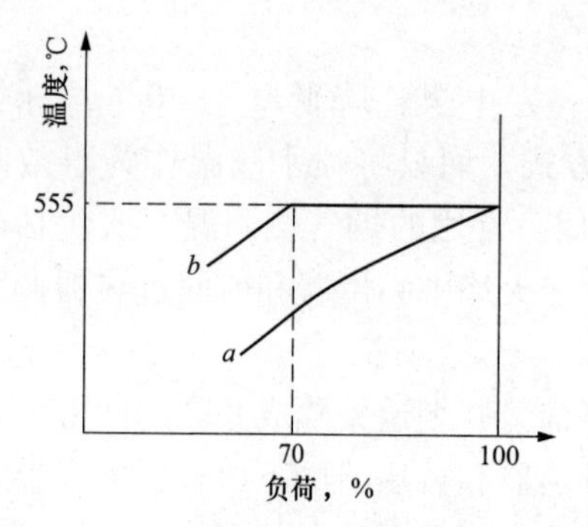

图 4-19　烟气再循环调节时的再热汽温特性

a—不投入烟气再循环；*b*—投入烟气再循环

图 4-19 所示为烟气再循环调节时的再热汽温特性。在 100％负荷时，烟气再循环不投入（有些锅炉投入少量再循环烟气），汽温保持额定值。负荷降低时，通过烟气再循环来维持再热汽温。在 70％负荷以下，再热汽温已无法维持在额定值。

有时为了降低炉膛出口烟温，减轻或防止炉膛出口处受热面和高温过热器结渣，将再循环烟气从炉膛上部送入炉内，如图 4-19 中虚线所示。

烟气再循环调温幅度大，时滞小，调节灵敏。在某些大型锅炉中，还用来减少大气污染。但烟气再循环法需要有能承受高温（约 350℃）和耐磨的再循环风机。另外，这种方法还会使燃料的未完全燃烧损失和排烟热损失有所增加。

（3）汽温监督及手调时应注意的几个问题。电厂在运行规程中一般规定在汽温偏离正常值较大（如锅炉运行不正常或负荷变化较大）时，运行人员手动处理的办法。其中最主要的是调节燃烧，如燃烧器负荷分配、过燃风量的调节、炉膛送风量的调节、煤粉细度的调节等。监视和调节中有以下几个问题应注意：

1）运行中应经常根据有关工况的改变，分析汽温变化的趋势，尽可能使调节动作做在汽温变化之前。若汽温已经改变再去调节，则必定会引起大的汽温波动。例如，运行中一旦发现主蒸汽流量增加，同时汽压下降、即可判断为外扰发生，应立即做好加大减温水量的准备，或提前投入减温水。因为根据判断（假定过热器为正向特性），过热汽温将先短暂降低，而后持续上升。此外，过热器中间点的汽温（如第二级减温器出口汽温）也是分析主蒸汽温度变化的重要信息，亦应特别加以监视。

2）根据运行中汽温变动的具体特点，采取相应的措施。例如，若运行中汽温增加过于剧烈，有可能是由于降负荷太快、幅度太大引起瞬间汽温升高（锅炉跟随），若该过程持续不停，燃料量总难跟上，则会使汽温一直上升。在这种情况下，运行人员最有效的方法是在锅炉降低燃烧率的同时，联系汽轮机升负荷降压，可迅速抑制汽温的上升。因此运行人员需要注意分析负荷控制方式（锅炉跟随和汽轮机跟随汽温变化方向不同）、负荷变动速度和幅度，以便正确进行调温动作。

3）调节汽温时，操作应平稳均匀。例如对减温水调节门的操作，切忌大开大关或断续使用，以免引起急剧的汽温变化，危及设备安全。

4）第一、二两级减温水量必须分配合理。切忌只看总的出口汽温而忘了屏式过热器的出口汽温，或因一级减温调温迟缓而减少其喷水量，过多依靠二级减温水减温。这种操作很容易造成屏式过热器管壁过热。

5）实际运行过程中，除了严密监视各级过热器出口汽温特别是主蒸汽温度为规定值以外，要特别注意各减温器后的温度。当各减温器后的温度大幅度变化时，就应进行相应的调整。另外，各级减温喷水均应留有一定的余量，即应保持一定的开度，若发现部分减温水门开度过大或过小，应及时通过燃烧调节来保证其正常的开度。

6）运行中若发现蒸汽温度急剧上升，靠喷水减温无法降至正常范围时，应立即通过降低锅炉燃烧率来降低汽温，并查明汽温升高的原因。

7）在用烟道挡板调节再热汽温时，必须考虑到对过热汽温的影响。若再热汽温降低，应在开大再热挡板之前，检查过热器是否还有一定的喷水量；否则，有可能引起过热汽温下降。而过热汽温降低会引起低温再热器入口温度降低，使再热汽温的调节没有什么效果。

8）应在监督出口整体汽温的同时，注意监视各级热偏差和各段管壁温度，通过燃烧调节（如避免火焰偏斜）和两侧减温水量的分配加以改善。

六、水位的调节

1. 维持汽包正常水位的意义

锅炉运行中，汽包水位是一个重要的检测参数。水位过高或过低都将危及锅炉和汽轮机的安全运行。汽包水位过高，会影响汽水分离器的正常工作，使蒸汽中水分增加，蒸汽品质恶化，易造成过热器中积盐，超温和汽轮机通流部分结垢；汽包水位严重满水时，还会造成蒸汽大量带水，引起主蒸汽温度急剧下降，甚至造成管道和汽轮机水冲击。

汽包水位过低，易引起下降管带汽，破坏水循环，造成水冷壁超温爆管；严重缺水时，还会引起大面积爆管事故发生。汽包水位过低还会使强制循环锅炉的锅水循环泵进口汽化引起泵组剧烈震动。

现代大型电厂锅炉，随着容量的增大，汽包的相对水容积越来越小，如给水中断或给水量与蒸发量不适应，往往几秒钟内就可能造成满水或缺水事故。汽包锅炉的水位变化200mm的飞升时间为6～8s。因此运行中必须严格监视汽包水位并及时调整。

汽包锅炉给水调节的任务是维持汽包水位在允许范围内，使锅炉的给水量适应锅炉的蒸发量。由于汽包的水位同时受到锅炉侧和汽轮机侧的影响，因此当锅炉负荷变化或汽轮机用汽量变化时，通过给水调节系统保持汽包的水位正常是保证锅炉和汽轮机安全运行的重要条件。一般要求汽包水位维持在设计值±(75～100)mm 的范围内。目前，电站锅炉均能够实现给水的自动调节。

2. 影响汽包水位变化的主要因素

锅炉运行中，汽包水位是经常变化的，引起汽包水位变化的根本原因是：蒸发设备中的物质平衡破坏，即给水量与蒸发量不一致；蒸汽压力变化引起工质比体积及水容积中汽量变化。

运行中引起汽包水位变化的具体原因：负荷增减幅度过快，安全阀动作，燃料增减过快，启动和停止给水泵时给水自动失灵，承压部件泄漏，汽轮机调节门、旁路门、过热器及主蒸汽管疏水门开关。归纳起来主要是锅炉负荷、燃烧工况、给水压力的变化会引起汽包水位变化。

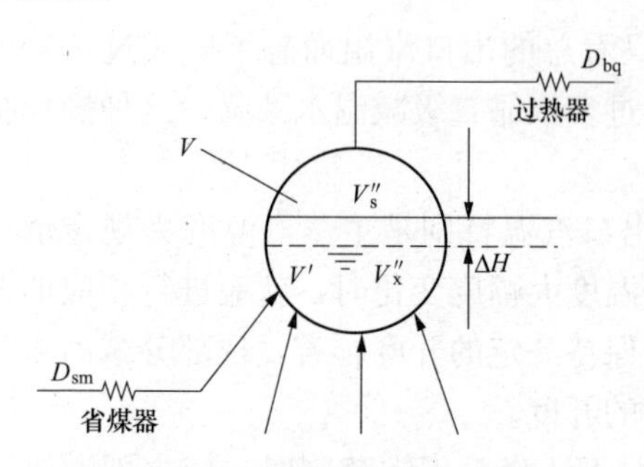

图 4-20 汽包锅炉给水调节对象的结构
V—汽包体积；V'—蒸发区总容积；
V''_s—汽包水位以上蒸汽空间的容积；
V''_x—汽包水位以下蒸汽的容积；
D_{sm}—进入汽包的给水流量；
D_{bq}—汽轮机用汽量；
ΔH—汽包水位的变化

汽包锅炉给水调节对象的结构如图 4-20 所示。输入锅炉的为给水量 D_{sm}，汽轮机用汽量为 D_{bq}，汽包水位变化为 ΔH。汽包水位过高，将会引起蒸汽带水或满水，使蒸汽品质恶化，管子过热或管道、汽轮机产生水冲击，水位过低将会破坏水循环，甚至烧坏水冷壁。汽包水位不仅受到汽包、水冷壁管等储水量变化的影响，也受到汽包水位下蒸汽体积变化的影响，而蒸汽体积与锅炉负荷、蒸汽压力等有关，锅炉负荷和蒸汽压力又与燃料量密切相关。因此，锅炉负荷、燃烧工况、给水压力的扰动为汽包水位变化的主要原因。

(1) 负荷变化对水位的影响。在正常情况下，机组负荷正常变化时，锅炉燃烧和给水若能及时调整，锅炉汽包水位一般不会发生很大变化，但当负荷突变时（特别是在锅炉跟随下运行时），若汽压有大幅度的变化，会引起汽包水位迅速波动。

下面以机组负荷骤增为例来说明对水位的影响。对单元机组，当机组负荷骤增时，蒸汽压力迅速降低，蒸发设备中的水和金属放出储热，产生附加蒸发量，使汽包水容积中的汽含量增加，锅水体积膨胀，促使水位上升，形成虚假水位。随机组负荷的增大，锅水消耗量增加，锅水中汽泡逸出水面后，汽水混合物的体积收缩，且随燃烧的加强，汽压逐渐恢复，若此时给水量未及时调整，则汽包水位将迅速下降，机组负荷骤降时，水位的变化情况与此相反。

运行中应注意虚假水位，当机组负荷大幅度变化时，应当先调节燃料和风量，恢复汽压，以满足机组对蒸发量的需求。如虚假水位严重，不加限制会造成锅炉满水或缺水时，则应先适当减小或增加给水量，同时调节燃烧，恢复汽压。当水位停止变化时，再适当加大或减小给水，维持汽包正常水位。

(2) 燃烧工况对水位的影响。对单元制机组，在外界负荷和给水量不变的情况下，燃烧工况的变动也会导致汽包内物质平衡的破坏和工质状态的变化，从而对水位产生显著的影响。燃烧工况的变动多是由于煤质变化，给煤、给粉不均，炉内结焦等因素造成的。燃烧工况的变动不外乎两种效果：一种是燃烧加强了，一种是燃烧减弱了。对单元机组来说，当燃烧加强时，炉内放热量增加，蒸发设备中含汽量增多，锅水体积膨胀，水位上升；但蒸发量的增加又使汽压上升，提高了蒸发设备中工质的饱和温度，水位会逐渐下降。当汽压升高时，若保持外界负荷不变，则必须关小调节汽门，此时若不及时调节燃烧，则汽压会进一步升高，水位继续下降。燃烧减弱时对水位的影响与上述情况相反。燃烧工况变动时，水位变化的程度取决于燃烧工况变化的程度和运行调节的及时性。

（3）给水压力变化对水位的影响。当其他条件不变，给水系统压力变化时，将引起给水量变化，破坏物质平衡，引起水位变化。如给水压力增加时，给水量增加，水位上升；给水压力下降时，给水量减少，水位下降。此外，运行中若发生高压加热器、水冷壁、省煤器等设备泄漏，也会破坏物质平衡，使汽包水位下降。运行中应及时注意给水压力的变化，并及时调整，以维持汽包水位。

（4）汽包的相对容积。汽包尺寸越大，水位变化速度就越慢，汽包尺寸越小，水位变化速度就越快。

（5）锅水循环泵的启停及运行工况。强制循环锅炉在启动锅水循环泵前，汽包水位线以上的水冷壁出口至汽包的导管均是空的，所以锅动锅水循环泵时，汽包水位将急剧下降。当锅水循环泵全部停运后，这部分水又要全部返回到汽包和水冷壁中，而使汽包水位上升。此外，锅水循环泵的运行工况也将对汽包水位产生一定的影响。

3. 水位的监视与调节

（1）水位监视。汽包正常水位的标准线一般是在汽包中心线以下 100～200mm 处，在水位标准线的±50mm 以内为水位允许波动范围。运行中锅炉汽包水位是通过水位计来监视的。现代电厂锅炉中，为便于汽包水位的监视，除在汽包上装有一次水位计外，还在集控室装有二次水位计或水位电视。运行中，对水位的监视应以一次水位计的指示为准，为确保二次水位计指示的准确性，运行中应及时核对一、二次水位计的指示情况。应当指出，一次水位计指示的水位比实际的水位偏低，这是由于散热使水位计中水的密度大于汽包中水的密度。此外，当一次水位计的汽、水连通管结垢，汽侧门、水侧门、放水门泄漏时，会引起水位计指示不准确。

因此，应定期对水位计进行检修和清洗。在锅炉运行时，应经常检查对照各水位计，给水自动投入时，要经常检查给水系统的工作情况是否良好，发现“自动”异常和水位异常时应及时处理。

（2）水位的调节。水位调节的任务是使给水量适应锅炉的蒸发量，以维持汽包水位在允许的变化范围内。水位调节最简单的办法是根据汽包水位的偏差来调节给水泵转速或给水阀开度。水位控制系统如图 4-21 所示，在自动控制中也就是采用所谓单冲量的自动调节器，如图 4-21（a）所示。单冲量调节的主要问题在于，当锅炉负荷和压力变动时，自动控制系统无法识别由此产生的虚假水位现象，因而使调节装置向错误的方向动作。所以单冲量调节只能用于水容积相对较大以及负荷相对稳定的小容量锅炉；对大容量锅炉，在较低负荷时也能使用。

如果在水位信号 H 之外，又加一个蒸汽流量的信号 D 则成为双冲量给水调节系统，如

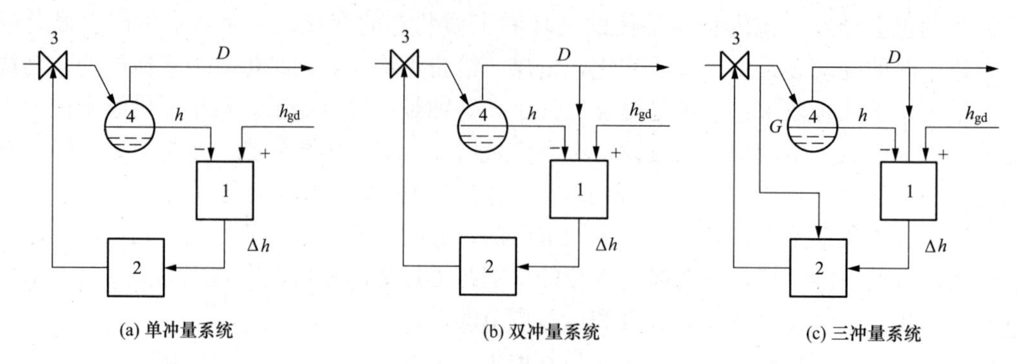

(a) 单冲量系统　(b) 双冲量系统　(c) 三冲量系统

图 4-21　水位控制系统

1—加法器；2—调节器；3—给水控制门；4—汽包

图 4-21（b）所示。当锅炉负荷变化时，信号 D 比水位信号 H 提前反映，用以抵消虚假水位的不正确指挥。例如，若在 H 增大的时候，D 也增大，则加法器 1 就有可能输出 $\Delta H=0$，使给水调节门暂不动作。故双冲量系统可用于负荷经常变化和容量较大的锅炉，但它的缺点是不能及时反映和纠正给水方面的扰动（如由于给水压力变化所引起的给水量的增减）。

最完善的水位调节系统是图 4-21（c）所示的三冲量系统。在三冲量系统中，蒸汽流量作为前馈信号，给水流量作为反馈信号进行粗调，汽包水位作为校正信号。在这种系统中又增加了给水信号 G。对给水量的调节，综合考虑了蒸发量与给水量相等的原则和水位偏差的大小，既能补偿虚假水位的反馈，又能纠正给水量的扰动。

近代大型锅炉均采用给水全程控制。启动初期，切换至单冲量。当 $D>30\%$MCR 时，切换到三冲量，以防止低负荷下蒸汽流量、给水量测量不准的产生。

为了消除虚假水位对给水调节的影响，锅炉采用三冲量给水调节系统，即根据过热蒸汽流量、汽包水位、给水流量三个信号来控制给水调节门。蒸汽流量可以作为前馈信号，借以消除虚假水位的影响；给水流量可作为反馈信号，避免过调，或用于消除因给水压力等变化引起的给水扰动；汽包水位信号是主信号，它也起校正作用，最后使水位维持在规定值。

锅炉运行中应密切监视汽包水位，一旦自控失灵或运行工况剧烈变化则及时切换为手动。手动时应注意“虚假水位”现象的判断和操作。若在水位升高的同时，蒸汽流量增大而压力却降低，说明水位的升高是暂时的。此时应稍稍等待水位升至高点后，再开大给水调节门，但若有可能造成水位事故时，则可先稍关调节门，但应随时做好开大调节门的准备。若在水位升高的同时，蒸汽流量和压力都减小，说明水位的升高是由于汽包水空间的物质不平衡引起的，应立即关小给水门。

在监视汽包水位时，还需时刻注意给水流量和蒸汽流量（以及减温水量）。正常运行时，给水流量与蒸汽流量并不相同。但其差值有一个正常范围，运行人员应心中有数，一旦偏离该范围，应分析判断原因，消除缺陷。对于有可能引起水位变化的运行操作也应做到心中有数。例如，在进行锅炉定期排污、投停燃烧器、增开或切除给水泵、高压加热器的投停等操作前，应先分析水位变化的趋势，提前进行调节。

在机组不同负荷的运行阶段，调节对象的动态特性不同，故单一的控制系统结构、单一的调节器参数不能满足负荷大范围变动的实际工况，因此，上述的各种调节系统均只能适用机组带基本负荷的工况，属于局部自动控制方式，在机组运行的其他阶段仍为运行人员的手动调节。随着单元机组容量的不断增加和运行参数的不断提高，在机组的启停过程中运行人员需要进行的操作越来越繁重，为了减轻运行人员的负担，保证机组的安全经济运行，十分有必要实现全程给水调节。

全程给水调节是指锅炉从启动到正常运行再到停炉冷却的全过程都实现汽包水位的自动调节。如图 4-22 所示，全程给水调节一般需要设置两套调节系统。一套为单冲量系统，即系统只取水位信号，构成单回路调节系统，它用于锅炉低负荷条件下。因为在锅炉低负荷时，给水流量和蒸汽流量测量误差大，而且锅炉的排水、疏水等操作较多，蒸汽量和给水量已不能反映汽包的物质平衡状况。另一套为三冲量调节系统，它用于锅炉高负荷条件下。两个系统的调节器分别整定，以适应不同负荷的需要。可见，全程给水调节实际上是分段调节，在机组运行的不同阶段需要不同的调节机构、不同的调节系统根据负荷大小相互切换，因此，还需要保证在系统控制方式切换中对给水流量不产生扰动。

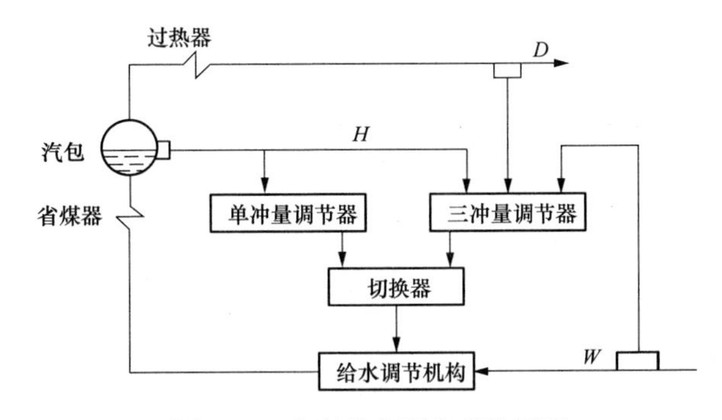

图 4-22　全程给水调节系统原理

第二节　直流锅炉运行参数的调节

直流锅炉运行调节的基本要求与汽包锅炉相同，如锅炉的蒸发量要适应汽轮机负荷的要求；保持汽压汽温的稳定并符合规定值；维持经济燃烧，维持中间温度等。由动态分析特性可知，直流锅炉蒸汽参数的稳定主要取决于两个平衡：汽轮机所需蒸汽量与锅炉蒸发量的平衡；燃料量与给水量的平衡。第一个平衡能稳定汽压，第二个平衡能稳定汽温。然而这两个参数的调节是紧密相关的，在调节过程中不能截然分开，它们是一个调节过程的两个方面。

一、蒸汽压力的调节

直流锅炉压力调节的任务，实际就是经常保持锅炉蒸发量和汽轮机所需蒸汽量相等。只要时刻保持住这个平衡，过热蒸汽压力就能稳定。在汽包锅炉中，要调节蒸发量，先是依靠调节燃烧来达到的，与给水量无直接关系。给水量是根据汽包水位来调节的。但在直流锅炉内，炉内燃烧率的变化并不最终引起蒸发量的改变，而只是使出口汽温升高。由于直流锅炉的给水流经各受热面后加热成过热蒸汽，即锅炉送出的蒸汽量等于进入的给水量，因而只有当给水量改变时才会引起锅炉蒸发量的变化。直流锅炉汽压的稳定，从根本上说是靠调节给水量实现的。

但如果只改变给水量而不改变燃料量，则将造成过热汽温的变化。实践证明，给水量变化 1%，过热器温度变化 10%左右。因此，直流锅炉在调节汽压时，必须使给水量和燃料量按一定的比例同时改变，才能保证在调节负荷或汽压的同时，确保汽温稳定。这说明汽压的调节与汽温的调节是不能相对独立进行的。

从动态过程来看，炉内燃烧率的变化却可以暂时改变蒸发量，且与给水量的扰动相比，反映在促使蒸发量的变化上燃烧率的扰动要更快。因此，在外界需要锅炉变负荷时，如先改变燃料量，再改变给水量，就有利于保证在过程开始时蒸汽压力的稳定。

二、蒸汽温度的调节

1. 影响汽温的因素

(1) 煤水比。直流锅炉的各级受热面串联连接，给水的加热、蒸发和过热三个阶段没有严格的固定界限。当煤水比变化时，三个受热段的面积将发生变化，吸热比例也随之变化，这将影响出口蒸汽参数，尤其是出口蒸汽温度。

直流锅炉运行时，为维持额定汽温，锅炉的燃料量 B 与给水流量 G 必须保持一定的比例。若 G 不变而增大 B，由于受热面热负荷 q 成比例增加，热水段长度 l_{rs} 和蒸发段长度 l_{zf} 必然缩短，而过热段长度 l_{gr} 相应延长，过热汽温就会升高；若 B 不变而增大 G，由于 q 并未改变，则 $(l_{rs}+l_{zf})$ 必然延长，而过热段长度 l_{gr} 缩短，过热汽温就会降低。因此直流锅炉主要是靠调节煤水比来维持额定汽温。若汽温变化是由其他因素引起（如炉内风量）的，则只需稍稍改变煤水比即可维持给定汽温不变。直流锅炉的这个特性是明显不同于汽包锅炉的。对于汽包锅炉，由于有汽包，所以煤水比基本不影响汽温。而燃料量对汽温的影响，由于蒸汽量的相应增加，因而影响是不大的。

因此直流锅炉都用调节煤水比作为基本的调温手段，而不像汽包锅炉那样主要依靠减温水；否则，一旦燃烧率与给水量不成比例，喷水量的需求将是非常大的。

(2) 受热面沾污。在煤水比不变的情况下，炉膛结焦会使过热汽温降低。这是因为炉膛结焦使锅炉传热量减少，排烟温度升高，锅炉效率降低，1kg 工质的总吸热量减少，而工质的加热热和蒸发热之和一定，所以过热吸热（包括过热器和再热器）减少。因炉膛出口烟温的升高而再热器吸热增加，故对流式过热器的过热汽温降低；进口再热汽温的降低与再热器吸热量的增大影响抵消，所以再热汽温变化不大。对流式过热器和再热器的结焦或积灰都不会改变炉膛出口烟温，而只会使相应部件的传热热阻增大，传热量减小，使过热汽温和再热汽温降低。在调节煤水比时，若为炉膛结焦，可直接增大煤水比；但过热器结焦，则增大煤水比时应注意监视水冷壁出口温度，在其不超温的前提下来调整煤水比。

(3) 给水温度。给水温度和压力将影响锅炉给水的焓值，正常情况下，给水温度一般不会有大的变化，但当机组高压加热器因故障停投时，锅炉给水温度就会降低。若给水温度降低，在同样给水量和煤水比的情况下，直流锅炉的加热段将延长，过热段缩短（表现为过热器进口汽温降低），过热汽温会随之降低；再热器出口汽温则由于汽轮机高压缸排汽温度的下降而降低。当给水温度升高时，情况则刚好相反。因此，当给水温度降低时，必须改变原来设定的煤水比，即适当增大燃料量，才能保持住额定汽温。这个特性与自然循环汽包锅炉也是相反的。

(4) 过量空气系数。当增大过量空气系数时，炉膛出口烟温基本不变。但炉内平均温度下降，炉膛水冷壁的吸热量减少，致使过热器进口蒸汽温度降低，虽然对流式过热器的吸热量有一定的增加，但前者的影响更强些。在煤水比不变的情况下，过热器出口温度将降低。过量空气系数减小时，结果与过量空气系数增加时相反。若要保持过热汽温不变，也需要重新调整煤水比。

随着过量空气系数的增大，辐射式再热器吸热量减少不多，而对流式再热器的吸热量增加。对于显示对流式汽温特性的再热器，出口再热汽温将升高。

(5) 火焰中心高度。当火焰中心升高时，炉膛出口烟温显著上升，再热器无论显示何种汽温特性，其出口汽温均将升高。此时，水冷壁受热面的下部利用不充分，致使1kg工质在锅炉内的总吸热量减少，由于再热蒸汽的吸热是增加的，所以过热蒸汽吸热减少，过热汽温降低。

(6) 煤质变化。煤质变化会引起锅炉输入热量及煤水比的变化，并改变燃烧工况及汽水系统受热面的辐射、对流传热比例。煤质变化既影响中间点温度又影响过热器的吸热特性，从而影响汽温特性。

2. 过热汽温的调节

在纯直流负荷以前，过热汽温控制采用喷水减温控制。在纯直流负荷以后，由于燃料量扰动或变负荷变化过程中煤水比失调，将导致过热汽温发生很大的变化。一般情况下，煤水比变化1%，将使过热汽温变化8～10℃。这种情况下，靠喷水调节很难将主蒸汽温度调整过来。同时，喷水量太大会使水冷壁中工质流量减少，影响水动力的安全。因此，应把保持适当的煤水比作为过热器温度调节的根本手段。保持煤水比基本不变，则可维持过热器出口汽温不变。当过热蒸汽温度改变时，首先应改变燃料量或者改变给水量，使汽温大致恢复给定值，然后用喷水减温的方法较快速精确地保持汽温。

(1) 过热汽温粗调（煤水比调节）。主蒸汽温度是指末级过热器后的蒸汽温度。由于工质从进入锅炉开始，要经过水冷壁、初级过热器、屏式过热器和末级过热器等多处受热面，主蒸汽温度对燃料量和给水量的变换有很大的滞后，所以直接将末级过热器的蒸汽温度作为被控参数，显然有很大的不足。因此，煤水比的调节普遍采用汽水行程中的某一中间工况点的参数作为控制信号。其理由是，在给定负荷下，与主蒸汽焓值一样，中间点的焓值（或温度）也是煤水比的函数。只要煤水比稍有变化，就会影响中间点温度，造成主蒸汽温度超限。而中间点的温度对煤水比的指示，显然要比主蒸汽温度的指示快得多。因此可以选择位置接近过热器进口的中间点的焓值控制煤水比，它可以比出口汽温信号更快反映煤水比的变化，起到提前调节的作用。

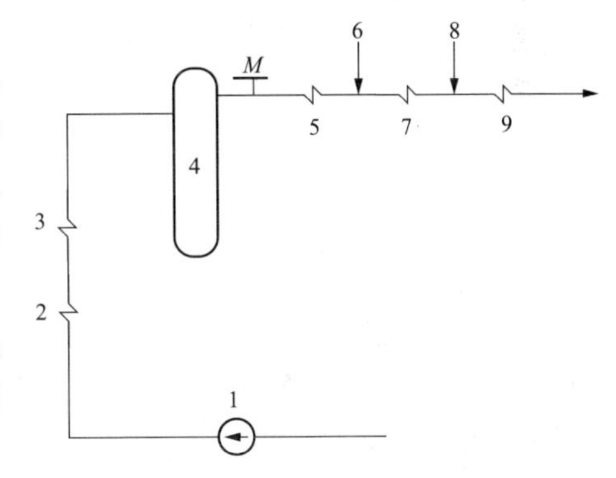

图 4-23　直流锅炉中间点位置

1—给水泵；2—省煤器；3—水冷壁；4—汽水分离器；5—前屏过热器；6—Ⅰ级减温水喷水点；7—后屏过热器；8—Ⅱ级减温水喷水点；9—高温过热器；M—中间点温度位置

中间点一般选为具有一定过热度的微过热蒸汽（如分离器出口）。如图4-23中的M点，若位置过于靠前（如水冷壁出口），则当负荷或其他工况变动时，中间点温度一旦低至饱和温度即不再变化，因而失去信号功能。一旦选定中间点位置，即应在运行中严格监督中间点温度，过低可能会导致过热器进水，过高则水冷壁水量小，水冷壁及其后各受热面壁温升高。

调节时应保持中间点汽温稳定，则出口汽温就会稳定。中间点温度或焓值可用燃料量控制，也可用给水量控制。一般亚临界压力直流锅炉采用中间储仓式制粉系统，用燃料量控制中间点温度或焓值作为主要手段。超临界压力直流锅炉一般配备的是直吹式制粉系统，给煤量的大小主要是靠给煤机的转速来控制的。控制系统产生相应的给煤指令，控制给煤机的转速，达到控制燃料量的目的。给水系统一般配两台50%MCR（最大连续蒸发量）的汽动给水泵和一台30%MCR的电动给水泵，给水量的大小主要靠给水泵的转速来控制。控制系统产生相应的给水指令，控制给水泵的转速，达到控制给水量的目的。给煤量、给水量控制回路如图4-24所示，由于直吹制粉系统惯性较大，用燃料量控制中间点温度或焓值比用给水量控制延迟大，而从减少锅炉热应力及锅炉寿命考虑，动态温度控制应优先于压力控制。因此，超临界压力机组以给水量控制中间点温度或焓值为主要策略。

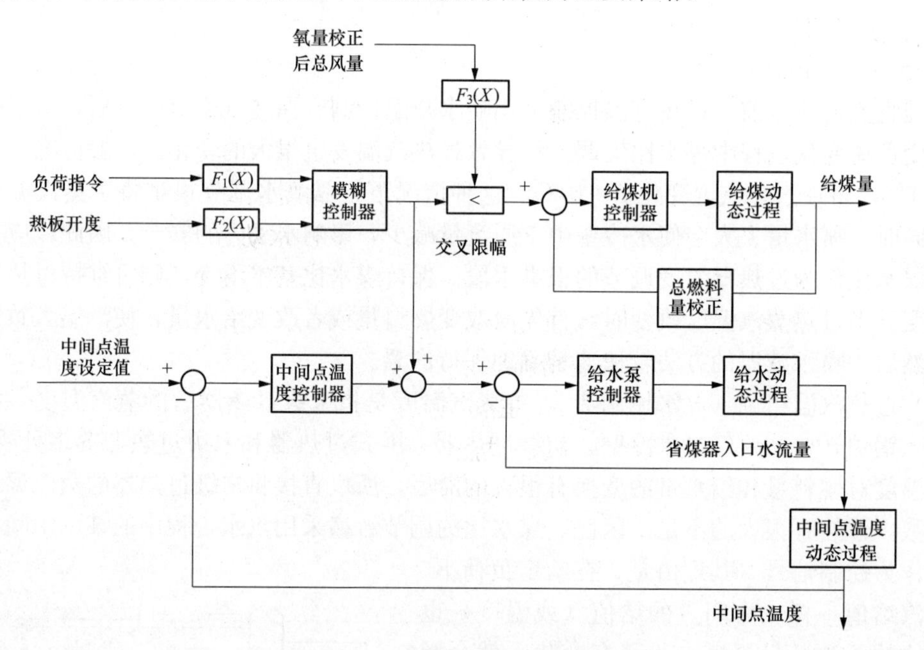

图4-24 给煤量、给水量控制回路

低负荷时炉膛单位辐射热增加且煤水比稍稍变大，将使中间点的焓值升高。因此，不同负荷下中间点焓值的设定值并不是一个固定值，设计人员应将这个特性绘制成曲线指导运行，或输入计算机进行自动控制。图4-25为某600MW直流锅炉分离器出口温度控制值与负荷变化的关系曲线。曲线中当负荷由600MW降至330MW时，分离器出口压力由26.4MPa降到14.1MPa，煤水比由0.129 5变动到0.151 4，中间点焓值由2699kJ/kg升为2845kJ/kg，中间点温度则由418℃降为365 ℃。由图可看出，由于选择了分离器出口作中间点，亚临界压力运行范围的中间点温度始终高出饱和温度30℃左右，使温度信号可靠反映煤水比。

引入中间点控制，煤水比的调节信号不是过热汽温而是中间温度。因此当炉内辐射热量Q_s与中间点焓升r_1所决定的煤水比与达到额定汽温所需要的煤水比不匹配时，还需要用过热器喷水来细调过热汽温。对于正向汽温特性强的锅炉，为延伸汽温控制点，提升汽温，可在保证金属安全的前提下，相对增加低负荷下中间点的过热度以提高中间点焓升，使之与炉内单位辐射热的升高相对应。

(2) 过热汽温细调（喷水调节）。虽然精确的煤水比可保证主蒸汽温度达到一定的温度

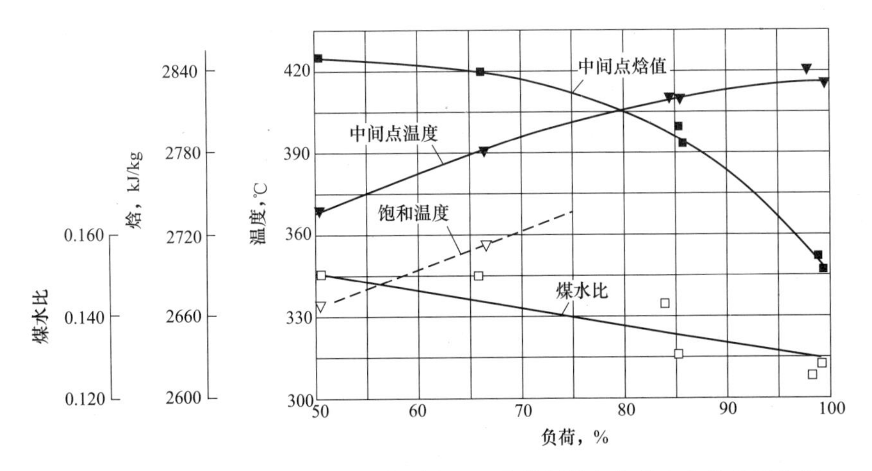

图 4-25　某 600MW 直流锅炉分离器出口温度控制值与负荷变化的关系曲线

稳态值，中间点温度的引入可克服调节滞后的现象，但是，实际运行中，要精确保证煤水比很困难，而且对于一些大扰动对主蒸汽的快速影响，仍需要反应速度快、调温幅度大的调节手段，因此喷水减温依然是超临界压力直流锅炉稳定主蒸汽温度的重要调节方式。

大型直流锅炉的喷水减温装置通常分两级，第一级布置于后屏过热器的入口，第二级布置于末级过热器的入口。每级减温器喷水量一般为该负荷下的 3%主蒸汽流量，并且在 20% BMCR 负荷以下不允许投一级喷水，在 10%BMCR（锅炉最大连续蒸发量）负荷以下不投二级喷水。减温水量的大小主要靠减温水阀的开度来控制。控制系统产生相应的减温水指令，控制减温水阀的开度，达到控制减温水量的目的。二级和一级减温水控制回路分别如图 4-26 和图 4-27 所示。用喷水减温调节汽温时，要严格控制减温水总量，尽可能少用，以保证有足够的水量冷却水冷壁；高负荷投用时，应尽可能多投一级减温水，少投二级减温水，以保护屏式过热器。

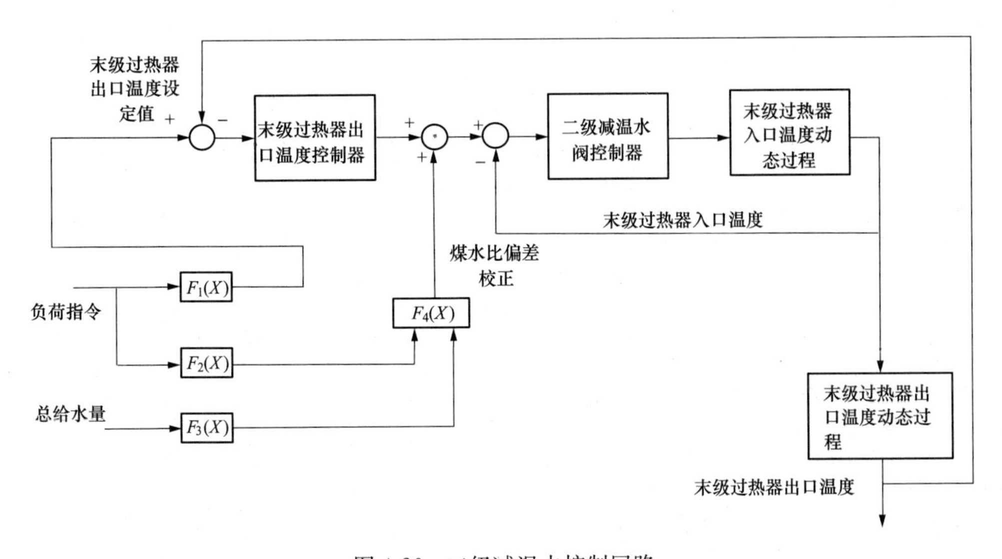

图 4-26　二级减温水控制回路

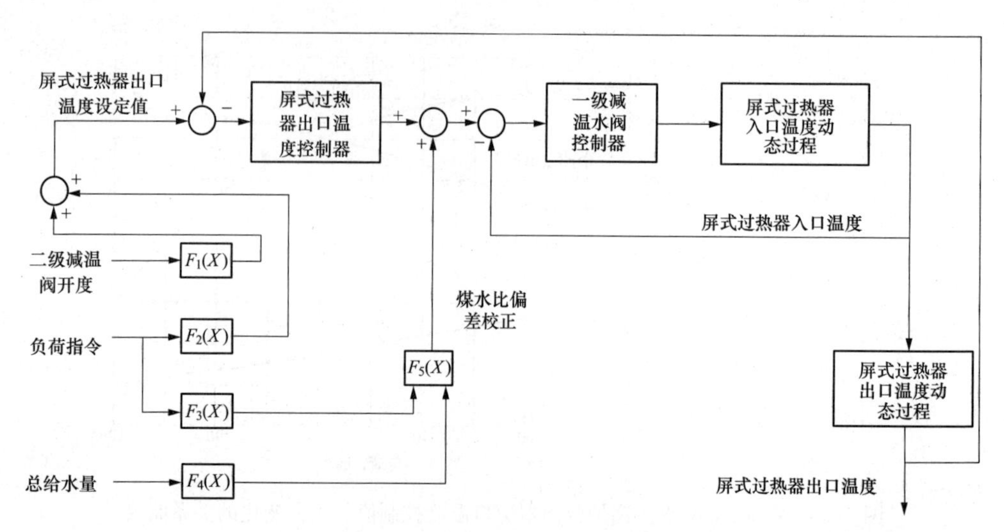

图 4-27 一级减温水控制回路

在负荷变化时，应在锅炉变动负荷前使喷水量保持在平均值，以适应增、减负荷两方面的需要。运行中应适当调低中间点温度定值，可以减少一级、二级减温水的喷水量；反之，适当调高中间点温度值，则会使减温水量增大。

锅炉给水温度降低时汽温降低，若要维持机组负荷不变，必须增加燃料。若锅炉超出力运行，必须注意锅炉各段受热面的温度水平、恰当调节减温水量，防止管壁过热。

综上所述，“抓住中间点温度，煤水比主调，减温水微调”是超临界压力直流锅炉主蒸汽温度控制的基本原则。在实际的工程实施中，要选择合适的中间点温度，在不同的工况下，对煤水比要进行精确的调整，同时对喷水减温进行适当、合理的运用。

3. 实际运行中主蒸汽温度调节需要注意的问题

(1) 机组从启动到转入干态前主蒸汽温度的控制。目前，很多新建机组应用了等离子点火技术，锅炉启动时直接采用等离子拉弧点燃煤粉的点火方式。与常规使用燃油点火方式有所不同，机组从启动到转入干态前，必须投入启动旁路系统，给水流量则维持水冷壁所需要的最低直流流量，通常该直流流量设计为30%BMCR所对应的给水流量，而燃料量则需要根据锅炉启动升压曲线缓慢增加至50～70t/h，在这个过程中锅炉燃烧、水量与旁路的控制必须协调起来，否则主蒸汽再热蒸汽温度都易超温。

此外，从运行经验看，在机组启动和低负荷（30%以下）运行阶段，给水压力比较低，减温水的调节效果不好，而且因为水控制回路常不在自动，开大减温水时，若不相应提高给水流量，还可能导致锅炉给水量低而造成MFT。

因此，对采用等离子点火的超临界压力机组，机组启动和低负荷运行阶段，主蒸汽和再热蒸汽温度的控制主要应依靠燃烧调整，并使旁路的控制适应锅炉燃烧的要求，不宜靠减温水调节。

(2) 高压加热器投、退时应注意煤水的变化对汽温的影响。高压加热器投入与退出，将导致给水温度上升或下降，两种情况的煤水比不同。给水控制回路应相应设计高压加热器投、退两种煤水比，并应保证无扰切换且切换率合适，以维持正常汽温，防止切换时汽温变化幅度过大，导致分离器带水或超温。

（3）变负荷过程中煤水比动态补偿回路的正常使用。对于直流锅炉，给水对负荷的影响远比燃料快，加快给水的变化有利于直流锅炉变负荷性能的提高。另外，由于磨煤机制粉有一定延迟，所以汽温受给水的影响远比燃料快。如果将给水指令滞后煤量变化，使进入锅炉的给水量与燃烧热量同步变化，保持动态煤水比，能有效减少锅炉汽温的控制偏差。

可见，直流锅炉机组的负荷控制与汽温控制是有矛盾的，变负荷时，如给水变化快，则变负荷性能好，但汽温偏差较大；如给水滞后燃料量变化，汽温可以保持基本不变，但变负荷性能不能满足电网调度的要求。

所以给水滞后时间必须合适，过分强调动态煤水比的准确性将不利于提高变负荷性能，为此，可以适当缩短变负荷过程中给水调节的滞后时间，并在变负荷过程中适当削弱中间点温度修正给水流量的作用，做到既兼顾汽温的控制，又提高变负荷速度。

4. 再热汽温的调节

直流锅炉再热汽温的调节不同于过热汽温，不是用煤水比来进行调节的。这是因为煤水比的变化并不能改变高压缸的排汽量。

再热器喷水会较大地影响机组煤耗，故再热器的喷水减温只作为微调和事故喷水之用。当锅炉负荷或煤水比变化时主要用烟气侧的调温手段调节再热汽温。直流锅炉的烟气侧调温方式与汽包锅炉相同，主要有摆动式燃烧器和烟气挡板调温两种。都是靠改变炉膛吸热与对流烟道吸热之比达到调节再热汽温的目的。

超临界压力锅炉的再热器系统大多不布置或很少布置辐射式再热器，因此呈现较强的对流式汽温特性。高负荷时往往不得不喷入减温水调节再热汽温，而低负荷时又有汽温特性偏低的问题。在低负荷汽温偏低时，为提高再热汽温，可在水冷壁安全允许的前提下，适当调高中间点温度定值，以增加煤水比、减少再热器工质流量，使再热汽温升高。高负荷运行时，相同燃煤量下降低中间点温度，可使过热器喷水量减少，但无法减少再热器的喷水。因此运行人员应尽可能利用燃烧调整的方法，把再热器的喷水量降下来。

5. 汽压汽温的协调调节

在实际运行过程中，引起参数变化的原因主要有内扰和外扰两种。手动调节时，如能正确区分引起参数变化的原因，则可避免重复调节或误操作。以下分别进行讨论。

（1）汽压汽温同时降低。外扰、内扰都可能引起该现象。外扰时如外界加负荷，在燃料量、喷水量和给水泵转速不变的情况下，汽压、汽温都会降低。这时，虽给水泵转速未变，但泵的前、后压差减小，使给水量自行增加。运行经验表明：外扰时反应最快的是汽压，其次才是汽温的变化，而且汽温变化幅度较小。此时的温度调节应与汽压调节同时进行，在增大给水量的同时，按比例增大燃料量，保持中间点温度（煤水比）不变。

内扰时如燃料量减小，也会引起汽压、汽温降低。但内扰时汽压变化幅度小且恢复迅速；汽温变化幅度较大，且在调节之前不能自行恢复。内扰时汽压与蒸汽流量同方向变化，可依此判断是否内扰。在内扰时不应变动给水量，而只需调节燃料量，以稳定参数。应指出，此种情况下，中间点温度（煤水比）相应变化。

（2）汽压上升、汽温下降。一般情况下，汽压上升而汽温下降是给水量增加的结果。如果给水阀门开度未变，则有可能是给水压力升高使给水量增加。更应注意的是：当给水压力上升时，不但给水量增加，而且喷水量也自动增大。因此，应同时减小给水量和喷水量，才能恢复汽压和汽温。

(3) 中间点温度偏差大。当中间点的温度持续超出对应负荷下预定值较多时，有可能是给水量信号或磨煤机煤量信号故障导致自控系统误调节而使煤水比严重失调，此时应全面检查，判断给煤量、给水量的其他相关参数信号，并及时切换至手动。因此，即使采用了协调控制，也不能取代对中间点温度和煤水比进行的必要监视。

直流锅炉在带固定负荷时，由于汽压波动小，主要的调节任务是汽温调节。在变负荷运行时，汽温汽压必须同时调节，即燃料量必须随给水量相应变动，才能在调压过程中同时稳定汽温。根据直流锅炉调节的特点，工程技术人员总结出一条切实可行的操作经验，即“给水调压，燃料配合；给水调温，抓住中间点，喷水微调”。例如：当汽轮机负荷增加时，过热蒸汽压力必下降，此时加大给水量以增加蒸汽流量，然后加大燃料量，保持燃料量与给水量的比值，以稳住过热蒸汽温度，同时监视中间点，用喷水作为细调的手段。

由上分析可看出，直流锅炉的汽压、汽温调节是不能分开的，它们只是一个调节过程的两个方面。这也是直流锅炉的参数调节与汽包锅炉的一个重大区别。

第三节 单元机组调峰与变压运行

高参数、大容量机组热经济性高，过去几乎都承担基本负荷。但随着电力系统的发展、电网容量的增大，特别是新能源消纳并网比例增大，电网的峰谷负荷差越来越大。目前大电网的峰谷差已达到最高负荷的30%，个别地区达到50%，原来承担调峰任务的中温中压小机组已不能满足需要，大容量单元机组必须参与调峰。国外尤其是西欧、日本对新设计机组的调峰性能尤为重视，这些机组的容量多数在500MW以上，甚至1000MW的超临界压力机组也都设计成可变压运行与两班制运行。近年来我国新建的超临界及超超临界压力机组也设计了调峰功能。

调峰机组的主要性能要求是：

(1) 良好的启停特性。在夜间负荷低谷时停机数小时后，于次日的负荷高峰期能在短时间内带满负荷，且启动损失小，设备可靠性高，热应力和寿命损耗小。

(2) 能维持低负荷稳定运行。

(3) 能够以足够快的变负荷速率安全稳定地升降负荷。

(4) 在低负荷运行时仍能保持较高的热效率。

机组参与调峰时可能的方式有以下几种：①负荷跟踪方式——定压运行或变压运行；②两班制运行方式；③少汽无负荷方式；④低速旋转热备用等其他方式。

一、变压运行的方式

1. 纯变压运行

在整个负荷变化范围内，汽轮机所有调速汽门全开，单纯依靠锅炉汽压变化来调节机组负荷，称为纯变压调节。这种方式由于无节流损失，高压缸可获得最佳效率和最小应力，给水泵耗电也最小。但是，从汽轮机负荷变化信号输入锅炉到新蒸汽压力改变有一个时滞，既不能对负荷变化快速响应，又不能满足电网一次调频的要求，一般很少采用。对中间再热机组，由于再热器和冷段导汽管的热惯性，负荷变动时，低压缸有明显的功率滞后现象，通常依靠高压调速汽门动态过开的方法来补偿，但此时调速汽门已全开，故此方法难于适应负荷频繁变动的工况。另外，调速汽门长期处于全开状态，易于结垢卡涩，故需要定期手动活动调速汽门。有时也会造成汽门开度过大，增加阀门的动作行程，致使机组甩负荷时有超速的危险。

2. 节流变压运行

为弥补纯变压运行适应性差的特点，采用正常情况下汽轮机调节门不全开，对主蒸汽保持一定的节流（5%～15%），负荷降低时进入变压运行，负荷突然上升时可以立即全开调速汽门，利用锅炉已有的稍高的蒸汽压力，快速增加机组负荷的运行方式，称为节流变压运行，节流变压运行弥补了纯变压运行负荷调整慢的缺点，但由于调速汽门经常节流产生了节流损失，降低了机组的经济性。

3. 复合变压运行

这是变压运行和定压运行相结合的一种运行方式。实际运行中，复合变压运行方式有三种方式：

（1）低负荷时变压运行，高负荷时定压运行。低负荷时调速汽门全开，变压运行，随着负荷的增加，主蒸汽压力增加，待增至额定值后，维持主蒸汽压力不变，过渡到喷管运行。

（2）低负荷时定压运行，高负荷时变压运行。低负荷时，蒸汽压力维持在较低值，作定压运行，当负荷增加后，开大调速汽门，待调速汽门全开后，则依靠锅炉升压增大负荷。

（3）高负荷和低负荷时定压运行，中间负荷变压运行，即定—滑—定运行方式。低负荷时在较低压力下定压运行，中间负荷时，则关闭1～2个调速汽门变压运行，高负荷时采用喷管定压运行。

复合变压运行方式既有较高的经济性，又有较强的负荷适应性，故应用广泛。其中定—滑—定方式应用最广，这种方式的变压运行实际上是在中间某一负荷范围内进行，变压运行的最低负荷，从理论上讲越低越好，这一负荷越低，变压运行的负荷范围越大，其优势也越易于发挥。但变压运行的最低负荷与很多因素有关，如锅炉的形式、燃烧的稳定性和汽轮机的自动化程度等。一般情况下，强制循环汽包锅炉比自然循环汽包锅炉所允许的变压运行最低负荷要小，究竟在什么负荷下采用变压或定压，要根据具体机组的情况试验确定，最终找出一个经济性最好、可靠性最高的运行模式。

二、变压运行方式的特点

1. 变压运行的优点

增加了机组运行的可靠性和对负荷的适应性。变压调节机组在部分负荷下，蒸汽压力降低，而温度基本不变，因此当负荷变化，尤其在机组启、停时，汽轮机各部件的金属温度变化小，减小了热应力和热变形，从而提高了机组运行的可靠性和快速加减负荷的性能，缩短了机组的启停时间。同时锅炉受热面、主蒸汽管道经常在低于额定条件下工作，提高了它们的可靠性并延长了它们的使用寿命。

变压运行提高了机组在部分负荷下的经济性，体现在以下几个方面：

（1）提高部分负荷下机组的内效率。变压调节时，主蒸汽压力随负荷的减小而降低，但主蒸汽温度和再热蒸汽温度保持不变。虽然进入汽轮机的蒸汽质量流量减小，但容积流量基本不变，速比、焓降等也保持不变，而且蒸汽压力的降低，使湿汽损失减小，故汽轮机内效率仍可维持较高水平，尤其是提高了高压缸的内效率。

（2）给水泵耗功减少。现代大功率汽轮机均采用汽动给水泵，或采用电动泵的机组也在电动机和泵之间加装了无级变速的液压耦合器，因此在变压运行时，锅炉给水流量和压力随负荷减少而减少，因而给水泵可以低转速运行，从而降低了给水泵的耗功量。负荷越低，耗功量越少。但这一优点只有当给水泵是变速调节时才存在，如果为定速、阀门调节的给水泵，采用变压运行不但耗电量不减少，而且还存在给水调节阀前后压差大且易损坏和噪声大的缺点。

(3) 延长锅炉承压部件和汽轮机调速汽门的寿命。低负荷时压力降低，减轻了从给水泵至汽轮机高压缸之间所有的承压部件（包括锅炉、主蒸汽管道、阀门等）的负载，延长系统各部件的寿命。汽轮机调速汽门由于经常处于全开状态而大大减轻了磨蚀并减少维修工作量。

(4) 减轻汽轮机结垢。通常负荷变动时，锅炉汽包内的水垢受冲击力而被粉碎并随蒸汽带出，造成汽轮机结垢。变压运行低负荷时蒸汽压力低，受水冲击而被粉碎的水垢减少，因而可减轻汽轮机结垢。另外，变压运行时蒸汽压力随负荷的降低而降低，蒸汽溶解盐分的能力减少，使蒸汽中含盐量减少，这样既可减轻汽轮机内的结垢，且低压蒸汽溶盐量少，对汽轮机喷嘴、叶片有清洗作用。

2. 变压运行缺点

变压运行主要有以下缺点：

(1) 负荷变动时，汽包等厚壁部件会产生附加温度应力，限制机组变负荷速率。变压运行时，锅炉汽包内的蒸汽压力随负荷而升降，汽包压力下的饱和温度也随之变化。汽包水汽温度变化不仅会引起汽包内外壁温差，而且由于水的表面传热系数比汽的表面传热系数大得多（在300～500℃内，前者比后者大3～7倍）。所以当汽包内的水汽温度随负荷而降低时，汽包上下部分的金属壁温变化速率不同，形成了上下壁温差。

变压运行时汽包内饱和温度允许的变化速度是限制负荷变化速率的一个重要因素。例如对亚临界压力汽包锅炉，100%MCR时汽包压力为18.1MPa，相应的饱和温度为357℃，若锅炉按复合变压运行从93%负荷变动到50%负荷（汽包压力为10.7MPa），相应的饱和温度为316℃，比原先的饱和温度降低了41℃。若负荷变化率为3%/min，则整个负荷变化过程仅为14min，14min内汽包内的工质温度变化了41℃，即温度变化速率为176℃/h，远远超过一般允许的90℃/h。

(2) 汽包锅炉负荷响应较慢。对于汽包锅炉，在定压运行时可利用蒸发系统中饱和汽水和金属的储热量，对小的负荷变化做出快速的响应。而变压运行时，汽轮机调节门不动，故负荷变化所需能量只能由改变燃烧率来获得。不仅燃烧系统的滞后较大，而且在加大或减弱燃烧时，锅炉蒸发系统中的水与金属将吸收或释放一部分热量，进一步抑制蒸汽量（负荷）的改变。因此汽包锅炉负荷响应的速度是较慢的。

(3) 机组的循环热效率随负荷下降而降低。由于主蒸汽压力随负荷下降而下降。因此朗肯循环的效率随负荷下降而下降。这将部分地抵消由低负荷时汽轮机内效率的提高所带来的收益。朗肯循环热效率与主蒸汽压力的关系如图4-28所示，由图可见，当汽压小于12MPa后，朗肯循环热效率的下降加快。

3. 变压运行适用范围

图4-29为300～600MW机组的送电端效率与机组出力之间的关系。由图可知当机组在高负荷区（75%MCR～100%MCR）运行时，阀门开度大，定压运行的节流损失小，尤其是调节喷嘴的汽轮机，节流损失更小，此时若采用变压运行，由于新蒸汽压力降低，会使

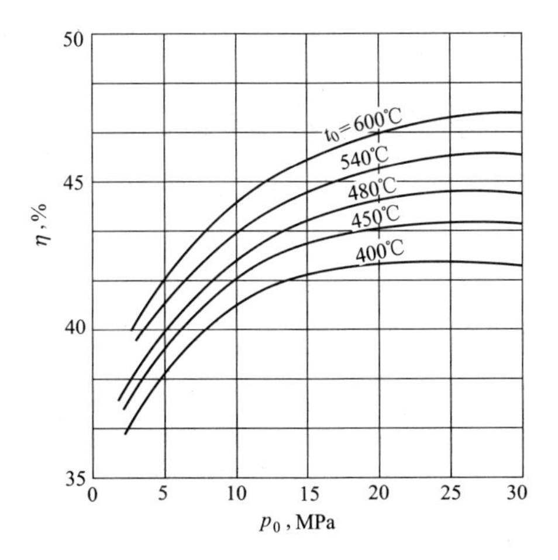

图 4-28　朗肯循环热效率与主蒸汽压力的关系

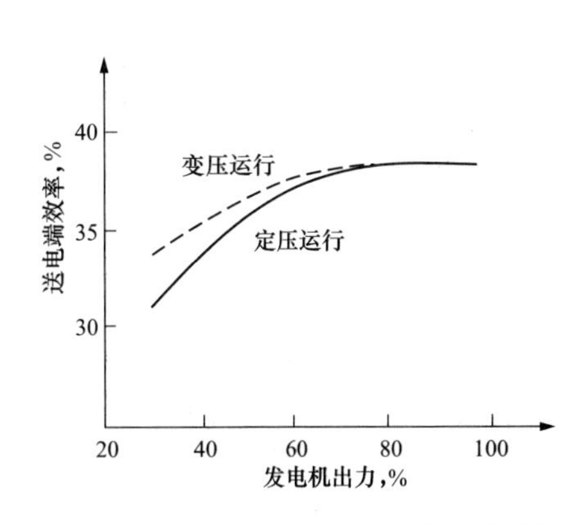

图 4-29　300～600MW 机组的送电端效率与机组出力之间的关系

循环热效率下降，故采用定压运行经济。只有在中低负荷区（30%MCR～75%MCR）工况下变压运行才经济。变压运行的经济负荷范围与机组的结构主要参数、变压运行形式有关。同时压力对其有一定影响。从图 4-29 可知，蒸汽压力低于 13MPa 时，循环热效率明显下降，因此额定汽压在 13MPa 以下的机组，变压运行的经济性并不明显。

三、变压运行对锅炉运行的影响

1. 负荷变化率

当采用变压运行时，蒸汽温度和汽轮机各部位的温度基本稳定，负荷变化速率对汽轮机影响不大，关键影响在于锅炉。限制负荷变化率的因素主要是饱和温度变化速度和汽包上下壁温差。汽包饱和温度变化速率一般按制造厂提供的数据在规程中做出规定（国内一般为 90℃/h），汽包上下壁温差一般以不超过 40℃为标准。例如亚临界压力机组，如果负荷变化率按 2%/min 进行纯变压运行，从 100% MCR 降低到 50% MCR，汽包压力不能低于 10.8MPa；从 100%MCR 降低到 65%MCR，汽包压力不能低于 12.2MPa。

2. 锅炉运行最低负荷问题

变压运行对锅炉的最低运行负荷提出了要求。因为汽轮机允许的低负荷值比锅炉要低，一般来说只要机组负荷不低于 25%，其排汽缸温度、排汽温度、本体膨胀、差胀及振动等都变化不大。因此，机组的最低负荷界限一般来说取决于锅炉。而锅炉负荷的下限又主要取决于燃烧的稳定性和水动力工况的安全性。锅炉低负荷运行时主要遇到的问题及解决的办法如下。

（1）低负荷的燃烧稳定性。锅炉燃烧稳定性与炉膛形式、燃烧器结构、炉膛热负荷、煤质等因素有关。过去我国大部分燃煤锅炉最低稳定负荷为 60%～65%额定负荷。但对于一些采用了新型燃烧器的锅炉，不投油助燃的最低稳定负荷已降到 40%以下，甚至一些大型锅炉由于采用了先进的燃烧器，其最低稳定负荷可达到 30%。

运行中提高低负荷稳燃性能的措施有：适当降低一次风率，提高煤粉浓度；尽可能投用下层燃烧器，停用上层燃烧器，当然，还要考虑投用燃烧器对过热汽温的影响；低负荷时，应适当将煤粉磨得更细些，以提高燃烧反应速度，开大暖风器蒸汽门，提高入炉空气温度；

适当降低炉膛负压减少漏风；加强对火焰监测系统的监视，一旦出现燃烧不稳及时采取措施。

(2) 空气预热器堵灰、腐蚀和烟道烟囱腐蚀。低负荷时空气预热器容易堵灰、腐蚀，烟道烟囱也容易腐蚀损坏。应注意保持暖风器满出力运行，提升风温、烟温及管子壁温；加强预热器的吹灰操作，减轻堵灰。

(3) 过热蒸汽、再热蒸汽温度过低。变压运行虽有延伸汽温控制点的优越性，但负荷低到一定程度后，汽温仍会随负荷而下降。若机组长期承担中间负荷，低负荷下汽温低于规定值的下限时，即应考虑必要的改进，如增设炉烟再循环、增加过热器或再热器面积等。

(4) 过热器管超温和左右汽温偏差。低负荷时、流经过热器的蒸汽流量小，分配不均匀，个别过热器管会因为冷却不足而超温过热；低负荷时锅炉燃烧易偏斜，加上蒸汽流量在平行管中分配不均，将会造成过大的热偏差。对于这类问题，一般是依靠运行调整来解决。低负荷时注意维持过量空气系数不要过低，控制负荷增减速率，要增设壁温测点加强监视，保持运行的燃烧器匀称等。

3. 水动力安全性

低负荷时炉膛燃烧的不均匀程度较大，对于汽包锅炉，受热太弱的水冷壁管有可能发生循环停滞或倒流现象。一般对大容量锅炉，在50%额定负荷以上，发生水循环事故的可能性不大。对于直流锅炉，当变压运行至某一较低负荷时，水冷壁系统压力低，汽水比体积变化较大，水动力特性变差，有可能影响到各侧墙和后墙水冷壁的流量分配，发生部分水冷壁出口管的超温现象。运行中一是限制最低负荷，二是燃烧器运行方式要作适当调整，如采用高位磨煤机运行以减轻上述管壁的过热情况。

4. 对运行调节的影响

变压运行时，由于水冷壁储热能力高，过热器、再热器储热能力低，所以压力变化速度慢，温度变化速度快，过热器、再热器容易超温，需要加强汽温和金属壁温的监视；低负荷运行时压力低，汽水比体积变化大，水位波动也会加剧，需要根据水位超前信号控制水位。此外，由于汽包的壁温差变化较大，锅炉的升温升压速度也要受到限制。

5. 变压运行的经济性分析

变压运行中，当负荷低于一定程度后，主蒸汽温度或再热蒸汽温度仍然可能出现不能维持额定值的情况，尤其当锅炉存在某种运行缺陷时更是如此。恢复额定汽温的方法之一是改变汽压—负荷曲线，即给汽温控制点的汽压加一负的偏置，使锅炉出口压力适当降低。但降低汽压对循环热效率有不利影响。此时降低汽压是否在经济上有利，需要做出热耗净变化的定量分析。为此可利用汽轮机制造厂提供的有关修正曲线，结合部分负荷下汽压降低值对汽温升高值的影响特性做出分析判断。图4-30和图4-31为某大型汽轮机厂提供的汽温修正曲线（过热蒸汽和再热蒸汽）和汽压修正曲线。这两个图中修正的基准工况均为额定工况，横坐标为设计值与实际值之差值，纵坐标为机组热耗率的相对变化百分数。

从图4-30和图4-31可看出，汽压每变化1MPa影响热耗为0.51%，过热汽温每变化10℃，影响热耗为0.31%，再热汽温每变化10℃影响热耗为0.26%。由此可知，如果过热、再热汽温总共升高超过10℃，而相应的汽压降低不超过0.8MPa，那么降低汽压运行就是经济的。

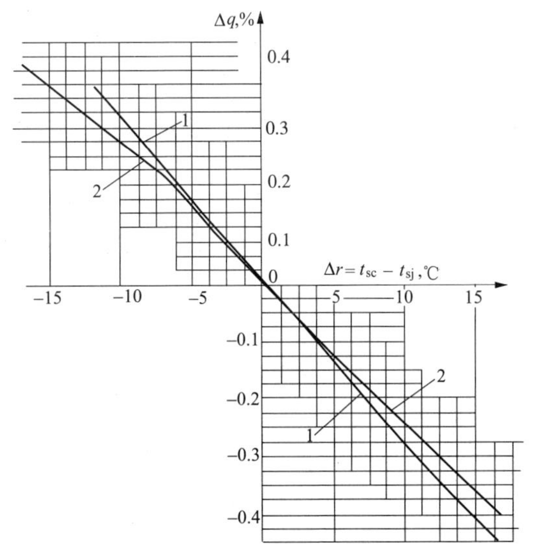

图 4-30　汽温修正曲线

1—过热汽温；2—再热汽温

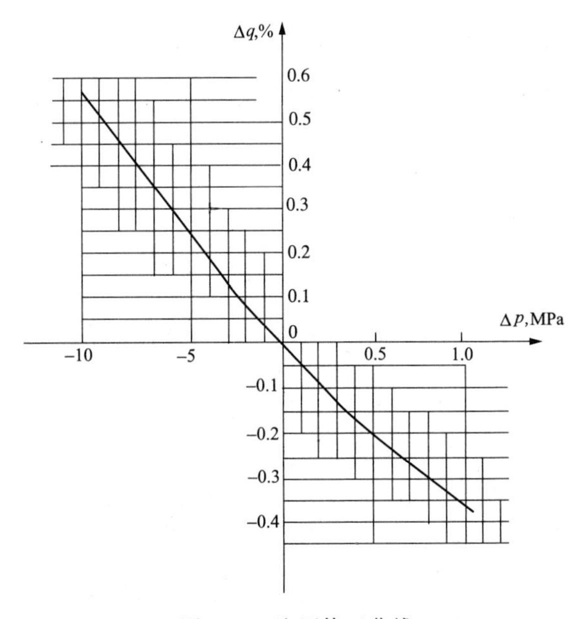

图 4-31　汽压修正曲线

实际上，机组在部分负荷运行时，汽压修正曲线与基准工况并不完全相同，如能通过试验得到部分负荷下的汽压修正曲线，则会使分析更接近实际。

四、变压运行的经济性分析

1. 变压运行提高了汽轮机的内效率

由于汽轮机节流损失小，级前后的压力与额定负荷相比，几乎不变，而级内蒸汽的容积流量与额定负荷相比基本相同，所以，汽轮机的级效率保持较高。当主蒸汽压力降低时，主蒸汽比体积增大，高压缸流通间隙的漏汽损失相对减小，高压缸效率升高，膨胀度增大，蒸汽损失减小，低压缸效率升高，因此在汽温不变而压力下降的条件下，低负荷变压运行相对效率高于定压运行。

2. 滑压运行保持锅炉过热、再热蒸汽温度不降低

定压运行时，负荷降低，主蒸汽温度下降，再热汽温下降更快，同时，高压缸排汽温度升高，使再热蒸汽需要的相对吸热量相对减少。变压运行时，过热器入口温度随压力下降而下降，加大了传热温差，有利于增大传热量，而主蒸汽过热焓减少，有利于保持汽温，提高主蒸汽做功能力。

3. 给水泵功率减少

低负荷变压运行时，随负荷的降低压力和流量同时降低，给水泵出口压力和流量随之减少，其耗功率也减少，同时增加了锅炉供水的安全性。电动给水泵耗电约占厂用电的30%，给水泵耗电量计算式为

$$D_0=\frac{D_{fw}(p_0v_0-p_iv_i)}{\eta_p} \tag{4-4}$$

式中 η_p——水泵效率；

D_{fw}——给水流量；

p_0、v_0——给水泵出口压力和比体积；

p_i、v_i——给水泵入口压力和比体积。

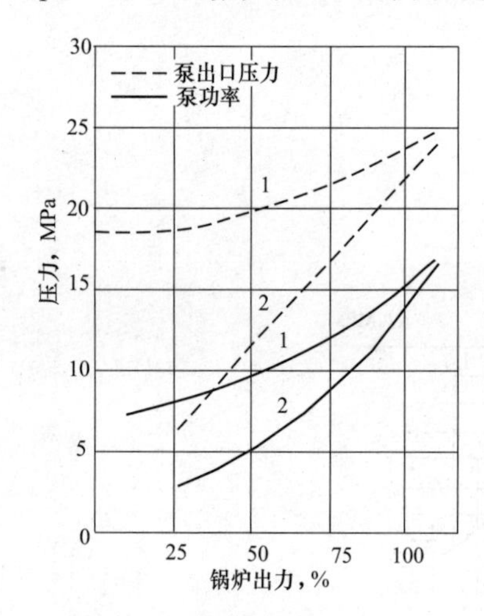

图4-32 不同给水泵运行方式下给水泵功率比较

1—定压运行；2—变压运行

随着给水泵出口压力降低，电动给水泵耗电量减少，因此，机组在低负荷变压运行时，采用电动给水泵对经济性的提高非常大。图4-32为某亚临界压力机组在不同运行方式下给水泵功率的比较，由图可见，机组在50%负荷下运行时，变压运行给水泵的功率消耗仅为定压运行时的55%。

五、变压运行对设备安全性的影响

1. 变压运行对高压缸热应力的影响

变压运行使调节后的温度在负荷变动时变化不大，从而减少金属温度变化引起的热应力。在停机不久后要启动的情况下，变压运行和定压运行相结合，可使蒸汽温度较好地与汽轮机金属温度相适应。同时，在负荷周期性变动时，变压运行可以降低限制金属温度的变化，减少汽轮机转子的热应力，并提高部分负荷的热应力。

2. 变压运行对部件蠕变和疲劳寿命的影响

变压运行时对蠕变寿命的影响与定压运行大致相等，或者说对减少蒸汽管道的蠕变寿命损耗比较有利。变压运行有利于减少疲劳，这一点除能保持汽轮机较高的内效率外，还能减少锅炉的过热器管及再热器管低流量时蒸汽分配的不均，对解决低负荷时少数管圈超温而整体汽温下降的问题十分有利，从而延长这些管圈的蠕变寿命并防止过热爆管。

3. 对汽包热应力的影响

对于汽包锅炉，在变压运行时，锅炉的蒸发受热面及饱和蒸汽系统的工作水温发生变化，如果这部分膨胀收缩受阻，将引起热应力。此外，由于蒸汽的表面传热系数远小于水，

饱和温度变化对锅炉汽包的上下部温差也将引起变化，如变压速度过快，对汽包可能产生较大的热应力。另外，定压运行时，机组调速汽门在小开度时，调节阀阀杆因高频振动而断裂是常见故障，变压运行可避开这种工况，或减少在这种工况下的运行时间。

六、变压运行应注意的问题

(1) 变压运行最低负荷主要由锅炉燃烧稳定性来决定。

(2) 对于汽包锅炉，汽包的热应力和热工自动系统的性能是影响变负荷速度的主要因素，运行人员应按照滑参数曲线进行调节。

(3) 变压运行将显著降低给水泵的耗电量，但对减温水系统，要注意给水泵降速运行中锅炉蒸汽温度是否仍能调节自如，并满足减温水量。

(4) 变压运行会使蒸汽压力下降得特别低，蒸汽做功的有效焓降大大减少，做功能力下降，汽化潜热大大增加，锅炉蒸发量相对减小太多，这样会使过热汽温、再热汽温大幅上升，甚至严重超温，而且排烟温度较高，造成机组循环效率下降，并使对流受热面运行的安全受到威胁。

第四节　火电机组灵活性提升

运行中通过变压运行等方式，可以在一定范围内调整机组的负荷。但是随着电网峰谷差的加大和发电结构的变化，单纯依靠运行手段的调整已经不能满足电网调峰的要求。为了全面提高系统调峰和新能源消纳能力，挖掘燃煤机组调峰潜力，进一步通过设备改造提升火电机组的灵活性势在必行。

一、提升火电机组灵活性的必要性

1. 可再生能源发展规模及趋势

自 2010 年《可再生能源法》实施以后，我国可再生能源已经取得了突飞猛进的发展，各类可再生能源增长迅速。截至 2016 年底，我国水电装机容量为 3.3 亿 kW（含抽水蓄能 2669 万 kW），全年累计发电量 10518 亿 kWh；并网风电装机容量为 1.5 亿 kW，全年发电量 2410 亿 kWh；并网太阳能发电装机容量为 7742 万 kW，全年发电量 662 亿 kWh；水电、风电、太阳能装机规模和发电量均居世界第一位，但装机占比仍低于一些发达国家，发展空间仍较为广阔。

我国已向国际社会承诺 2020 年非化石能源消费比重达到 15%左右，加快清洁能源的开发利用和化石能源的清洁化利用已经成为必然趋势。到 2020 年，我国风电装机容量将达 2.1 亿 kW 以上，太阳能装机容量将达 1.1 亿 kW 以上。到 2030 年，风电装机容量将达到 4.5 亿 kW 以上，太阳能装机容量将达到 3.5 亿 kW。届时，这些新能源需要更多的调峰电源与之匹配。

2. 可再生能源消纳现状

风电和光伏都具有清洁、可再生、不受地域限制、运行维护量小等优点；同时，也具有波动性和间歇性的缺点。新能源间歇性的问题随着新能源应用规模的上升会变得越来越突出。电力供应最基本的要求是稳定，间歇性恰恰是不稳定的来源。

未来随着西南和“三北”地区风电、太阳能发电开发规模继续增长，市场消纳空间逐渐成为可再生能源消纳的最大瓶颈。部分地区弃风、弃光问题突出。局部地区电网调峰能力严重不足，尤其北方冬季采暖期调峰困难，进一步加剧了可再生能源消纳的困局。

统计数据显示，全国弃风电量从2015年的339亿kWh，增加到2016年的497亿kWh，弃风率上升至约17%。新能源开发主要集中在“三北”地区，风电、光电装机容量分别占全国的77%和41%，由于布局相对集中导致弃风、弃光现象愈加严重，已经对新能源的可持续发展产生严重影响。

在中国大力推进能源转型、应对气候变化的同时，大量的风电资源正在被白白浪费。消纳已经成为制约风电发展的关键因素。未来，受到多方面因素影响，风电和光伏的消纳形势将日趋严峻：

（1）风光资源富集地区的风电和光伏的渗透率将进一步增加。

（2）随着产业结构调整，用电负荷峰谷差将增大。

（3）部分地区热电联产仍将持续增加，供热期调峰困难将加剧。

（4）调峰电源建设条件有限的地区，灵活性电源仍将短缺。

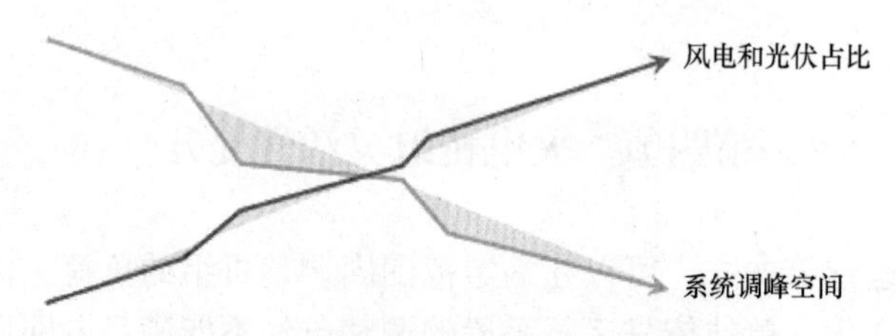

图4-33 系统调峰空间与风电光伏关系

常见的调峰机组有核电、水电、抽水蓄能、燃气轮机、燃气-蒸汽联合循环、煤电等几种类型。理论上，从机组适应调峰的能力而言，合理调峰顺序应为抽水蓄能、水电、燃气轮机、煤电、核电。抽水蓄能机组调峰范围大，最大调峰幅度达200%，启动灵活、反应快，可作为电网调频调节紧急事故备用，但其受到地域限制，投资较大、建设周期较长，且我国现有的抽水蓄能规模较小，还难以担当电网调峰大任。水电机组具有良好的启停性能，启动灵活迅速，可根据电网需求快速启停调峰，调峰深度接近100%，然而当上游水流量不稳定时，水力发电会受到较大的影响，在枯水期水电调峰受到制约。燃气-蒸汽联合循环机组启动灵活，能快速响应负荷，调节性能良好，在电网任何负荷点都可以灵活调节，但我国是贫油少气的国家，超过30%的天然气需要进口，对外依存严重，因此燃气-蒸汽联合循环参与调峰受到天然气供应不足、发电成本较高的制约。核电从安全性考虑，基本不参与调峰。我国目前火力发电机组在电网中所占比重最大，对比其他调峰手段的弊端，大规模的调峰任务只能由火电机组来承担。

破解可再生能源消纳问题，可从提升电源调峰能力、调整风电布局、加强电网互济和负荷侧管理等多个方面采取措施。目前我国火电机组的调峰现状远低于国际领先水平，不少热电机组仍旧采用传统技术方案和运行方式，没有针对新的需求进行改造升级提升灵活性，技术潜力没有充分释放。为解决电网调峰的实际困难，应立即开展火电灵活性改造，通过技术手段提升火电机组的调峰能力，增加电网可灵活调节电源的比重。“十三五”期间，对于火电机组进行灵活性改造，特别是热电机组的灵活性改造，将是提升我国可再生能源消纳能力的有力措施之一。

二、火电灵活性提升目标和改造原则

1. 火电灵活性提升目标

运行灵活性是指提高已有燃煤机组（包括纯凝与热电）的调峰幅度、爬坡能力以及启停速度，为消纳更多波动性可再生能源，灵活参与电力市场创造条件。火电机组灵活性提升目标为：

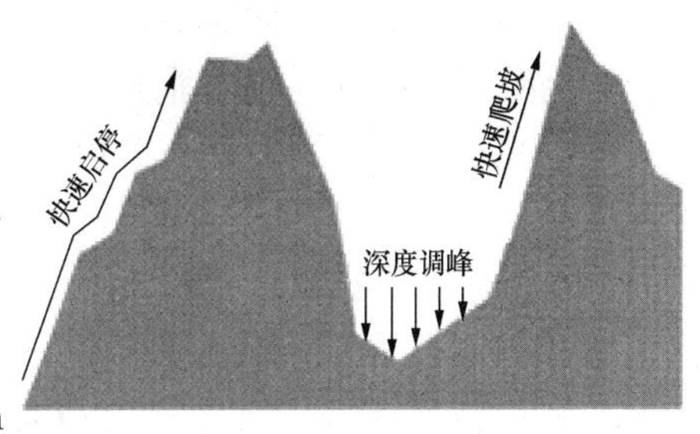

图 4-34　运行灵活性

（1）深度调峰：负荷率达到 20%～40%。

（2）快速爬坡能力：2%～3%额定功率 MW/min 爬坡能力。

（3）快速启停能力：2～4h 快速启停。

近期来看，火电调峰能力的提升是急需开展的工作。未来，随着风电和光伏占比的增加，快速爬坡和快速启停的重要性也将凸显。

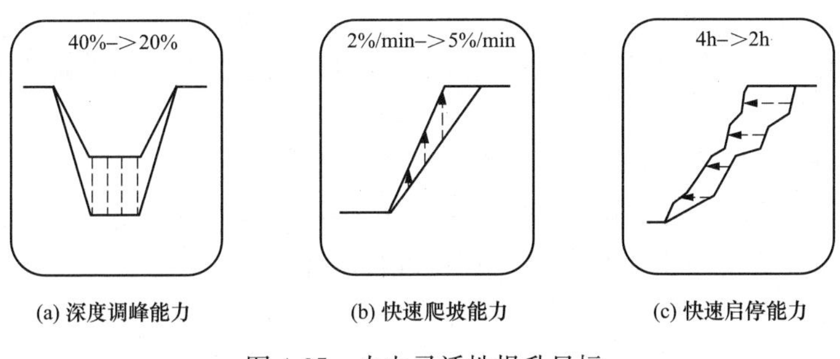

图 4-35　火电灵活性提升目标

2. 火电机组灵活性改造原则

火电机组的灵活性改造原则可分为以下四个方面：

（1）技术可靠。灵活性改造方案的制订应注重机组运行的安全、稳定，选用市场应用成熟的技术，确保改造后机组的安全、可靠。

（2）控制对机组寿命影响。科学制订改造方案，减小灵活性运行对火电机组寿命的影响。根据丹麦等国的经验，通过合理的设计和优化，灵活性运行对机组寿命的影响是可控的。

（3）机组效率。火电深度调峰时，将引起煤耗的显著上升，特别是对纯凝机组和供热量较少的机组，应根据新能源消纳需求以及各发电企业的实际设备能力，确定合理的调峰深度。

（4）综合评估改造成本。根据实际设备状况以及电网调峰的深度安排，合理确定改造的成本投入，避免投入过高，经济收益差等问题。

三、火电灵活性改造技术

火电机组在深度调峰时的主要问题是低负荷稳燃、多煤种配煤掺烧、低负荷时脱硝系统的运行等。低负荷运行时容易出现燃烧不稳定，使锅炉低负荷稳燃才能保证锅炉安全稳定运行。火力发电机组在深度调峰时的最低负荷大多取决于锅炉最低稳燃负荷，锅炉厂给定的最低稳燃负荷均是在燃用设计煤种条件下确定，而实际情况锅炉最低稳燃负荷又受煤种变动等多种因素制约。当煤质变化偏离设计煤种后，不管是优质煤还是劣质煤，锅炉运行的安全性都会受到不同程度的影响。机组低负荷运行时，会造成SCR入口烟温（尤其是冬季）低于脱硝催化剂的温度要求而退出运行，引起锅炉氮氧化物排放超过标准。

火电机组按照向外供出能源的不同可分为纯凝机组和热电机组。根据深度调峰的需要，纯凝机组改造的技术路线为：锅炉燃烧系统改造、氮氧化物达标排放、锅炉负荷优化运行。热电机组灵活性运行，不仅要使机组在较宽的负荷稳定运行，还要实现机组供热量能稳定在较高的水平。热电机组运行模式为“以热定电”，因此热电机组要参与电网调峰，除需要纯凝机组的改造技术外，还需要对其进行“热电解耦”改造。不同电厂不同机组应根据实际情况，通过技术评估后科学制订改造方案，合理选择其中一种或者几种技术进行灵活性改造。

1. 锅炉燃烧系统改造

燃烧系统改造一般有燃烧器改造、微油点火和等离子体稳燃技术应用、富氧燃烧技术应用及磨煤机动态分离器改造等方面。

(1) 燃烧器改造。近年来，锅炉实际燃煤多偏离设计煤种，深度调峰时，原有燃烧器难以保证锅炉的稳燃运行，因此需要对整个燃烧系统进行改造。在制订改造方案时，需要注意以下三点：

1) 在深度调峰工况下，实现锅炉稳燃；在高负荷下，还应考虑锅炉的出力和结焦问题。

2) 燃用褐煤的锅炉，在低负荷运行时，存在一次风率高，二次风喷口风速低，难以进行炉内有效燃烧的问题，可对部分燃烧器喷口进行改造。

3) 对燃尽风的风口和风量分配重新设计，优化调峰运行工况中的主燃区二次风和燃尽风的分配。

浓淡燃烧器具有很好的稳燃性能。由于高煤粉浓度气流具有良好的着火和稳燃特性，不需要特别强的热回流，浓煤粉气流着火后释放大量热量，再去引燃淡煤粉气流。根据煤粉浓缩器的不同结构，燃烧器具有不同的形式，如WR燃烧器、PM燃烧器、水平浓淡燃烧器等。WR燃烧器因其良好的低负荷稳燃性能而得到广泛应用，在燃烧易燃煤种时，其最低不投油稳燃负荷可达到20%额定负荷。

钝体燃烧器是一种应用广泛的稳燃器。钝体是一种非流线形物体，安装在燃烧器的出口处，煤粉气流绕过钝体后，会在其后形成烟气回流区，回流的烟气为900℃以上的高温，为煤粉气流提供了充足的着火热源。此外，钝体斜面对于煤粉颗粒具有一定的富集作用，使得回流区边缘处煤粉浓度较高，而此处气流速度又较低，且湍流混合强烈，煤粉气流在此处及时着火并稳定燃烧。

船体燃烧器的火焰稳燃器是一个船型的非流线形物体，安装在一次风喷口内。在煤粉气流束腰部外缘处形成了一个同时具备高温、高煤粉浓度和较高氧浓度的“三高区”，保证了煤粉气流的稳定着火。

(2) 微油点火和等离子体稳燃技术应用。当锅炉负荷很低时，需要投油助燃，以维持着火的稳定性。为了节约锅炉点火及低负荷稳燃用油，国内外开发了各种微油点火及稳燃技术。其中节油效果较为明显的有气化小油枪点火稳燃技术，该技术可用非常微量的燃油点燃大量的煤粉。浓相煤粉被高温气相燃油火焰加热，迅速着火燃烧并释放大量热量，着火后的煤粉气流点燃淡相煤粉气流，从而使得煤粉分级着火燃烧，释放的能量被逐级放大，实现用微量燃油点火及低负荷稳燃的目的。这种微油点火方式煤种适应性较好。

对锅炉的一层或多层燃烧器进行改造，加装等离子点火系统，低负荷时保证稳定燃烧，则完全不用燃油。锅炉点火初期即可启动制粉系统，从而实现锅炉冷态的无油启动。在机组低负荷或煤质变坏，锅炉燃烧不稳时，投运等离子点火系统进行稳燃。但是早期安装的等离子体点火系统难以保证长时间投入，应对等离子发生器进行改造，延长使用寿命，适应调峰需要。如果增加等离子体点火系统，首先考虑安装在低负荷工况长期运行的燃烧器。

某电厂锅炉采用微油点火，用两层微油点火启动锅炉，大大降低锅炉启动油耗。单只大油枪出力是微油枪的13倍（单只微油枪出力100kg/h，燃烧器单只大油枪出力1300kg/h），该地区机组启停频繁，每次冷态点火大油枪稳燃按0.5h、8支估算，微油枪要比大油枪节油4.8t，节约3.12万元（柴油按6500元/t计算）；冷热态启动每年按20次冷态启动折算，年节油96t，节约62.4万元。

某厂600MW超临界压力机组锅炉在最下层燃烧器安装了ZRP610/IO-YM型等离子点火装置，在实际运行中当机组降负荷至锅炉最低稳燃负荷工况以后，及时投入等离子稳燃。另外在机组历次深度滑参数停炉过程中，投入等离子稳燃后，在锅炉15%～20%负荷段，等离子燃烧器运行稳定，燃烧器出口煤粉着火情况和炉膛火焰和负压稳定，稳燃效果良好。

（3）富氧燃烧技术应用。富氧超低负荷调峰技术是指：锅炉在超低负荷（<50%）调峰时，通过顶层或错位层投运富氧燃烧器，利用氧气强化煤粉燃烧，调高燃烧温度的特性，调控富氧调峰燃烧器中油、氧含量，使一次风煤粉在任意工况下呈主动着火燃烧状态进入炉膛，保证顶层或错位层投入的煤粉连续稳定燃烧，确保调高炉膛温度，从而保证整个锅炉煤粉气流不会因为炉膛热负荷过低不稳而熄火，在保证燃烧设备安全的前提下可以连续运行，且能保证24h备用，实现锅炉不停炉超低负荷调峰需要，调高火电锅炉灵活性。

富氧调峰燃烧器为内燃式燃烧器，系统直接利用由锅炉一次风管、磨煤机等组成的燃煤锅炉送粉装置将一次煤粉送至燃烧器，在燃烧器内部可以将一次煤粉点燃，保证其在燃烧器内提前达到着火温度燃烧，保证主动燃烧状态进入炉膛立即放热。整个锅炉不会因炉膛热负荷过低而熄火，实现锅炉不停炉超低负荷（20%额定负荷）调峰，增强了在不牺牲锅炉效率的前提下火电机组深度调峰的能力。富氧燃烧器采用耐高温、耐磨材质，可抵抗900～1200℃高温。液氧技术成熟、安全可靠，氧气系统为低压设备、低压运行，不属于重大危险源。

某200MW机组四角切圆燃烧锅炉利用富氧不停炉调峰技术，将一定长度的一次风煤粉喷口材质更换为耐高温材质，同时在已具有耐高温性能的一次风煤粉喷口内安装富氧不停炉一级室、二级室、复合型富氧微油枪、点火枪、火检等相关装置。改造完成后，实现30MW不停炉超低负荷稳燃，环保装置冷态点火全程安全投运，可以分别使用烟煤、无烟煤、贫煤实施冷态点火。

（4）磨煤机动态分离器改造。机组低负荷工况下，煤粉细度直接影响锅炉的燃烧状况，细度偏大，会造成煤粉不易着火和燃烧不稳，而煤粉细度的大小和磨煤机及煤粉分离器的特性有关。直吹系统的磨煤机普遍采用静态分离器，调节范围有限。通过技术改造将磨煤机分离器更换为调整性能更好的动态式分离器，大大提高了粗粉分离器效率并且可远程或就地控制调节煤粉细度。

某厂磨煤机型号为ZGM-1 136型，原设计采用折向挡板式静态分离器，存在着分离效率低、回粉量大、输粉管粉量分配不均匀以及煤粉细度不均匀且不易调节等问题，根据电厂燃煤来源比较多、煤质变化较大且频繁的实际情况，进行分离器改造后试验结果如下：

1）磨组在40、45t/h和50t/h不同出力下，煤粉细度$R90$相差不大的情况下，进行动态分离器改造后的磨煤机煤粉均匀性指数均大于1.2，优于改造前静态分离器的磨组。

2）磨组在40、45t/h和50t/h不同出力下，改造后磨组单耗均低于改造前静态分离器的磨组，且改造后磨组差压增加值未超过0.6kPa。

3）在不改变煤粉细度，即煤粉细度相差不大的情况下，动态分离器改造后磨组出力提高10%。通过磨煤机动态分离器改造，增强了磨煤机的煤种适应性，降低了制粉系统单耗，运行中能根据煤质变化灵活调整煤粉细度，提高锅炉燃烧稳定性，增强锅炉的调峰能力。

2. 氮氧化物达标排放

机组低谷调峰至40%～50%额定负荷甚至更低时，造成SCR入口烟温（尤其是冬季）低于脱硝催化剂的温度要求而退出运行，引起锅炉氮氧化物排放超过标准。通过省煤器改造和烟气旁路改造，实现了机组深度调峰时NO_x达标排放。通过空气预热器改造，调高了空气预热器抗低温腐蚀性能。

（1）省煤器给水旁路改造。对于部分低负荷下装置入口烟温略低问题（10℃内）的锅炉，可采用设置省煤器给水旁路，在省煤器进口联箱以前设置调节阀和连接管道，将部分给水短路，直接引至下降管，减少给水在省煤器中的吸热量，以达到提高省煤器出口烟温的目的。

某300MW燃煤电站锅炉在中低负荷运行时SCR脱硝系统，因进口烟温低无法投运，采用省煤器给水旁路技术改造提升SCR进口烟温，改造完成后SCR进口烟温提高10℃以上，且省煤器出口水温（混合前）还具有适当的欠饱和度。省煤器给水旁路在提升SCR进口烟温的同时，对锅炉空气预热器出口烟温的影响很小，平均约1.8℃，对锅炉效率的影响为0.09%。

（2）省煤器再循环改造。采用热水再循环系统将省煤器出口的热水循环至省煤器进口，提高省煤器进口的水温，进一步降低省煤器的吸热量，提高省煤器出口的烟气温度。热水再循环系统包括再循环泵、压力容器阀、冷热水混合器、调节阀、截止阀、止回阀，以及相应的疏水系统。改造技术一般与省煤器给水旁路联合使用。

（3）省煤器分级改造。将原有省煤器部分拆除，在SCR反应器后增设一定的省煤器受热面。给水直接引至SCR反应器后面的省煤器，然后通过连接管道引至SCR反应器前面的省煤器。通过减少SCR反应器前省煤器的吸热量，达到提高SCR反应器入口温度的目的。

某厂对超临界压力锅炉的省煤器分级改造后，锅炉在40%工况下，脱硝SCR入口烟温较改造前提高了约30℃。实际运行中，机组180MW左右工况通过运行调整SCR入口烟温即可达310℃左右，达到脱硝允许投入温度，满足了低负荷脱硝投入的适应性。

（4）烟气旁路系统改造（锅炉宽负荷脱硝改造）。对SCR入口设置进行烟气旁路改造，在低负荷时利用部分高温烟气通过旁路，以提升SCR入口烟温，保证脱硝效果。

烟气旁路系统改造过程为：在省煤器进口位置的烟道上开孔，抽一部分烟气至SCR接口处，设置烟气挡板，增加部分钢结构。在低负荷通过抽取烟气加热省煤器出口过来的烟气，使SCR入口烟气温度被高温烟气掺混后，保证烟气温度高于310℃，解决低负荷下SCR投运问题。

表 4-1　省煤器分级改造前后 SCR 入口温度变化

负荷	改造前		改造后	
	脱硝入口烟温（℃）	环境温度（℃）	脱硝入口烟温（℃）	环境温度（℃）
620MW	338	11.1	378	12.2
420MW	325.3	18.3	348.5	20.9
300MW	303	10.3	327	11.5
240MW	288.4	11.4	316.2	14.4

（5）空气预热器改造。脱硝装置投运后空气预热器出现堵灰、腐蚀现象，低负荷工况下脱硝装置投入，将进一步加剧空气预热器的积灰和低温腐蚀，影响锅炉的安全运行。对空气预热器进行改造，即更换原有空气预热器的换热元件，冷段蓄热元件采用搪瓷材料，提高其抗低温腐蚀性能，同时调整低温段的高度以适应新的运行工况。

某电厂对 600MW 超临界压力机组的空气预热器改造后，基本解决了空气预热器低温段低温腐蚀和积灰堵塞问题，空气预热器风烟差压都有大幅下降，同时提高了引风机的调节余量，保障了机组的安全运行。

表 4-2　空气预热器改造前后主要参数对比

负荷		进口一次风温（℃）	进口二次风温（℃）	出口一次风温（℃）	出口二次风温（℃）	入口烟气温度（℃）	出口烟气温度（℃）	空气预热器漏风率（%）
600MW	改造前	20.8	10.5	290.8	308.9	347.5	128.4	6.05
	改造后	36.9	27.5	314.7	330.2	350.7	131.2	4.77
450MW	改造前	19.1	8.5	281.9	296.9	327.6	119.7	6.31
	改造后	44.72	35.25	310.4	322.4	320.8	123.2	5.33
300MW	改造前	19.7	7.8	261.7	270.7	301.5	109.5	6.69
	改造后	38.45	29.49	277.0	284.9	292.3	116.1	5.91

3. 锅炉负荷优化运行

通过对运行数据分析、现场试验测量等方式，对机组进行调节优化。尤其是在深度调峰工况，在确保安全、经济、环保运行的条件下，通过现场试验，确定锅炉深度调峰负荷率下的最佳运行工况，主要包括以下工作：

（1）锅炉制粉系统调整试验；

（2）锅炉一、二次风量标定试验；

（3）锅炉优化配风调整试验；

（4）磨煤机运行组合优化实验；

（5）锅炉各辅机设备的优化调节试验；

（6）超临界压力锅炉干湿态调整优化实验；

（7）超临界压力锅炉壁温测量；

（8）锅炉氮氧化物排放控制优化实验；

（9）锅炉主、再热汽温控制优化实验；

（10）锅炉助燃系统投用特性试验；

（11）不同煤种组合锅炉最佳运行优化实验等。

4. 热电解耦运行

供热机组“以热定电”，热电耦合，在冬季，火电供暖期、水电枯水期、风电大发期相互叠加，对于热电占比较大的电网调峰困难更加突出。“以热定电”的运行模式已成为制约供热机组调峰能力的主要因素。在满足用户供热需求的前提下，解耦供热机组的传统运行方式成为提高供热机组调峰能力的一种方案。一般通过增加储热装置、固体蓄热锅炉、直热式电锅炉等外部辅助设备实现热电解耦。

（1）储热罐。储热罐技术利用水的显热将热量存储到储热罐内，通常采用常压或承压式；一般情况，当热管网供水温度低于98℃时设置常压储热罐，高于98℃时设置承压储热罐。可配合高压电极锅炉和再热蒸汽减温减压后加热热网循环水，并在供热机组调峰期间储存一定热量的热水，在机组升负荷时配合电锅炉增加厂用电并替代部分机组供热抽汽量，以提高供热机组升负荷率。常压储热罐结构简单，投资成本相对较低，最高工作温度一般为95～98℃，储热罐内水的压力为常压。承压储热罐最高工作温度一般为110～125℃，工作压力与工作温度相适应，对储热罐的设计制造技术要求较高，但其储热容量大，系统运行与控制相对简单，与热网循环水系统耦合性较好。

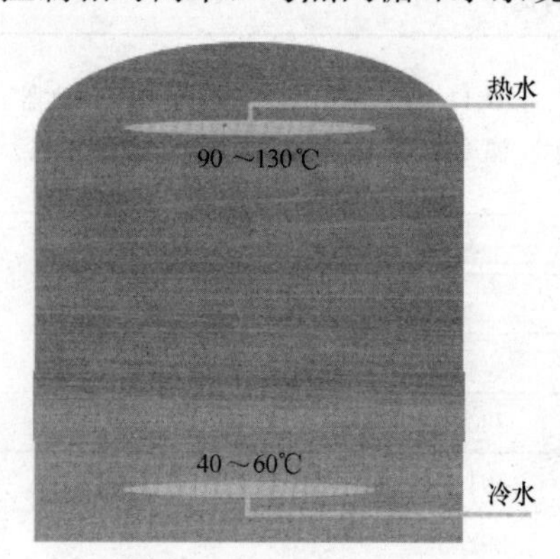

图4-36 储热罐工艺示意

储热装置的工作原理为，当热电机组降低出力时，输出热量补齐热力缺额；当热电机组增加出力时，储存富裕热量，实现“热电解耦”运行。但储热装置的控制系统、防腐蚀以及进出水装置（布水盘）设计是一个技术难点。

（2）固体蓄热锅炉。在我国热水蓄热电锅炉得到了成功的推广使用，但热水蓄热器存在体积大、蓄热温度低、耗钢大等缺点。而固体蓄热锅炉通过发热介质将电能转化为热能存储于固体蓄热体中，温度可从常温直达800℃，蓄热温度高。相对于热水蓄热锅炉，固体蓄热锅炉具有热效率高、安全性高、占地面积小、无污染等特点。蓄热锅炉利用价格相对便宜的低谷电将蓄能物质加热存蓄热能，然后把储存的热能向采暖或供热水系统释放，因此可在调峰过程中发挥重要作用。

固体蓄热锅炉装置是由外壳、换热装置、循环风机、保温材料、电热丝、电源、温度测量器、控制装置及电机组成。蓄热装置由耐火砌块砌筑而成，耐火砌块上设有若干个纵向贯穿孔洞和横向贯穿孔洞。当电源接通后，穿插在耐火热砌块横向贯穿孔洞中的电热丝开始发热，把热量传给由耐火砌块所砌成的蓄热装置。当温度达到预定数值后，经温度测量器把信号传给控制装置，使电源断开，保温材料把蓄热装置所得到的热量储存起来。当需要热量时，开启循环风机，使空气通过保温材料的缝隙，进入耐火材料的纵向贯穿孔洞中，空气温度得到提高，然后再被抽到循环风机中循环流动。与此同时，热空气通过换热装置把热量传给换热装置中的循环水，供用热对象使用，其水温的控制是通过调节风机驱动电机的转速来实现的。

以一座1万m^2办公楼供暖为例，按120天采暖计算，如采用集中供暖需36万多元，采

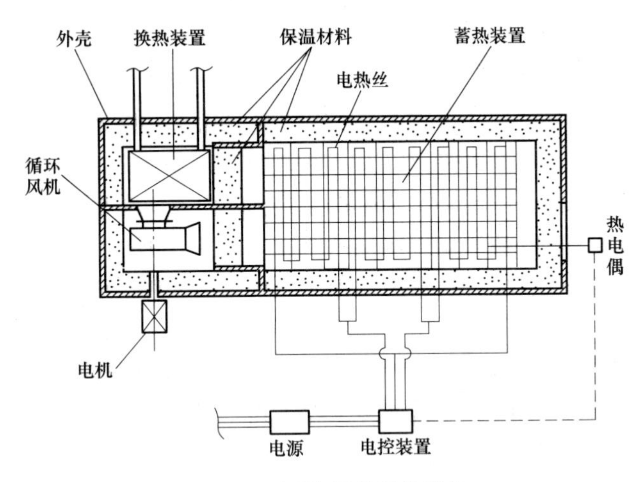

图 4-37　固体蓄热锅炉结构

用直热式电锅炉，需 46 万多元，而采用低谷固体蓄热锅炉，每千瓦时电为 0.31 元，需 14.28 万元，费用仅为集中供暖的 39%，直热式电锅炉的 30%。

（3）直热式电锅炉（高压电极锅炉）。直热式电锅炉的工作原理是以一定电导率的水作为介质，利用水的高热阻特性，直接将电能转换成热能，在这一转换过程中能量几乎没有损失，将热量通过循环泵传递给用热设备。电锅炉运行时通过降低热电联产机组的上网功率，为风电机组腾出负荷空间，实现风火替代。可以在需求侧用于对电网调峰，在发电侧用于对机组调峰。

直热式电锅炉与蓄热式电锅炉相比具有明显的运行优势：一是运行方式更灵活。直热式电锅炉单台供热功率范围 6～80MW，能量转化效率为 99%，启动时间短，热态启动 5min 可达额定负荷，使用电源为 10kV 厂用电电源，占地面积小，可单台布置也可多台组合布置，启动运行灵活方便；二是投运时间长，冬季风电弃风时段达到了全天 24h，直热式电锅炉可以满足长时间投运需求；三是热电解耦。当供热机组进行深度调峰时负荷较低，机组抽汽量无法满足供热需要时，可通过直热式电锅炉满足供热需求，同时也确保满足机组低压缸最小进汽量，保障机组安全稳定运行。直热式电锅炉参与深度调峰，可实现热电解耦。

某发电公司热电机组热电解耦项目被国家能源局列入 2016 年首批火电灵活性改造试点项目之一，并纳入电采暖试点范围，推广和示范意义明显。项目建设规模为 50MW，选用 3 台 16.7MW 直热式电锅炉作为灵活性调峰装置，提高 1、2 号机组运行灵活性，降低上网功率，为风电让出发电空间。以 2017 年上半年供热期为例，该发电公司供热面积 270 万 m^2，为满足民生采暖需求，东北能监局核定供热中期机组最小运行方式为 360MW 负荷，电锅炉投运后，机组负荷可减至 300MW 以下，机组扣除电锅炉用电量后实际发电量为 250MW，为省内风电提供了至少 60MW 的发电空间。

四、政策支持

为解决新能源消纳难问题，电源、电网、负荷三方力量各显神通，其中在电源侧，火电灵活性改造被视为一个重要的突破口。

2016 年 7 月 4 日，国家能源局综合司发布《关于下达火电灵活性改造试点项目的通知》，将丹东电厂等 16 个煤电站确定为提升火电灵活性改造试点项目。2016 年 7 月 22 日，国家发展改革委、国家能源局《关于印发＜可再生能源调峰机组优先发电试行办法＞的通知》（发改运行〔2016〕1558号）要求“逐步改变热电机组年度发电计划安排原则，坚持以热定电，鼓励热电机组在采暖期参与调峰”。2016年11月7日，国家发展改革委、国家能源局发布《电力发展“十三五”规划（2016—2020年）》要求“加强调峰能力建设，提升系统灵活性”“全面推动煤电机组灵活性改造”。

建立良好的政策和激励机制是推动火电灵活性改造实施的重要保障。当前，我国正处在电力市场化改革的过渡时期，政策和激励机制需要符合电力市场化改革的整体要求，并统筹考虑现实基础、改革适应性、实际效果管控以及可支撑改造规模等因素。基于目前东北地区电力系统的形势，目前已经开展了有偿调峰辅助服务。有偿调峰辅助服务按照补偿方式分为运行调峰有偿补偿服务、启停调峰有偿辅助服务、跨省调峰有偿辅助服务。激励机制的核心内容有以下五点内容：

1．基本调峰义务的市场平衡点

机组调峰小于等于48%时为基本调峰辅助服务，有偿调峰辅助服务是指机组调峰率大于48%或按调度要求进行启停调峰所提供的服务。具体有偿调峰基准见表4-3。

表4-3　火电厂有偿调峰基准

时期	火电补偿类型	有偿调峰补偿基准
非供暖期	纯凝火电机组	负荷率50%
	热电机组	负荷率48%
供暖期	纯凝火电机组	负荷率48%
	热电机组	负荷率50%

2．日前报价

发电企业必须在日前提交有偿调峰辅助服务报价，对报价设置区域限制，具体报价见表4-4。

表4-4　火电厂实施有偿调峰补助标准

时期	报价档位	火电厂类型	火电厂负荷率	报价下限（元/kW·h）	报价上限（元/kW·h）
非供暖期	第一档	纯凝火电机组	40%＜负荷率≤50%	0	0.4
		热电机组	40%＜负荷率≤48%		
	第二档	全部火电机组	负荷率≤40%	0.4	1
供暖期	第一档	纯凝火电机组	40%＜负荷率≤48%	0	0.4
		热电机组	40%＜负荷率≤50%		
	第二档	全部火电机组	负荷率≤40%	0.4	1

3．日内实时调用

调峰辅助服务的日内调用遵循“保证电网安全前提下的按序调用”原则，基本调峰辅助服务优先于有偿调峰辅助服务，低价调峰辅助服务优先于高价调峰辅助服务。

4. 调峰费用阶梯式分摊

调峰有偿辅助服务费用，由负荷率大于52%的火电厂、核电厂、风电厂按照实际发电所占比例进行分摊；对于火电厂采用“阶梯式”分摊方式，根据实际负荷率的不同，分三档依次加大分摊比重。

5. 启停调峰有偿辅助服务

启停调峰有偿辅助服务的界定暂按“24h内启停依次考虑”，实行一次性定额补偿，按月进行统计和结算。具体应急启停调峰补偿基准如表4-5所示。

表4-5　火电厂应急启停调峰补偿基准

机组额定容量级别（万kW）	报价上限（万元/次）
10	50
20	80
30	120
50～60	200
80～100	300

随着风电、光伏发电等新能源发电大规模投产、并网，调峰缺口将迅速扩大，调峰补贴总额稳定增长，具备深度调峰能力的火力发电厂将率先受益。因此在国家政策支持下，电厂积极进行灵活性改造，参与电网调峰也将受益颇多。

第五章　锅炉的燃烧特性及燃烧调整

炉内燃烧过程的好坏不仅直接关系到锅炉的生产能力和生产过程的可靠性，而且在很大程度上决定了锅炉运行的经济性。进行燃烧调节的目的是，在满足外界电负荷需要的蒸汽数量和合格蒸汽品质的基础上，保证锅炉运行的安全性与经济性。具体可归纳为：保证正常稳定的汽压、汽温和蒸发量；保证着火稳定、燃烧完全，火焰均匀充满炉膛，不结渣，不烧损燃烧器和水冷壁，过热器不超温；使机组运行保持最高的经济性；减少燃烧污染物排放。

燃烧过程的稳定性直接关系到锅炉运行的可靠性。如燃烧过程不稳定将引起蒸汽参数发生波动；炉内温度过低或一次风、二次风配合失当，将影响燃料的着火和正常燃烧，是造成锅炉灭火的主要原因；炉膛内温度过高或火焰中心偏斜，将引起水冷壁、炉膛出口受热面结渣，并可能增大过热器的热偏差，造成局部管壁超温等。

燃烧过程的经济性要求保持合理的风煤配合，一次风、二次风配合和送引风配合，此外还要求保持适当高的炉膛温度。合理的风煤配合就是要保持最佳过量空气系数；合理的一、二次风配合就是要保证着火迅速、燃烧完全；合理的送引风配合就是要保持适当的炉膛负压、减少漏风。当运行工况改变时，这些配合比例如果调节适当，就可以减少燃烧损失，提高锅炉效率。

对于煤粉炉，为达到上述燃烧调节的目的，在运行操作时应注意燃烧器的出口一次风、二次风、三次风风速、风率，各燃烧器之间的负荷分配和运行方式，炉膛风量、燃料量和煤粉细度等各方面的调节，使其达到较佳数值。

第一节　锅炉燃烧系统静态特性

一、负荷的影响

锅炉运行中，其负荷必须跟随电网要求不断变化，燃料量则近似与负荷成正比例。下面分析负荷或燃料量变化对锅炉效率、炉膛出口烟温、水冷壁蒸发率、对流受热面进出口烟气温度等影响。

1. 对锅炉效率的影响

锅炉效率的变化，可以从燃烧和传热两个方面分析。

燃烧方面，随着燃料量的增加，一方面炉内温度水平升高，另一方面燃料在炉内的停留时间缩短，二者对燃烧效率的影响恰好相反。负荷较低时炉温低，炉温的影响将起主要作用。因此，随着负荷的增加，燃烧效率是提高的。当然，炉内气流混合扰动情况的改善也起了重要作用。但当负荷很高时，燃料停留时间已很短，因此停留时间的影响逐渐变为起支配作用，燃烧效率转而降低。

传热方面，随着燃料量的增加，锅炉水冷壁、过热器、再热器、省煤器直至空气预热器的全部受热面的传热状况也会发生变化。1kg 煤在锅炉内的传热量与排烟温度相对应。总的规律是：随着燃料量的增加，炉温及炉膛后沿途各处的烟温均升高，排烟温度和 q_2 损失升高，即 1kg 燃料燃烧释放的热量中，传给工质的少了；然而，燃料量的增加引起负荷升高时，散热损失 q_5 却减少。

将以上燃烧和传热情况与负荷的关系曲线绘在图 5-1 中。由图可见，从较低负荷开始，随着负荷（燃料量）的增大，(q_2+q_5) 上升的幅度小于 (q_3+q_4) 降低的幅度，故锅炉效率升高。随后，燃烧效率逐步接近极限，效率达到最高值后，(q_2+q_5) 上升幅度大于 (q_3+q_4) 降低幅度，锅炉效率下降。随着负荷的增加，锅炉效率呈先升高、后降低的趋势。锅炉最高效率所对应的负荷称经济负荷，经济负荷一般在（80%～90%）MCR 取得，但高于经济负荷后效率变化不大。

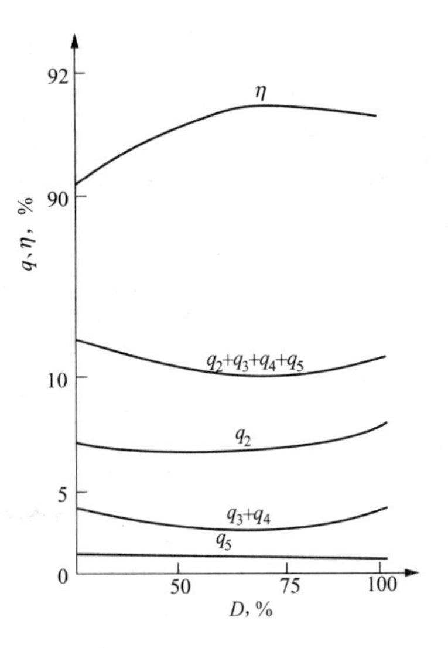

图 5-1　锅炉效率—负荷曲线

锅炉效率在较低负荷下降很快，除以上分析原因以外，还在于锅炉低负荷时都采用较大的过量空气系数，致使 q_2 损失可能并不减少甚至略有增加。

2. 炉膛出口烟温变动

锅炉负荷变动、燃料量变更时，炉内传热量的大小主要体现在炉膛出口的烟气温度上。本节所指定炉膛出口，对于大容量锅炉均为分割屏的出口。

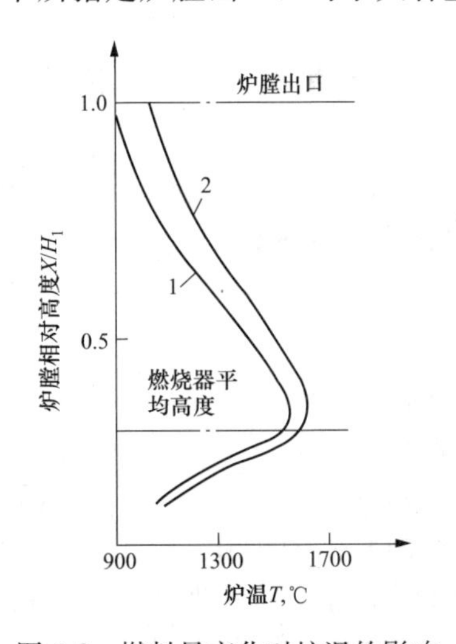

图 5-2　燃料量变化对炉温的影响

1—50%负荷；2—100%负荷

炉膛出口烟温随锅炉燃料量升高而升高。主要是由于烟气热容量的增大（与燃料量成比例），使炉膛出口烟温升高的更多些。燃料量变化对炉温的影响如图 5-2 所示。炉膛出口烟温的变化可按式（5-1）估算：

$$\frac{\Delta T_1''}{T_1''}=C_b\frac{\Delta B}{B} \tag{5-1}$$

$$C_b=0.6\left(\frac{T_a-T_1''}{T_a}\right)_0$$

式中　$\Delta T_1''$——炉膛出口烟温增量，K；

ΔB——燃料量增量，kg/s；

C_b——影响系数；

T_a——理论燃烧温度；

下标 0——工况变动前数值。

系数 C_b 表示燃料量的相对变化引起炉膛出口烟温相对变化的大小。对于一般煤粉炉，$C_b\approx 0.25\sim 0.35$。即 B 每变化 1%，T_1'' 将变化 0.3%左右。式（5-1）是根据改进的苏联炉膛计算方法而导出。

由于理论燃烧温度 T_a 与燃料量基本无关，而只与煤的发热量和过量空气系数有关，所以当负荷（燃料量）改变时，T_1'' 升高则 Q_f 减小，T_1'' 降低则 Q_f 增大。如前所述，随着负荷的增加 T_1'' 升高，故单位辐射热量 Q_f 减少。Q_f 变化的计算式如下：

$$\frac{\Delta Q_z}{\Delta Q_f}=-0.6\left(\frac{T''_1}{T_a}\right)\frac{\Delta B}{B} \tag{5-2}$$

式中　ΔQ_f——单位辐射热量的增量，kJ/kg。

单位时间内全部燃料向炉膛水冷壁辐射的总热量 Q_z 为燃料消耗量与单位辐射热量的乘积，即 $Q_z=BQ_f$。当负荷增加时，尽管单位辐射热量 Q_f 减小，但由于炉膛平均温度的提高，炉内总辐射热量 Q_z 按照 4 次方关系增加。

由式（5-2）得到 Q_z 变化的计算式为

$$\frac{\Delta Q_z}{Q_z}=\frac{\Delta B}{B}+\frac{\Delta Q_f}{Q_f}=\left(1-0.6\left(\frac{T''_1}{T_a}\right)\right)\frac{\Delta B}{B} \tag{5-3}$$

式中　ΔQ_z——炉内总辐射热量的增量，kJ/kg。

由式（5-3）分析煤质对炉内辐射的影响。煤发热量升高，理论燃烧温度 T_a 相应升高，锅炉负荷变化越大炉内的总辐射变化越大。在式（5-1）～式（5-3）的导出过程中，均引用了燃料量变动时炉内换热的其他参数不变的假定，因而其计算结果具有一定的近似性。

3. 水冷壁蒸发率

炉内辐射热量中的大部分传给了水冷壁，少部分用于加热过热蒸汽。因此，当负荷增加时，单位辐射热量 Q_f 的减少导致水冷壁蒸发率（相应于单位燃料量的水冷壁产汽量）的减少，即每千克燃料在炉内的产汽量减少。但由于炉内最高火焰温度升高以及省煤器、空气预热器单位吸热量的增加，水冷壁的蒸发率未能按总辐射热相对减少的比例而减少。这里应注意，水冷壁产汽量 D_{zf} 与锅炉蒸发量 D 是不同的，二者相差一个减温水流量。

4. 对流受热面进、出口烟气温度

从图所示的对流区的热平衡来看，如略去漏风的影响，当燃料量为 B 时，单位燃料量的对流传热量 Q_B（kJ/kg）为

$$Q_B=\phi c_p V_y(\theta'_1-\theta''_1) \tag{5-4}$$

当燃料量为（$B+\Delta B$）时，单位燃料量的对流传热量 $Q_{(B+\Delta B)}$（kJ/kg）为

$$Q_{(B+\Delta B)}=\phi c_p V_y[(\theta'_1-\Delta\theta')-(\theta''_1+\Delta\theta'')] \tag{5-5}$$

式中　θ'_1、θ''_1——对流受热面进口和出口的烟气温度，℃；

c_pV_y——对流受热面的烟气平均比定压热容，kJ/(kg・℃)。

将式（5-5）与式（5-4）相减，得单位对流热量增量 ΔQ_d 为

$$\Delta Q_d=Q_{(B+\Delta B)}-Q_B=\phi c_p V_y(\Delta\theta'-\Delta\theta'') \tag{5-6}$$

如前所述，当燃料量增加时，单位对流热量增加，或者 $\Delta Q_d>0$。由式（5-6）可知，必有 $\Delta\theta'>\Delta\theta''$。即受热面出口烟温的升高值小于进口烟温的升高值，这说明当锅炉负荷变化时，烟温有逐渐恢复变动前水平的趋势，称为对流受热面出口烟温的“恢复特性”。

运行中的锅炉，沿烟气行程的烟气温度是逐渐降低的，从炉膛出口温度降至排烟温度。可见，当负荷变化时，烟气温度的“恢复特性”使得在负荷变动不大时排烟温度的变化是一个较小的数值。

二、低 NO_x 燃烧特性

1. 低 NO_x 的生成机理

烟气中的污染物包括氮氧化物 NO_x 和由烟气中的 SO_3、SO_2 产生的硫酸蒸气 H_2SO_4、CO_2 和粉尘等。

国内电厂通常采用排烟脱硫装置，而降低烟气中的NO_x主要是采用分级配风的低NO_x燃烧技术、烟气脱硝SCR及SNCR。本节主要介绍生成NO_x的简单机理及低NO_x煤粉燃烧技术。

NO_x的生成机理有三种，温度型、燃料型、快速温度型。

（1）温度型NO_x是指空气中的氮在超过1500℃的高温下，发生氧化反应，温度越高，NO_x的生成量越多。如果局部区域的火焰温度很高，将产生NO_x，这部分NO_x占NO_x总量的10%～20%。要减少温度型NO_x，就要求燃烧处于较低的燃烧水平，同时要求燃烧中心各处的火焰温度分布均匀。分级配风能沿火焰行程适量、分散送入空气，恰好能满足这种需求。

（2）燃料型NO_x是指燃料中的氮受热分解和氧化生成NO_x。进一步说，主要指挥发分中的氮氧化物生成NO_x，其占NO_x总量的80%～90%，这部分NO_x在燃烧器出口的火焰中心生成。由于大部分煤粒中的挥发分在30～50ms内析出，当煤粉气流的速度为10～15m/s时，挥发分析出的行程小于1m。要控制该区域中的NO_x生成量，就应控制燃料着火初期的过量空气系数。采用双调风燃烧器能形成富燃料区，使煤粉在开始着火阶段处于缺氧状态，挥发分生成的一部分NO_x被还原，这样实际生成的NO_x数量可以明显地减少。

但是在富燃料区，由于煤粒处于弱还原性气氛中燃烧，煤中某些矿物质的熔点降低，可能使结渣倾向增加。

（3）快速温度型NO_x是指空气中的氮和碳氢燃料在高温下反应生成中间产物N、NCH、CN等，然后快速与氧反应，生成NO_x。这部分NO_x占NO_x总量的5%。

2. 低NO_x燃烧特性

（1）空气分级技术。两级燃烧是把燃烧所需的空气量分两段送入炉膛，如图5-3（a）所示，第一级的空气量大约为80%，从主燃烧区送入；第二级的空气量大约为20%，从燃烧区的上方送入，两级喷口之间的距离为1.5～2m。采用两级燃烧方式，将大大降低NO_x的生成量。

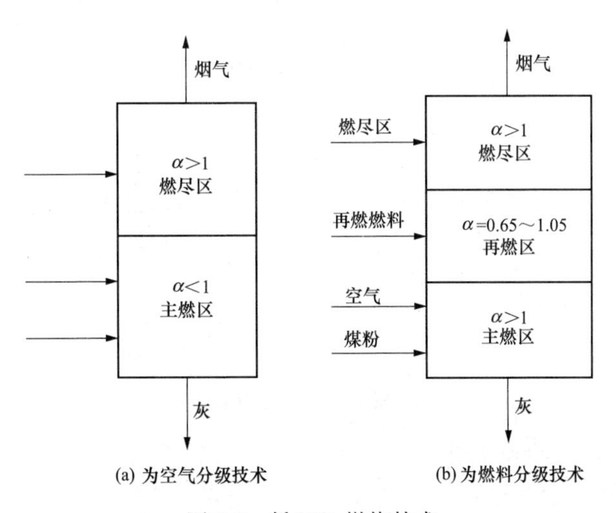

图5-3　低NO_x燃烧技术

采用两级燃烧法，应保证第二级空气与燃尽区火焰的混合良好，否则将造成不完全燃烧。一次燃烧区内由于缺氧，形成还原性气氛，这将使灰熔点降低，容易引起结渣，还可能产生腐蚀。由于燃烧分段进行，火焰拉长，如果组织不好，焦炭难以燃尽，还会引起炉膛出口受热面结渣。

（2）燃料分级技术。如图5-3（b）所示，低NO_x燃料分级技术（再燃技术）是近二十年来发展起来的低NO_x燃烧技术之一。采用空气分级燃烧技术和再燃技术相结合，锅炉NO_x生成可达降低60%左右；而单采用空气分级燃烧技术的锅炉，其NO_x生成可降低40%左右。再燃技术的特点是将燃烧过程分为3个阶段：一次燃烧区，即主燃烧区，为氧化性或弱还原性气氛，80%左右的燃料在这里燃烧，生成较少的NO_x；在再燃烧区，20%左右的再燃燃料被送入炉内，再燃烧区呈还原性气氛（$\alpha<1$），在高温和还原气氛下，再燃燃料热解生成的碳氢原子团与主燃烧区生成的NO_x反应，将NO_x还原成N_2，进一步减少NO_x。在还原区的上方送入空气，使再燃燃料完全燃烧。该区域称为燃尽区，这部分空气也称为燃尽风。

要进一步降低NO_x的生成，需要采用化学反应速度高的燃料作为再燃燃料，提高再燃燃料份额，以及增加还原区长度，强化还原区的还原性气氛等。

第二节　燃料量与风量的调节

锅炉运行中经常遇到负荷变化等扰动，必须及时调节送入炉膛的燃料量和空气量，使燃烧适应扰动后的工况。

一、燃料量的调节

1. 中间储仓式制粉系统锅炉的燃煤量调节

中间仓储式制粉系统的特点之一是制粉系统出力的大小与锅炉负荷不存在直接的关系。当负荷改变时，所需燃料量的调节可以通过改变给粉机的转速和燃烧器投入的数量来实现。当锅炉负荷变化不大时，改变给粉机的转速就可以达到调节的目的；当锅炉负荷变化较大时，改变给粉机转速已不能满足调节幅度时，则应先以投、停给粉机作粗调，再以改变给粉机转速作细调。投、停给粉机时应力求整层投停、对角投停，以维持燃烧中心和空气动力场的稳定；调节给粉机转速时应平稳操作，不做大幅度的调节，以免因粉量骤变导致炉膛负压及锅炉参数波动。

当需要投入备用的燃烧器时，应先开启一次风门至所需开度，对一次风管进行吹扫，待一次风压指示正常后，方可启动给粉机进行给粉，并开启相应的二次风，观察着火状况是否正常；相反，在停运燃烧器时，则应先停给粉机，并关闭相应的二次风，而一次风应继续吹扫数分后再关闭，以防止一次风管内发生煤粉的沉积。为保护停运燃烧器，通常需要对其一、二次风喷口保持一个微小的通风量。

运行中要限制给粉机的转速范围。否则转速过大，一次风中煤粉浓度大，一次风速低，可能导致煤粉管堵塞，且给粉机过负荷时也易发生事故；反之，则煤粉浓度过低，使着火不稳，易发生灭火。给粉机具体转速范围应由锅炉燃烧调整试验确定。

2. 直吹式制粉系统锅炉的燃煤量调节

大型锅炉的直吹式制粉系统，通常都装有若干台磨煤机，也就是具有若干个独立的制粉系统。由于直吹式制粉系统无中间煤粉仓，其的出力大小将直接影响到锅炉的蒸发量。

当锅炉负荷变动不大时，可通过调节运行着的制粉系统的出力来解决。对于中速磨，当负荷增加时，可先开大一次风机的进风挡板，增加磨煤机的通风量，以利用磨煤机内的存煤量作为增加负荷的缓冲调节，然后再增加给煤量，同时开大二次风量；相反，当负荷减少时，则应是先减少给煤量，然后降低磨煤机的通风量。以上调节方式可避免出粉量和燃烧工况的骤然变化，还可减少调节过程中的石子煤量和防止堵磨。不同形式的中速磨，由于磨内存煤量不同，其相应负荷的能力也不同。对于双进双出钢球磨，当负荷变化时，总是磨煤机通风量首先变化，其次才是给煤量的相应调节，这种调节方式可以使制粉系统的出力对锅炉负荷做出快速的响应。

当锅炉负荷有较大变动时，需启动或停止一套制粉系统。减负荷时，当各磨出力均降至某一最低值时，即应停止一台磨，以保证其余各磨在最低出力以上运行；加负荷时，必须考虑到制粉系统运行的经济性、燃烧工况的合理性，必要时还应兼顾汽温调节等方面的要求。

各运行磨煤机的最低允许出力，取决于制粉经济性和燃烧器着火条件恶化的程度；各运行磨煤机的最大允许出力，不仅与制粉经济性、安全性有关，而且还要考虑锅炉本身的特性。对于稳然性能低的锅炉或燃烧较差煤种时，往往需要集中火嘴运行，因而可能推迟增投新磨的时机；炉膛、燃烧器结焦严重的锅炉，高负荷时需要均匀燃烧处理，因而也常降低各磨的最大允许出力。燃烧器投运层数的优先顺序则考虑汽温调节、低负荷稳燃等的特性。

燃烧过程的稳定性，要求燃烧器出口处的风量和粉量尽可能同时改变，以便在调节过程中始终保持稳定的风煤比。因此，应掌握从给煤机开始调节到燃烧器出口煤粉量产生改变的时滞，以及从送风机的风量调节开关动作到燃烧器风量改变的时差，燃烧器出口风煤改变的同时性可根据这一时滞、时差来进行操作。一般情况下，制粉系统的时滞总是远大于风系统的，所以要求制粉系统对负荷的响应更快些，当然过分提前也不适宜。锅炉运行中应对此作出一些规定。

在调节给煤量和风机风量时，应注意监视辅机的电流变化、挡板开度提示、风压以及有关参数变化，防止电流超限和堵塞煤粉管等异常情况的发生。

二、氧量控制与风量的调节

当因外界负荷变化而需调整锅炉出力时，随着燃料量的改变，对锅炉的风量也需要做相应的调节，送风量的调节依据主要是炉膛氧量。

1. 炉膛氧量的控制

炉内实际送入的风量与理论空气量之比称过量空气系数，记为 α 。锅炉燃烧中都用 α 来表示送入炉膛空气量的多少。α 与烟气中的氧量之间的近似关系为

$$\alpha = \frac{21}{21 - O_2} \tag{5-7}$$

通常锅炉都在尾部烟道装设氧量表，根据式（5-7），过量空气系数的数值可以通过烟气中的氧量来间接了解，依据氧量的指示值来控制过量空气系数。对 α 监督、控制的要求可以从锅炉运行的经济性和可靠性两个方面加以考虑。

从运行经济方面来看，在 α 变化的一定范围内，随着炉内送风的增加，由于供氧充分、炉内气流混合扰动好，燃烧损失逐渐减小；但同时排烟温度和排烟量增大，又使排烟损失相应增加。使以上两项损失之和达到最小的 α ，称最佳过量空气系数，记为 α_{zj} ，运行中若按

α_{zj} 对应的空气量向炉内供风，可以使锅炉效率达到最高。

从锅炉运行的可靠性来看，如炉内 α 值过小，煤粉在缺氧状态下燃烧会产生还原性气体，使烟气中的CO气体浓度和 H_2S 气体浓度升高，这将导致煤灰的熔点降低，易引起水冷壁结焦和管子高温腐蚀。锅炉低负荷投油稳燃阶段，如果 α 值过小，油雾难以燃尽，随烟气流动至尾部烟道和受热面上发生沉积，可能会导致二次燃烧事故。若 α 值过大，由于烟气中的过剩氧量增多，将与烟气中的 SO_2 进一步反应生成更多的 SO_3 和 H_2SO_4，使烟气露点升高，加剧低温腐蚀，尤其当燃用高硫煤时，更应注意这一点。

此外，随着 α 的增大，烟气流量和烟速增大，对受热面磨损以及送引风机的电耗也将产生不利影响。

2. 炉膛负压监督

(1) 炉膛负压监督的意义。

炉膛负压是反映炉内燃烧工况是否正常的重要运行参数之一。正常运行时炉膛负压一般维持在30～50Pa。如果炉膛负压过大，将会增大炉膛和烟道的漏风。若冷风从炉膛底部漏入，会影响着火稳定性并抬高火焰中心，尤其是低负荷运行时极易造成锅炉灭火。若冷风从炉膛上部或氧量测点之前的烟道漏入，会使炉膛的主燃烧区相对缺风，使燃烧损失增大，同时气温降低。反之，炉膛负压偏正，炉内的高温烟火就要外冒，这不但会影响环境，烧毁设备，还会威胁人身安全。

炉膛负压除影响漏风外，还可直接指示炉内燃烧的状况。运行实践表明，当锅炉燃烧工况变化或不正常时，最先反映出的现象是炉膛负压的变化。如果锅炉发生灭火，首先反映出的是炉膛负压剧烈波动并向负方向到最大，然后才是汽压、汽温、水位、蒸汽流量等的变化，因此运行中加强对炉膛负压的监视是十分重要的。

(2) 炉膛负压和烟道负压变化。

炉膛负压的大小，取决于进、出炉膛介质流量的平衡，还与燃料是否着火有关。根据理想气体状态方程，炉内气体介质存量 m，压力 p，温度 T，炉膛容积 V 之间的关系为

$$p=mRT/V$$

式中 R——燃烧产物的气体常数。

分析该式，增加送风或减小引风都使炉内介质 m 增多，炉膛压力 p 升高；反之，减小送风或增大引风则使炉内介质量 m 减少，炉膛压力降低。当送、引风量不变时，m 值固定(忽略燃烧前后物质量的微小变化)。故压力 p 与燃烧温度 T 成正比变化，若燃料不能着火，则 T 降低，p 随之下降，炉膛负压升高。

由此可见，运行中即使保持送、引风机的调节挡板开度不变，由于燃烧工况的波动，炉膛负压也是脉动变化的。反映在炉膛负压上，就是指示值围绕控制值左右轻微摆动，但当燃烧不稳定时，炉膛负压产生大幅度的变化，强烈的负压波动往往是锅炉灭火的先兆。这时，必须加强监视并检查炉内火焰燃烧状况，分析原因并及时进行适当的调节和处理。

烟气流经烟道及受热面时，将会产生各种阻力，这些阻力是由引风机的压头来克服的。同时，由于受热面和烟道是处于引风机的进口侧，因此沿着烟气流程，烟道内的负压是逐渐增大的。锅炉负荷改变时则相应的燃料量、风量即发生改变，通过各受热面的烟气流速改变，以至于烟道各处的负压也相应改变。运行人员应了解不同负荷下各受热面进、出口烟道负压的正常范围，在运行中一旦发现烟道某处负压或受热面进、出口的烟气差发生较大变

化，则可判断运行产生了故障。最常见的是受热面发生了严重积灰、结渣、局部堵塞或泄漏等情况。此时应综合分析各参数的变化情况，找出原因及时进行处理。

3. 送风量的调节

进入炉内的总风量主要是有组织的燃烧风量（一次风，二次风，有时还有三次风），其次是少量的漏风，伴随着燃料量的改变，必须对送风量进行相应的调节。

送风量调节的依据是炉膛出口过量空气系数，一般按最佳过量空气系数调节风量，以取得最高的锅炉效率。锅炉氧量定值是锅炉负荷的函数。运行人员通过氧量偏置对其进行修正，以便在某一负荷下改变氧量。氧量加偏置后，送风机自动增减风量以维持新的氧量值。

锅炉运行中，除了用氧量监视供风情况外，还要注意分析飞灰、灰渣中的可燃物含量，排烟中的CO含量，观察炉内火焰的颜色、位置、形状等，依次来分析判断送风量的调节是否适宜以及炉内工况是否正常。

一般情况下，增负荷时应先增加风量，再增加燃料量，减负荷时应先减少燃料量再减少风量，这样动态中始终保持总风量大于总燃料量，确保锅炉燃烧安全并避免燃烧损失过大。近代锅炉的燃烧风量控制系统多用交叉限制回路（图5-4）实现这一意图。在机组增负荷时，锅炉负荷指令同时加到燃料控制系统和风量控制系统。由于小值选择器的作用，在原总风量未变化前，小值选择器输出仍为原锅炉煤量指令，只有当总风量增加（或热量信号）减小，风量控制系统才开始动作。当负荷低于30%MCR时，大值选择器使风量保持在30%不变，以维持燃烧所需要的最低风量。

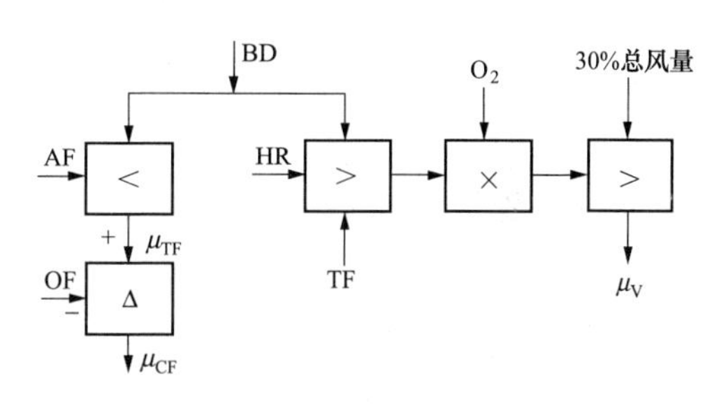

图5-4　风煤交叉限制原理

BD—锅炉负荷指令；μ_{TF}、μ_{CF}、μ_V—总燃料量指令、总煤量指令、总风量指令；AF、OF、TF、HR—总风量、燃油量、总燃料量、热量信号；O_2—氧量校正

对于调峰机组，若负荷增加幅度较大或增负荷较快时，为了保持汽压不致很快下降，也可先增加燃料量，然后再紧接着增加送风量。低负荷情况下，由于炉膛内过量空气相对较多，因而在增加负荷时亦先增加燃料量，随后增加风量。

锅炉送风量调节的具体方法如下：对于离心式风机，通过改变入口调节挡板的开度进行调节；对于轴流式风机，通过改变风机动叶的安装角进行调节。除了改变总风量外，有时还根据燃烧要求，改变各二次风挡板的开度，进行较细致的配风，这将在后面燃烧调节中介绍。在调节风量时应注意观察风机电流、电压、炉膛负压、氧量等指示值的变化，以判断调节是否有效。

现代大容量锅炉都装有两台送风机，当两台送风机都在运行状态，又需要调节送风量时，一般应同时改变两台送风机的风量，以使烟道两侧的烟气流动工况均匀。风量调节时若出现风机的“喘振”（喘振值报警），应立即关小动叶，降低负荷运行。如果喘振是由于出口风门误关闭引起的，则应立即开启风门。

4. 引风量的调节

当锅炉增减负荷时，随着进入炉内的燃料量和风量的改变，燃烧后产生的烟气量也随之改变。此时，若不相应调节引风量，炉内负压将发生不能允许的变化。

引风量的调节方法与送风量的调节方法基本相同。对于离心式风机采用改变引风机进口导向挡板的开度进行调节，对于轴流式风机则采用改变风机动叶安装角的方法进行调节。大型锅炉装有两台引风机。与送风机一样，调节引风量时需根据负荷大小和风机的工作特性来考虑引风机运行方式的合理性。

当锅炉负荷变化需要进行风量调节时，为避免炉膛出现正压，在增加负荷时应先增加引风量，然后再增加送风量和燃料量；减少负荷时则应先减少燃料量和送风量，然后再减少引风量。

第三节 燃烧器的调节及运行方式

一、燃烧器的燃烧特性

1. 直流燃烧器的燃烧特性

直流燃烧器由一组矩形或圆形的喷口构成。煤粉和空气分别由不同喷口喷入炉内。根据流过介质的不同，可分为一次风口、二次风口和三次风口。煤粉直流燃烧器大都布置在炉膛四角，四角燃烧器的轴线相切于炉膛中心的一个假想切圆。

直流燃烧器出口射流的流动过程可作如下描述：由于气流流速较高，已达紊流状态，在紊流和卷吸的作用下，射流边界上的流体与周围介质发生质量交换，将周围部分介质卷入射流中一起运动，同时进行动量交换和热量交换。结果射流截面不断扩大，流量增加，温度升高，而射流中心最大流速逐渐衰减。

射流的着火过程发生于一次风的外界边缘，然后从外向内迅速扩展。煤粉气流达到着火温度所需吸收的热量，70%以上来自卷吸高温烟气的对流换热，其余是炉内介质的辐射热。因此气流卷吸周围介质的能力对着火过程有极大影响。对于矩形喷口，较高而窄的截面会使射流的外边界增加，卷吸量增加。同时，由于卷吸主要发生在向火侧或背火侧，因此喷口高宽比较大的燃烧器，其着火条件往往较好。

燃烧器各股出口气流的动量与介质流量和流速的乘积成正比。动量越大，穿透能力越大，气流便能更有力地深入炉膛内部，形成燃烧所需的炉内切圆，对点燃邻角气流、强化后期扰动、促进煤粉燃尽都是有利的。一次风粉气流，当其着火燃烧以后，密度急剧减小，动量衰减很快。因此，主要是二次风的风速和动量对炉内空气动力场产生更大影响。

炉内射流抵抗偏转的能力称气流刚性。气流的刚性除与动量成比例外，还与气流断面的形状有关。断面高宽比越大，刚性越差。切向燃烧的锅炉，希望各角发生一定程度的偏转，以便组织邻角点燃和煤粉燃尽过程。但不允许偏转过大，尤其是不允许一次风粉气流有过大偏转；否则会造成火焰冲刷水冷壁，引起结焦和燃烧损失增大。

在运行中，当一次风射流能量与炉内旋转气流的能量相比过小时，就会发生该一次风射流不能射入燃烧器火球而出现较大偏斜。偏斜发生时，部分煤粉气流脱离主气流而落入水冷壁附近的低温区，使这部分还未完全燃烧的煤粉熄灭，沿水冷壁向上流动，使燃烧损失增大；同时脱离主气流的一次风火焰因得不到充分氧气的及时补给，进行强烈的还原燃烧，而产生大量的结焦。由此可见，对切圆燃烧锅炉，控制出口射流过分偏斜是防止结焦和降低飞灰可燃物的一个重要方法。

出口射流的偏转，通常随着锅炉负荷的增大、燃烧器投运只数的增加而加大，此外燃烧器的倾角也可影响射流偏斜。

对于同一燃烧器的各股平行射流而言，由于各股射流的引射作用，动量小的一次风将向动量大的二次风靠拢。因此如果一次风速、风量过小，刚性变差，就会使一、二次风加快混合，这往往有利于优质煤的燃烧而不利于劣质煤的着火。所以，通过调整一、二次风速的大小，也可调整一、二次风混合的时机。若设计燃烧器时取用了较小的一、二次风风口间距，则上述调节作用会更明显些。

由于直流燃烧器采用切向燃烧方式，故四角气流的相互支持和相互配合对燃烧过程的影响至关重要。这个作用集中表现于炉内燃烧切圆的形成。较大的切圆直径可改善炉内火焰的充满程度，火球边缘可以扫各角喷口的附近，有利于点燃煤粉；同时，较强的旋转又可以强化主燃烧区乃至整个炉膛的后期扰动，煤粉在扰动和碰撞下燃烧，烟气中氧的扩散加强和及时打碎灰壳，有利于煤粉的燃尽。但切圆直径过大，会在炉膛中央形成大回流，使烟气有效流通面积减小，也易造成炉膛和燃烧器结焦，烟气偏流加剧。当燃用高挥发分的煤时，可适当减小切圆，以确保燃烧安全和受热面安全。同时由于偏斜减小，对燃烧经济性也是有利的。

切圆的位置和形状，除取决于设计方面的因素，运行中也可通过风量、粉量控制进行一定的调整。

2. 旋流燃烧器的燃烧特性

旋流燃烧器被广泛应用到大型锅炉的燃烧设备上。旋流燃烧器利用强烈的旋转气流产生强大的高温回流区，将远方火焰抽吸至燃烧器的根部，强化燃料的着火、混合及燃烧。图5-5表示了煤粉气流在回流区内的着火情况。

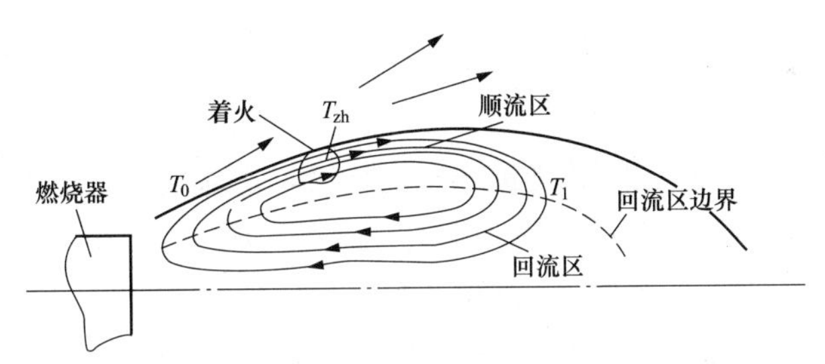

图5-5　煤粉气流在回流区内的着火

T_0—煤粉气流初温；T_{zh}—着火温度；T_1—火焰温度

回流区的大小对煤粉气流的着火和火焰的稳定有着极为重要的作用。较宽而长的回流区，不仅回流量大而且回流烟气的温度高，对煤的着火极为有利。旋流燃烧器对煤种的适应性，基本上表现为通过不同的结构能对回流区的大小和位置进行不同的调节。

旋流燃烧器的射程也对燃烧器的工作产生影响。但由于旋流燃烧器主要是单只火嘴决定空气动力工况，而各燃烧器之间的相互作用远不及四角布置的直流燃烧器，所以旋流燃烧器的射程一般只是影响烟气在炉内的充满程度和燃烧损失。射程过短会使火焰过早上飘，煤粉在炉内的停留时间缩短，炉膛出口温度和飞灰可燃物含量升高。

决定旋流燃烧器工作性能最重要的特性是旋流强度。燃烧器出口附近回流区的产生、气流的混合以及气流在炉内的运动都和它有关，因而它在很大程度上决定燃料的着火、燃尽和结渣情况。旋流强度对回流区的大小的影响是：随着旋流强度的增大，回流区的尺寸变大，回流量增加。当回流率（回流量与一次风量之比）超过一定数值后，煤粉就可以达到稳定的燃烧。显然，煤质越差，着火所要求的最小回流率就越大，反之亦然。

图5-6是旋转射流的几种气流形式，示意了旋流强度对回流区大小及形状影响的几种典型情况。当旋流很弱时，形成很小的同流区（火焰区），气流离开喷口不远即重新封闭向前运动，因此回流区内的回流量及回流温度都明显不足，对稳定燃烧是不利的。这种气流结构称为“封闭气流”，见图5-6（a）。当旋流强度合宜时，形成所谓的“开放气流”，见图5-6（b）。开放气流的特点是中心回流区延伸到主气流速度很低时才封闭。这种气流结构可将远离燃烧器出口的高温火焰输运回燃烧器根部，混合点燃新粉。因此提高了着火稳定性，是一种理想的结构。若旋转过强，则会形成“全扩散气流”，又称“飞边”，见图5-6（c）。由于二次风旋转过强. 在一定距离上即与一次风脱离。这时回流区直径虽大，但回流区长度不大，回流速度和回流量甚小，造成“脱火”。“脱火”往往是造成旋流燃烧器燃烧不稳或灭火的重要原因。对于易燃煤，出现全扩散气流还会使水冷壁和燃烧器结焦，影响燃烧安全。

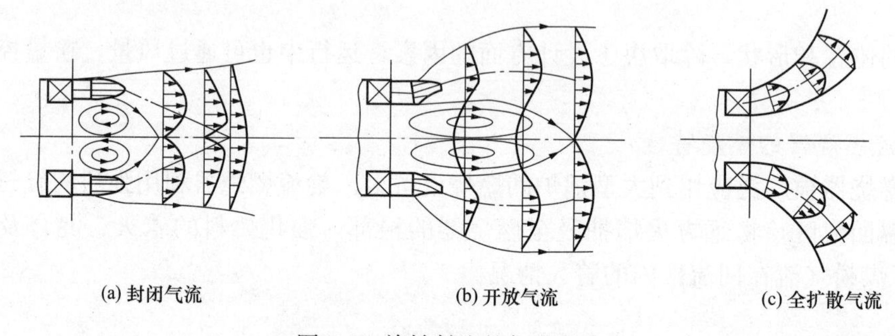

图5-6 旋转射流的气流形式

旋流强度对射程的影响是：随着旋流强度的增大，回流区的尺寸变大，介质在旋转过程中耗散更多能量而迅速衰减，因此射程变短。运行中当炉内火焰充满不好或两对面燃烧器气流对撞干扰，燃烧不稳时，可调节旋流强度或风量。

近年来我国引进的大型旋流燃烧锅炉，普遍使用低NO_x型双调风旋流燃烧器。双调风燃烧器虽然种类较多，但基本结构都是二次风，分为内二次风和外二次风，内二次风为旋流，外二次风可旋流也可直流。一次风一般为直流或有微弱旋转。双调风燃烧器靠煤粉着火后二次风量逐步供应，形成燃烧的浓相区和稀相区，抑制燃烧的峰值温度，控制NO_x的排放。

3. 燃烧器的运行方式

所谓燃烧器的运行方式是指燃烧器负荷分配及其投停方式。负荷分配是指煤粉在各层喷口、各角或各只喷口的分配。投停方式是指停、投燃烧器的只数与位置。除了配风工况外，燃烧器的运行方式对炉内燃烧的工况也有很大影响。

为保持正确的火焰中心位置避免火焰偏斜，一般将投运的各个燃烧器的负荷尽量分配均匀、对称。但在有些情况下，允许改变上述原则。例如，为解决汽温偏低的问题，满负荷时可适当增加上层粉量，减少下层粉量，提高火焰中心位置。

通常高负荷时投入全部燃烧器。低负荷时，可采取两种方式：一是各燃烧器均匀减风、减粉，但这种方式各风速也会随之降低；二是停掉部分燃烧器，可保持各风速、风率不减。究竟停哪些燃烧器合适，要通过燃烧调整试验决定。但以下一些基本原则是应遵循的：

（1）停用燃烧器主要应保证锅炉参数和燃烧稳定，经济性方面的考虑是次要的。

（2）停上投下，有利于低负荷稳燃，亦可降低火焰中心，并有利于燃尽；停下投上，可提高火焰中心，有利于保持额定汽温。

（3）为保持均衡燃烧，宜分层停运、对角或交错投停，并定时切换。

（4）应使燃烧器的投停只数与负荷基本相应，避免由于分档太大，而影响燃烧经济性。

锅炉高负荷运行时，炉温高，燃烧比较稳定，主要问题是防止结焦和汽温偏高，因此应力求将燃烧器全部投入，以降低燃烧器区域的热负荷；设法降低火焰中心或缩短火焰长度；锅炉低负荷运行时，应合理选择减负荷方式。当负荷降低不太多时，可采取各燃烧器的均匀减风、减粉方式。这样做有利于保持好的切圆形状及有效的邻角点燃。但由于担心一次风堵管，通常一次风量减少不多或者不减，而只将二次风减下来。由此使得一次风煤粉浓度降低，一次风率增大，二次风的风速和风率减小，这些都是对燃烧不利的。因此，当负荷进一步降低，就应关掉部分喷嘴，以维持各风速、风率和煤粉浓度不至偏离设计值过大。

降低锅炉负荷宜按照从上至下的顺序依次停掉燃烧器。根据运行经验，低负荷运行，保留下层燃烧器可以稳定燃烧。这是因为，低负荷时，停用的燃烧器较多，为冷却喷口仍有一些空气从燃烧器喷向炉内。若这部分较冷的风在运行喷嘴的上面，就不会冲淡煤粉或局部降低炉温。停运部分喷嘴时，最好使其余运行燃烧器集中投运（例如关掉上、下层，保留中间三到四层）。这样做的好处是，不仅可使燃烧集中，主燃烧区炉温升高，而且可以相对增大切圆直径，加强邻角点燃的效果。

对于中储式制粉系统，若过早停掉部分喷嘴（即在负荷不太低时即已大量停喷嘴），势必使各喷嘴的热功率增大，给粉机转速过高以致给粉不稳定、不均匀，影响燃烧稳定性和经济性。对大型对冲布置旋流燃烧锅炉的炉膛，通常最上排燃烧器距离大屏底部很近，因而正常运行中投最上排燃烧器时，会由于火焰行程缩短致使飞灰可燃物增加，锅炉效率下降。因此若无其他限制，降负荷时投运燃烧器编组可避开最上层。

旋流燃烧器低负荷运行时，应避免较上排燃烧器停粉不停风的情况；否则该燃烧器的风量形成空气“短路”，而其他燃烧器的煤粉与“短路”风相遇时，已错过最好的燃烧条件，将导致燃烧不充分。有的电厂，低负荷时运行人员不是停用部分喷嘴，而是降低二次风压，造成投粉的燃烧器旋流量减少，氧量不足、混合变差，整个炉内过剩的氧量不能发挥作用，也使飞灰含碳量升高，燃烧不经济。

燃烧器的运行方式与煤质有关。当锅炉燃用挥发分较高的煤时，一般着火不成问题。可采用多火嘴、少燃料、尽量对称投入的运行方式。这样有利于火焰充满炉膛，使燃烧比较完全，也不宜结渣。在燃用挥发分低的较差煤时，则可采用集中火嘴，增加煤粉浓度的运行方式，使炉膛热负荷集中，以利于稳定着火。对可以实现动力配煤的锅炉，上层燃烧器宜使用挥发分较高、灰分较少的煤，下层燃烧器宜使用挥发分较低、灰分较多的煤，不能简单地按照煤热值的大小安排给各层燃烧器。

燃烧器的投、停次序还与磨煤机的负荷承担特性有关。例如直吹式系统中速磨，随着每台磨煤机制粉出力的降低，制粉电耗增大。为避免磨煤机工况恶化，一般规定不允许在低于某一最低磨煤出力下运行。所以，若锅炉负荷降低使磨的这一临界出力出现，即使各燃烧器的均匀减负荷是允许的，也应停掉一台磨。

一般而言，各层燃烧器的着火性能会由下而上逐渐改善，这主要是下面已着火的气流对上面的气流起点燃作用，但最上一层由于顶二次风的影响，着火不一定最好。在实际运行中，由于燃烧器在结构、安装、管道布置等方面的差异，各燃烧器的特性可能并不同。因此当煤种变化以及火焰分布、结焦等条件变化时，对喷燃器的影响可能不一样。例如，有的燃烧器在高负荷时容易结焦，但在低负荷时往往燃烧稳定性较好；离大屏较近的燃烧器和冷灰斗附近的燃烧器燃烧性能也许会互有区别。总之，运行人员应注意燃烧器的具体特点，用于调节燃烧。

二、燃烧器的调整

1. 直流燃烧器的燃烧调整

在我国，直流式煤粉燃烧器几乎全部采用四角切圆燃烧方式。按照二次风口的布置大致有均等配风和分级配风两种。均等配风燃烧器的风口布置特点是一、二次风口相间布置，且风口之间的距离较小，一、二次风的混合较快、较强，故一般适用于烟煤和褐煤。分级配风燃烧器的结构特点是一次风集中布置，二次风分上、中、下布置，由于燃烧集中，便于保持较高炉温，故适用于燃烧无烟煤、贫煤。

我国自 20 世纪 70 年代末引进 CE 型锅炉技术以来，大机组已较普遍使用均等配风的 CE 型煤粉直流燃烧器。现以 600MW 机组 CE 锅炉 WR 型均等配风直流燃烧器的结构为例(见图 5-7)，说明该类燃烧器的配风和燃烧特点。燃烧器采用四角布置，每角一组燃烧器由一次风喷口、辅助风喷口、燃料风喷口、过燃风喷口组成。基本特点是一次风和二次风相间布置。各燃烧器共有 15 只喷口。最上两层为过燃风，用以控制 NO_x 的生成量和炉膛主燃区的燃烧温度。其余为间隔布置的 7 只辅助风喷口和 6 只一次风喷口。同层 4 个一次风喷口与一台磨煤机的出粉管道连接，每台磨煤机控制一层燃烧器的燃烧。一次风喷口外圈是燃料风（周界风）通道。燃料风的风源来自大风道，其风速、风温均高于煤粉气流。一次风设计风率为 15%～25%，风温为 77～82℃；辅助风设计风率为 60%～70%，风温为 322℃；过燃风设计风率为 15%。

选用直吹式制粉系统，配置 6 台 HP 中速磨，按设计 5 台磨可保证锅炉最大出力。运行中总有一层燃烧器停用。若停用中间的煤粉喷嘴，相当于使整组燃烧器“分组”；若停用上层或下层煤粉喷嘴，相当于减小了整组燃烧器的高宽比。

二次风采用了较流行的大风箱供风方式。每角燃烧器的 15 只喷嘴连接于一个共同的大风箱。风箱内设有 15 个分隔室与每一喷嘴相通，各分隔式入口均有相应的百叶窗式调节挡板，可分配每层燃烧器的风量。分隔式入口压力与炉膛压力之差称为炉膛/风箱差压。为保证同层喷口的出口流速、动量一致，同层 4 个角的调节挡板维持同步控制。除燃料风挡板外，其他分隔风室均装设手动调节装置，可以进行手动调节。

为适应较差煤种的燃烧，在一次风矩形出口处设计了 V 形钝体，将煤粉进行浓淡分离(弯头离心分离)，故该型燃烧器又称宽调节比直流煤粉燃烧器。

下面分别分析各种风的调整。

(1) 一次风率、风速调整。

在一定的总风量下，燃烧器保持适当的一、二次风出口风率、风速，是建立良好的炉内

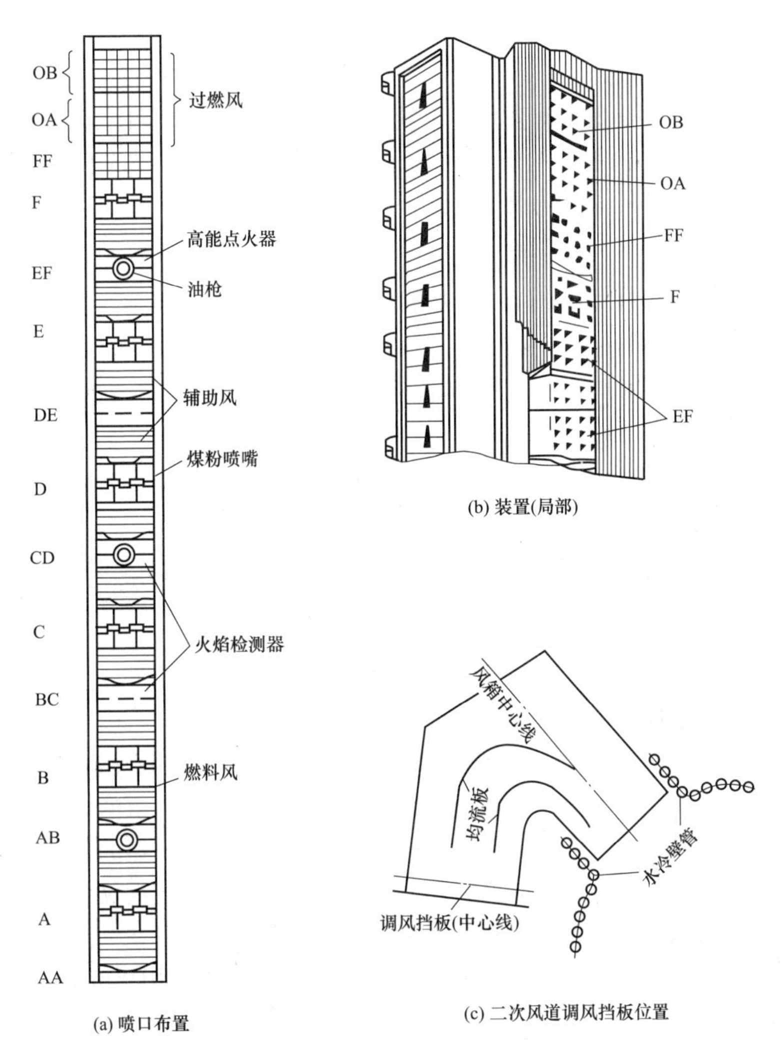

图 5-7　WR 型均等配风直流燃烧器结构布置

A、B、C、D、E、F— 一次风喷嘴；AA、BC、DE、EF— 辅助风喷口；
AB、CD、EF— 内置油枪的辅助风喷口；OB、OA— 燃尽风喷口

工况和稳定燃烧所必需的。

通常用一次风率来表示一次风量的大小，它是指一次风量占锅炉总风量的百分数。煤粉燃烧器的一次风率和着火过程密切相关。一次风率越大，为达到煤粉气流着火所需吸收的热量越大，达到着火所需的时间也越长。同时，煤粉浓度也因一次风率的增大而降低，这对于挥发分含量低或难以燃烧的煤是很不利的；当一次风温低时，尤其如此。但一次风率太小，煤燃烧之初可能氧量不足，挥发分析出时不能完全燃烧，也会影响着火速度并产生燃烧损失。从燃烧角度考虑，一次风率的大小原则上只要能满足燃尽挥发分的需要就可以了。

一次风速对燃烧器的出口烟气温度和气流的偏转产生影响。若一次风速过大，着火距离拖长，燃烧器出口附近烟温低，使着火困难。此外，一次风中的较大颗粒可能因其动能大而穿过激烈燃烧区不能燃尽，使未完全燃烧损失增大。但一次风速也不宜太低，否则气流孱弱而无刚性，很易偏转和贴墙，且卷吸高温烟气的能力也差。对于低挥发分的煤，将影响着火

和燃烧；对于高反应能力的煤，着火可能太靠近燃烧器，从而引起喷嘴烧损。此外，风速过低时煤粉管容易堵塞。

国内大型锅炉直流燃烧器推荐使用的一次风率和风速列于表 5-1。由表可知，合适的一次风率、风速与煤质和制粉系统的形式有关。当燃用低反应能力煤或在乏气送粉系统工作时，一次风率、风速取得低些较为合宜；当燃用高挥发分、易着火煤或在热风送粉系统工作时，应取较高些的一次风率和一次风速。

表 5-1　国内大型锅炉直流燃烧器推荐使用的一次风率和风速

一次风率 r_1 一次风速 w_1		无烟煤	贫煤	劣质烟煤		烟煤		褐煤
				$V_{daf}\leqslant30\%$	$V_{daf}>30\%$	$V_{daf}\leqslant30\%$	$V_{daf}>30\%$	
r_1（%）	乏气送粉	—	20～25	—	20～25	20～30	25～35	20～45
	热风送粉	20～25	20～30	20～25	25～30	25～40	—	20～25
w_1（m/s）		20～24		22～35				18～25

注　1. 对易结渣，w_1取上限。
2. 一、二次风口间距大时，w_1取上限。
3. 热风送粉时，w_1取上限；乏气送粉时，w_1取下限。

一般来说，能保证锅炉稳定着火的一次风率和风速是一个范围。因此调整一次风时，除了着火的稳定性之外，还应比较燃烧的经济性（主要是 Q_4 损失的大小）和燃烧的安全性（不结焦、不烧损喷嘴）。此外，制粉系统的出力和经济性、一次风机的能耗、输粉的安全性等，也都应作为一次风率是否合宜的判定依据。譬如，若空气预热器的设备状态较差，漏风较大，那么在这种情况下一次风速取高时，将使一次风压升高。这不仅使风机电耗增加，而且会进一步加剧空气预热器的漏风，降低锅炉的运行经济性。

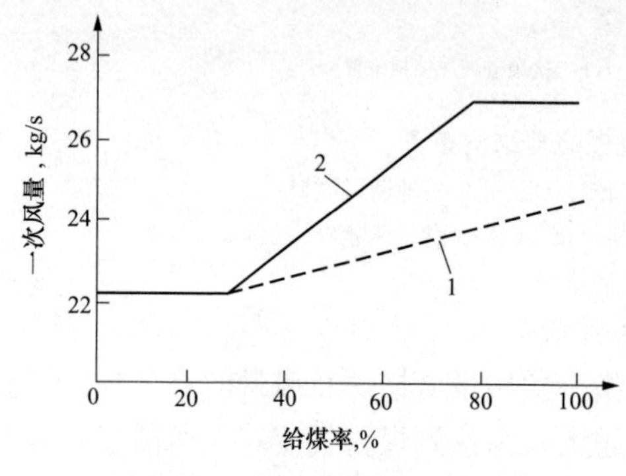

图 5-8　一次风控制曲线
1—原一次风量与给煤率的关系；
2—改进后一次风量与给煤率的关系

图 5-8 为一台 600MW 机组锅炉根据运行分析调整一次风控制曲线的例子。将 80%给煤率时的一次风流量由原设计 24kg/s 提高到 27kg/s。经观察，提高一次风速后，煤粉着火点向后推移，煤粉气流的刚性提高，纠正了一次风偏斜气流的贴壁状况。

锅炉负荷变化时，一次风速、风率往往相应变化，这一点在运行调节中应予以注意。对于中间储仓式制粉系统，在负荷变化的一定范围内，当各给粉机均匀减少给粉量时，运行人员往往不调整一次风母管的压力或改变很小，以维持较高的一次风速，防止堵管以及简化运行调整的操作。在这种情况下，不仅一次风率要增大，而且一次风速也可能升高；对于直吹式制粉系统，当磨煤机给煤量减少时，为防止煤粉管堵粉，一般一次风量并不按比例减小，而是相对变大。如图 5-9（a）所示，随着磨煤机负荷的降低，一次风率增大，煤粉浓度减小。这往往是低负荷下燃烧不稳的一个重要原因。

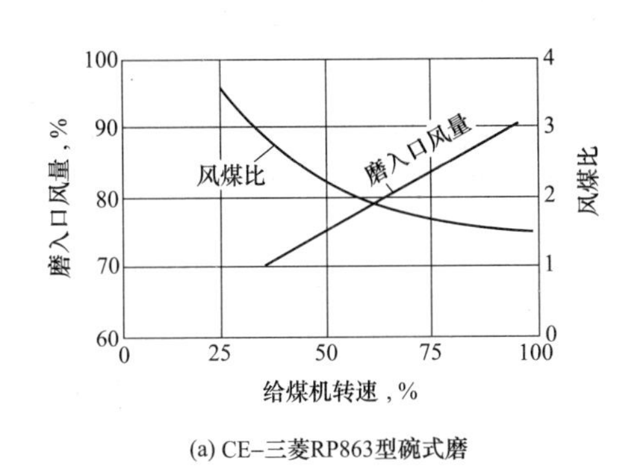

(a) CE–三菱RP863型碗式磨

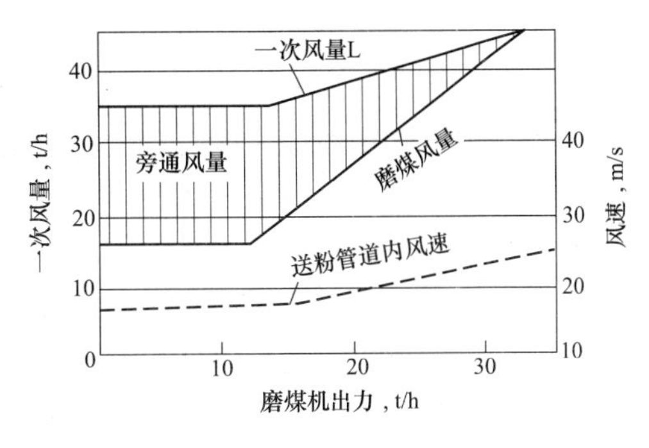

(b) BBD–4062型双进双出钢球磨

图 5-9　一次风量与负荷的关系

调节一次风速的方式取决于制粉系统的形式。对于直吹式制粉系统，一次风率由磨煤机入口前的总一次风量挡板调节。当给煤量变化时，一次风量挡板根据给煤机的转速信号，按照一定的数学关系改变其开度。有的系统为减少挡板阻力，用热风挡板与冷风挡板的同向联动调节一次风量，反向联动调节磨煤机出口温度，省去磨煤机入口前的总一次风量挡板。通常一次风母管压力按一次风母管/炉膛差压的测量值控制，而其设定值则为锅炉负荷的函数，如图 5-10 所示。

配双进双出磨的锅炉，一次风率的控制较灵活，它设置了旁路风。当磨煤机出力变化时，磨煤机通风量也呈比例地变化，旁路风挡板自动调整开度对一次风量的增减进行补偿，但这种补偿是有限的。如上所述，当负荷降低时，一次风率需适当增加，旁路风门按一定的函数关系自动增加其开度，以维持如图 5-9（b）所示的风量关系。

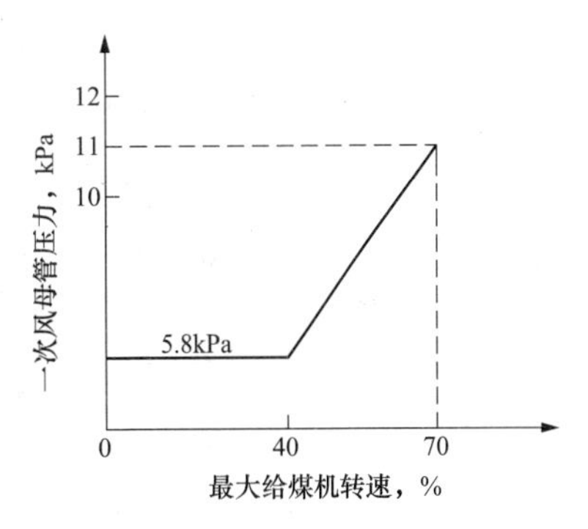

图 5-10　一次风母管压力与给煤机转速的关系

对于中间储仓式系统，通常维持各支管一次风挡板或节流圈的开度不变，而以一次风母管压力的变化适应负荷要求。一次风母管压力借助改变一次风机风量挡板的开度来控制。运行中一次风率由一次风箱风压和一次风门开度决定，还与各燃烧器给粉量有关。当增加某个燃烧器的给粉量时，一次风率将下降；反之，则一次风率升高。一次风率随负荷变化的关系与直吹式系统相同。

（2）辅助风的调整。

辅助风是二次风最主要的部分。主要起扰动混合和煤粉着火后补充氧气的作用。

辅助风的风量和风速较一次风要大得多，一般占到二次风总量的 60%～70%，是形成各角燃烧器出口气流总动量的主要部分。辅助风动量与一次风动量之比（类似于二、一次风动量比）是影响炉内空气动力结构的重要指标。辅、一次风动量比过小，则燃烧器出口气流（以辅助风为其主流）不能有力地深入到炉内形成旋转大圆，过早上翘飘走，对着火、燃尽均不利；但若辅、一次风动量比过大，上游气流冲击下游一次风粉（刚性最弱），使一次风粉过早从其本角主流偏离出来，不仅因缺氧而影响燃烧的扩展，使煤粉燃尽变差，而且是造成煤粉贴墙、结焦和形成高温腐蚀等问题的常见原因。从同角气流来看，辅、一次风动量比过大，一次风过早混入二次风，也会使着火变得困难。但烧优质煤时，这种掺混有利于增强一次风气流的刚性，防止偏转。

对于挥发分低的难燃煤，能否着火稳定是主要矛盾，应适当增大辅助风量，使火球边缘贴近各燃烧器出口，尤其对于设计中取了较小假想切圆直径的锅炉，气流偏转较为不易，增大辅助风率（辅、一次风动量比）的作用可能更为明显；对于挥发分大的易燃煤，主要防止结焦和提高燃烧经济性，燃烧调整时要注意不可使辅助风过大。

辅、一次风动量比的合宜值还与炉膛切圆的设计特性有关。对于同轴同向单切圆［见图5-11（a）］，一次风动量一出喷口就因燃烧膨胀而迅速衰减，但辅助风动量则衰减较慢，因此在各角总风量一定的情况下，增加辅助风的比例往往加速一次风的偏斜，从而使实际切圆直径变大；但对采用了三切圆或者一、二次风反切燃烧的锅炉［见图5-11（c）和（d）］，设计意图是为了避免结焦，希望形成风挡粉的空气动力结构，在这种情况下，适当提高大切圆的辅助风量可能反而有助于减轻一次风的偏斜和煤粉离析。

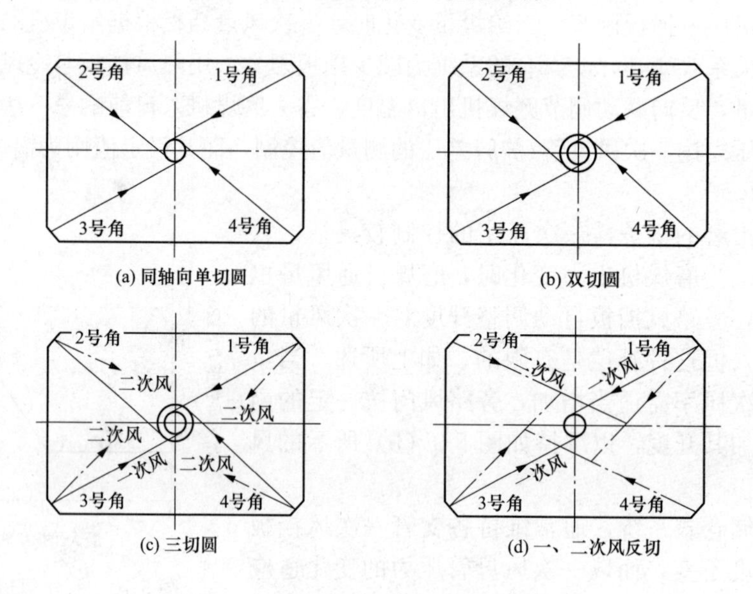

图 5-11　若干典型的炉膛切圆布置方式

辅助风必须保持足够的动量，使之能在一次风粉着火之后穿透到一次风内部；否则，由于补氧不及时，将会影响到燃烧的继续发展。一部分燃料的燃烧将延伸到炉温已较低的主燃烧区上方进行，燃烧损失变大。在炉膛/差压控制方式下，增大炉膛氧量的结果就会使辅助风量自动增大。

对于直吹式制粉系统，由于一次风率受制于磨煤机一次风量，因此在总风量一定的情况下（氧量控制），二次风及辅助风的风量、风率、风速均与制粉系统的运行调节有关，在辅助风动量明显感到不足或煤种变化的情况下，允许采用适当抑制风煤比的措施来提高辅助风总量。

除了辅助风的总量之外，各层辅助风（包括过燃风）的调节，对燃烧也有一定的影响。过燃风和上层辅助风能压住火焰，不使其过分上飘，是控制火焰位置和煤粉燃尽的主要风源；中部辅助风则为煤粉旺盛燃烧提供主要的空气量；下部辅助风可防止煤粉离析，托住火焰不致下冲冷灰斗而增大 Q_4 损失。

辅助风在燃烧器各层之间的分配方式与煤种、燃烧器类型、炉型以及运行条件（如热风温度、制粉系统送粉方式等）有关，很难一概而论。但大致可有如下四种：上、中、下均匀分配（均匀型），上大下小（倒宝塔型），中间小、两头大（缩腰型）和上小下大（正宝塔型）。一般来说，倒宝塔型配风对于较差煤种的稳定着火较为有利。从燃烧器整体看，这种方式相当于射出燃烧器喷口的所有煤粉一次风气流，先与较少的二次风气流（由下面上来）混合，再与较多的二次风气流（中部）混合，最后再与上面的大量二次风气流相混，这样使空气沿火焰行程逐步加入，实际上体现了分级送风的原理，所以对燃用贫煤、无烟煤等较差煤质时是较适宜的。

采用正宝塔或均匀型的送风方式，则煤粉很快与大量辅助风相混合，及时补充燃烧所需氧气，故适于烟煤的燃烧。当炉内整体气流偏转过大，刷墙、结焦较严重时，有时可以采取缩腰型的配风方式加以改善。经验表明：当中部二次风量大时，燃烧稳定性和经济性都是较低的。原因在于中部二次风处于两个一次风气流的中间，当其动量增大时，背火面的卷吸量越大，负压也越大，而从上角来的主气流则因中二次风动量增加而增强其冲击力。结果会使中部的一次风气流严重偏转，脱离主气流而导致燃烧稳定性和经济性的降低。而采用缩腰型配风后，以上弊端都可以避免。如果将中部的二次风关得很小，相当于在高宽比大的直流射流中，开了一个大的平衡孔，燃烧器射流补气条件的改善是十分明显的。

一般来说，适当提高下二次风率对于防止煤粉的分离下沉，提高燃烧经济性往往是有利的。

近代锅炉辅助风量的控制普遍采用炉膛/风箱差压控制方式。即总风量由燃料总量信号及氧量修正信号改变送风机入口挡板（或动叶安装角）控制，辅助风门开度调节炉膛/风箱差压。

对于中间储仓式热风送粉系统，辅助风率还要受到三次风率的影响，例如过大的制粉系统漏风（使三次风率增大）会使辅助风量减少。在调节风门过程中，应注意监视炉膛/风箱差压值，防止差压大于 1.5kPa，引起辅助风门全开保护动作。

（3）燃料风的调整。

1）周界风的调整。燃料风是在一次风口内或一次风口周围补入的纯空气。后者称为周界风，前者有夹心风、十字风等几种。目前国内 300MW 和 600MW 切圆燃烧锅炉燃烧器普遍设置周界风。在一次风喷口的周围采用周界风（二次风的一部分）可以扩大燃烧器对煤种的适用范围。在燃用较好的烟煤时，可起到推迟着火、悬托煤粉、遏制煤粉颗粒离析以及迅速补充燃烧所需氧气的作用。因此，对挥发分较高的易燃煤来说，其周界风量挡板可以开大些。但周界风会阻碍高温烟气与出口气流掺混、降低煤粉浓度，当燃用低挥发分或难着火煤时，会影响燃烧的稳定性。故当使用贫煤或无烟煤时，应适当关小甚至全关周界风的挡板，以减少周界风量和一次风的刚性，扩大切圆直径，使着火提前，适应煤种着火的要求。

图 5-12 是某电厂 1160t/h 锅炉在烧大同烟煤时周界风率试验的一种结果。一般情况下，若煤粉较粗且均匀性差（煤粉均匀性指数 $n<0.9$），此类型的锅炉周界风率约为 35%，当煤粉均匀性改善时（$n>0.92$），周界风率可到 40%。

周界风的加入有助于减小一次风粉气流的偏转贴墙。从补气条件来看，燃烧器中部的喷嘴适当加大燃料风对减小偏转则更为有利。图 5-13 为某电厂 600MW 机组锅炉（燃用晋北

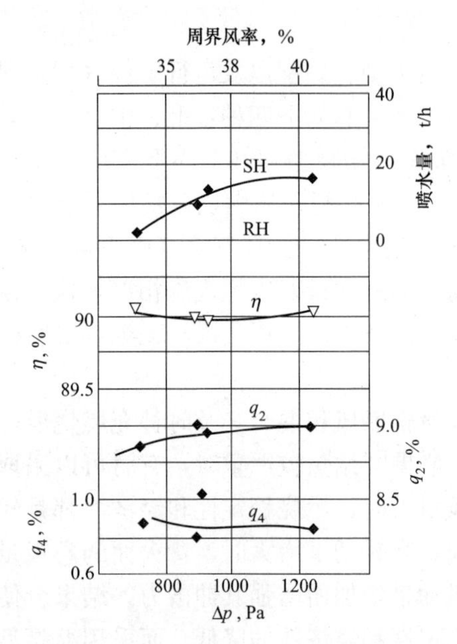

图 5-12　炉膛/风箱差压 Δp（周界风量）变化对锅炉运行工况的影响

烟煤）对燃料风控制的改进情况。改进的目的是解决结焦和飞灰可燃物偏高的问题。图中虚线为原设计控制曲线，实线为优化调整后的控制曲线。优化调整后将原来统一燃料风门的控制曲线根据燃烧要求改为3组不同的控制曲线。图中CD为中间喷口，BE和AF分别为上、下的两组喷口。燃料风的分配为鼓腰型（上下风量小，中间风量大）。

在自动投入的情况下，周界风门的开度与燃料量为比例调节。即当负荷降低时，周界风流量随之减小。这一方面可稳定低负荷下的着火，另一方面可使煤粉管内的一次风流量相对增大，防止煤粉管堵塞；当煤种发生变化时，则可通过改变燃料风门的偏置来调整周界风量与二次风量的比例关系。当喷嘴中停止投入煤粉时，周界风保持最小开度用以冷却喷嘴。根据厂家提供的曲线，按照挡板开度和炉膛/风箱的差压，可大致估计辅助风量和燃料风量。

2）夹心风的调整。为了避免周界风阻碍一次风直接卷吸高温烟气的不利影响，出现了夹心风型燃烧器。夹心风为纯空气，它的风量不大但风速很高（一般大于50m/s）。夹心风不仅可从已着火的煤粉气流中心及时补氧，而且可加强一次风的刚性，减小偏转。

夹心风量（速）的大小可通过专有风门进行调节。当煤的挥发分很低时，煤粉着火点往往远离喷口（如有的锅炉，挥发分小于5%时，离喷口1m才着火），在这样远的距离内，夹心风已较充分混入煤粉气流中，相当于增大了一次风率，使着火不稳。因此，燃用挥发分较低的煤时，应关小甚至全关夹心风风门。但当燃用挥发分较高的煤时，适当开大夹心风风量挡板，可以使燃烧损失降低。

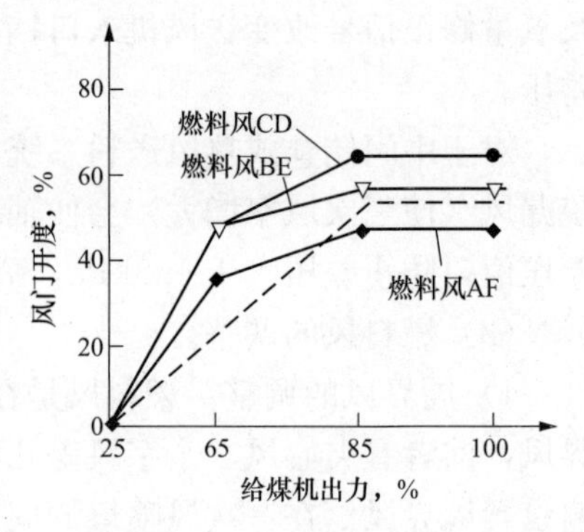

图 5-13　燃料风控制曲线

燃料风的调节使用效果有的锅炉较明显，有的则并不明显，这在很大程度上取决于燃烧器本身的结构设计。例如，如果燃烧器在设计时一次风的气流“刚性”就较差，偏转比较严重，那么投入燃料风后效果就有可能较为显著；如果设计时一次风气流“刚性”本来就强，投入燃料风后效果就可能不甚明显。

（4）过燃风的调整。

国外电站锅炉设计过燃风的目的是为了遏制 NO_x、SO_3 的生成量。国内电厂在对这类燃烧器的使用过程中也同时关心它们的低负荷稳燃性能及调节性能。

从理论上讲，过燃风的使用可使煤粉燃烧分段进行。在过燃风未混合前，燃料在空气燃料比小于1的情况下燃烧，由于缺氧及燃烧温度相对低，抑制了火焰中心 NO_x 的产生；当燃烧过程移至过燃风区域时，虽然氧浓度有所增加，但火焰温度却因大量辐射放热而进一步降低，使这一阶段的 NO_x 生成量也不太大。这样，由于避免了高的温度与高的氧浓度这两个条件的同时出现，因而实现了对 NO_x 生成量的控制。但根据国内对部分 300MW 和 600MW 机组锅炉所做的过燃风专项试验，发现 CE 型锅炉的过燃风挡板开度对 NO_x 的排放并无明显影响。出现这种现象的原因主要是大风箱的结构限制了过燃风离开主风口的距离和过燃风风压。

过燃风的风量调节与锅炉负荷和燃料品质有关。锅炉在低负荷下运行时，炉内温度水平不高，NO_x 的产生量较少，是否采用两级燃烧影响不大。且由于各停运的喷嘴都尚有一定的流量（5%～10%），过燃风的投入会使正在燃烧的喷嘴区域供风不足，燃烧不稳定。因此过燃风的挡板开度应随负荷的降低而逐步关小。锅炉燃用较差煤种时，过燃风的风率也应减小；否则，大的过燃风量会使主燃烧区相对缺风，燃烧器区域炉膛温度降低，不利于燃料着火。在燃用低灰熔点的易结焦煤时，过燃风量的影响是双重的：随着过燃风率的增加，强烈燃烧的燃烧器区域的温度降低，这对减轻炉膛结焦是有利的；但由于火焰区域呈较高的还原气氛，又会使灰熔点下降，这对减轻炉膛结焦是不利的。因此，应通过燃烧调整确定较合宜的过燃风门开度。

适当增加过燃风量还可使燃烧过程推迟，火焰中心位置提高，有利于保持额定汽温；反之，则可使汽温下降。因此，过燃风量的调节必要时也可作为调节过热汽温、再热汽温的一种辅助手段。但火焰中心位置提高后，应注意它对炉膛出口飞灰可燃物的影响（通常会使飞灰可燃物升高）。

总之，通过对主燃烧区的过量空气系数的调节，过燃风量可以实现对燃烧器区域温度分布的控制，从而有助于解决有关燃烧的部分问题。

图 5-14 示出了某电厂 2008t/h 四角燃烧锅炉过燃风风量控制调整的情况。为减少过燃风量，提高其他诸层投运燃烧器的出口风速，以减缓气流偏斜，将原过燃风风门的控制曲线进行修改，把 OA 层控制曲线的斜率 k 从原来的 4 降为 2.4，并限定最大开度为 60%，过燃风 OB 风门的控制曲线保持原状，但运行中建议最大开度控制在 60%左右。这个措施与其他措施一起，将该炉的飞灰可燃物由调整前的 6%～7%，降低到 1.0%～1.5%，且结焦情况也明显改观。

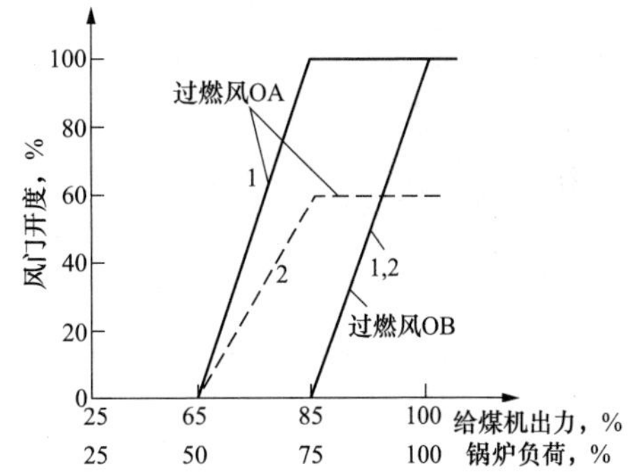

图 5-14　过燃风控制曲线的优化调整
1—优化前；2—优化后

2. 旋流式燃烧器的燃烧调整

旋流式燃烧器的出口气流结构、回流区的大小、位置、射程远近、气流扩散角等，是决定其燃烧工况最基本的因素。

近年来国内投运的旋流燃烧锅炉普遍使用低 NO_x 型双调风旋流式燃烧器。布置方式则为前后墙对冲布置或前墙布置。比较典型的有美国 FW 公司的 CF/SF 型双调风旋流燃烧器（见图 5-15）和德国 BABCOCK 的 DS 型双调风旋流燃烧器（图 5-16），用于燃用贫煤、无烟煤。

（1）CF/SF 型双调风燃烧器。我国引进的 FW 2020t/h 锅炉采用了前后墙对冲布置的方案，24 只燃烧器分前后墙对冲各布置 3 层，对冲布置可改善火焰在炉内的充满度并减小单

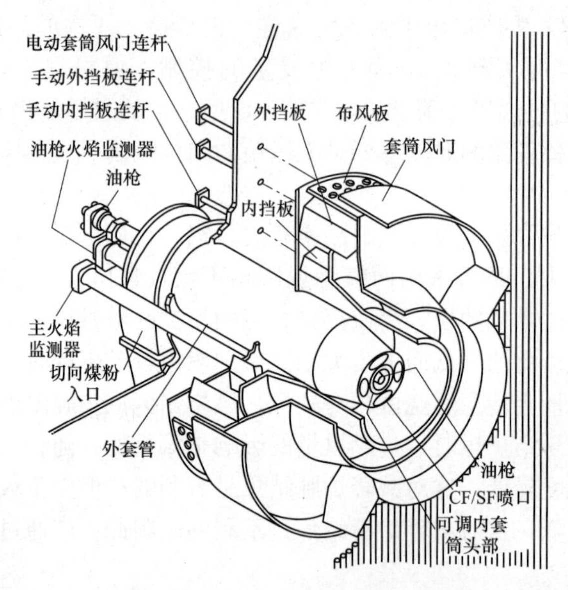

图 5-15　CF/SF 型双调风旋流燃烧器

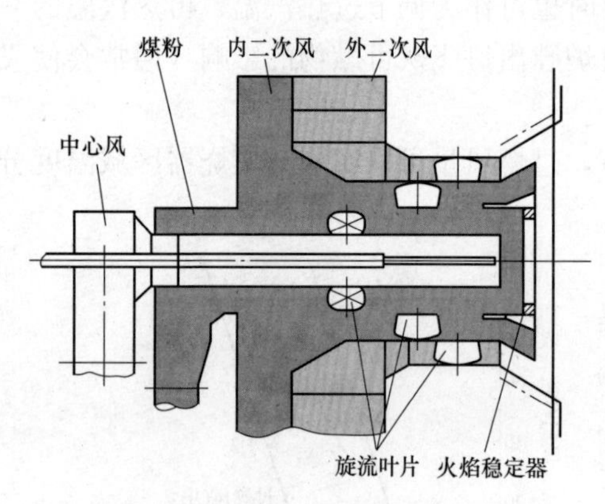

图 5-16　德国 BABCOCK-DS 型双调风旋流燃烧器

只燃烧器的热功率。每层 4 只燃烧器由一台磨煤机供应风粉，4 只燃烧器投停一致，且负荷也要求相等。设计工况下 5 台磨煤机运行，一台备用。同一排燃烧器之间留有足够的空间，可以防止相邻燃烧器的相互干扰而使燃烧不稳定。

二次风采用大风箱结构。前、后墙的两个大风箱分别包住前、后墙的各 12 只燃烧器。喷燃器的二次风旋流，一次风直流。二次风由送风机送至炉膛前、后的大风箱内，由径向进入外套筒挡板，通过内、外二次风通道从相应的两个环形喷口喷出，实现分级配风。内、外二次风道均装有调节挡板。二次风总量则由均流孔板外部的可移式套筒挡板控制。一次风通道由内、外套筒的环形通道和环形通道外围的 4 个椭圆形喷口组成。一次风由切向进入燃烧器的一次风环形通道，经外套筒内壁的整流，变为直流气流，浓相从椭圆孔射出，稀相从中心筒与内套筒之间射出，实现浓淡分离和沿周向的风粉均匀。内套筒可以通过手动调节机构使锥形头部前后移动。24 只油枪置于每个燃烧器的内套筒内。用一台三次风风机向内套筒内通入三次风，用于冷却燃烧器喷嘴并作为油枪的根部风。

在燃烧器下部靠近侧水冷壁处设有 4 个底部风口组成的边界风系统，使下炉膛水冷壁和冷灰斗斜坡形成空气冷却衬层，保持氧化气氛防止结渣及腐蚀。各底部风口的挡板单独可调。

内调风挡板的作用是调节燃烧器喉部附近的风粉混合物的扰动度和初次供风量，并与一次风气流共同控制风粉混合物的着火点。外调风挡板把二次风气流分成两路，一路送至内调风挡板，另一路经外二次风通道流向炉膛，该外二次风经外调风挡板时产生旋转。外二次风的作用是在贫风的火焰燃烧区周围形成一个富氧层，较晚才与火焰混合。这样，即使燃烧器在带有过量空气运行时，也可使缺氧区保持足够的长度。外套筒挡板和布风孔板用于控制燃烧器的二次风总量，从而在各燃烧器之间进行分配。各布风孔板前后的压差用来指示并控制风量的大小。外套筒挡板经调整确定其关闭位、点火位和运行位的不同开度。一旦确定，则运行中不再改变，锅炉负荷的变化根据风箱/炉膛差压的变化予以调节；内套筒可动头部的作用是使一次风量与一次风速独立可调，达到控制一次风与二次风的混合时机和火焰形状，以适应不同煤质燃烧的需求。这个特点是CF/SF燃烧器所独有的。边界风系统风口挡板可分配二次风量与边界风量的比例，也可调整沿炉膛宽度的各参数的均匀性，但一般均将其置全开位。

通过恰当调节以上各挡板的开度，可得到最佳的火焰形状和燃烧工况，沿炉宽平衡省煤器出口的O_2量、CO量和NO_x排放量。对于旋流式燃烧器，认为烟气中的CO含量基本可代表未完全燃烧损失。燃烧调整时，要求CO量不超过0.02%。

(2) DS型双调风旋流燃烧器。DS型燃烧器的炉内布置与FW公司的相似，也是24只燃烧器分前、后墙布置，不同之处是二次风不用大风箱结构。在前后墙旋流燃烧器区的上方，各布置两层（16只）过燃风喷口。此外，将前、后墙各层燃烧器在高度上相错开一定距离，以均衡火焰至炉膛出口的行程。图5-17为DS型燃烧器风量调节系统简图。

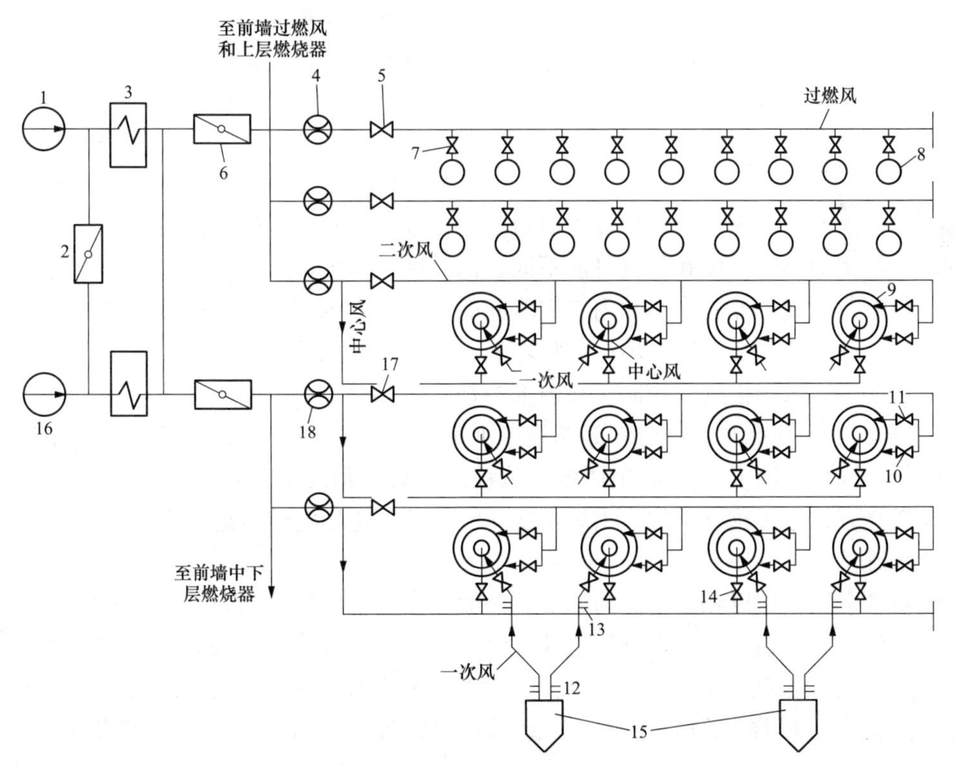

图5-17　DS型燃烧器风量、燃烧量调节系统

1—送风机（甲侧）；2—联络风门；3—空气预热器（甲侧）；4—过燃风流量测量装置；5—过燃风调节总门；6—二次风总门；7—过燃风喷口调节门；8—过燃风喷口；9—煤粉旋流燃烧器；10—外二次风门；11—内二次风门；12—分离器出口节流件；13—燃烧器关断挡板；14—中心风调节门；15—分离器；16—送风机（乙侧）；17—层二次风控制挡板；18—层二次风流量测量装置

在一次风管内部距喷口一定距离处装有可调旋流叶片，使一次风、粉流产生一定的旋转并将煤粉向一次风管外围（壁面区）浓缩。在燃烧器的一次风出口内缘处装有环齿型火焰稳定器，使煤粉气流在它的后面产生强烈的小漩涡，从而为稳定着火创造了理想的条件。二次风也分成内、外二次风，分别经各自的环形通道流动，各环形通道内安装有可调旋流叶片，使内、外二次风都旋转。在一次风喷嘴外侧有与喷嘴成一体的扩锥，可分离一、二次风，延缓二者的混合。内二次风的旋转与扩锥在一次风与内二次风之间形成一个火焰在其内发生的环形回流区。所有的二次风管道，即中心风、内二次风、外二次风及过燃风管道，均装有调风挡板（见图 5-17），按燃烧需要控制各二次风风率。一次风量则由制粉系统的磨煤机入口一次风挡板和旁路风挡板调节。各只燃烧器的一次风管装有调节挡板，可用于风粉的调平。

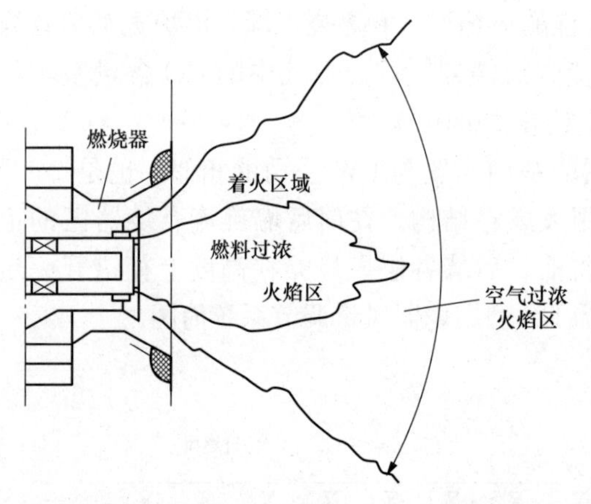

图 5-18　DS 型旋流燃烧器出口火焰的结构

在燃烧器的出口附近，无论内二次风还是外二次风都因旋转而向外侧扩展，并不卷入一次风粉气流，因而实际上，一次风粉只需要极小的点火热量。因此，即使是燃用较差的煤种或低负荷时，也能在燃烧器附近形成一定尺寸的燃烧区，成为一个稳定的点火源（见图 5-18）。

下面以双调风旋流燃烧器为例说明旋流燃烧器的配风原则及燃烧调节。

（1）分级配风及燃烧工况。双调风燃烧器组织燃烧的基础是分级配风。即内二次风旋转射入炉膛，先于一次风射流作用形成回流区，抽吸已着火前沿的高温烟气，在燃烧器出口附近构成一个富燃料的内部着火区域。不同的燃烧器，这一区域的燃烧工况和位置可能不同。回流区的强度可通过内二次风量和内二次风旋流强度进行调节。随着外二次风和内二次风间的混合，在内部燃烧区的边缘之外构成一个燃料过稀的宽阔的外部燃烧区域。燃尽过程随着内、外二次风的混合而进行并完成。混合过程也可以通过外二次风挡板进行控制。在内部燃烧区（富燃料区）火焰温度较高但 O_2 浓度很低，故 NO_x 的生成量不多。而在外部燃烧区（富风区）虽氧量富裕，但由于辐射换热，温度相对较低，同样抑制了 NO_x 的生成量。从稳定着火的角度来看，二次风分批补入着火气流的分级燃烧方式也是较有利的。当煤质变化时，其燃烧稳定性可通过内、外二次风量成比例地增减来维持。

燃烧器各个风量挡板和旋流器的调节，一般是在设备的调试期间进行一次性优化，通过观察着火点位置、火焰形状、燃烧稳定性、测量烟气中 CO 含量、飞灰中的可燃物含量等，使火焰内部的流动场调到最佳状态。运行中对于燃烧器的控制一般只是通过调节风机动叶安装角度来改变进入燃烧器的总空气量。但当煤质特性发生较大变化时，就需要重新进行调节。

各二、一次风量、风速和旋转强度调节良好时，火焰明亮且不冒黑烟，不冲刷水冷壁，煤粉沿燃烧器一周分布均匀，着火点在燃烧器的喉部，在燃烧器出口两倍直径范围内，形成一稳定的低氧燃烧区（火焰不发白），省煤器出口处的 CO 含量尽可能低，且 O_2 含量和 CO 含量沿炉子宽度分布均匀。燃烧劣质煤时火焰应细而长，燃烧优质煤时火焰应粗而短。

（2）一次风速、风率的调整。双调风燃烧器的一次风率风速对着火稳定性的影响与直流燃烧器相似，即适当地减小一次风率、风速有利于稳定着火。但双调风燃烧器的一次风率除影响着火吸热量外，还与旋转的内、外二次风协同作用，共同影响燃烧器出口回流区的大小和一、二次风混合。例如CF/SF型燃烧器，一次风为直流，增加一次风量相当于使出口气流中不旋转部分的比例增加，回流区变弱，显然这不利于劣质煤的着火。但一次风量太小，会很快被引射混入内二次风，使着火热增加或着火中断。DS型燃烧器一次风为可调的弱旋转气流，对回流区的影响较为复杂。较佳的一次风速、风率通常都要通过实地调整试验得到。

一般来说，煤的燃烧性能较差或一次风温低时，一次风率较小，相应的一次风速可低些；煤的燃烧性能较好或一次风温高时，一次风率则较大，一次风速较高。煤质较硬或发热量低的煤，一次风率可适当高些；但过分提高一次风速，则会使燃尽性变差。

（3）二次风的调整。对于双调风旋流燃烧器而言，由于二次风量大于一次风，且旋转较强，因而二次风在形成燃烧器的空气动力场及发展燃烧方面起主导作用。运行中二次风量的调节是借助于炉膛出口过量空气系数（氧量）控制总风量进行的。因此在一次风率确定后，二次风率也基本确定。可见二次风量和二、一次风动量比不可能在大范围内变化的。但通过过燃风量的调节可以增减二次风量，并且在二次风内部可以调整内、外二次风量大大小。

内二次风挡板是改变内、外二次风配比的重要机构，它的开度大小将对燃烧器出口附近回流区的大小和着火区域内的燃料/空气比产生重要影响。因此，它基本上控制着燃料的着火点。在一定的二次风量下，适当打开内二次风挡板，将使旋转的内二次风量增加，所产生的回流区变大且加长，煤粉的着火点变近。但此时应注意煤粉气流的飞边、结焦。当燃用易结焦煤时，可适当关小内二次风挡板，燃烧的峰值温度降低，火焰拉长。

外二次风量也是旋转气流，但它一般只能对内部燃烧区以后的燃烧过程起加强混合、促进燃尽的作用。其对火焰前期燃烧的影响则是通过间接影响内二次风量的方式实现的。通过单个燃烧器的实验发现，随着外二次风挡板的开大时，着火点明显变远，着火困难。

（4）中心风和过燃风的调节。中心风是从燃烧器的中心风管内喷出的一股风量不大的（约10%）直流风，用于冷却一次风喷口和控制着火点的位置，油枪投入时，则作为根部风。设计了专门的挡板对中心风量的大小进行调节。在不投油时，中心风量的大小会影响到火焰中心的温度和着火点至燃烧器喷口的距离，随着中心风挡板的开大，火焰回流区变小并后推，呈马鞍形，燃烧器出口附近火焰温度下降较快，可防止结渣和烧坏燃烧器喷口。进行专门的燃烧调整和试验可确定中心风风量对着火点位置的影响。有的实验表明中心风全开和全关相比，燃烧器轴线上的温度低了约300℃。

过燃风是两排横置于主燃烧区（所有旋流燃烧器）之上的直流风，其设计风量约为总量的15%。过燃风加入燃烧器的系统，使分级燃烧在更大的空间内实施，其作用与直流燃烧器相同。但旋流燃烧器过燃风口高度不受大风箱的限制，故与主燃烧区拉开了距离，实现上述意图的条件比直流燃烧器更好。每排过燃风口均有挡板控制，不仅可控制NO_x的排放，也可调整炉膛温度和火焰中心位置，并且对煤粉的燃尽也会发生影响。

首先是煤粉气流与少量内二次风的混合、燃烧，这部分空气只相应于挥发分的基本燃尽和焦炭点燃。其次是已着火燃烧的气流与外二次风的混合，发展起强烈的燃烧过程或者火焰中心。但为限制这个高温火焰区域的氧浓度，前面两个阶段进入的空气总量只是接近或略小于理论空气量。最后，随着过燃风的补入，使供氧不足的可燃物得到燃尽。

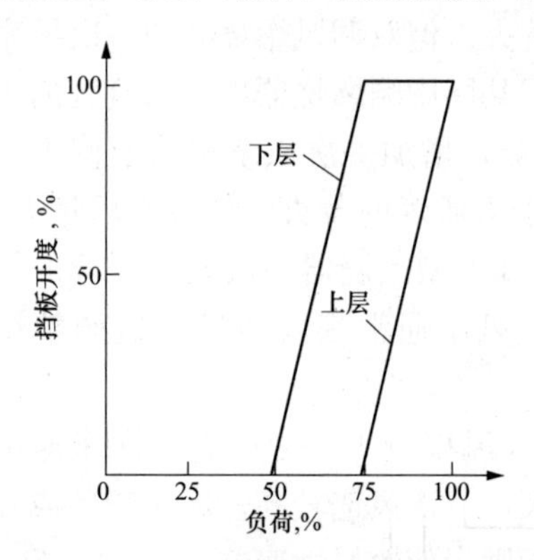

图 5-19　过燃风挡板开度与负荷关系

过燃风风量调节的原则与直流燃烧器的基本相同。当燃用挥发分比较高的烟煤时，可适当调高过燃风风量，使主燃烧区相对缺风，燃烧区与炉膛温度降低。过燃风量减少时，主燃烧区风量供应不足，燃烧率高、炉温高，有利于劣质煤及低负荷时的稳定燃烧。

图 5-19 为某 600MW 锅炉双调风燃烧器过燃风挡板形式与负荷关系。过燃风在锅炉负荷小于 50％时是不投入的，主要是考虑在低负荷状态下，炉内的温度水平不高，NO_x、SO_3的产生量较少，是否采用二段燃烧方法影响不大。再由于各停运的燃烧器尚有一定的空气流量（5％～10％），过燃风的投入会影响各运行燃烧器的氧量供应和燃烧扩展，迫使采用过大的炉膛出口过量空气系数。50％负荷以后，随着负荷的升高，下层挡板线性开大，待升至 75％负荷时全开；上层挡板从 75％负荷开启，至 100％负荷时亦全开，实现高负荷下的分级燃烧。

（5）优化调整。优化调整的目的并不是为了均衡各个燃烧器的风量，由于各煤粉管道内风粉分配不同，相同的风量并不能获得最佳的燃烧状态及平衡的烟气成分分布。因此各燃烧器的风压压差表读数不必完全一样。

以 CF/SF 型燃烧器为例，按照外套筒挡板、外二次风挡板、内二次风挡板、内套筒滑动头部滑杆的顺序，依次进行参数最优化调整，待前一个参数得到最佳值后，即将其固定，调整下一个参数。调整时的目标是省煤器出口烟气成分的均匀性和 CO 的持续降低。调整初值可定在制造厂家的推荐值上，上下各取几个开度值进行试验。外套筒挡板的开度应调节到保持设定的炉膛/风箱差压。

旋流燃烧器的布置方式也对优化调整有一定影响。若前墙布置，由于整个炉膛内火焰的扰动较小，一、二次风的后期混合较差，炉前的死滞漩涡区大，充满度不好，因此运行中气流射程的控制十分重要；若为两面墙对冲布置，则必须注意燃烧器和风量的对称性，否则，炉内火焰将偏向一侧炉墙，有可能引起结焦。

锅炉正常运行中，两侧烟温偏差应保持一致，否则应采取吹灰、调整风量等方法降低两侧的烟温偏差，以降低排烟损失和飞灰可燃物含量。

3. W 形火焰锅炉燃烧调节

（1）燃烧系统与风量的调节。

W 形火焰燃烧锅炉是为适应无烟煤的燃烧而引进的一种炉型。这种炉型的燃烧器均为垂直燃烧和煤粉浓缩型燃烧器。燃烧器的工作与 W 形火焰燃烧锅炉的炉膛结构关系密切，因此其调节方式与直流及旋流式有较大区别。现以 FW 技术的 W 形火焰燃烧锅炉为例，说明其燃烧系统及调节特点。

如图 5-20 所示，燃烧设备主要由旋风式煤粉燃烧器、油枪、风箱及二次风挡板等组成。进入各煤粉燃烧器的一次风，受旋风分离的作用，被分成浓相的主射流和稀相的乏气射流两部分，分别从不同喷口向下射入炉膛。主射流煤粉浓度大，流速适中，最有利于燃烧着火和

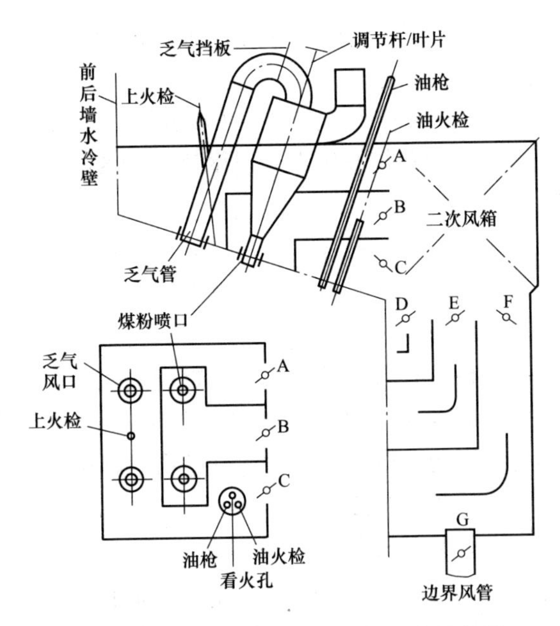

图 5-20　W 形火焰炉燃烧器与二次风布置

稳燃；而乏气部分在主火嘴和燃烧区上升气流之间的高温区穿过，送入炉膛后可迅速燃尽。在乏气管道上装有乏气挡板，用以调节乏气量的大小，在调节过程中同时也调节了主射流的风量、风速和煤粉浓度。在旋风筒内还装有消旋装置，用于调节燃烧器出口煤粉气流的旋转强度。根据需要改变消旋直叶片的位置，便能改变火焰的形状，使其利于着火。

在炉拱的前后墙上布置有二次风，称为拱下二次风。拱下二次风是在煤粉着火以后，沿火焰行程分成 3 级逐渐送入并参与燃烧的。3 级风量的分配均可进行调整。每炉有两个风箱分别布置在前后墙拱部。风箱内用隔板将每个燃烧器分为一个单元。每个单元又分为 6 个风道。各风道进口有相应的挡板（A、B、C、D、E、F）控制进入炉膛的风量。拱上部的各股二次风风量由挡板 A、B、C 控制，这部分约占二次风总量的 30%。拱下二次风风量由挡板 D、E、F 控制，D、E、F 挡板分别用来控制拱下垂直墙上的上、中、下三股二次风，这部分约占二次风总量的 70%。以上诸风门中，C 挡板和 F 挡板为电动调节，其余为手动调节。所有的手动执行挡板都是预先调整设定的，运行中不再进行调整。但当燃料和燃烧工况发生较大变化时，需要重新调整设定。

在冷灰斗和侧墙底部开有一些小的“屏幕”式边界风口，可防止结焦和下炉膛水冷壁腐蚀。“屏幕”式边界风的风量由 G 挡板控制。

（2）炉内空气动力场的要求。

为防止结焦和保证下炉膛水冷壁正常吸热，对 W 形火焰炉内空气动力场的要求可以大致归纳为以下三点：

1）在各种负荷下，燃烧位置在下炉膛内，而不应当漂移到拱上区。这就要求前后拱的 U 形火炬适当下冲，使其得到充分舒展，以充分利用下炉膛的容积进行均衡燃烧。

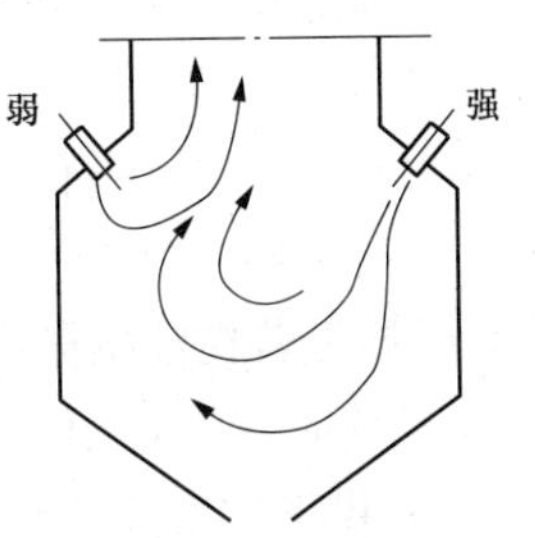

图 5-21　供风不均对炉内火焰的影响

2）前、后拱的二、一次风总动量彼此相等，避免出现一侧过强一侧过弱（如图 5-21）。因受 W 形火焰燃烧锅炉的炉膛结构影响，会造成弱侧火炬短路上飘，破坏W形火焰燃烧所需要的对称性，使不完全燃烧热损失增大。

3）W形火焰燃烧锅炉的特点是炉膛高度矮而炉膛较宽，这就要求沿炉宽风粉均匀，避免火焰偏斜。在低负荷时火焰集中在炉膛中部，以维持燃烧区的高温。

（3）一次风调节。

一次风中的煤粉浓缩和出口回流是稳定无烟煤燃烧最有效的措施。通过乏气挡板调节主燃烧器煤粉浓度和风速，而通过消旋装置调节出口的气流旋转。

开大乏气挡板时，煤粉气流速度减小、煤粉浓度高，可使煤粉气流的着火位置提前，但在低负荷时，过分开大乏气挡板，有可能导致灭火。燃烧低挥发分无烟煤时，要求风煤混合物以低速、低扰动进入炉膛，对其他煤种，这种方式并不合适，相反要求一次风有穿透力。乏气量的变化对大渣可燃物的影响甚微，但对飞灰可燃物的影响很大。有试验表明，减少乏气量可以降低飞灰可燃物，锅炉效率可提高1%～5%。

当调节杆向下推时，出口煤粉气流的旋转被减弱，气流轴向速度增大，一次风刚性增加，火焰延长，此时煤粉颗粒能流动到炉膛下部燃烧，增加了煤粉颗粒在炉内停留时间，提高了燃烧效率；当调节杆向上提起时，煤粉气流的旋转强度增大，火焰缩短，使煤粉着火提前，但如果气流的旋转过强，可能会导致火焰“短路”，不但使飞灰可燃物含量增大，而且会引起过热器超温，影响锅炉的正常运行。

在煤粉细度合格的前提下，根据不同煤质的燃烧特性调节一次风量，对提高燃烧效率具有显著作用。运行经验表明，在W形火焰燃烧锅炉上，当燃用难燃煤时，控制较低的一次风率，有利于稳定着火燃烧；但对于非难燃煤，由于大量卫燃带的作用，燃烧处于扩散区，过低的一次风量和一次风速将使着火区严重缺氧，抑制燃烧速度，降低燃烧效率。

W形火焰燃烧锅炉的入炉一次风率不宜超过5%，一次风速宜控制到8～10m/s。对于直吹式制粉系统，为此而采用了乏气分离技术。由于是燃烧无烟煤，所以一次风速的影响要比一般的煤粉炉更大。当一次风速偏高时，不仅会影响着火，而且会影响到炉膛氧量和过热汽温。

（4）二次风调节。

1）拱上二次风的调节。拱上风由A、B、C三个挡板控制。其中A挡板用来控制乏气喷口的周界风，B挡板用来控制主一次风喷口的周界风，其作用是提供一次风初期燃烧所需的氧量，它们的调节可以改变火焰的形状和刚性。增大A、B两股二次风可显著增大气流刚性，提高煤粉气流穿透火焰的能力并使火焰长度增加，烟气中飞灰可燃物的含量减小，燃烧效率提高；但A、B二次风的风量也不可过大，否则会造成火焰冲刷冷灰斗，引起结渣，并且过大的A、B风还有可能使它与一次风提前混合，煤质差时影响着火。正常运行一般控制A、B风的风量各占总风量的12%～13%。C挡板控制拱上油枪环形二次风。燃烧调整表明，C挡板若在油枪撤出后继续开启将对着火状况、火焰中心及煤粉燃尽程度有较大的不利影响。因此一旦油枪停运，则应立即全关C挡板。

2）拱下二次风的调节。拱下二次风（D、E、F）的主要作用是继续供应燃料燃烧后期所需的氧量，并增强空气与燃料的后期扰动混合。拱下二次风的大小通过拱上、拱下二次风动量比而影响炉内燃烧情况。若拱下风量过小，拱上风动量与拱下风动量之比偏大，火焰直冲冷灰斗，则冷灰斗处结渣，炉渣可燃物含量增加；若拱下风量过大，则拱上二次风动量相对不足，将会使火焰向下穿透的深度缩短，过早转向上方，使下炉膛火焰充满度降低，导致燃料燃尽度降低、炉膛出口烟温升高、过热器和再热器超温超温，也会加剧拱顶转弯角结渣或导致风嘴烧坏。

（5）火焰中心调整。

W形火焰炉由于炉膛高度低，且下部炉膛受热面吸热较少，因而炉膛出口烟温和汽温变化敏感且不易控制，其火焰中心位置的变化对炉膛出口处屏式过热器的辐射换热量影响相对较大。当锅炉负荷、煤质、配风发生变化时，若调节不当，可能引起火焰中心温度和位置的变化。若火焰中心上移，易造成过热器、再热器超温，并可能引起炉膛上部结渣；同时，部分煤粉的燃烧推迟至截面积大大减少的上炉膛，使上炉膛出现较大的压力波动，锅炉升负荷加风困难，煤粉的燃尽性能下降。当火焰中心偏下时，则易造成火焰直接冲刷冷灰斗，造成冷灰斗严重结渣。国内目前正在运行的W形火焰炉，多数存在氧量偏低、飞灰可燃物高的问题，主要原因之一就是火焰中心控制不良，导致过热器超温，不得不降低风量运行。

（6）氧量控制。

W形火焰炉均为燃用无烟煤设计。由于挥发分低，因此在设计和运行上需要高于一般煤粉燃烧方式的过量空气，额定负荷时氧量设计值一般高于5%，但一些W形火焰燃烧锅炉在低负荷下运行氧量可达到设计值，而高负荷下则难以达到，其原因可能是煤质过分偏离设计煤种，或者着火过程不良或汽温偏高。燃烧调整发现，W形火焰燃烧锅炉在低负荷下采用较低氧量时，飞灰可燃物和灰渣可燃物都较大，符合一般煤粉炉规律，但过分增大氧量，则二次风下冲动能增大，灰渣可燃物显著升高，而飞灰可燃物变化甚微，有可能使未完全燃烧损失增大，锅炉效率降低。所以，应通过燃烧调整得出满负荷运行时的最低氧量值和不同低负荷区段的氧量控制值。

（7）负荷变化时的调整

在常规煤粉炉的燃烧中，当负荷变化时，往往通过送风调节改变二次风大风箱的风压或总风压来增减二次风量，一般不对各二次风挡板进行调节，但对W形火焰炉来说，各二次风通流面积差别较大。例如，当锅炉负荷升高，二次风箱压力增加，F二次风量增加最多，其他各风量增加较少，沿炉膛宽度风量的变化也较大，尤其是火焰中心温度与位置等锅炉运行状况对各股二次风量的相对变化十分敏感。当锅炉负荷升高时，若维持燃烧器各二次风挡板开度不变，炉膛温度随负荷的升高而上升，火焰中心也上移。

由于炉膛高度较低，火焰中心位置的改变影响相对较大，过热汽温的控制较困难。因此，在W形火焰燃烧锅炉运行中，必须随负荷的变化对炉膛的二次风配风进行适当调整。例如，随锅炉负荷的升高，相对增加A、B二次风量和减小F二次风所占比例，压低火焰中心，降低飞灰可燃物并增加炉膛水冷壁的吸热，避免过热器超温。当然，应避免A、B二次风量过高，以免造成煤粉火焰直接冲刷冷灰斗。

如上所述，为适应无烟煤的燃烧，W形火焰炉提供了足够多的调风手段。这是W形火焰炉与常规煤粉炉在燃烧调节上的一个区别。无论如何，对W形火焰炉只靠改变大风箱风压使二次风总量改变来适应锅炉负荷变化的操作方式是不合适的。

第四节　燃煤锅炉的经济运行

一、锅炉氧量与漏风控制

1. 过量空气系数测定

过量空气系数大小直接影响炉内燃烧的好坏和排烟热损失的大小。运行中准确、迅速地测定它，是监督锅炉经济运行的主要手段。如果燃料一定，根据燃烧调整试验可以确定对应于最佳过量空气系数下的三原子气体含量 RO_2 的数值，运行中保持这样的 RO_2 数值就可以使锅炉运行处在经济工况下。

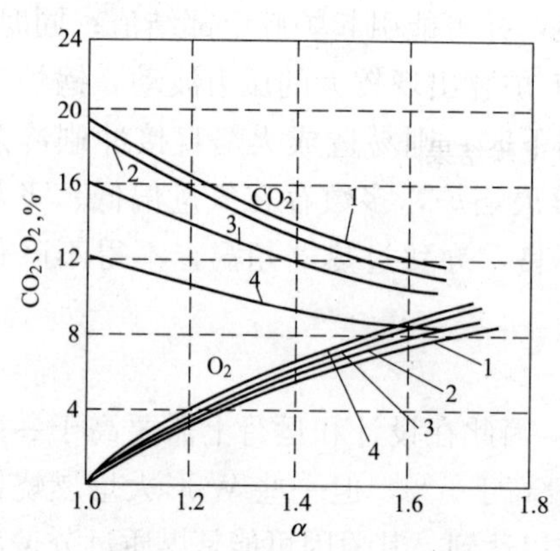

图 5-22　烟气中的 CO_2 和 O_2 的含量与过量空气系数 α 的关系

1—无烟煤；2—褐煤；3—重油；4—天然气

对于一定的燃料，RO_{2max} 为一定值，只要利用烟气分析测定出烟气中三原子气体 RO_2 或 CO_2 含量，就可以计算出测量处过量空气系数 α。然而电厂中燃用的煤种是经常变动的，当燃料成分改变时，特征值 RO_{2max} 也发生变化。因此尽管运行中继续维持原来的 RO_2 值，而实际上过量空气系数已经改变。这说明用 RO_2（或 CO_2）数值来监测过量空气系数受燃料种类的牵制很大，相同的 RO_2 值，对于不同的燃料却表征不同的过量空气系数值，如图 5-22 所示。

根据图 5-22 曲线可以看出，燃料种类的变化对于烟气中 O_2 的含量影响很小，因此目前电厂采用磁性氧量计或氧化锆氧量计来测量烟气中的含氧量 O_2，用于监督运行中的过量空气系数。一般要求炉膛出口氧量 4%左右，CO_2 值为 15%～16%。通常燃煤锅炉炉膛出口最佳过量空气系数 α 为 1.20～1.25，燃油锅炉炉膛出口最佳过量空气系数 α 为 1.10～1.20。过去锅炉控制盘上一般安装 CO_2 表，根据烟气中的 CO_2 值来调节风量。烟气中的 CO_2 值与 O_2 值是互成反比例关系的，二者之间的关系式为

$$CO_2\ \text{表读数}=\frac{21-\text{炉膛出口氧量表读数}\ O_2}{1.1}$$

CO_2 值（或炉膛出口氧量）每变化 1%，锅炉效率变化 0.35%，煤耗变化 0.35%。因此应针对不同的负荷、煤种合理配风。如果空气供应不足，氧量表读数小（二氧化碳表读数大），燃烧不完全，产生一氧化碳，将会造成不完全燃烧损失；如果空气供应过多，氧量表读数大（二氧化碳表读数小），燃烧生成的烟气量增多，烟气在对流烟道中的温降减小，使排烟温度升高，排烟量和排烟温度增大，排烟热损失 q_2 变大。某锅炉省煤器出口氧量对排烟温度的影响如图 5-23 所示。

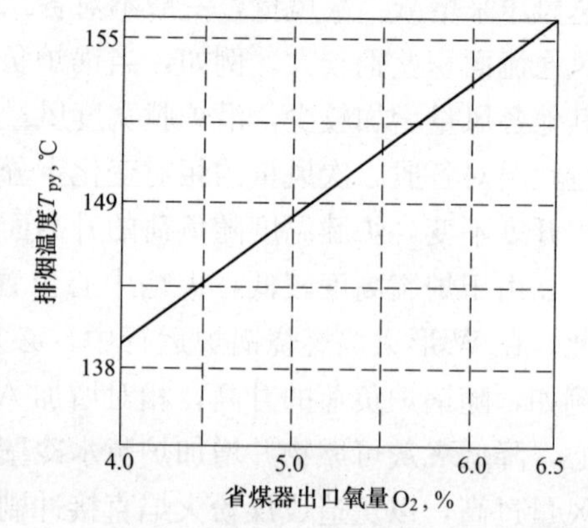

图 5-23　省煤器出口氧量对排烟温度的影响

2. 最佳过量空气系数

如果空气供应过多，一方面，排烟损失 q_2 变大；
另一方面，在一定范围内 α 增大，由于供氧充分，炉内气流混合扰动好，有利于燃烧，使燃烧损失（q_3+q_4）减小。因此，存在一个最佳的过量空气系数 α_{zj}，可使损失之和（$q_2+q_3+q_4$）最低，锅炉热效率最高。最佳的 α_{zj} 可通过燃烧调整试验来确定，运行中应根据最佳过量空气系数 α_{zj}（O_2 量）来控制炉内送风量。过量空气系数 α 过小或者过大都会使锅炉效率降低。某电厂 670t/h 锅炉进行了燃烧需用氧量试验，结果见表 5-2。实际运行过程中的过量空气系数 α 由测量烟气中的过量氧量来获得，即通过 DAS 系统的氧量指示值获得。从实验结果上看，锅炉左右两侧氧量控制在 5%时，锅炉的热效率最高，此时对应的过量空气系数 α 为 1.32。

表 5-2　　670t/h 锅炉燃烧需用氧量确定试验结果

项　目	结　果			
省煤器出口氧量（%）	6.5	6.0	5.1	4.0
过量空气系数	1.448	1.40	1.320	1.235
飞灰可燃物	5.03	6.2	4.89	7.29
修正后机械不完全燃烧热损失（%）	2.31	2.62	2.5	3.74
排烟温度（℃）	156	155	140.5	138
修正后锅炉效率（%）	89.11	89.12	90.92	90.32

在一台确定的锅炉中，过量空气系数 α 的大小与锅炉负荷、燃料性质、配风工况等有关。锅炉负荷越高，所需 α 值越小，一般负荷在 75%以上时，α_{zj} 无明显变化；但当负荷很低时，由于形成炉内旋转切圆有最低风量的要求，故 α_{zj} 增大；煤质差（如燃用低挥发分煤）时，着火、燃尽困难，需要较大的 α 值；若燃烧器不能做到均匀分配风、粉，则锅炉效率降低，α_{zj} 值要大一些。通过燃烧调整试验可以确定锅炉在不同负荷、燃用不同煤质时的最佳过量空气系数。对于不同的锅炉，额定负荷下的炉膛出口最佳过量空气系数 α_{zj} 见表 5-3。若锅炉没有其他缺陷的限制，应按 α_{zj} 对应的氧量值控制锅炉的送风量。

表 5-3　　炉膛出口最佳过量空气系数 α_{zj}

燃烧方式	燃料	最佳过量空气系数 α_{zj}
固态排渣煤粉炉	无烟煤、贫煤	1.25
	烟煤、褐煤	1.20
液态排渣煤粉炉	无烟煤、贫煤	1.15～1.20
	烟煤、褐煤	1.10～1.15
燃油炉、燃气炉	重油、天然气、石油气	1.15
链条炉	无烟煤、贫煤	1.50
	烟煤、褐煤	1.30
抛煤机炉	无烟煤、贫煤	1.60
	烟煤、褐煤	1.40

表 5-4 中列出了一些 300MW 级及以上锅炉运行氧量值的控制范围。由表 5-3 可见，表中运行氧量值较高，这是因为锅炉运行氧量值一般测量的是烟道氧量，而不是炉膛氧量。同

时表 5-4 中数值表示，所有锅炉在低负荷下运行，过量空气系数都维持较高。这是因为：第一，最佳过量空气系数 α_{zj} 随负荷降低而升高；第二，低负荷时炉温低，扰动差，需增大风量以维持不致太差的炉内空气动力场，保证稳定燃烧等。

表 5-4　某些 300MW 级及以上锅炉运行氧量值的控制范围

负荷（MCR） 锅炉等级（MW）	100%	80%	60%	50%
660	3.5	3.5	4.2	5.4
600	3.6	4.0	5.0	6.8
500	4.6	5.4	7.0	—
300	4.3	5.8	6.4	6.9

3. 过量空气系数的计算

任何大型锅炉都装有氧量表，并根据其指示值来控制送入炉内空气量的多少。在控制氧量时必须明确氧量表在锅炉烟道的安装地点，因为在炉内相同送风量的情况下，氧量值沿烟气流动方向是变化的。通常认为煤粉的燃烧过程在炉膛出口就已经结束，因此，真正需要控制的氧量值应是位于炉膛出口的，但由于那里的烟温太高，氧化锆氧量计无法正常工作，所以大型理锅炉的氧量测点一般安装于低温过热器出口或省煤器出口的烟道内。由于烟道漏风，这里的氧量与炉膛出口的氧量有一个偏差。以安装于省煤器出口的情况为例，应按以下公式进行修正，即

$$\alpha = \alpha_{sm} - \sum \Delta\alpha$$

式中　α ——炉膛出口过量空气系数；

α_{sm} ——省煤器出口过量空气系数；

$\sum \Delta\alpha$ ——炉膛出口至省煤器出口烟道各漏风系数之和。

我们常说的烟气含氧量采用省煤器（对于存在多个省煤器的锅炉，采用高温省煤器）后的氧量仪表指示，对于锅炉省煤器出口有两个或两个以上烟道，用烟气含氧量的算术平均值。我们常说的锅炉氧量一般是指炉膛出口氧量，炉膛出口过量空气系数是锅炉运行的重要指标。

一般锅炉的炉膛、各对流受热面的烟道总是在负压下运行，锅炉中烟气的压力略低于大气压力，在炉膛和烟道结构不十分严密的情况下，会有空气漏入炉内，从而使烟气沿烟气流程的过量空气系数 α 不断增大。

某一级受热面的漏风量 ΔV 与理论空气量 V^0 之比 $\Delta\alpha$，称为该级受热面的漏风系数，并可表示为

$$\Delta\alpha = \frac{\Delta V}{V^0}$$

对于任一级受热而来说，其漏风系数与进口过量空气系数 α'、出口过量空气系数 α'' 有如下关系，即

$$\Delta\alpha = \alpha'' - \alpha'$$

漏风系数与锅炉结构、安装及检修质量、运行操作情况等有关。在设计锅炉时，炉膛和

各烟道的漏风系数一般可按经验数据选取。额定负荷下锅炉各烟道的漏风系数见表5-5。

表5-5 额定负荷下锅炉各烟道的漏风系数

烟道		漏风系数
火室炉	固态排渣煤粉炉膛 具有膜式水冷壁及金属护板	0.05
	固态排渣煤粉炉膛 具有砖墙及护板	0.07
	固态排渣煤粉炉膛 无金属护板	0.1
	液态排渣煤粉炉膛、燃油炉燃气炉膛，具有金属护板	0.05
	液态排渣煤粉炉膛、燃油炉燃气炉膛，无金属护板	0.08
机械及半机械化火床炉膛		0.1
手烧火床炉膛		0.3
烟道	钢制烟道（每10米）	0.01
	砌砖烟道（每10米）	0.05
	屏式过热器	0

烟道		漏风系数
对流过热器		0.03
再热器		0.03
直流锅炉的过渡区		0.03
省煤器 $D>50t/h$（每级）		0.02
旋风除尘器洗涤除尘器		0.05
省煤器 $D\leqslant 50t/h$（每级）	钢管式	0.08
	铸铁式，有护板	0.1
	铸铁式，无护板	0.2
管式空气预热器	$D>50t/h$，每级	0.03
	$D\leqslant 50t/h$，每级	0.06
回转式预热器	$D>50t/h$	0.2
	$D\leqslant 50t/h$	0.25
电除尘器	$D>50t/h$	0.1
	$D\leqslant 50t/h$	0.15
板式空气预热器（每级）		0.10

4. 炉膛及制粉系统漏风

经过空气预热器的风量我们通常叫做有组织风量。空气预热器出口侧的过量空气系数 α_{zz} 与炉膛漏风系数 $\Delta\alpha_{lf}$、制粉系统漏风系数 $\Delta\alpha_{zf}$（见表5-6）和炉膛出口过量空气系数 α 之间的关系为

$$\alpha=\alpha_{zz}+\Delta\alpha_{lf}+\Delta\alpha_{zf}$$

表5-6 各种制粉系统漏风系数推荐值

磨煤机		储仓式漏风系数		直吹式漏风系数
		烟气下行干燥管	空气下行干燥管	
球磨机	320/580	0.35	0.30	0.25
	350/700	0.30	0.25	0.20
	380/790	0.25	0.20	0.15
中速磨		—		0.20
中速磨，具有干燥管		—		0.30

对于正压直吹式制粉系统，密封风量 $\Delta\alpha_{mf}$ 进入制粉系统相当于制粉系统漏风系数 $\Delta\alpha_{zf}$。在运行中控制 α 不变的情况下，炉膛漏风系数 $\Delta\alpha_{lf}$ 和制粉系统漏风系数 $\Delta\alpha_{zf}$ 均是以冷的空气取代部分热空气进炉膛，使理论燃烧温度降低，煤着火条件变差。若漏风点在炉膛上部，有可能使燃烧区缺风，影响燃尽，或者导致炉膛出口附近烟温降低，屏的吸热减少，出现汽温偏低现象；若漏风在炉底，则会抬高火焰中心，使飞灰中的可燃物增加。

冷空气漏入制粉系统，对制粉过程和锅炉燃烧过程都将产生不利的影响。磨煤机后的漏

风使排粉风机风量增大，因而使排粉风机电流和功率增大。当排粉风机电流超限时，迫使磨煤机出力降低，同时也使进入锅炉的一次风率（乏气送粉）或三次风率（热风送粉）不正常地升高。磨煤机前的漏风，则使干燥剂入口温度降低。为保持磨煤机出口温度，需开大热风门同时关小再循环风门，恢复干燥剂入口温度，或者减少给煤量提升磨煤机出口温度。前者使锅炉的一次风率增大，后者则使磨煤机出力降低，磨煤单耗上升。

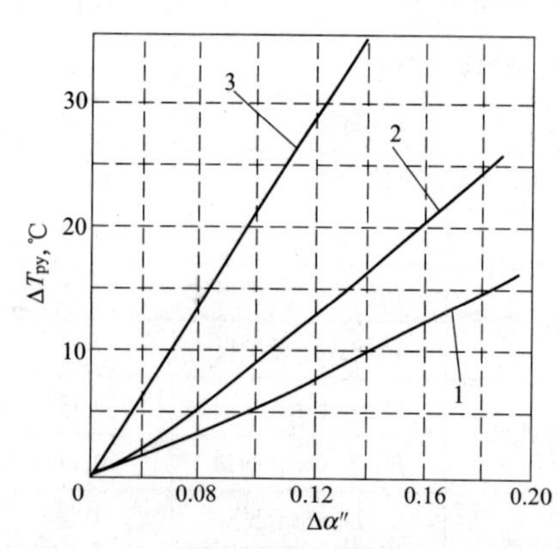

图 5-24 漏风系数对排烟温度的影响
ΔT_{py}—排烟温度增量；
$\Delta\alpha$—炉膛及制粉系统漏风系数增量；
1、2、3—空气预热器传热量
分别为 1450、1850、2560kJ/kg

炉膛和制粉系统漏风（不论磨煤机前漏风还是后漏风）均会使排烟温度升高。当 $\Delta\alpha_{lf}+\Delta\alpha_{zf}$ 增大时，通过空气预热器的有组织的风量减少。空气预热器的风量减少、风速降低致使传热系数下降，空气预热器吸热量减少，引起排烟温度的升高。图 5-24 是漏风系数对排烟温度的影响，其中炉膛及制粉系统漏风系数增加前排烟温度为 130～160℃，送风温度为 20～60℃，空气预热器漏风系数为 0.10～0.30。试验表明，制粉系统漏风系数每增加 0.01，排烟温度上升 1.3℃，二者基本上为线性关系。

二、锅炉排烟温度控制

1. 排烟温度对经济性的影响

燃料燃烧后会产生大量烟气，从锅炉尾部排出的烟气温度叫排烟温度。一般是指锅炉末级受热面即空气预热器出口处的烟气温度，用℃来表示。对于锅炉末级受热面出口有两个或两个以上的烟道，排烟温度应取各烟道烟气温度的算术平均值。

排烟温度越低，排烟损失越小，但是在设计中要降低排烟温度必须增加锅炉尾部受热面，这就需要增加投资和金属消耗量。如果排烟温度过低，达到烟气露点温度，则烟气中的二氧化硫会凝结在空气预热器的壁面上，形成低温腐蚀。当燃用含硫量多的燃料时，这种低温腐蚀更加剧烈。排烟温度的高低应通过技术经济比较来确定，对于大容量的锅炉，额定排烟温度一般要在 110～160℃。

排烟温度升高会使排烟焓增加，排烟损失增大。排烟温度每升高 1℃，使锅炉效率降低 0.05%～0.065%。因此应及时对空气预热器及受热面吹灰，保持较高的锅炉吹灰器完好率和投入率，防止受热面结渣和积灰。

2. 影响排烟温度的因素

影响排烟温度的因素很多，通常与锅炉负荷、煤种、炉内燃烧情况、炉膛和制粉系统漏风、尾部受热面积灰、给水温度、送风温度、炉膛出口过量空气系数、尾部受热面积和运行操作等因素有关，他们之间既相互影响，又单独作用。

（1）煤质。

煤的低位发热量越低，收到基水分含量越大，排烟温度越高。其综合影响可用折算水分 W_{zs} 来分析，当 W_{zs} 增加时，意味着低位发热量 $Q_{ar,net}$ 减少，而收到基水分 M_{ar} 增加，将使燃煤量 B 增加，烟气量增加，使烟气在对流区中的温降减少，最终使排烟温度升高。计算表明：排烟温度与 $4187\times M_{ar}/Q_{ar,net}$ 近似呈线性关系，一般 $4187\times M_{ar}/Q_{ar,net}$ 每增加 0.1，排烟温度就会升高 0.6℃左右。

灰分增加，硫分增加，都会使尾部受热面积灰沾污加重，传热减弱，从而使排烟温度升高。

（2）炉膛出口过量空气系数。

炉膛出口过量空气系数增加具有三方面的作用：一方面使通过空气预热器的空气量增加，从而增加空气预热器的传热量，降低排烟温度；另一方面使流过对流受热面的烟气量增加，导致排烟温度升高；第三方面如果送风量过大，炉膛温度偏低，则排烟温度升高。三者作用总的结果使排烟温度稍微升高一些，降低锅炉运行的经济性。经计算：炉膛出口过量空气系数每增加 0.1，排烟温度升高 1.3℃左右。某厂 420t/h 自然循环锅炉的试验表明：空气预热器入口氧量由 9.0%降到 6.0%时，排烟温度降低约 6℃。

（3）漏风。

漏风包括炉膛漏风、制粉系统漏风和烟道漏风。炉膛漏风主要指炉顶密封、看火孔、人孔门及炉底密封水槽处漏风。制粉系统漏风指备用磨煤机风门、挡板处漏风。在炉膛出口过量空气系数一定的情况下，由于炉膛漏风、制粉系统漏风不经过空气预热器直接进入炉膛，因此当炉膛漏风、制粉系统漏风增加时，导致进入空气预热器空气量减少，流速降低，传热系数和传热量下降，最终导致排烟温度升高。计算表明：炉膛漏风和制粉系统漏风总系数与排烟温度近似呈线性关系，一般漏风总系数每增加 0.01，排烟温度就会升高 1.3℃左右。例如某厂 420t/h 自然循环锅炉的制粉系统总计漏冷风量为 86.5t/h，相当于锅炉总风量的 15.70%，而制粉系统设计漏冷风量为锅炉总风量的 5.09%，计算结果表明，制粉系统增加的漏冷风量，使排烟温度升高约 16℃。

在大修和小修中应安排锅炉本体及制粉系统的查漏和堵漏工作，特别是炉底水封槽和炉顶密封及磨煤机冷风门处。在运行中随时关闭各看火孔、门等。经验表明，这一措施可降低排烟温度 2℃左右。

（4）受热面积灰。

受热面积灰使烟气与受热面之间的传热热阻增加，传热系数降低。锅炉受热面积灰将导致锅炉吸热量降低，烟气放热量减少，空气预热器入口烟温升高，从而导致排烟温度升高。

空气预热器堵灰，一方面使预热器的有效传热面积减少；另一方面使堵灰处的烟气速度降低，而其他处的烟气速度迅速提高，二者都将使烟气的放热量减少，排烟温度升高。实践表明，受热面积灰可影响排烟温度 10℃左右。

如果锅炉结渣严重，大渣块不定期落下，使冷灰斗的水与热渣相遇产生大量蒸汽，会破坏炉内燃烧工况，特别是在低负荷时，由于火焰本身就很脆弱，所以更容易造成锅炉非正常灭火。

（5）送风温度。

对于露天布置的锅炉来说，冷空气温度随环境温度变化很大，使空气预热器进口温度也随之变化，这样使送风温度变化明显影响空气预热器传热温差和传热量。经计算，在 0～40℃范围内，冷空气变化 1℃，排烟温度将同向变化 0.55℃左右。夏季，空气预热器入口风温高，空气预热器传热温差小，烟气的放热量就少，从而使排烟温度升高；冬季，排烟温度可能会低于露点，为了防止预热器低温腐蚀，必须投入暖风器，来提高排烟温度。

（6）排粉机出力低。

在相同的负荷条件下，单台排粉机出力降低，增加了排粉机的运行台数，上层排粉机的投运，升高了炉膛火焰的中心，使排烟温度升高。

实践证明，对于300MW机组，在负荷180MW以下时，保持两台排粉机运行对降低排烟温度有显著的效果，停C排粉机前后效果对比见表5-7。

表5-7 停C排粉机前后效果对比

排粉机运行方式	A排运行B排运行 C排运行D排备用	A排运行B排运行 C排备用D排备用
机组负荷（MW）	190.0	191.4
A侧排烟温度（℃）	140.63	134.45
B侧排烟温度（℃）	163.44	137.15
平均排烟温度（℃）	142.03	135.80

（7）煤机出口温度低。

磨煤机出口温度低，不仅降低煤粉仓内煤粉的温度，而且使排粉机的入口温度降低，同时使进入炉膛的风煤混合物温度降低，燃烧延迟，排烟温度升高。磨煤机出口温度每提高5℃，可以降低排烟温度2℃左右。但是考虑到制粉系统的安全，应将磨煤机出口温度限制在一定温度之下。

在磨煤机入口前掺入的冷风比例越大，磨煤机出口温度控制得就越低，流过空气预热器的风量降低，引起排烟温度升高。因此，在保证炉膛不结焦和制粉系统安全的前提下，可适当提高一次风风粉混合物的温度，减少冷风的掺入量。

对于乏气送粉锅炉，停运1台磨煤机，排烟温度将升高4～5℃。这是因为磨煤机运行时，热风用量大而冷风用量小，磨煤机进口热风混合温度可达240℃甚至更高。而停用磨煤机后，热冷风混合温度规定不超过100℃，因此在排粉机风压不变的情况下，冷风量将显著增加。

（8）排粉机出口风压高。

正常运行工况下，高温火焰中心应该位于炉膛断面几何中心处。而在实际运行中，如果负荷及其他条件不变，排粉机出口风压过高，风速过大，将使进入炉膛的煤粉上移，即炉膛的火焰中心上移，排烟温度升高。对于300MW机组锅炉排粉机出口风压应限制在4kPa以内，在相同条件下，排粉机出口风压每降低0.2kPa，排烟温度降低约2℃。

炉膛火焰中心高度对提高再热汽温影响大，对排烟温度影响也很大。在机组低负荷时，如果再热汽温偏低，可以停运两个最下层给粉机，并将一次风挡板关闭。这样做既可使炉膛火焰中心高度上移，又可减少炉膛通风量，从而既可提高再热汽温，又可降低排烟温度。如果在定压低负荷运行时，再热汽温较低，而排烟温度仍然很高，为了保障再热汽温，通常设法提高火焰中心高度，如投上层火嘴，或增加风量、风速，这样做当然对降低排烟温度不利。对于300MW机组，再热汽温每降低1℃，发电煤耗增加0.08g/kWh；排烟温度每降低1℃，发电煤耗减少0.17g/kWh。因此在运行中，要通过调整试验统筹兼顾。

（9）煤粉过粗。

煤粉过粗，达不到经济细度，导致炉膛着火延迟，使火焰中心升高，排烟温度升高。

（10）负荷变化。

机组负荷增加，燃料量增加，各级受热面出口烟气和工质温度增加，炉膛出口烟温随之增加，所以锅炉排烟温度随负荷的增减而同向增减，表 5-8 列出了某台 670t/h 燃煤锅炉排烟温度随负荷变化的情况。

表 5-8　670t/h 燃煤锅炉排烟温度随负荷变化的情况（空气预热器入口温度 30℃）

负荷		100%	70%	50%	30%
排烟温度（℃）	定压运行	136	125	112	96
	滑压运行	136	126	110	98

（11）给水温度。

当给水温度降低时，把每千克工质从给水温度一直加热到过热蒸汽出口温度所需要的热量增加，为维持锅炉负荷不变，势必要增大燃料消耗量，而且燃料消耗量的增加与单位工质吸热量的增加成正比例。燃料消耗量增加就要使炉膛出口烟温升高，烟气流量增大，过热器和再热器吸热量增加，此时过热器和再热器内的蒸汽流量仍与给水温度变化前相等，因此过热蒸汽和再热蒸汽温度升高，迫使减温水流量增加。

在烟气流经省煤器时，燃料量的增加引起省煤器入口烟温增加，这倾向于使省煤器出口烟温升高。但给水温度的降低又使省煤器的传热温差及传热量增大，并使省煤器出口烟温降低。因此，省煤器出口烟温和排烟温度究竟如何变化，取决于整个受热面布置及热量分配，有的锅炉排烟温度降低，有的锅炉排烟温度则升高，不能一概而论。但在设计给水温度±20℃范围内，一般情况下，给水温度每升高 1℃，排烟温度将升高 0.31℃左右。

（12）省煤器受热面。

锅炉尾部受热面不足，排烟温度就会超过设计值。在实际应用中，经常会出现省煤器受热面不足、排烟温度过高的问题。例如某电厂 HG670/140-WM10 型单汽包、自然循环、固态排渣煤粉锅炉，自 1989 年 11 月投运以来，排烟温度经常在 160～180℃，超过设计排烟温度 15～35℃（设计排烟温度为 145℃）。经试验测试分析，原单级布置的光管省煤器受热面积不足是排烟温度过高的主要问题。为此提出了四种省煤器改造方案：

1）全部采用光管省煤器。在原有光管省煤器上增加同规格（ϕ32×4mm）蛇形管四管圈，增加面积 2120m^2，省煤器总面积达 3746m^2。

2）改为鳍片管式省煤器。鳍片管式省煤器采用 ϕ32×4mm 管子，横向管排数 19.5 排，纵向管排数 40 排。选用鳍片规格为：矩形鳍片、高度 30mm、厚度 3mm，与直管段等长。所加鳍片的总面积 2883m^2，其中光管部分面积为 2810m^2，总换热面积为 5693m^2。

3）改为螺旋肋片管式省煤器。螺旋肋片管式省煤器采用 ϕ32×4mm 管子，在其外面绕焊高 13mm、厚 1.2mm、节距 10mm 的螺旋肋片。横向管排数 19.5 排，纵向管排数 24 排。所加肋片的总面积 5022m^2，其中光管部分面积为 1349m^2，总换热面积为 6371m^2。

4）在原有光管省煤器上增加部分螺旋肋片管式省煤器。增加一管圈螺旋肋片管式省煤器，保持原横向管排数仍为 23.5 排，纵向管排数由原来的 24 排增加到 32 排，新增加的螺旋肋片管横向节距仍为 128mm，纵向节距由原来省煤器的 32.3mm 增加到 47mm。该方案增加省煤器面积 2843m^2，总换热面积为 4469m^2。

以上省煤器四种改造方案各种技术参数比较见表 5-9，考虑到 2 号炉检修周期短、资金有限，电厂采用了施工方便的第四种方案，改造后排烟温度平均降低 22℃。

表 5-9 省煤器四种改造方案各种技术参数比较

项目	单位	方案 1	方案 2	方案 3	方案 4
锅炉排烟温度	℃	145	145	145	145
管径×厚度	mm	ϕ32×4	ϕ32×4	ϕ32×4	ϕ32×4
肋高×肋厚×节距	mm		25×3	13×1.2×10	13×1.2×10
横/纵管排数	排	23.5/56	19.5/40	19.5/24	23.5/32
横/纵向节距	mm	128/32.3	155/32.3	155/47	128/32.3 (47)
总传热面积	m^2	3746	5693	6371	4469
总传热系数	W/(m^2·℃)	65.36	40.43	37.4	38.2
换热量	kJ/kg	1152	1083	1121	1109
省煤器总重量	t	124.8	106.7	66.7	80.3
省煤器增加重量	t	71.3	53.2	13.2	26.8
进/出口烟温	℃	430/335	430/335	430/335	430/335
进/出口水温	℃	235/270	235/270	235/270	235/270
平均烟速	m/s	8.4	7.9	8.15	8.4 (8.7)
平均水流烟速	m/s	1.445	1.73	1.73	1.445
布置方式	—	错列/逆流	错列/逆流	错列/逆流	错列/逆流

3. 排烟温度程控装置

影响锅炉排烟温度和烟气露点温度的因素主要有两点：一是煤种变化，二是外界气温变化。当煤种变化时，锅炉烟气成分将会变化，从而引起烟气露点温度变化。由于燃料供应方面的原因，有时煤种变化范围比较大，主要是硫含量和水分含量的变化。如果锅炉排烟温度不能相应变化以适应煤种变化的要求，则锅炉运行的经济性将会变差或低温腐蚀加剧。以前，通常是在锅炉设计时靠放大排烟温度设计裕量来缓解这一问题。

外界气温在冬、夏季会相差30℃左右，对锅炉效率的影响为0.9%。一般在锅炉设计时取环境温度为20℃，运行时部分电厂冬季投运蒸汽暖风器，将外界风温提高一定幅度后再送入锅炉，而夏季将蒸汽暖风器解列。上述设计和运行中考虑煤种变化和外界环境温度变化的方式都比较简单，效果也不尽如人意。因此如果根据锅炉运行中煤种的实际情况，实时计算相对应的烟气酸露点的温度，并在运行中控制空气预热器冷端壁温稍微大于其对应的烟气酸露点温度，就可保证锅炉在控制低温腐蚀的前提下达到最低的排烟温度。

空气预热器冷端壁温取决于锅炉的排烟温度和进风温度，对于1台已经运行的锅炉，进风温度和排烟温度形成一定的对应关系，所以根据季节控制进风温度，便可以实现控制锅炉排烟温度，进而达到控制空气预热器冷端壁温的目的。

为减轻环境温度的影响，可以将锅炉的排烟温度设计值对应的进风设计温度高于当地最高环境温度。这样在任何环境温度下，锅炉排烟温度都可以处于可控状态且能够实现在有效控制低温腐蚀的前提下保证机组运行的经济性。我国各地的最高环境温度一般低于40℃，最低温度一般为－10℃，所以锅炉进风设计温度可取40℃。并且要求在环境温度－10～40℃时，暖风器能将进风加热到40℃。只要在锅炉运行中，能将进风温度控制在40℃左右，便能适应环境温度的变化，使锅炉在控制低温腐蚀的前提下达到最好的运行经济性。

国内开发出了电站锅炉排烟温度程控装置，首台产品于2002年8月在山东某电厂（6号机组300MW）一次调试成功，电站锅炉排烟温度程控装置控制原理如图5-25所示。

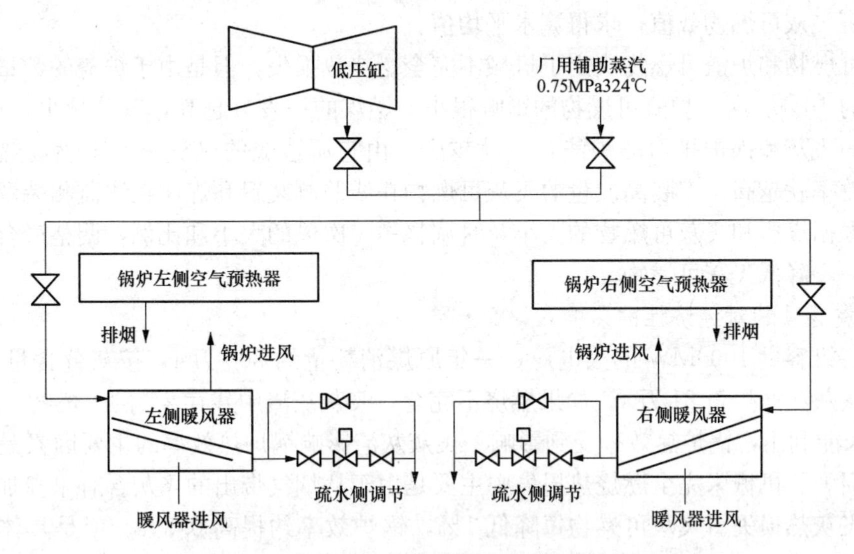

图5-25　电站锅炉排烟温度程控装置控制原理

暖风器汽源取自2个抽汽孔：机组在50%负荷以上运行时，用低压缸抽汽口抽汽；机组在小于50%负荷启动时，由于汽轮机滑压运行，低压缸抽汽口抽汽压力低于0.16MPa，所以要使用厂用辅助蒸汽。锅炉运行中，由计算机根据烟气成分计算烟气酸露点温度，调节暖风器疏水电动阀开度，改变暖风器出口风温，进而控制空气预热器冷端壁温和锅炉排烟温度。投运程控装置后，运行效果得到改善（见表5-10）。

表5-10　电站排烟温度程控装置的经济性对比

环境温度（℃）	不带控制的传统暖风器系统			排烟温度程控系统				
	锅炉进风温度（℃）	锅炉排烟温度（℃）	空气预热器冷端壁温（℃）	锅炉进风温度（℃）	锅炉排烟温度（℃）	空气预热器冷端壁温（℃）	暖风器疏水温度（℃）	煤耗降低[g/(kWh)]
−15	20	130	85	20	130	85	90	0
3	34	140	96	20	130	85	68	0.84
20	48	148	108	20	130	85	50	1.68

注　本例为改造项目，锅炉原进风设计温度为20℃。

三、飞灰含碳量的监测与控制

1. 飞灰含碳量的定义

飞灰含碳量习惯上叫做飞灰可燃物含量（简称飞灰可燃物），是指飞灰中碳的质量占飞灰质量的百分比（测点为空气预热器出口处）。炉渣可燃物是指炉渣中碳的质量占炉渣质量的百分比。飞灰可燃物除与燃料性质有关外，很大程度上取决于运行人员的操作水平、过量空气系数、炉膛温度、燃料与空气的混合情况等。监督检查时以测试报告或现场检查为准，煤粉炉的飞灰可燃物一般控制在4%以下，流化床锅炉的飞灰可燃物一般控制在8%以下。

飞灰可燃物的测量有的已采用连续采样分析装置，其飞灰可燃物为在线测量装置分析结果的算术平均值。但大多数仍由化学试验人员定期采样化验分析，所以计算飞灰可燃物时，应根据每班飞灰可燃物数值，求得算术平均值。

飞灰可燃物和炉渣可燃物决定了机械不完全燃烧热损失，但是由于炉渣的数量很小，不足总灰量的10%。所以炉渣可燃物的影响很小。燃煤的挥发分越高，灰分越少，煤粉越细，排烟携带的飞灰和锅炉排除的炉渣含量就越少，由它所造成的机械未完全燃烧热损失就越少，锅炉效率就越高。安装高质量的飞灰可燃物在线监测装置和煤质在线监测装置，可以使运行人员根据煤质和飞灰可燃物的大小及时调整一二次风的大小和比例，调整最合理的煤粉细度，进一步降低飞灰可燃物。

2. 飞灰含碳量对经济性的影响

一座装机容量1000MW的火电厂，一年原煤消耗量约300万t，按灰分含量为27%计算，年飞灰灰渣产生量81万t。如果燃烧不完全，飞灰灰渣中残存2%的可燃物，则有1.62万t纯碳未能利用，锅炉热效率受到影响。飞灰灰渣影响锅炉热效率的主要因素是机械未完全燃烧热损失。机械未完全燃烧热损失中主要是由于从烟气带出的飞灰含有未参加燃烧的碳所造成的飞灰热损失。飞灰可燃物每降低1%，锅炉效率约提高0.3%。但是具体到一台机组，必须根据设计运行资料进行计算得到飞灰可燃物对机组经济性的影响程度。

3. 飞灰可燃物含量高的原因

本节将结合某电厂DG1025/18.2-Ⅱ4型亚临界压力、单炉膛、一次中间再热的自然循环汽包锅炉进行说明。该厂燃用煤种为晋中贫煤，采用4台350/600钢球磨中间储仓热风送粉系统。燃烧器为逆时针旋转的四角切圆直流摆动式燃烧器，采用双切圆布置方式，假象切圆分别为$\phi700$和$\phi500$。自机组投产以来，飞灰可燃物含量平均值在25%以上，直接影响着机组的经济运行，其主要原因是：

（1）锅炉设计不合理。

研究表明，燃用贫煤的锅炉假想切圆一般应在$\phi1000$以上，炉膛断面热负荷q_A推荐值为5.2MW/m^2。而该厂的假象切圆为$\phi700$和$\phi500$，炉膛断面热负荷q_A为4.397MW/m^2。这说明设计炉膛热负荷过低，炉膛断面尺寸过大，导致燃烧强度不够，而且切圆小造成炉膛火焰充满度不好，最终出现燃烧不稳定、燃烧不完全，这是飞灰可燃物含量高的主要原因。

（2）燃烧器布置不合理。

燃用挥发分低的贫煤时，着火比较困难，为强化着火，燃烧器一般采用集中布置。而该厂燃烧器分上、下两大组布置，一、二次风喷口间隔排列，自上而下共有5层一次风口、8层二次风口和2层三次风。对燃用贫煤的锅炉，这种布置方式很不合理，因为上下距离太大不利于集中燃烧，出现燃烧不稳、燃烧不完全是必然结果。

（3）煤粉过粗。

煤粉细度越细，燃尽度越高，机械未完全燃烧热损失越小。该厂燃用的煤种干燥无灰基挥发分V_{daf}一般在15%左右，相应的煤粉细度应在$R_{90}=2+0.5nV_{daf}\approx10\%$，一般不能超过12%。而该厂实际煤粉细度在20%以上，其燃烧面积较小，燃烧不完全，导致飞灰可燃物含量较高。

（4）运行调整不当。

1）该厂高负荷时氧量控制过小，低负荷时氧量控制过大，这对燃烧的稳定性和安全性都有较大的影响。

2）虽然该厂一次风总风压正常情况下控制在3.5kPa不变，但是经常是同一层给粉机转速不一样。各层的给粉机转速也不一样。造成转速高的给粉机出粉浓、风速低；而转速低的给粉机出粉稀、风速高。使炉膛内发生火焰偏斜，局部氧气过量，局部缺氧燃烧。

3）二次风压的控制往往随负荷的变化而变化。高负荷时风压高，低负荷时风压低，导致二次风速变化。二次风速过高或过低都会使一、二次风混合不良，影响燃烧。

（5）煤质变化。

煤种变化，煤质也随着变化，而运行人员的燃烧调整不及时，势必造成飞灰可燃物含量升高。特别是挥发分影响最大，煤的挥发分含量越低，飞灰可燃物含量越高，图5-26中的1、2分别代表2台不同容量的煤粉锅炉。

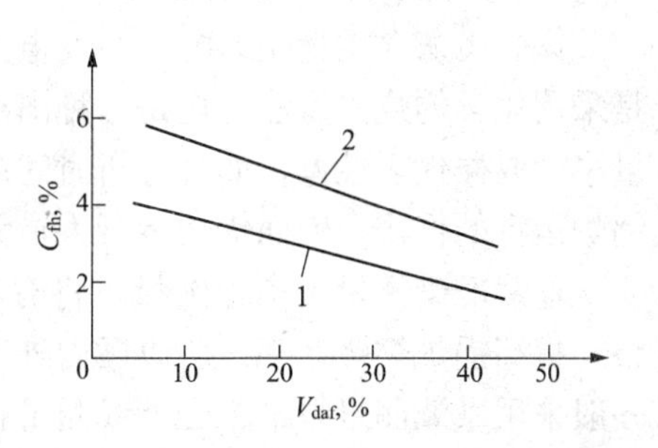

图5-26　飞灰C_{fh}和挥发分V_{daf}的关系

4. 降低飞灰可燃物含量的措施

仍以该厂DG1025/18.2-Ⅱ4型锅炉为例说明。

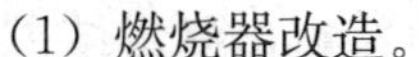

（1）燃烧器改造。

1）A层燃烧器底部加蒸汽射流，以增强一次风射流刚性，减少落粉。

2）在底层二次风以下粉刷1.5m的反射涂料，弥补炉膛热负荷的不足，强化底部燃烧，降低炉渣可燃物含量。

3）将燃烧器的燃烧温度由500℃提升到600～650℃，缩短着火距离，稳定燃烧。

4）将所有燃烧器的喷口角度普遍上倾3°～5°，并且增加了1.5m稳燃带，使稳燃带增加到3.0m。

（2）制粉系统调整。

1）煤粉过粗的主要原因是制粉风量偏大，经过试验，在保证制粉系统出力和正常运行的情况下，将制粉风量由原来的8.8万m^3/h降低到8.2万m^3/h。

2）重新调整粗粉分离器挡板角度，根据试验数据，最后确定挡板角度在21°～24°之间。

3）将再循环门开度调整在30%左右，通过这些方面的调整，最终将煤粉细度控制在10%～13%范围内。

（3）提高热风温度。

对于挥发分低的煤种，需要煤粉细一些，并提高燃烧温度水平，以利于煤粉的燃尽。而提高燃烧温度水平的有效措施，则是提高热风温度。锅炉飞灰可燃物含量随着热风温度的增高而降低。因此将热风温度从320℃提高到360℃有必要的。

（4）燃烧调整。

1）燃烧器改造后，将底部A、B层一次风速由原来的22m/s提高到25m/s，增强了一次风射流刚性；同时，在正常运行过程中将底部二次风挡板开度提高到90%以上，减少落粉现象。

2）240MW负荷以上，将A层给粉机转速维持在400～450r/min，以增强一次风速；240MW负荷以下，为稳定燃烧，将A层给粉机转速维持在500～600r/min运行。

3）240MW负荷以上，氧量控制在4%左右；240MW负荷以下，氧量控制在5%～

7%。

该厂通过采用上述措施，炉渣可燃物含量由26.6%下降到13.5%，炉渣可燃物含量降低了13.1%，飞灰可燃物含量由调整前的10.4%下降到4.8%，飞灰可燃物含量降低了5.6%。按炉渣可燃物含量每降低1%，锅炉效率提高0.046%计算，降低发电煤耗率1.97g/kWh；按飞灰可燃物含量每减少1%锅炉效率提高0.31%计算，降低发电煤耗率5.67g/kWh。二者合计降低发电煤耗7.64g/kWh。

5. 飞灰含碳量的在线检测

锅炉飞灰含碳量是影响火力发电厂燃煤锅炉燃烧效率的重要指标。传统测量飞灰含碳量是采用化学灼烧失重法，这是一种离线的实验室分析方法。由于采样工作量大，采集的数据量小，取样代表性差，而且分析时间滞后，难以及时反映锅炉燃烧工况，不能真正起到指导锅炉运行的作用，因而锅炉运行人员无法实时控制飞灰的含碳量。

连续准确测量飞灰含碳量，将有利于实时监测锅炉燃烧情况，有利于指导锅炉燃烧调整，提高锅炉燃烧效率。所以国内外工程人员都在致力于飞灰含碳量在线检测的研究开发。一般采用微波测量技术、红外线测量技术和放射线测量技术。红外线测量技术是利用红外线对飞灰中碳粒反射率不同的原理进行测量的，按实际标定的反射率直接得出测量结果。丹麦、荷兰和英国有多家公司生产此产品，如丹麦制造的RCA-2000型连续飞灰含碳量分析仪，测量时间大约3min，测量相对误差不大于0.5%。该方法中由于颗粒中的含碳量的反射信号不是严格按比例变化，并且受煤种的变化而变化，因此测量精度很难保证。

放射线测量技术是把飞灰看成是由两类物质组成的混合物，一类是高原子序数物质（如Si、Al、Fe、Ca、Mg等），一类是低原子序数物质（如C，H，O等）。低能γ射线与物质相互作用的主要机理是光电效应和康普顿散射效应。当飞灰中含碳量低时，光电效应较强而康普顿散射效应较弱；反之，则光电效应较弱而康普顿散射效应较强。因此通过核探测器记录的反散射γ射线强度的变化就可以测量出飞灰中含碳量。黑龙江省科学技术物理研究所进行了相关的技术开发，样品的试验测量精度为0.5%。但是，由于其射线对人和环境有害，而无法推广使用。

微波测量技术是根据飞灰中碳的颗粒对特定波长微波能量的吸收和对微波相位的影响这一特性而设计的，它采用微波喇叭天线与石英管配套的结构，通过检测微波功率衰减量来获得石英管中飞灰的含碳数值。研究表明，当飞灰中含碳量高时，微波能量损耗就大，也就是说，当飞灰含量变化时，微波衰减随之变化，这样只要测出微波能量的损耗就可方便地算出飞灰中碳的含量。微波测量技术是目前研究最多，测量精度最高，测量速度最快的测量方法。主要产品有：深圳赛达力电力设备有限公司生产的MCM-Ⅲ型飞灰测碳仪，测量精度为0.5%；澳大利亚CSIRO矿产和工程公司开发的微波测碳仪，测量精度在0.08%～0.28%之间，测量时间小于3min；南京大陆中电科技股份有限公司开发的WBA型电站锅炉飞灰含碳量在线检测装置。微波测量技术和其他测量方法一样，均存在测量腔堵灰问题，最新的解决方案是把烟道作为测量腔直接对飞灰进行测量，但是由于烟道对于微波发射设备而言是一个大空间，这时微波不仅仅是保持直线穿过烟道空间，同时还有很大部分的能量向通道两端逸散掉了，于是接收端所测到的能量衰减就不完全是由灰样吸收微波能量所造成的，而且逸散掉的能量与烟气含灰量和烟气流场密切相关，要精确测量飞灰而不堵腔必须首先解决该问题。因此加强对烟道式飞灰微波测量系统的研究开发很有必要。在新的测量仪器没有研究开发出来前，电厂要加强对现有测量仪器的维护，主要做到发现问题及时解决，现有的飞灰测量仪还是能够发挥一定的运行指导作用的。

(1) 飞灰含碳量在线检测装置介绍。

某科技股份有限公司开发的 WBA 型电站锅炉飞灰含碳量在线检测装置采用微波谐振测量技术。该装置根据飞灰中未燃尽的碳对微波谐振能量的吸收特性，分析确定飞灰中碳的含量，能实时、在线、准确地测量锅炉飞灰含碳量，效果良好。

该装置工作过程如下：系统采用无外加动力、自抽式动态取样器，自动等速地将烟道中的灰样收集到微波测试管中并自动判别收集灰位的高低。当收集到足够的灰样时，系统对飞灰含碳量进行微波谐振测量。测量信号经过现场预处理后传送到集控室，再经主机单元作进一步变换、运算和存储，并在真空荧光屏上显示含碳量的数值及曲线。已分析完的灰样根据主机程序中的设置命令或手动控制状态，可以自动排放回烟道或者送入收灰容器，以便于实验室分析化验，然后进行下一次飞灰的取样和含碳量的测量。该装置由五个部分组成：飞灰取样器、微波测试单元、电控单元、主机单元、电缆及气路单元装置。采用两套独立的飞灰取样和微波测量系统，共用一套电控和主机处理系统的结构（见图 5-27）。

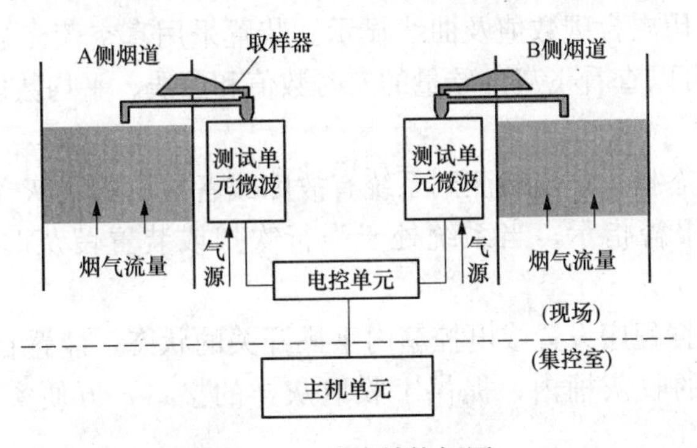

图 5-27　系统结构框图

1）飞灰取样器。飞灰取样器由吸嘴、取样管、喷射管、压力调节管、旋流集尘器、静压管等部件组成。飞灰取样器利用锅炉运行时烟道负压在喷射管的喉部形成真空，由于取样器吸嘴处和喷射管喉部存在压力差，烟气便会沿着取样管流动，当烟气流动到旋风分离器（在旋流集尘器中）时，飞灰颗粒和空气分离，飞灰颗粒落入微波测试管，而空气则由喷射管进入烟道。当锅炉负荷调整时，烟道内的压力发生相应变化，飞灰取样器的喷射管喉部压力也跟随改变，使得取样管吸嘴处的动静压保持平衡，保证了装置能自动跟踪锅炉烟道流速的变化而保持等速取样状态。

2）微波测试单元。微波测试单元由微波源、隔离器、微波测量室、微波检测器、振动器、灰位探测器、气动组件、加热器、前置处理电路等组成。在微波测量室中对飞灰灰样进行微波测量分析，测量完的飞灰根据程序设置或手动操作命令返回烟道或装入收灰容器，而测量数据则由前置处理电路处理后发送给主机单元。

3）电控单元。电控单元由控制操作器、电源变换箱、专用接线端子及机柜等组成，完成系统手动操作功能、现场处理单元的电源分配以及信号的转接工作。

4）主机单元。主机单元由工业微处理器、A/D 模块、D/A 模块、DIO 隔离模块、模量隔离模块、工业级电源、专用键盘、真空荧光显示器、机箱等组成，实现对现场信号的采集、处理，以及人机接口界面的实现。

5）气源。气路由现场仪用气源管道通过金属硬管传输到每个测试箱附近，同装置配备的金属软管相连接，要求气源压力不小于0.6MPa，供气量不小于0.3m^3/min。采用高温压缩空气对测试管路进行吹扫，这样可将测试管内的飞灰吹入烟道。这种吹扫是在每一个测量周期进行的，因此测试管内无残留飞灰存在，实践证明这些措施可以有效防止测试灰路的堵塞或黏结。

6）性能指标。性能指标如下：

测量范围：0～15%（含碳量）。

测量精度：±0.4%（含碳量在0～6%时），±0.6%（含碳量在6%～15%时）。

测量周期：2～6min。

历史数据：保留一年

(2) 飞灰含碳量在线检测装置功能。

1）实现飞灰的等速取样。装置采用无外加动力、自抽式飞灰取样器，实现对烟道飞灰的连续等速采样。

2）实时、平均、历史含碳数值及曲线显示。装置采用真空荧光显示器，通过操作主机面板上不同的功能键可以查看飞灰含碳量的实时数值和曲线、平均数值和曲线、历史数值和曲线。

3）系统报警及状态指示。当检测到系统有故障或者检测的飞灰含碳量数值超过报警设定值时，装置会给出报警指示；当系统处于强行吹扫或装置留灰时，装置会给出相应的指示。

4）灰样保留。根据程序设置或电控箱内手操开关的状态，装置自动将微波分析后的灰样装入微波测试箱外的收灰桶内，提供了收取灰样的接口，方便实验室人员随时取灰和校验。

5）该装置采用一拖二方式，一套在线检测装置能同时实现双烟道飞灰含碳量的同步测量，具有较高的经济性。

(3) 飞灰含碳量在线检测装置的应用。

首台WBA型电站锅炉飞灰含碳量在线检测装置于2000年7月在山东某电厂8号亚临界压力一次中间再热控制循环锅炉（1025t/h）上投运。飞灰取样点的位置选在位于空气预热器出口、除尘器入口的垂直段上，此处烟气分布均匀，能够保证所取灰样的连续性和均匀性。

在机组稳定负荷下，进行不同炉膛氧量条件下的飞灰含碳量测试。飞灰采样设在飞灰含碳量在线检测装置之后的水平烟道上，飞灰样品采用网络布点法等速取样获得。以网络布点等速取样法测得的飞灰含碳量作为标准值。并与飞灰含碳量在线检测装置的读数进行比较，以此鉴定飞灰含碳量在线检测装置的精度，见表5-11。

该装置测量精度高，能够在线反应飞灰含碳量数值，有利于指导运行人员正确调整风煤比，提高锅炉燃烧控制水平，降低飞灰含碳量。实践证明，飞灰含碳量平均至少降低0.5%。按年利用小时为5000h，实际燃煤的低位发热量23 800kJ/kg，飞灰可燃物每降低1%，锅炉效率增加0.31%，发电煤耗降低1.02g/kWh计算，每降低0.5%的飞灰含碳量，年减少天然煤耗量为$5000\times300\times1.02\times0.5\times10^{-3}\times29\ 308/23\ 800=942$(t/年)。

表 5-11　飞灰含碳量在线检测装置测试结果

测试工况		负荷（MW）	炉膛氧量（%）	飞灰含碳量标准值（%）	在线装置读数（%）	测量精度（%）
甲侧烟道	第一工况	263	3.8	5.58	5.81	0.23
		260	3.8	5.74	6.09	0.35
甲侧烟道	第二工况	261	4.9	3.18	3.40	0.22
		261	4.8	3.73	3.92	0.19
甲侧烟道	第三工况	258	6.0	1.86	1.83	−0.03
		256	6.0	1.74	1.92	0.18
乙侧烟道	第一工况	263	4.0	3.50	3.68	0.18
		260	4.1	3.75	3.61	0.14
乙侧烟道	第二工况	261	5.2	1.88	1.83	−0.05
		261	5.1	1.67	1.86	0.19
乙侧烟道	第三工况	258	6.3	1.52	1.60	0.08
		256	6.2	1.33	1.49	0.16

第六章　电站锅炉的启停特性

第一节　启停过程的经济性

随着我国电力用户的急剧增加、用电需求变化增大，同时为更多地消纳新能源，导致机组启停较为频繁。因此努力提高机组启停过程的经济性，已经成为电厂节能工作之重。与正常运行相比，启停过程中，机组的经济性和安全性会发生较大变化，面临更大挑战。本节围绕提高启停过程中的经济性进行讨论。

在电站锅炉的启停过程中，使成本升高的因素很多。例如，在点火与稳燃过程中，燃油的投入量针对不同的点火方式有着明显的差异，而耗油量的多少直接影响点火的成本。水与蒸汽是锅炉中的主要工质，对水质的要求以及用水量也影响着启停的经济成本。此外，锅炉启动时，尽量避免不必要的用电，采取一定的措施将电耗降到最低，可在一定程度上提高机组经济性。其实，提高启停过程经济性的方法有很多，这里主要从启停过程中的节水、节油、节电以及节省启停时间等方面入手，讨论不同方法对于锅炉启停成本的控制及优化。

一、启停过程中节水措施

据初步统计，启动一次需排 2000～5000t 疏水（含锅炉启动合格与不合格锅水等），并且这部分疏水的发热量不低。由此可见，启动过程中锅炉排放的水和蒸汽的量是很大的，大量地排放疏水，将造成化水车间制水紧张，供不应求；其次是运行费用的增加。湿态运行中，在给水流量增大的情况下大量的疏水带走了更多热量。因此保证各受热面安全的情况下，在符合规程要求范围内要尽量控制给水流量。

（1）采用小流量小循环冲洗，即将整个水循环分成几个部分逐一进行冲洗，如先进行凝汽器及凝结水管道冲洗，再进行锅炉本体冲洗。这种冲洗方法比整个系统一起冲洗更省时经济。

（2）尽量节约化学补给水。在超临界压力直流锅炉的启动过程中，不管从国家的政策法规，还是从节能环保或经济性角度考虑，对锅炉启动和低负荷运行时产生的疏水进行回收都是必要的，而且是十分有意义的。

以福建可门电厂 600MW 超临界压力机组启动为例，水质排放时间缩短后，除盐水从 6000t 减少至 2000t，按 6 元/t 计算，节约 2.4 万元。原来每次启动排放高温汽水约 35t/h，温度 240℃，按 2.7h 计算，可节约 16.7t 标准煤，按市价 850 元/t 计算，可节约 1.42 万元。

二、启停过程中节油措施

锅炉在启动及低负荷运行时需要投油助燃，这无疑增加了锅炉的用油量。燃油价格远高于燃煤，为应对激烈的市场竞争，电厂减少燃油消耗是降低成本、求得生存的一种手段。

火电机组的锅炉启动以及低负荷工况是耗油量较大的生产环节。一台 300MW 机组的锅炉正常情况下每次启动用油量约为 30t，低负荷工况需要投油稳燃，其每年用油量约为 200t，如果机组大小修后做热力试验或设备消缺导致频繁启停，则其耗油量更大。

近年来，多项锅炉节能点火技术得到研究并推广应用，其中微油点火和等离子点火技术应用较多。下面对这两种技术做简要叙述。

1. 微油点火技术

微油点火技术是利用高能气化油枪，使微量的油（小于50kg/h）燃烧，并形成温度很高的火焰（火焰中心温度高达1500～2000℃）。该高温火焰首先使一小部分煤粉温度迅速升高，着火燃烧，然后与更多煤粉混合并使其燃烧，从而实现煤粉的分级燃烧，能量逐级放大，达到点火并加速煤粉燃烧的目的。这样既满足锅炉冷态启动、滑停及低负荷稳燃的需要，又大大地减少煤粉燃烧所需的引燃油量，节省锅炉点火及稳燃用油。点火系统主要由微油燃烧油枪、高压风系统、燃油系统、壁温监测、火检系统等组成。微油点火原理见图6-1。

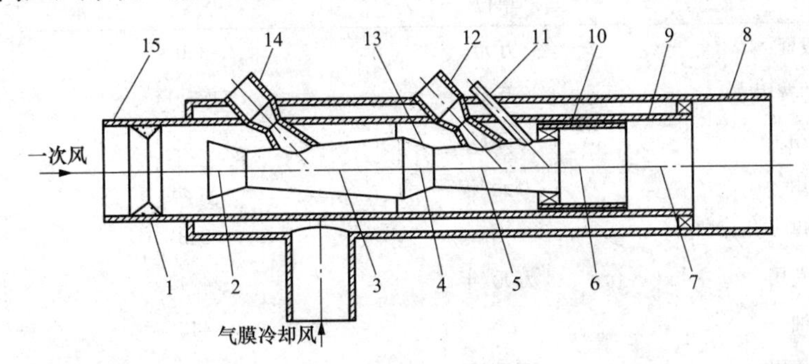

图6-1　微油点火原理图

1—煤粉浓缩环；2—一级煤粉浓缩；3—煤粉气流预热室；4—二级煤粉浓缩；5—一级燃烧室；6—二级燃烧室；7—三级燃烧室；8—三级扩大燃烧；9—二级扩大燃烧；10—一级扩大燃烧；11—辅助油枪套筒；12—主油枪套筒；13—微油点火器中心燃烧管；14—预热油枪套筒；15—燃烧器一次风口

2. 等离子点火技术

等离子点火技术是利用直流电流在等离子介质空气内触碰引弧，在此基础上在强磁场的影响下获得平稳功率的直流空气等离子体物质，等离子体物质在燃烧器内的燃烧筒中逐渐形成温度失衡的高温区域，煤粉颗粒通过等离子"火核"受到高温作用，在10s内快速释放出挥发物质，进而使煤粉颗粒完全碎裂燃烧。再通过内燃以及递增的方式，启动燃烧器，这样可以用等离子弧直接进行点火。等离子点火系统是由等离子燃烧器以及等离子触发器等相关辅助系统、冷炉一次风加热机制等构成。等离子点火原理见图6-2。

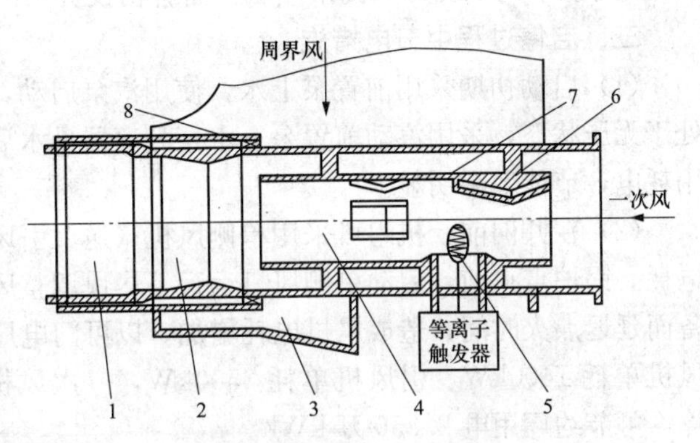

图6-2　等离子点火原理图

1—三次燃烧室；2—二次燃烧室；3—风箱；4—一次燃烧室；5—等离子弧；6—撞击式浓缩块；7—中心筒；8—气膜风进口

以上两种技术应用时，初投资、运行质量、维护成本、节约费用等是考察重点，下面以燃用神华煤的某600MW机组为例进行分析。

利用等离子和气化微油点火一般只需要微调直吹式制粉的一台磨煤机所对应的燃烧器。目前一台锅炉更换4个等离子燃烧器的价格大概是350万人民币，而对应的微油点火投资是200万元。若选用与等离子系统功能无明显差异的气化微油燃烧器，那么就能够节约成本

150万人民币。

基建调试过程中等离子点火技术就能够做到百分之百的节油率，因此，等离子点火技术节油率按百分之百计算，微油点火技术节油率按百分之九十五计算。

启动过程中，365天点火总时长一般按100h计算。近年来市场燃油价格大概为每吨6000元，而原煤的价格每吨折合人民币六百元左右。通过计算，可得出上述几种技术的燃烧器在基建调试期与常规运行阶段的费用，结果见表6-1。

表6-1 等离子与汽化燃油点火技术经济性比较

项目	单位	等离子	微油点火
设备总投资	万元	350	200
基建期节约费用	万元	1185.14	1262.58
运行费用	万元/年	5.56	10.26
维护费用	万元/年	9.28	8
增加用煤	t/年	823	782
增加用煤费用	万元/年	44.44	35.18
节约用油	t/年	443	420.85
节约用油费用	万元/年	272.45	258.82
平均每年节约	万元/年	212.51	196.91
资金偿还年限	年	1.65	1.02

如上述表格所示，等离子和气化微油点火燃烧器可以在很大程度上满足节油的需求，365天可以节约二百万人民币左右，而且初投资的回收年限仅为1～2年。

三、启停过程中节电措施

(1) 启动初期采用前置泵上水，使用汽泵启动，从而减少电泵运行时间。启动初期锅炉处于无压状态，采用汽动前置泵上水至分离器见水后，汽泵冲转启动。用廉价的辅汽取代厂用耗电，节能效果明显。

(2) 在并网前，机组可采用单侧风机（送、引风机、一次风机）点火启动，以减少风机电耗。锅炉点火前，启动单侧风机运行，尽快调整风量满足吹扫需要，避免因吹扫条件不具备而延迟点火时间，造成风机电耗增加。以可门电厂600MW超临界压力机组改造为例，送风机单耗1400kW，引风机单耗3500kW，一次风机单耗2240kW，吹扫至并网前按4h计算，可节约厂用电2.856万kWh。

(3) 凝结水泵、引风机、闭式水泵变频改造，降低厂用电率。改造后，凝结水泵为一台工频一台变频，机组正常运行时，采取变频运行，工频备用的方式。机组正常运行中，在满足除氧器上水要求及凝结水各用户最低压力要求后，变频运行可最大程度上降低凝结水母管压力，从而降低凝结水泵电耗。机组停运后，凝结水泵仍处于运行状态，及时降低凝结水泵变频器输出，降低凝结水泵出口压力，从而达到降低凝结水泵电流，充分发挥变频器的节能作用。引风机变频改造后，在变负荷工况下，变频器可实现自动调节电机转速，从而降低引风机电耗。闭式水泵也为一台工频，一台变频，机组正常运行时，采取变频运行，工频备用的方式。正常运行中，对系统用户做最低压力试验保证用户正常运行后，可调节闭式泵出口压力至低限，从而降低闭式泵单耗。

(4) 采用汽泵停机，实现无电泵运行。若停机方式采用电泵停机，既增加了电泵高压电机电耗，又存在低负荷时并泵和切泵的风险。采用汽泵停机，在低于一定负荷时，退出一台汽泵，通过由相邻机组抽汽供汽切至辅汽供汽后重新并入，就可满足单台汽泵安全停机需要。

(5) 停机过程，合理安排辅机停运。机组停机过程如果安排合理，可以在不用投油，也不启动电泵的情况下，做到安全、经济、平稳停运。

四、启停过程中节省时间措施

电站锅炉启动时间的长短直接影响启停过程的经济性。一方面，启动时间过长，发电量减少，电厂收益下降。机组尽快并网发电可获得更多经济效益。另一方面，随着锅炉启动时间的缩短，启动中的水耗、油耗、电耗也会降低，也将提高启动的经济性。因此，控制好锅炉的启动时间是提高启动经济性的工作重点。接下来介绍缩短启动时间的措施。

(1) 合理安排启动过程。由于启停经验不足及设备存在较多缺陷，可能导致机炉侧配合不合理，造成机组启动时间较长。启动前应做好设备调试方案及相关管阀活动试验，及时发现缺陷及时处理，并且做好设备故障对机组启动的影响评估。如果存在影响机组启动时间的设备问题，坚决不允许锅炉点火。这样可以较好地实现机、炉侧的配合优化，大大地缩短启动时间。

(2) 优化吹扫逻辑。传统的吹扫条件要求非常苛刻，在准备吹扫条件的时候要求运行人员做很多操作，而且有一些与炉膛实际吹扫要求无关的条件也会加进来。这样虽说对于冷态启炉来说影响不大，但是在实际运行中很多情况要求锅炉快速安全点火，条件太多导致准备吹扫的时间会很长，影响锅炉快速启动。所以应根据实际生产中出现的各种问题，在确保安全的情况下，剔除与炉膛实际吹扫需要无关的条件，部分吹扫条件适当放宽，使炉膛灭火后比较容易满足吹扫条件，从而很快能够自动进入吹扫程序，可大幅缩短锅炉重新点火时间。在华润常熟电厂（3×600MW）和华能岳阳电厂二期项目（2×300MW）上已经采用新的吹扫逻辑，运行时间都在一年半以上，效果良好。

(3) 优化启动曲线。火电厂现行锅炉启动曲线，从保证机组的安全性出发，启动时间相对过长。这就使得机组适应快速启停的能力相对较差，同时也不经济。为此，在保证锅炉安全性的前提下，以较短的时间完成锅炉启动过程，建立锅炉优化启动曲线的数学模型。按优化曲线启动，不仅能保证机组各受热面寿命损耗小，而且能大量缩短锅炉启动时间。该模型对电站锅炉运行具有指导意义和参考价值。

第二节　启停过程的安全性

锅炉启停过程是一个极其复杂的不稳定的传热、流动过程。启动过程中，锅炉工质温度及各部件温度随时变化。由于部件受热不一致，很容易产生热应力。一般来说，部件越厚，在单侧受热时的内、外壁温差越大，热应力也越大。汽包（分离器）、过热器联箱、蒸汽管道和阀门等壁厚均较大，所以在受热过程中必须妥善控制，尤其是汽包。

启动初期受热面内部工质的流动尚不正常，工质对受热面金属的冲刷和冷却作用很差，甚至有的受热面在短时间内根本无工质流过，使受热面处于“干烧”状态，金属壁温很可能超过许用温度。锅炉的水冷壁、过热器、再热器及省煤器均有可能超温。因此，启动初期的燃烧过程应谨慎进行。

重视锅炉启停过程中的安全性是非常有必要的。本节从锅炉承压部件入手，讨论启停过程中各承压部件的安全性。

一、锅炉炉内承压部件安全性

1. 水冷壁

(1) 水冷壁的安全。

水冷壁是蒸发设备回路中的受热面，它直接受到炉膛内火焰的辐射传热。在启动时，循环回路中处在炉外的部件，如汽包、联箱、下降管等，靠工质循环流动对其加热。

电厂锅炉的水冷壁大多为膜式结构，管间刚性连接，不允许有相对位移，故邻管之间的温差会产生很大的应力。水循环不良造成的管间流量偏差以及水冷壁热偏差都会造成邻管间的温差。为了限制膜式水冷壁管间热应力，邻管间工质温差不允许超过50℃。

自然循环水冷壁正常时为核态沸腾传热，表面传热系数α很大，约为$11\times10^3\sim16\times10^3$ W/（m^2·℃），管壁金属温度与工质温度很接近，略高于工质温度。但是，当传热恶化时，表面传热系数大幅度下降，壁温迅速升高。蒸发受热面可能发生两类沸腾传热恶化，第一类沸腾传热恶化发生在核态沸腾区，称为偏离核态沸腾（DNB），或称膜态沸腾，其特点是热负荷很高，发生偏离核态沸腾时的热负荷称为临界热负荷。蒸汽干度增大则临界热负荷下降。第二类沸腾传热恶化发生在环状流动后期含水不足区液膜蒸干或破裂处，称为蒸干传热恶化（DO）。发生蒸干传热恶化时的蒸汽干度称为临界蒸汽干度。锅炉启动过程中，如果水循环不正常，个别水冷壁管可能含水不足而蒸干，发生蒸干传热恶化。

直流锅炉在启动时，水冷壁管内工质处于汽、液两相流动状态。随着汽相份额增大，加速压降增大，位置水头减小，流动阻力的变化不确定。汽相份额增大时，汽水混合物流速增大，动压头增大，流动阻力增大；而汽水混合物密度减小，又可使流动阻力减小，该现象称为静态水动力不稳定现象，即水动力多值性。水动力多值性的具体表现是：对于一根管子，流量有时大有时小；对于并联工作的一组管子，有的管中流量大，有的管中流量小。管道流量的变动，将引起蒸发点的变动，使蒸发点附近的管壁因金属疲劳而损坏。直流锅炉水冷壁工作时，还可能发生水动力的动态不稳定现象，即脉动性流动现象。其主要表现是：进入蒸发管的水流量和流出蒸发管的蒸汽流量发生周期性波动。这种周期性波动将使管中加热段、蒸发段、过热段的长度不断变化，也会使该处的管壁产生疲劳破坏。直流锅炉水冷壁包含加热段、蒸发段、过热段，进入水冷壁的水在流出时要变成微过热蒸汽，在水冷壁中必然要经历蒸干传热恶化。

(2) 水冷壁并联管热偏差。

启动过程中，燃料投入量少，燃烧常集中在炉膛局部地区，火焰偏离炉膛中心，或直接冲刷水冷壁，这些问题加重了水冷壁并联管热负荷偏差。各种循环方式的水冷壁并联管，其热负荷偏差对流量偏差的影响是不一样的。

并联管（见图6-3）偏差可由下式表示：

$$\eta_G = mn \tag{6-1}$$

式中 η_G——流量偏差系数；

m——流阻因素；

n——重位因素。

η_G 定义为

$$\eta_G = \frac{G_p}{G_0} \tag{6-2}$$

式中　G_p——偏差管流量；

G_0——并联管平均流量。

m、n 分别由以下各式表示：

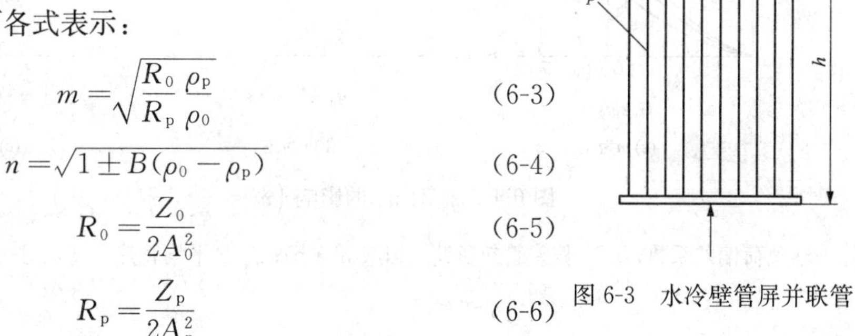

图 6-3　水冷壁管屏并联管

$$m = \sqrt{\frac{R_0}{R_p}\frac{\rho_p}{\rho_0}} \tag{6-3}$$

$$n = \sqrt{1 \pm B(\rho_0 - \rho_p)} \tag{6-4}$$

$$R_0 = \frac{Z_0}{2A_0^2} \tag{6-5}$$

$$R_p = \frac{Z_p}{2A_p^2} \tag{6-6}$$

$$B = 2\frac{d_0}{\lambda}\frac{h}{l_0}\frac{\rho_0}{(\rho\omega)_0} \tag{6-7}$$

式中　R_0——并联管平均阻力常数，$1/m^4$；

R_p——偏差管阻力常数，$1/m^4$；

Z_0——并联管平均阻力系数；

Z_p——偏差管阻力系数；

A_0——并联管平均流通断面积，m^2；

A_p——偏差管流通断面积，m^2；

B——重位压头影响程度因素；

ρ_0——并联管工质平均密度，kg/m^3；

ρ_p——偏差管工质平均密度，kg/m^3；

h——水冷壁管屏高度，m。

各种循环方式的水冷壁，m、n、B 诸因素对流量偏差（η_G）的影响都不一样。自然循环锅炉水冷壁，影响 η_G 的主要因素是 n，B 也较大，m 可略去不计。一次上升型直流锅炉水冷壁，锅炉高负荷时 m 为主，n 可略去不计；低负荷时 n 为主，m 可略去不计，B 值较小。控制循环锅炉和螺旋管圈型直流锅炉的水冷壁，m 为主，n 可略去不计。

n、m、B 三因素对 η_G 的影响规律在下面进行分析。首先假设 $n \approx 1$ 略去不计，$\eta_G = m$，若管屏中 P 管热负荷 q_p［$kJ/(m^2 \cdot h)$］增大，分析式（6-1）和式（6-2）：

$$q_p \uparrow \rightarrow \rho_p \downarrow \rightarrow m \downarrow \rightarrow \eta_G \downarrow \rightarrow G_p \downarrow$$

可见，对于以 m 为主的水冷壁，个别管子热负荷增大，使其流量下降［图 6-4（a）］。

假设 $m \approx 1$，略去不计，$\eta_G = n$，若管屏中 P 管热负荷增加，分析式（6-1）、式（6-4）与式（6-7），首先 B=常数，对于上升管式（6-4）中取正号：

$$q_p \uparrow \rightarrow \rho_p \downarrow \rightarrow n \downarrow \rightarrow \eta_G \uparrow \rightarrow G_p \uparrow$$

对于下降管式（6-4）中取负号

$$q_p \uparrow \rightarrow \rho_p \downarrow \rightarrow n \downarrow \rightarrow \eta_G \downarrow \rightarrow G_p \downarrow$$

下面进一步分析 B 的影响，对式（6-7）经过简单的整理可得

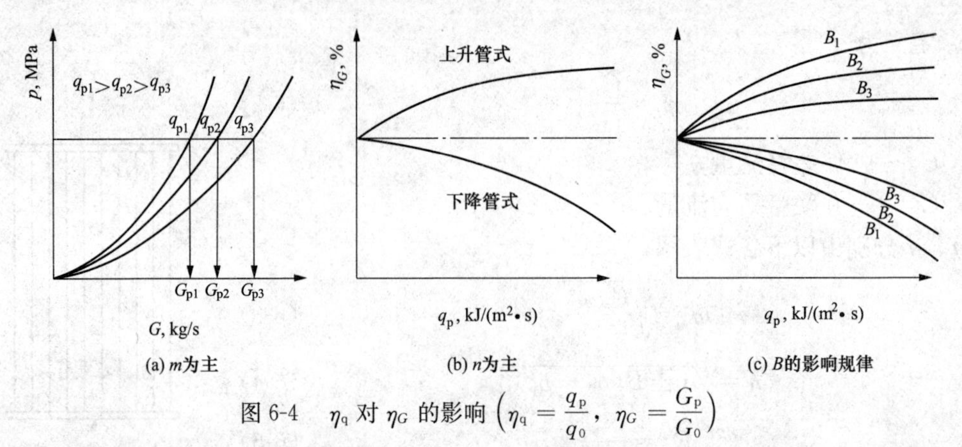

图 6-4 η_q 对 η_G 的影响 $\left(\eta_q=\dfrac{q_p}{q_0},\ \eta_G=\dfrac{G_p}{G_0}\right)$

η_q —热负荷偏差系数；q_p —偏差管热负荷，kJ/(m² · h)；q_0 —平均管热负荷，kJ/(m² · h)；其他符号见正文

$$B=\frac{\rho_0}{\dfrac{\lambda}{d_0}l\dfrac{(\rho\omega)^2}{2}} \tag{6-8}$$

式中分子表示平均重位压头，分母表示平均流动阻力。故 B 可表示为

$$B=\frac{\text{平均重位压头}}{\text{平均流动阻力}}$$

即重位压头相对于流动阻力大的锅炉，重位压头影响程度因素就大。反映平均管与偏差管之间的密度差（$\rho_0-\rho_p$）对 η_G 的影响就大。

上述 n、B 对 η_G 影响规律见图 6-4（b）、（c）。

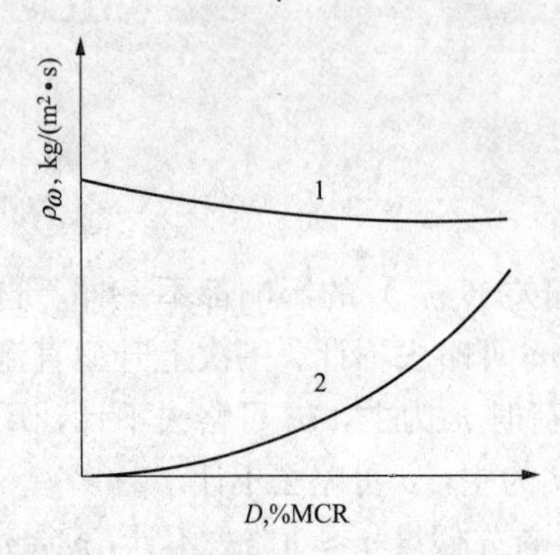

图 6-5 控制循环和自然循环水冷壁循环质量流速特性

1—控制循环；2—自然循环

通过对水冷壁热偏差的分析，可得到以下四个重要的结论。

1）重位压头为主的水冷壁，热负荷小的偏差管流量小，可能发生蒸干传热恶化。

2）流动阻力为主的水冷壁，热负荷大的偏差管流量小，可能发生蒸干传热恶化。

3）自然循环锅炉水冷壁以及锅炉负荷较低时的一次上升型直流锅炉水冷壁具有重位压头为主的热偏差特性；控制循环锅炉、螺旋管圈型直流锅炉以及锅炉负荷较高时的一次上升型直流锅炉，其水冷壁具有流动阻力为主的热偏差特性。

4）要十分重视启动过程中水冷壁屏间、管间热负荷均匀性。

（3）汽包锅炉水循环建立方法。

启动过程中及早建立稳定的水循环是安全启动的重要目标。

1）自然循环锅炉。锅炉点火前汽包水位以下空间储存静止状态的锅水。点火后，水冷壁中锅水温度逐渐上升。到达沸点后，部分锅水汽化，形成汽水混合物。在这个过程中，水冷壁管内工质密度（ρ_s）逐渐减小，运动压头（S）逐渐增大。运动压头用以克服循环回路的流动阻力（$\sum\Delta p$），促使工质流动。当 $S>\sum\Delta p$ 时工质进行加速流动，$S=\sum\Delta p$ 时为稳定流动。

可采用以下方法在启动过程中增大 S。

①锅炉点火后就投入一定量的燃料，加强水冷壁吸热量，以降低水冷壁管内的工质密度。

②启动初期保持较低的水冷壁工质压力，有利于提高运动压头。这是因为低压时饱和水的焓值低，水冷壁管内的水升至饱和温度所需热量较少；一定质量含汽率的汽水混合物焓值在低压时较小，例如质量含汽率 $x=0.1$ 的汽水混合物，压力在 0.1MPa 时焓值为 647.76kJ/kg、0.5MPa 时为 850.86kJ/kg、1MPa 时为 930.97kJ/kg，可见水冷壁吸热量相同时低压可产生较多的蒸汽，汽水混合物密度降低，运动压头增大；低压时饱和温度低，水冷壁等金属温度相应较低，金属蓄热少，水冷壁吸热量可更多地用于产生蒸汽；在相同的质量含汽率下，低压汽水混合物的密度小于高压汽水混合物密度。

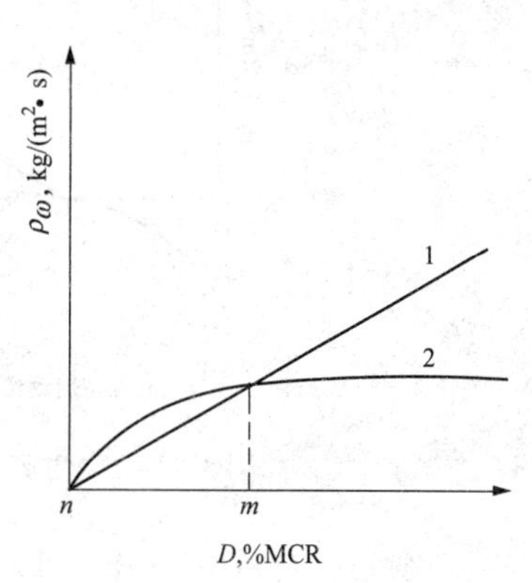

图 6-6　直流锅炉水冷壁质量流速与界限质量流速

1—水冷壁质量流速；2—界限质量流速

③借用邻炉蒸汽接入水冷壁下联箱，加热水冷壁中的锅水，待起压后再点火。这种装置称为循环推动器。大型自然循环锅炉一般都装有循环推动器。我国经验，自然循环锅炉装载循环推动器后，水循环建立早而稳定，汽包上下壁温差下降，并且蒸汽进入过热器系统有利于保护过热器。

2）控制循环锅炉。锅炉点火前启动锅水循环泵，建立水循环。冷态时水冷壁内无蒸汽，流动阻力小，循环质量流速最高；点火后随着水冷壁产汽量增多，循环质量流速有所下降。图 6-5 表示了自然循环锅炉和控制循环锅炉的水冷壁管内工质循环质量流速与吸热量的关系特性。由图可看出全负荷范围内控制循环锅炉质量流速比自然循环锅炉高，而且变化平坦，特别在启动初期克服了自然循环锅炉循环质量流速低与不稳定的缺点。

（4）直流锅炉工质流速的保证

在启动过程及全负荷范围内，直流锅炉水冷壁工质质量流速 $(\rho\omega)_s$ 必须大于界限值 $(\rho\omega)_j$，后者是由水冷壁安全工作条件确定的。界限质量流速随负荷的变化规律见图 6-6，在图中还表示了直流锅炉水冷壁质量流速与给水流量之间的线性正比关系，在启动低负荷区段（图中 n-m 段），水冷壁质量流速低于界限值。为保证水冷壁安全，必须提高 n-m 区段水冷壁质量流速，使其大于界限质量流速。下面说明其方法：

1）提高 n-m 区段给水流量，使水冷壁质量流速大于界限值［见图 6-7（a）］。一般直流锅炉在 n-m 区段保持 m 点给水流量数值，这个给水流量又称为启动给水流量。

2）利用锅水循环泵使水冷壁工质再循环，以提高 n-m 区段质量流速。图 6-7（b）阴影部分是由再循环提高的质量流速。图 6-8 为水冷壁工质再循环原理。

2. 过热器与再热器

（1）受热面壁温

过热器与再热器在启动过程中很可能发生受热面金属温度超过其材料许用温度（简称“超温”）和波动现象。其原因分析如下：

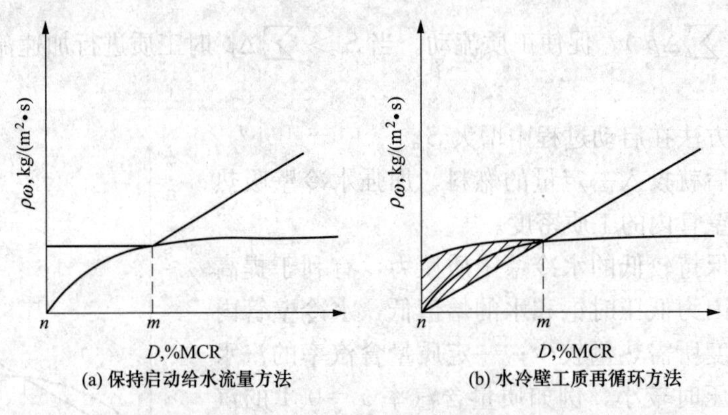

图 6-7 提高 $n-m$ 区段水冷壁质量流速的方法

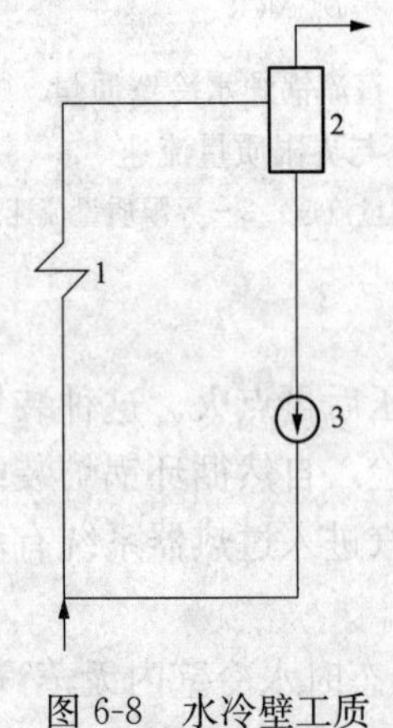

图 6-8 水冷壁工质再循环原理

1—水冷壁；2—汽水分离器；3—锅水再循环泵

1）设计壁温接近材料的许用温度限值。过热器、再热器管壁金属温度在锅炉各受热面中为最高值，制造设计者为提高机组经济性采用的金属工作温度常接近材料的许用温度限值。

2）冷却能力差。在启动过程中锅炉利用热量的一部分用于加热锅炉金属、炉墙等，使其逐步达到某一工况下的稳定温度，另一部分用于加热锅水、产生蒸汽与过热蒸汽。因此，锅炉产汽量与受热面管内蒸汽流量低于正常工况下燃料量相应的水平。过热器与再热器受热面靠管内壁对蒸汽放热来冷却的，其表面传热系数 α 正比于蒸汽流速的 0.8 次方，因而启动过程中对受热面的冷却能力低于正常工况，受热面金属与工质之间的温差大于正常值，很可能发生“超温”现象。

3）热偏差大。启动过程中过热器与再热器热偏差常比正常运行时大。在燃烧方面常有炉膛温度分布不均匀、火焰位置可能较高、炉内上升气流速度分布不均引起出口烟温不均、烟速不均等，这些都使过热器、再热器热偏差加重。

启动过程中常用喷水减温器调节汽温，但是这时蒸汽流量少，减温水在蒸汽中汽化差，蒸汽可能夹带水分进入分配联箱，造成流量分配不均匀。

锅炉水压试验或化学清洗受热面时，会使过热器与再热器内积水；锅炉停运，蒸汽在过热器与再热器内冷却凝结成水而形成积水。立式蛇形管过热器与再热器内的积水是不能用放水的方法排去，启动初期积水形成水塞，影响蒸汽流动，受热面得不到足够的冷却，并由于水柱波动引起管壁金属温度波动。

（2）水塞疏通条件。

并联管积水常常是不均匀的，有的管子积水多，形成高水柱；有的管子积水少，水柱低。在通流量不足时，部分积水少的管子被疏通，而积水多的管子仍处于水塞状态。要疏通水塞管子必须使已疏通管子的进出口压差大于水塞管的水柱压力。

已疏通管的压差 Δp_t 为

$$\Delta p_t = Z_t \frac{\omega_t^2}{2} \rho_s \tag{6-9}$$

$$\omega_t = \frac{G}{\varphi A \rho_s} \tag{6-10}$$

式中　Z_t——已疏通管的阻力系数；

ω_t——已疏通管的蒸汽流速，m/s；

G——通流蒸汽流量，kg/s；

A——并联管总流通断面积，m^2；

φ——疏通管占并联管总流通面积的份额；

ρ_s——蒸汽密度，kg/m^3。

水塞管的压差 Δp_c 为

$$\Delta p_c = \sum_{i=1}^{n} h_{wi} \rho_w g = n h_w \rho_w g \tag{6-11}$$

式中　h_{wi}——第 i 根水塞管水柱高度，m；

h_w——水塞管水柱平均高度，m；

ρ_w——水塞管水柱密度，kg/m^3；

n——水塞管的垂直管段数。

要使水塞管疏通，必须满足下列条件：

$$\Delta p_t > \Delta p_c \tag{6-12}$$

将式（6-9）～式（6-11）代入式（6-12），整理后可得

$$G > 4.429 \varphi A \sqrt{\frac{n h_w \rho_s \rho_w}{Z_t}} \quad \text{kg/s} \tag{6-13}$$

式中　G——疏通蒸汽流量。

对于安全分析，可取 $\varphi = 1$，即全部并联管疏通条件下疏通水塞管必须的流量，它是偏安全的；还取 h_w 等于蛇形管的全高度，这也是偏安全的假设。

过热器与再热器在没有达到疏通流量之前，部分管子可能处于水塞状态，此时应限制过热器与再热器的进口烟温，并注意管壁温度。

蛇形管中积水吸热蒸发也可消除水塞，但时间较长。

（3）启动保护。

过热器与再热器的启动保护就是在启动过程中限制过热器与再热器受热面金属温度，防止“超温”，控制各部分的热应力变化，减少寿命损耗。

1）过热器启动保护。过热器未达到疏通蒸汽流量时用限制进口烟温的方法防止受热面金属超温。此时，过热器进口烟温应低于受热面金属许用温度限值，并考虑热偏差必须有一定的余度，过热器蒸汽流量超过疏通流量后，主要用通汽冷却受热面的方法保护过热器，限制蒸汽温升率。汽轮机冲转前，过热器蒸汽排放的途径取决于机组系统。配置大旁路的系统，蒸汽通过大旁路进入凝汽器。有两级旁路的系统，蒸汽通过Ⅰ级旁路、再热器、Ⅱ级旁路排入凝汽器。无旁路系统的机组，蒸汽通过过热器出口联箱上的向空排汽阀排入大气。启动初期过热器系统各级疏水阀开启。过热器出口疏水可疏掉积水，还可排放蒸汽。过热器其他各级疏水主要用于疏去积水，待积水疏尽后应及时关闭，避免蒸汽短路降低了对受热面的冷却能力。主汽阀疏水可疏掉积水还可对主蒸汽管暖管，该疏水阀在汽轮机冲转后就关闭。

汽轮机冲转后，过热器系统疏水阀都应关闭，旁路系统用以平衡锅炉产汽量与汽轮机用

汽量之间的差额，即锅炉产汽量供给汽轮机后的多余部分通过旁路排入凝汽器。

2）再热器启动保护。配置大旁路或过热器小旁路系统的机组，汽轮机冲转前无蒸汽通过再热器，再热器处于干烧状态，用限制进口烟温的方法保护过热器。具有下列系统的机组，再热器在汽轮机冲转前可选取通汽冷却受热面的保护方法。

①两级旁路系统。过热器通过旁路系统向再热器通汽。

②Ⅰ级旁路系统。再热器出口有向空排汽阀或大型疏水管至凝汽器，过热蒸汽通过Ⅰ级旁路、再热器、再热器出口向空排汽阀排入大气，或由再热器出口疏水管排入凝汽器。

汽轮机冲转后，再热器主要采用通汽冷却受热面的保护方法。

再热器处于干烧状态时，应开启再热器各级疏水阀以疏掉积水和暖管。再热器通汽后，沿蒸汽流程先后逐级关闭疏水阀，再热器末端疏水阀应在暖管结束后关闭。

如果再热器蒸汽通流量小于疏通流量或冷却受热面的能力不足时，应同时限制进口烟温。

3）壁温检测。初次投运的机组，应在过热器与再热器受热面的最高计算温度点设置壁温测点，在启动过程中进行检测。通过对壁温数据的分析，及时调整启动工况，保护受热面。

检测过热器与再热器壁温调整启动工况的原则是在受热面金属不超温的前提下尽量减少工质和热量损失，缩短启动时间，获得最佳启动工况。

3. 尾部受热面

(1）安全启动条件。

省煤器与空气预热器统称为尾部受热面。尾部受热面安全启动的条件有以下几方面。

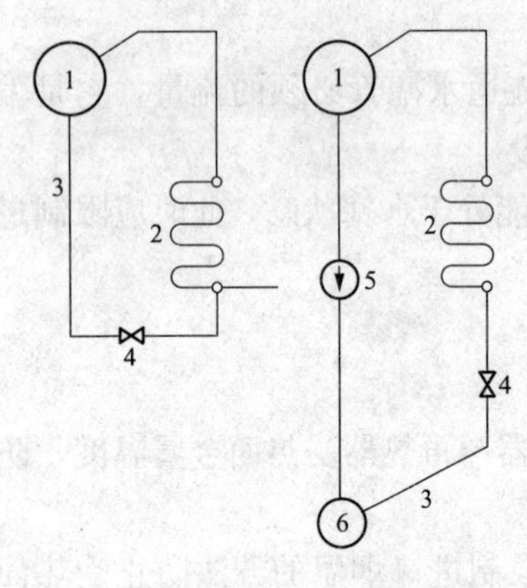

图 6-9 省煤器再循环系统

1—汽包；2—省煤器；3—再循环管；4—再循环阀；5—锅水循环泵；6—下水包

1）省煤器受热面不发生“超温”和产生过大的波动热应力。

2）省煤器内壁不发生腐蚀。

3）尾部受热面烟气侧不发生低温腐蚀和积灰。

4）防止尾部受热面二次燃烧。

(2）省煤器启动保护

1）给水除氧，启动初期除氧器至少维持 0.02MPa（表压）除氧压力，并补充化学除氧。

2）省煤器再循环，省煤器保持大于 0.5m/s 工质流速，以防止腐蚀气体和水蒸气在内壁上停滞，并对管壁金属进行冷却。省煤器再循环的作用就是在给水流量等于零时也能保持省煤器内工质流速。图 6-9（a）为自然循环锅炉省煤器再循环系统。当锅炉停止给水时开启再循环阀，省煤器内工质受热温升，密度下降，再循环管不受热，工质密度相对较大，利用两者密度差形成自然循环，锅水由汽包经过再循环管、省煤器回入汽包。这种系统虽然能起一定的作用，但是它循环动力小，再循环时动时停，呈周期性变化；锅水再循环时省煤器水温高，给水时水温又降低；给水时如果再循环阀关闭不严密，给水通过再循环管直接进入汽包，由于给水温度低，增大了汽包壁温不均匀性。图 6-9（b）为控制循环锅炉省煤器再循环系统。省煤器工质再循环流动动力主要由锅水循环泵产生，因而循环流量大而稳定，并且不会发生给水直接进入汽包。350～600MW 机组控制循环锅炉的再循环阀可自动控制，当给水流量小于 25%MCR 时再循环阀自动开启、大于 35%MCR 时自动关闭。

3）连续给放水，在启动过程中用连续给水维持省煤器的最低流速。当锅水产汽量小于连续给水量时，要放掉部分锅水，以维持汽包正常水位。这种方法简单可靠，但是工质和热量损失较大。有的锅炉适当降低连续给水量，补充用限制省煤器进口烟温来保持省煤器安全运行。

（3）尾部受热面防腐蚀。

尾部受热面壁温等于或低于烟气露点温度时就会发生受热面低温腐蚀和黏结性积灰。在启动过程中，由于以下原因尾部受热面可能发生低温腐蚀。

1）启动时排烟温度低，尾部受热面壁温低。

2）给水温度低使省煤器壁温低。

3）锅炉点火及 30%MCR 以下负荷时燃烧重油，一般燃油含硫量高，烟气露点温度高。

在启动过程中防止尾部受热面低温腐蚀的措施一般有以下几点：

1）提高热力除氧器压力，及早投入高压加热器等以提高给水温度和省煤器壁温。

2）采用热风再循环和暖风器，以提高空气预热器入口风温和受热面壁温。

二、锅炉炉外承压部件安全性

锅炉炉外承压部件尽管不受烟气加热，但在启停过程中也会经受金属温度的变化。对于壁厚较大的汽包，汽水分离器及过热器联箱会产生不小的应力。

1. 汽包

在锅炉启动过程中，尤其是大容量高参数锅炉，汽包壁温差是必须控制的安全性指标之一。锅炉启动时要严格控制升压速度，很重要的一个因素就是考虑汽包的安全。

汽包壁温差将导致汽包产生较大的热应力，根据应力计算公式（详情见本章第三节），上下温差越大，则应力也越大。汽包上部壁温的升高使得上壁金属欲伸长而被下部限制，因而受到压应力，下部金属则受到拉应力。这样将会使汽包趋向于拱背状的变形。过大的壁温差将会导致汽包的热应力增大，进而导致汽包受到损伤，减少汽包的使用寿命。因此，对于升压过程中汽包的安全问题应当予以足够的重视。

汽包启停应力控制的主要措施如下：

（1）严格控制锅炉进水参数。一般控制进水温度与汽包温度之差不大于 90℃，进水时间冬季不少于 4h，夏季不少于 2h。启动时适当将汽包水位维持在较高水平，对控制汽包壁温差也有一定的作用。

（2）严格控制升压速度，尤其是低压阶段的升压速度应力求缓慢，这是防止汽包和汽水分离器壁温差过大的根本措施。因此，升压过程应严格按给定的锅炉启动曲线进行，若发现汽包壁温差过大，应减慢升压速度或暂停升压。控制升压速度的主要手段是控制燃烧率。此外，还可加大对空排汽量或改变旁路系统的通汽量进行升压过程的控制。

（3）尽快建立正常的水循环。水循环越强，上升管出口的汽水混合物以更大的流速进入并扰动水空间，使水对汽包下壁的表面传热系数提高，从而减小上下壁温差。因此，能否尽快建立起正常的水循环，不仅对水冷壁工作的安全性有影响，而且也直接影响到汽包上下壁温差的大小。

(4) 初投燃料量不能太少，且应尽可能保持炉内燃烧、传热均匀。初投燃料量太少，容易导致水冷壁受热不均、水流缓慢、流量偏差大，且炉内火焰不易充满炉膛，有可能使部分水冷壁处于无循环或弱循环状态。与这部分水冷壁对应长度区间内汽包的上下壁温差增大。因此，保持火焰均匀是启动过程中燃烧调整的重要任务，初投燃料量与控制升压速度的矛盾，可用开大旁路系统调节阀的方法解决。

(5) 严格控制降压速度。停炉，尤其是高参数锅炉停炉之初，需谨慎控制降压速度，以免发生更大的汽包壁温差和峰值应力；降压、降负荷应分阶段进行，即降压过程安排几个降压平台，以缓和温度变化引起的热应力。

为保护汽包，在大型锅炉的汽包壁上安装有若干组温度测点，以便在整个启停及运行过程不间断地监视汽包上、下壁温差以及内、外壁温差。由于汽包内壁金属温度不能直接测量，故常以饱和蒸汽引出管外壁温度代替汽包上部的内壁温度，以集中下降管外壁温度代替汽包下部的内壁温度。在监护和控制温差时，按以下方法计算壁温差：以最大的饱和蒸汽引出管外壁温度减去汽包上部外壁最小温度，差值即为汽包上部内、外壁最大温差；若减去汽包集中下降管外壁最小温度，差值即为汽包上、下内壁最大温差；同理计算可得到汽包下部内、外壁最大温差等。有的锅炉还引入汽包的压力等数据对上述计算进行修正。

以前，国内机组对汽包上、下壁温差和内、外壁温差启停中的最大允许值，均控制在50℃以内，这个限制主要是鉴于对启停过程中汽包金属温度分布的规律还不能充分掌握。理论上对它的热应力尚不能精确地计算，同时也考虑到损伤汽包的严重性。多年来的实践证明，温差控制在此范围内，锅炉启停过程中产生的热应力不会造成汽包损坏，是偏于安全的。

2. 汽水分离器、过热器及再热器联箱启动应力控制

直流锅炉分离器的启动应力与汽包极为相似。我国600MW机组的直流锅炉在汽水分离器及末级过热器出口联箱金属壁上安装了内外壁温度测点，以所测得的温差代表其热应力。在锅炉的启停过程中，若上述热应力超过规定值，则会发出报警，以提示运行人员予以注意。机组协调控制负荷时，此热应力余度是工作压力的函数，并取决于锅炉允许加减负荷的裕度。汽水分离器及末级过热器出口联箱的热应力裕度特性如图6-10所示。由图可知，随

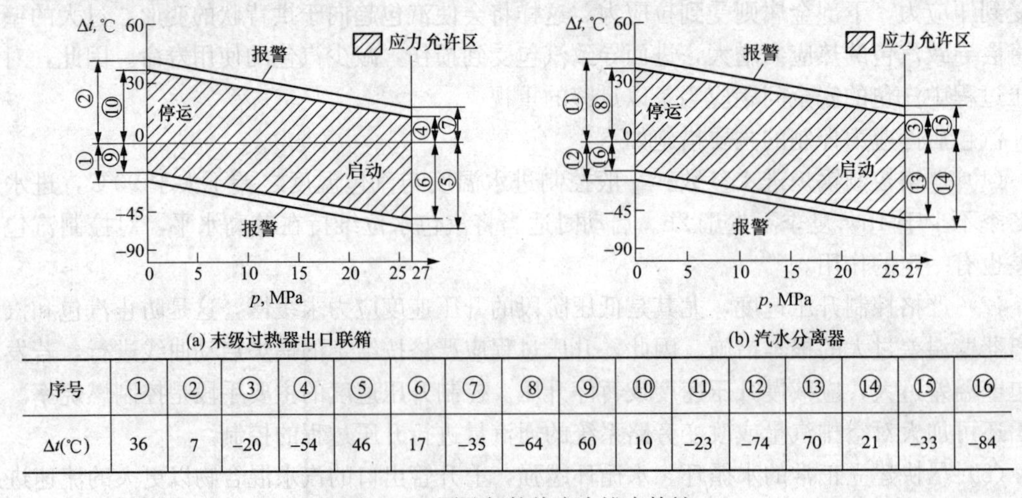

(a) 末级过热器出口联箱　　(b) 汽水分离器

序号	①	②	③	④	⑤	⑥	⑦	⑧	⑨	⑩	⑪	⑫	⑬	⑭	⑮	⑯
Δt(℃)	36	7	−20	−54	46	17	−35	−64	60	10	−23	−74	70	21	−33	−84

图6-10 厚壁部件热应力裕度特性

$$\Delta t = t_w - t_n$$

着压力的升高，允许的正壁温差（外壁温差与内壁温差）减小。锅炉在零压启动时，分离器最小的热应力允许温差为−23℃，而末级过热器出口联箱的最小热应力允许温差出现在满负荷状态的减负荷时，这个温差值为7℃。

第三节　启停过程的寿命损耗特性

电站锅炉的汽包通常为自然循环或控制循环锅炉中单向受热的厚壁部件，在整个机组的启动、停运与变负荷过程中将产生很大的启停应力。为有效降低启停应力对汽包及其相关部件造成的寿命损耗，防止事故的发生，必须严格控制锅炉在启停阶段的各种运行参数和工况，以确保整个机组的安全运行。

汽水分离器是直流锅炉中最大的厚壁承压部件，在锅炉启停和变负荷运行时，汽水分离器筒壁内也会产生较大的应力。因此，通过研究汽水分离器启动过程的应力分布，分析其低周疲劳寿命，对于直流锅炉的设计、安全运行、启动过程优化具有重要的指导意义。所以本节将从汽包以及汽水分离器两方面入手，讨论各自的启停寿命损耗特性。

一、汽包启停寿命损耗特性

1. 汽包在启动阶段的应力分析

锅炉在启动、停运与变负荷过程中，汽包壁金属都将出现下述几种应力。为叙述方便，仅以锅炉启动阶段汽包所产生的应力情况进行分析，其余运行工况汽包产生的应力可类似推出。

（1）汽包机械应力。

汽包机械应力是由汽包内工质的压力产生的金属应力，这个应力在汽包壁任意点的三个方向上均为拉应力，且均与汽包内压力成正比。图6-11表示汽包切向应力与汽包内介质压力的关系。由图可见，随着汽压的升高，汽包膜应力将越来越大。

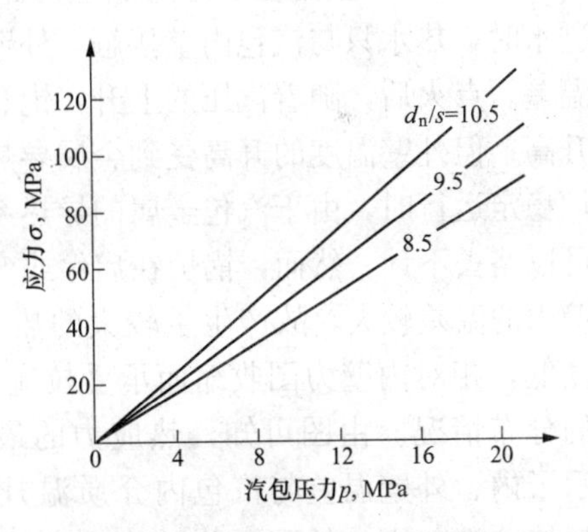

图6-11　汽包切向应力与汽包内介质压力的关系

d_n—汽包内径；s—壁厚

（2）热应力。

热应力又称温差应力，是由于不同部位金属在不同温度下其体积变化受到限制而产生的应力。启停热应力主要是由汽包的上、下壁温差和内外壁温差引起的。

1）上、下壁温差引起的热应力。在锅炉进水和锅炉升压过程中都将出现汽包上、下壁温差。锅炉进水时，水总是先与汽包下壁接触，然后逐渐升高与上壁接触。这样，壁温就会出现下高上低的现象，导致汽包下壁受压而上壁受拉。汽包起压后，上、下壁温差转而为上高下低，这是因为汽包上部空间为汽、下部为水，都对汽包壁进行单向传热，但蒸汽对汽包上壁的放热为冷凝相变换热，而水对汽包下壁的放热则为较弱的对流换热，表面传热系数差别较大，前者要比后者大2～3倍。所以汽包上壁的受热要比下壁受热剧烈得多，使汽包上壁温度上升较快，造成汽包上、下壁产生温差。升压速度越快，饱和温度增加得越快，汽包上、下壁温差就越大。

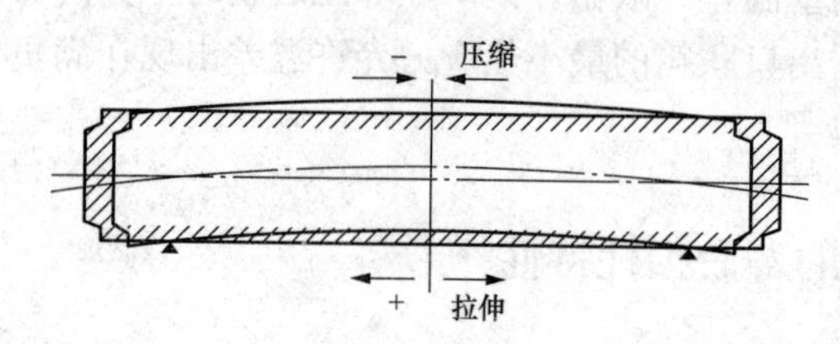

图 6-12 汽包在上、下壁温差作用下的变形

当汽包上、下壁温度变化不同步时，汽包有产生向上或向下弯曲变形的倾向。例如，当汽包上壁温度高于下壁温度时，汽包有向上弯曲变形的倾向，如图 6-12 所示。这是由于上壁温度高、膨胀量大，并力图拉着下壁一起膨胀；而下壁温度低、膨胀量小，并力图阻止上壁的膨胀，于是就产生了向上弯曲的倾向。

在锅炉每一次启动的过程中，汽包都必将有上、下壁温差的交替变化和上、下弯曲变形倾向的伴生，从而导致了汽包壁内循环应力的产生；而循环应力产生的次数及其幅值的大小则直接影响着汽包的寿命。另外，与汽包连接的管子对汽包的弯曲变形倾向还有必然的约束作用，这样就有可能导致局部应力幅值的进一步增长，严重的情况下不仅导致汽包自身受损的程度加剧，而且还有可能直接导致相连的管子产生弯曲变形和管座焊缝裂纹，所以锅炉启动前应严格限制进水温度和时间，启动过程中控制好锅炉的升压速度，尽可能减小上、下壁温差。

为降低汽包上、下壁温差，国外有的锅炉在汽包结构上有所改进。如美国 CE 公司、德国 BABCOCK 公司均在其 300、600MW 级锅炉汽包内安装了与汽包长度相同的弧形衬板。上升管汇集来的汽水混合物由汽包的中上部进入，经环形夹层向下流动，所以上汽包壁也有相当部分的面积与水直接接触，汽包上壁的冷凝放热影响相对减弱；但由于冲刷造成汽包上壁的水速较高，上、下壁温差还是存在的，但允许的饱和水温升率要大得多。

2）内、外壁温差引起的热应力。汽包内外壁温差出现于锅炉进水和锅炉升压过程中。进水时，热水只与汽包内壁接触，外壁接受内壁热流，故其温度低于内壁，从而产生内外壁温差。点火后，随着汽压的上升，饱和温度也升高，同水和蒸汽接触的汽包内壁温度也随之升高；但外壁温度的升高受到金属导热和壁厚的限制，从而造成内、外壁之间的温差。在锅炉稳定运行时，由于汽包金属的导热系数 λ 很大，汽包壁内外的温差较小，热应力也较小，可以略去不计。然而，锅炉在启停或变负荷过程中，由于汽包内的介质温度不断上升，汽包壁内的温差较大，故产生了较大的热应力。内壁温度高，膨胀受阻而产生压应力；外壁温度低，相对内壁力图收缩而承受拉应力。图 6-13（a）表示了启动过程中汽包内外壁温度的分布情况。由图可知，热应力的最大值出现在内、外表面处。图 6-13（b）和（c）表示了内、外壁温差与汽包内介质温升速度对热应力计算值的影响。如图所示，升压速度越快，汽包内、外壁温差及热应力越大，且基本呈线性关系。这是因为在很快的介质温升速度下，内壁热量未来得及传给外壁，饱和温度又升高了，故将引起更大的内、外壁温差。由于汽包内的饱和温升始终伴随着升压过程，所以在整个升压过程中，汽包内、外壁温差始终存在。

汽包壁温差的最大值通常出现于启动之初，其原因一是启动之初，水循环弱、水扰动小，汽包下半部与几乎不动的水接触传热，使汽包下部金属升温慢；二是低压阶段，压力不大的变化会引起饱和温度很大的变化，即引起锅水和蒸汽温度较大的变化，使水、蒸汽对汽包壁的放热量也相应发生较大变化，加大了汽包的上、下壁温差和内外壁温差。

（3）附加应力。

附加应力是指汽包与内部介质质量引起的应力，其数值与以上两种应力相比要小得多，

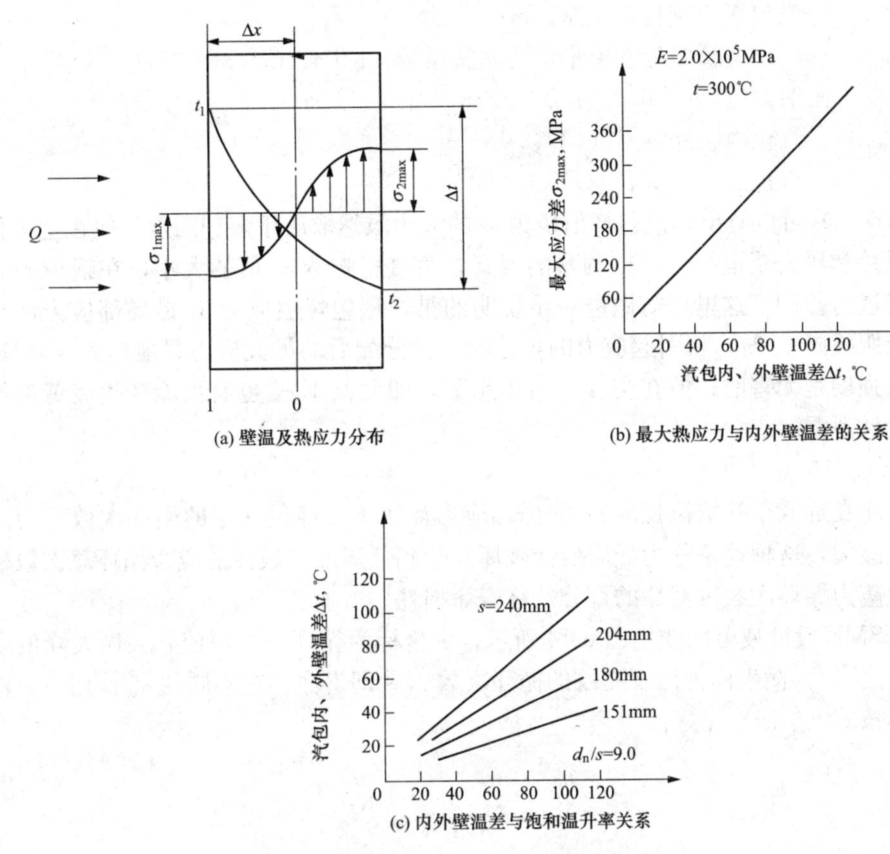

图 6-13　壁温差、热应力、饱和温升率关系

E—弹性模量；t—汽包内介质温度

在非精确计算的情况下可忽略不计。

（4）峰值应力。

锅炉启动过程中汽包内压力产生机械应力，汽包壁温不均产生热应力，还有附加应力，它们叠加以后产生总应力，最大局部应力点称为峰值应力 σ_f 。汽包顶部机械应力和上、下壁温差热应力方向相反，相互抵销；汽包下部机械应力和上、下壁温差热应力方向相同，相互增加。再叠加内、外壁温差引起的热应力及应力集中的作用，峰值应力常出现在大直径下降管孔附近，其大小可按式（6-14）计算：

$$\sigma_f = 3.3\frac{pD}{2s} + 2.0\frac{E(t)\alpha(t)}{(1-\mu)}\Delta t_{nw} - 1.0\times 0.3E(t)\alpha(t)\Delta t_{sx} \tag{6-14}$$

$$\Delta t_{nw} = t_w - t_n$$

$$\Delta t_{sx} = t_s - t_x$$

式中　3.3——孔边机械应力的应力集中系数；

2.0——内、外壁温差热应力的应力集中系数；

−1.0——上、下壁温差热应力的应力集中系数；

0.3——温度沿周界的分布系数；

p——汽包内介质压力，MPa；

D、s——汽包平均直径、壁厚，m；

$E(t)$、$\alpha(t)$——汽包金属的弹性模量、线膨胀系数，MPa、m/(m·℃)；

μ——泊桑比，$\mu=0.25\sim0.33$；

Δt_{nw}——汽包内、外壁温差，℃；

Δt_{sx}——汽包上、下壁温差，℃。

由式（6-14）可以看出，汽包峰值应力 σ_f 的大小虽然取决于多种因素，但在这多种因素中，唯有温差和压力是运行中可以调整的因素，直接影响着 σ_f 值的大小，在锅炉的启动过程中需严格进行控制。这里，需做进一步说明的是，汽包峰值应力 σ_f 是局部应力，当它超过材料的屈服极限 σ_s 时，将引起应力的再分配，再分配后的最大应力只能达到 σ_s，这在稳定压力下对强度是无害的；但在交变应力作用下，即使低于 σ_s 也有可能产生疲劳裂纹，并最终导致元件泄漏。

2. 低周疲劳破坏

汽包金属在远低于其抗拉强度 σ_b 的循环应力作用下，经过一定的循环次数后会产生疲劳裂纹以至破裂，这种现象称为低周疲劳破坏。达到低周疲劳破坏的应力循环总次数称为寿命，运行中应力循环次数占寿命的百分数称寿命损耗。

美国 ASME 设计疲劳曲线如图 6-14 所示，纵坐标为循环应力幅值 σ_p（最大峰值应力与谷值应力差之半），横坐标为出现裂纹的循环次数 N，即寿命。在不同的 σ_p 作用下，汽包的寿命损耗率按式（6-15）计算：

$$\beta=\frac{n_1}{N_1}+\frac{n_2}{N_2}+\cdots+\frac{n_n}{N_n} \tag{6-15}$$

式中　n_1、n_2、…、n_n——各种应力循环的实际循环次数；

N_1、N_2、…、N_n——与各应力循环峰值应力相应的寿命，由低周疲劳曲线查得。

汽包允许的最大寿命损耗率 $\beta\leqslant1.0$。若汽包材料的弹性模量 E 与 ASME 曲线给定值不同，则应由式（6-16）修正：

$$\sigma_{p1}=\frac{E_{SDT}}{E}\sigma_p \tag{6-16}$$

式中　σ_p、σ_{p1}——修正前、后的循环应力幅值，MPa；

E_{SDT}——ASME 曲线给定的弹性模量，MPa；

E——使用材料的弹性模量，MPa。

根据式（6-15），锅炉启停或升降负荷一次的应力循环所产生的寿命损耗率为寿命的倒数，峰值应力（应力幅）越小，N 值越大，一次应力循环的寿命损耗率就越小。例如，在 σ_b 为 551.52MPa、σ_p 为 400MPa 和 200MPa 的两种情况下，由图 6-14 可查得寿命分别为 5000 次和 50000 次，相应寿命损耗率分别为 0.02%和 0.002%。由此可见，为减小启停过程对汽包低周疲劳寿命的损伤，必须严格控制壁温差和峰值应力幅值。

二、汽水分离器启停寿命损耗特性

在直流锅炉中，汽水分离器是很重要的炉外承压部件。其体积庞大，壁厚，耗用的金属量大，造价很高，一旦发生损坏，现场难以修复。汽水分离器在启停过程中也存在着机械应力和热应力，这些交变应力很容易产生疲劳破坏。因此，掌握汽水分离器的启停寿命损耗特性是很有必要的。

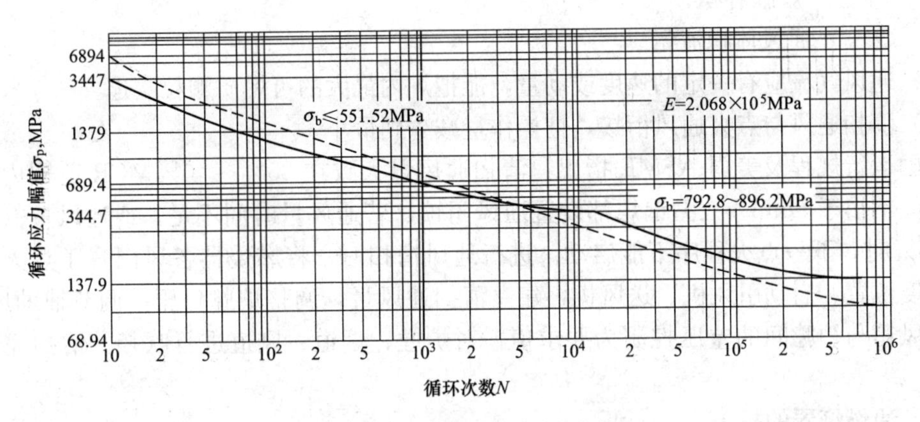

图 6-14　ASME 设计疲劳曲线

目前，汽包的寿命损耗计算体系较为完整，而对于汽水分离器来说，寿命损耗计算方法与汽包类似，但汽水分离器启停应力计算还没有简单方便的经验公式，使用较为普遍的是有限元法。

汽水分离器启停寿命损耗特性的一般研究方法是先对分离器进行有限元分析，通过对启动过程的分析，得出汽水分离器的危险点，即应力最大点，构建模型计算此点的应力值，然后用 ASME 或损伤力学方法计算出低周疲劳损伤。有限元分析是用较简单的问题代替复杂问题后再求解。它将求解域看成是由许多称为有限元的小的互连子域组成，对每一单元假定一个合适的近似解，然后推导求解这个域总的满足条件（如结构的平衡条件），从而得到问题的解。因为实际问题被较简单的问题所代替，所以解不是准确解，而是近似解。由于大多数实际问题难以得到准确解，而有限元不仅计算精度高，而且能适应各种复杂形状，因而成为行之有效的工程分析手段。

第四节　启停过程燃烧特性

大型煤粉锅炉的燃烧方式主要有直流燃烧器四角布置切向燃烧和旋流燃烧器前后墙布置对冲燃烧两种方式。燃煤粉的锅炉在点火和启动初期都燃用轻油或重油以稳定燃烧，带上一定负荷后再逐步投燃煤粉，最后停止燃油全部燃用煤粉。在低负荷时也用燃油助燃以稳定燃烧。锅炉启停过程由点火程控、燃烧自控、炉膛安全保护等装置确保安全经济启动和正常运行。

一、炉膛通风吹扫

无论在何种情况下点火，必须先对炉膛进行通风清扫，除去炉内可能存在的可燃质后才能引燃点火。对于煤粉炉，点火前还应该吹扫一次风管道。

清扫风量和清扫时间的确定原则是：

（1）清扫延续时间内的通风量应能对炉膛进行 3～5 次全量换气。应满足关系式

$$\tau = (3 \sim 5)\frac{V_1}{Q}$$

式中　τ——清扫延续时间；

V_1 ——炉膛容积；

Q ——通风体积流量。

(2) 通风气流应有一定的速度或动量，能把炉内最大的可燃质颗粒吹走。

(3) 清扫通风与点火通风衔接，把操作量减少到最小。

我国运行规程及美国 ASME 指出：清扫通风量大致在 25%～40%MCR 范围内，清扫延续时间不小于 5min。大型锅炉都设置通风闭锁，若通风量时间不足，或通风量低于额定值的 25%时，下一点火程序不能启动。进行通风清扫时，将燃烧器各风门置于点火工况规定的开度位置，启动引风机、送风机，建立清扫通风量，调整炉膛负压，调节辅助风挡板，使得大风箱与炉膛间的差压控制为要求值，对炉膛、烟道、风道进行吹扫。清扫完毕即行点火。

二、油燃烧器的投入

1. 点火

大容量锅炉目前多采用二级点火方式，即高能燃烧器先点燃油枪（轻油或重油），油枪再点燃煤粉燃烧器（主燃烧器）。油枪在启动中用于暖炉及引燃煤粉，低负荷下用于稳燃。点火前须将燃油和蒸汽压力、温度调至规定值，这是保证燃油雾化良好、燃烧正常的关键条件。

点火后 30s 火焰监测器扫描无火焰，则证实点火失败，点火自控系统在自动关闭进油阀后退出油枪，处理后重新点火；炉膛熄火后重新点火，则先进行炉膛通风清扫。

点火后要注意风量的调节和油枪的雾化情况。若火焰呈红色且冒出黑烟，说明风量［尤其是一次风（根部风）量］不足，需要提高一、二次风量；若火星太多或产生油滴，说明雾化不好应提高油压、油温和蒸汽压力，但油压太高会使着火推迟。

在锅炉点火过程中启动引风机、一次风机或排粉机时，自控系统均先关闭它们的出、入口挡板，进行空载启动，目的是将启动电流及其持续时间减至最小。当风机转动起来后（如 40min 后），全开出口挡板并逐渐开启入口挡板，调节风量到需要值。

2. 点火过程配风

现代大型锅炉点火配风推荐“开风门”清扫风量点火方式，即所有燃烧器风门都处于点火工况开度，通风量则为清扫风量（25%～40%MCR 风量）。采用“开风门”清扫风量点火配风方式有如下好处：

(1) 初投燃料通常都小于 30%，所以炉膛处于“富风”状态，能充足提供燃烧所需氧量；

(2) 每个燃烧器的风量都是 MCR 风量的 25%～40%，对点火的燃烧器而言，处于“富燃料”状态，有利于燃料稳定着火；

(3) 炉膛处于清扫通风状态，能不断清除进入炉内未点燃的可燃质，防止它们在炉内积存；

(4) 点火时的燃烧器风门开度、风量都是清扫工况的延续，使运行操作量减至最少；

对于布置旋流燃烧器的炉膛，各燃烧器之间的配合形成空气动力场远不及四角布置直流燃烧器。因此在“富燃料”点火后，仍需要调整风量至正常配风工况，如开大已点燃的燃烧器风门，关小未点燃的燃烧器风门。

3. 油枪投入方式

投用油枪应该由下而上逐步增加，从最低层开始，这有利于降低炉膛上部的烟温。并且每层油枪投入时都接受下层油枪的引燃，着火较快。

投油枪方式，对切圆燃烧锅炉，根据升温、升压控制要求，可一次投同一层四只或一次投同层对角两只，定时切换。对角投入是两只燃烧器投入的最好方式，不仅炉温均匀，且两角互相点燃、利于着火稳定。定时切换则是为了均匀加热炉膛及水冷壁，减轻烟气偏流，保护受热面。切换原则一般为"先投后停"。对冲或前墙布置燃烧器锅炉，可一次投同一层所有油枪或一次投同层间隔油枪，均应顺序对称投入。

4. 初投燃料量

启动初期，油枪逐步投入，稳定在一个燃料量后即不再增加，直至投粉，称此燃料量为初投燃料量。确定初投燃料量时应考虑：

(1) 点火时炉膛温度低，应有足够燃料量燃烧放热，以稳定燃烧；

(2) 增大初投燃料量有利于及早建立正常水循环，缩短启动时间；

(3) 初投燃料量应适应锅炉升温、升压的要求；

(4) 初投燃料量应保证汽轮机冲转、升速、带初负荷所需要的蒸汽量，尽可能避免在汽轮机升速过程中追加燃料量影响汽轮机的升速控制。

在安全运行前提下权衡以上诸因素，一般初投燃料量约为（10%～20%）MCR。自然循环锅炉由于受汽包升压速度的限制，初投燃料量小于直流锅炉。图 6-15 为部分大型锅炉冷态启动初投燃料量的示意。

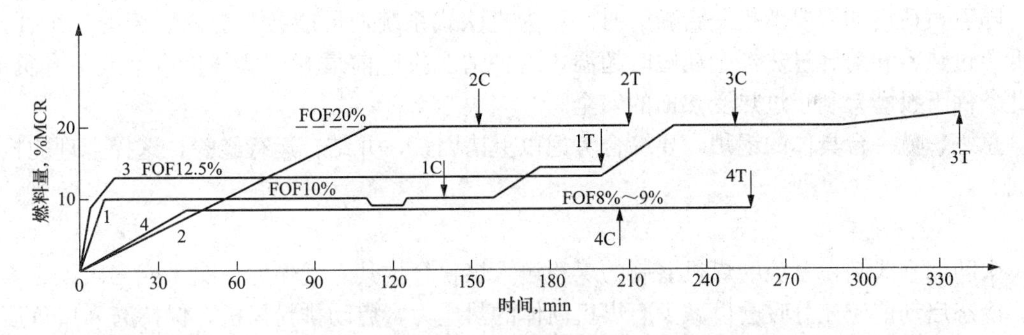

图 6-15　部分大型锅炉冷态启动的初投燃料量

1—2020t/h 亚临界压力自然循环旋流燃烧器煤粉锅炉；2—1900t/h 超临界压力四角布置直流燃烧器煤粉锅炉；3—2208t/h 亚临界压力自然循环旋流燃烧器煤粉锅炉；4—1025t/h 亚临界压力自然循环旋流燃烧器煤粉锅炉

C—冲转；T—投首台磨

若启动系统为一级大旁路，在汽轮机冲转之前，再热器内没有蒸汽通过，其管壁温度可能等于或接近管外烟气的温度，因此在这段时间内，应严格控制炉膛的出口烟温，不得超过限制值（一般规定为 540℃）。即使是二级旁路系统，为防止过热器水塞和蒸汽流量过小引起金属超温，启动初期也应控制燃料量，限制炉膛出口烟温。

三、煤粉燃烧器投入与调节

1. 投粉时机的确定

煤粉的燃烧为非均相燃烧，其着火条件差，点火所需热量一方面来自炉内辐射，另外重要的一方面来自极高温烟气的对流冲刷与掺混。故投粉的时间主要取决于炉温水平。

油枪点燃且运行一段时间后，待过热器后的烟温和热风温度提升到一定数值之后，可启动制粉系统、投煤粉燃烧器。一般要求锅炉带20%以上的额定蒸汽负荷（有相应的燃料量），并要求热空气温度在150℃以上，才允许投粉。不同锅炉要求的投粉时间各不相同，确定投粉时机时主要应考虑以下因素：

（1）煤粉气流的着火稳定性。如果燃煤的挥发分较高，可以早些投粉，否则应晚些。如果热风温度与炉膛出口温度相比上升较快，且已超出规定值（如150℃）较多，此时即使炉膛出口温度未达到规定值，亦可伺机投粉。有的锅炉，最下排燃烧器采用了具有稳燃性能的新型燃烧器（如船型、双通道等），也可早些投粉。

（2）对汽温、汽压的影响。煤粉燃烧器的投入，大大提高了炉膛烧率，而且煤粉的燃尽时间也大于油，故使火焰位置提高，锅炉升压、升温速度有显著的加快。所以，投粉一般选在机组带上部分负荷，锅炉所产蒸汽已可经汽轮机泄放之后进行。这样可使汽压、汽温的上升速度更便于控制。

（3）经济性考虑。早投粉可以节省燃油、降低启动费用。但若投粉过早，则由于炉温尚未升高，煤粉燃烧很慢，炉膛出口飞灰可燃物较大会造成很大的燃烧损失。还可能带到尾部受热面形成二次燃烧。需要比较燃烧损失与燃油量增加的得失未确定投粉时间。

（4）安全性考虑。某超临界压力锅炉投运初期曾发生过由于重油枪油量达不到设计值，产汽量过少使过热器内部汽量分配不均，造成局部汽温偏高。后经过摸索得出应早投磨煤机的结论。

随着负荷增加需要增投一台新磨时，若为直吹式系统，可能会对炉内燃烧有一个冲击，使低温过热器和前屏过热器金属短时超温，这种情况投磨前最好压低升负荷率或不升负荷，在此条件下投磨有利于过热受热面的安全。

总之，就一台具体的锅炉，要综合考虑以上诸因素，并结合运行经验，选择合理的投粉时间。

2. 制粉系统启动

中间储仓式制粉系统磨煤机磨制的煤粉送入煤粉仓，其乏气作为一次风或三次风送入炉膛。冷态启动前应充分暖磨以减少磨煤机筒体的热应力，启动排粉风机，保持磨入口负压为200～400Pa，用磨煤机入口热风门的开度大小来控制磨煤机出口温度，使其均匀上升。当磨煤机出口温度达到规定值之后，启动磨煤机和给煤机进行制粉，同时调节给煤量和通风量（包括再循环风量），使制粉系统转入正常运行状态。给粉机的启动应注意煤粉仓粉位的高低，一般在粉位大于3m时才允许启动给粉机，这不仅可以确保有足够的煤粉量供燃烧之用，还使给粉机进口有一定的粉位压头，给粉机给粉稳定。

直吹式制粉系统磨煤机磨制的煤粉直接送入炉内燃烧，故炉膛允许投煤粉燃烧时才可启动制粉系统。启动时按照启动密封风机、一次风机、暖磨、启动磨煤机、启动给煤机投煤等顺序进行。对于RP磨或HP磨，给煤机启动初期应控制给煤量，如初期给煤量设定值太大，则磨煤机出口煤粉变粗，石子煤量剧增；如初期给煤量设定值太小，则磨辊与磨碗间的煤层太薄，磨煤性能变差；对于MPS磨，因空载时磨辊与磨碗之间没有间隙，故应待磨辊与磨碗之间有煤咬入后，方可启动磨煤机。

制粉系统在启停过程中，磨煤机出口温度不易控制，应注意防止因超温而发生煤粉爆炸事故。故启动磨煤机时，必须将其相应的燃烧器煤粉点火装置投入，以保证每个煤粉燃烧器投运时，煤粉能迅速稳定地着火并防止局部爆燃。对于直吹式系统，当磨煤机台数增加时（负荷增加），应考虑煤粉引燃和稳定燃烧。推荐启动相邻层的磨煤机，以逐步增加进入炉内的煤粉量。

3. 投粉后的调整

投粉后应及时注意煤粉的着火情况和炉膛负压的变化。如投粉不能点燃，应在5s之内立即切断煤粉。如发生灭火，则先启动通风清扫程序，吹扫5min后重新点火。在油枪投入较多而煤粉燃烧器投入较少的情况下，这种监视尤为重要。若投粉后着火不稳，应通过调节风粉比及一、二风比的方法来加以改善。

在投粉初期，风粉比一般应控制得适当小些，这样对着火有利。燃料风与辅助风应同时调整，不使着火点过远。为了保证投粉成功，应保持较高的煤粉浓度，尤其对挥发分低、灰分高的煤更是如此。但最初给煤量总是较小的，而为保持一次风管内的最低一次风速，一次风量又不能太少，为解决这一矛盾，启动时应视需要关闭煤粉喷口的燃料风（周界风）门；对于直吹式制粉系统，可采用暂停一次风的办法，让磨内积聚了一些煤粉后，才开始喷粉。

煤粉投入程序，不论直流式燃烧器还是旋流式燃烧器，如投入一层燃烧器应该投最底层，如投入两层燃烧器应该先投最底层燃烧器再投上层燃烧器。对于切向燃烧直流式燃烧器，每层先投对角两个燃烧器再投另一对角两个燃烧器。每投一个煤粉燃烧器，要配合调整一、二次风，监视炉膛负压和和氧量值，观察炉内的燃烧情况，密切注意火焰检测器信号。投入一个煤粉燃烧器后，确认着火稳定、燃烧正常，才可投入另一个煤粉燃烧器。

直流燃烧器最初投粉时，在投用燃烧器的上方或下方，至少有一层油枪在工作，即始终用油枪点燃煤粉。随着机组升温、升压过程的进行，由下而上增加煤粉燃烧器。当负荷达到60%～70%时可根据着火情况，逐渐切除油枪。

热态或极热态启动时，在锅炉尚未起压以前，尽管过热器、再热器内无蒸汽流过，但炉膛温度可能已经很高，此时必须注意监视炉膛出口温度在540℃以下，以保护过热受热面。

四、油燃烧器的退出

当机组并网后，可视锅炉负荷和炉温情况，逐步切除油枪。切除油枪时应先增加该段油枪所在层的磨煤机（或给粉机）出力至较高值，以提高煤燃烧器出口区域温度。稳定后，将该段油枪关闭。为稳定燃烧，油枪应逐层切除。

油枪切除过程有一个煤、油混烧的过程，经验表明，该过程往往易导致炉膛出口以后受热面的积粉和二次燃烧。因此在燃烧允许的情况下应力求减少煤、油混烧过程延续的时间。

在切除油枪后应注意监视油压变化，在油压自动不能投入的情况下，停运一段油枪后会发生油压波动，须手动调整油压；此外切除过程中注意是否进行了吹扫，如因故障而未进行，则必须人工进行吹扫。

五、某些启动阶段的燃烧率控制

1. 汽包锅炉的洗硅

随着汽压的升高，蒸汽的性质与水接近，其溶盐能力迅速增强。为控制蒸汽品质必须越来越严格地限制锅水中的含硅量。为此，启动中安排几个不同的压力段进行锅水的定压排放，称为洗硅。某600MW亚临界压力机组锅水允许 SiO_2 浓度与汽包压力的关系如图6-16所示。洗硅过程的一个实例如图6-17所示。当压力升至第一压力段（10MPa）时，在该压

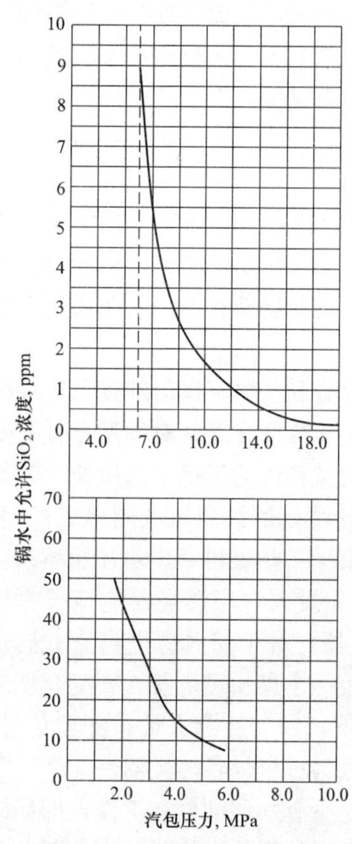

图 6-16 锅水中允许 SiO_2 浓度与汽包压力的关系

力下洗硅，锅水含硅量达到第二压力段（11.8MPa）的标准时，继续将压力升至第二压力段，重复以上洗硅过程。图中的几个压力段分别为 10、11.8、14.7、16.7MPa。在此过程中锅炉应进行相应的燃烧率控制。

2. 直流锅炉的“切分”

外置式分离器直流锅炉从分离器“湿态”运行转入“干态”纯直流运行时，是燃烧率控制的一个关键阶段，该阶段控制不当，很容易引起主蒸汽温度的大幅度波动。这是因为“切分”（切除启动分离器）前燃料量的过多或过少，由于启动分离器水位的存在，对过热汽温的影响并不十分严重。一旦分离器切除进入纯直流运行，如果燃料不能立即与当时的给水流量相一致（即煤水比失调时），将造成主蒸汽温度的较大变化。因此，当汽水分离器失去汽包作用后，应保持给水流量不变，通过调整燃料量，达到并控制适当的中间点温度，然后保持恰当的燃料量与给水量的比例，并辅以减温水调节维持主蒸汽温度稳定。

六、停炉时的低负荷燃烧

正常停炉时，对于中间储仓式制粉系统锅炉，随着负荷的降低，粉位逐渐降低。在粉位比较低的情况下，给粉机下粉是否均匀，是停炉过程中燃烧是否稳定的一个重要因素，此时司炉应经常测量粉位，根据粉位偏差及时调整给粉机的负荷分配，使煤粉仓粉位均匀下降。

随着燃烧率的减少相应减少给粉机的台数。此时煤粉燃烧器要尽量集中，而且对称运行。运行的给粉机的台数减少，应保持较高的转数，这种运行方式也是在低负荷情况下使燃烧稳定的一个具体措施。

切除燃烧器的顺序应按照从上到下的原则依次切除，以保持燃烧稳定，除非对汽温等另有要求；对于直吹式制粉系统，随着各给煤机给煤量的减少，应同时减少相应的风量，使一次风粉浓度保持在不太低的限度内，以使燃烧稳定。为防止汽压波动过大，停一组制粉系统的操作时，要注意其他制粉系统操作的配合，停止减负荷。待磨煤机切除后再以原来降负荷的速度继续降负荷。

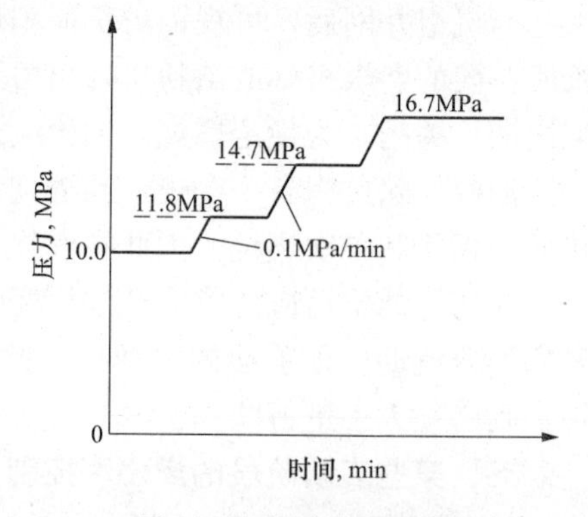

图 6-17 锅炉洗硅过程

低负荷下，为保持入炉热风温度高一些，可调整暖风器的出口风温，或投入热风再循环，并投入点火油枪，以稳定燃烧并减缓低温受热面的腐蚀、堵灰。

随着负荷的降低，燃料量和风量逐渐减少，当负荷降到 30％以下，送风量维持在 35％左右的吹扫风量，直至停炉该风量保持不变。

第七章　汽包锅炉的启停

第一节　自然循环锅炉的启停过程

锅炉的启动方式和所需的时间与锅炉的结构形式、容量、燃料的种类、电厂的热力系统、气候条件及选定的操作方式等有关。

按启动前锅炉所处的冷、热状态不同，可分为冷态启动、温态启动、热态启动以及极热态启动。冷态启动是指锅炉经过检修或较长时间备用后，在没有压力且其温度与环境温度接近的情况下的启动；热态启动是指锅炉经较短时间的停用，还保持有一定的压力和温度情况下的启动；温态启动则指停用时间较长但没有完全冷却的情况下启动。对于汽包锅炉，一般冷态启动需要 6～8h，热态启动时间为 1～2h，温态启动时间视实际冷却程度而介于其间。设有高、低压旁路系统的机组，启动时间可缩短，同时也可减少启动中的工质损失和热量损失。对于直流锅炉，启动时间要短得多。

根据锅炉的启动参数，锅炉启动分为额定参数启动和滑参数启动。母管制锅炉采用额定参数启动；单元制机组锅炉，一般采用滑参数启动。

（1）额定参数启动。

额定参数启动是指启动时，先将锅炉的蒸汽参数提升至额定值，再进行汽轮机的冲转、升速、并列带负荷、升负荷。由于额定参数启动时，采用高参数蒸汽加热管道和汽轮机，使金属零部件产生很大的热应力和热变形，且冲转时蒸汽存在很大的节流损失，因此现代大容量单元机组启动不采用该方式，而采用滑参数启动方式。

（2）滑参数启动。

滑参数联合启动方式是指在锅炉点火、升温升压过程中，利用低参数蒸汽进行暖管、冲转，并随蒸汽参数的提高逐步提高机组的转速，至额定转速时发电机并列带负荷，然后随蒸汽参数的提高进一步提升机组的负荷，当锅炉出口蒸汽参数达到额定状态时，发电机达到额定出力。由于汽轮机的暖管、升速、并列带负荷、升负荷是在蒸汽参数不断变化的情况下进行的，故称为滑参数启动。采用滑参数启动，改善了汽轮机的启动条件，缩短了启动时间，增加了电网调度的灵活性，是目前单元机组启动采用的主要方法。

锅炉停止运行，一般分为正常停炉和事故停炉两种情况。有计划的停炉检修和根据调度命令停掉部分机组转入备用的情况属于正常停炉；由于事故的原因必须停止锅炉运行，称为事故停炉。根据事故的严重程度，需要立即停止锅炉运行时，称为紧急停炉；若事故不甚严重，但为了设备安全又必须在限定时间内停炉时，则称为故障停炉。

正常停炉又分为检修停炉和热备用停炉两种。前者预期停炉时间较长，是为大小修或冷备用而安排的停炉，要求停炉至冷态；后者停炉时间短，是根据负荷调度或紧急抢修的需要而安排的，要求停炉后炉、机金属温度保持较高水平，以便重新启动时，能按热态或极热态方式进行，从而缩短启动时间。

根据停炉过程中蒸汽参数是否变化，又分为滑参数停炉和额定参数停炉两种。滑参数停炉的特点是机、炉联合停运。利用停炉过程中的余热发电和强制冷却机组，这样可使机组的冷却快而均匀。对于停运后需要检修的汽轮机，可缩短从停机到开缸的时间。额定参数停炉的特点是停炉过程参数不变或基本不变，通常用于紧急停炉和热备用停炉。不论采用哪一种停炉方式，汽轮机和发电机也都随之停止运行。

一、自然循环锅炉的启动

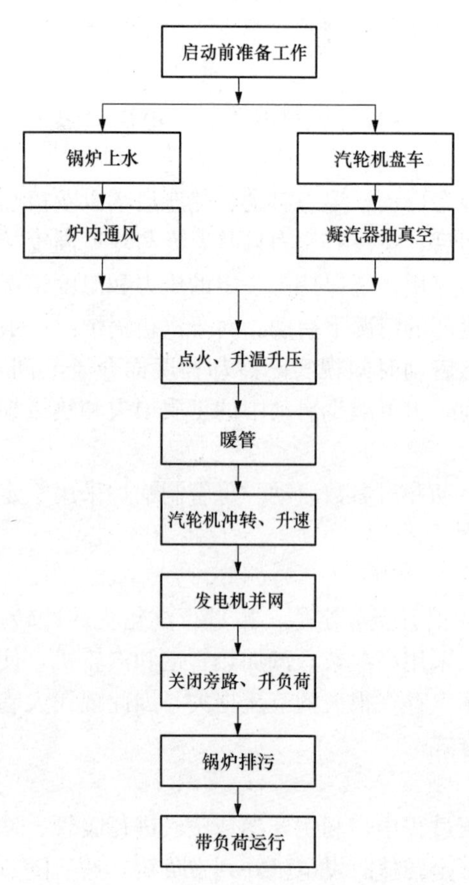

图 7-1 单元机组自然循环锅炉一般启动程序

1. 冷态启动

自然循环汽包锅炉的冷态启动包括启动前准备、锅炉点火、升温升压、汽轮机冲转升速、并网及带初负荷、机组升负荷至额定值等几个阶段。

(1) 启动前准备。

启动准备阶段应对锅炉各系统和设备进行全面检查，并使之处于启动状态；为确保启动过程中的设备安全，所有检测仪表、连锁保护装置（主要是MFT功能、重要辅机连锁跳闸条件）及控制系统（主要包括炉膛安全监控系统和协调控制系统）均经过检查、试验，并全部投入；锅炉上水完成，水位正常；投用水冷壁下联箱蒸汽加热系统直至汽包起压；上水与加热段注意监视汽包上、下壁温；启动回转式空气预热器、投入暖风器或热风再循环以保护空气预热器；开启送、引风机完成炉膛吹扫程序，防止点火爆燃；原煤仓、粉仓已准备好足够煤量；调整炉膛负压，准备点火。

(2) 锅炉点火、升温升压。

锅炉点火首先点燃油燃烧器（油枪），炉温提升后点燃煤粉燃烧器。油枪的点燃从最下排开始，点火前须将燃油和蒸汽的压力、温度调至规定值。点火后注意风量的调节和油枪的雾化情况。逐渐投入更多油枪，建立初级燃料量（汽轮机冲转前所投燃料量）。点火后即开启各级受热面的疏放水阀，用于暖管和放净积水，待积水疏净后即应及时关闭，以免蒸汽短路影响受热面的冷却。过热器出口疏水兼有排放锅炉工质、抑制升压速度的作用，可推迟关闭。

过热器出口疏水门关闭后即投入汽轮机旁路，其开启方式和开度视锅炉升压升温控制的需要而定。点火后的一定时期内，过热器和再热器无蒸汽流量或流量很少，以监视和控制炉膛出口烟温的方法保护受热面和控制燃烧率。若为一级大旁路，则这一控制必须保持到汽轮机进汽之前。点火过程中要注意水冷壁回路的水循环，监视汽包水位和汽包上下、内外壁温差，一旦汽包壁温差超过限值，应立即降低升压速度。锅炉停止给水时应开启省煤器再循环阀，保护省煤器。初投燃料量应保证汽轮机冲转、升压、带初负荷所需要的蒸汽量。通过控制燃烧率和投用受热面旁路、汽轮机旁路等手段控制锅炉出口过热器的升压、升温速度并配备冲转参数。

（3）汽轮机冲转升速、并网及带初负荷。

随着燃烧率的增加，当锅炉出口汽压、汽温升至汽轮机要求的冲转参数时，汽轮机冲转、升速、并网、带初负荷暖机。这一阶段的主要任务是稳定汽压、汽温以满足汽轮机的要求。锅炉除控制燃烧外，主要是利用高、低压旁路，必要时可投入减温手段和过热器疏水阀放汽。汽轮机冲转后，旁路门即逐渐关小，将蒸汽由旁路导向汽轮机，以满足汽轮机冲转直至带初负荷对蒸汽量的需要，避免燃烧作过多调整。通常在初负荷暖机以后，汽轮机调节门开启 90%时，旁路门完全关闭。

（4）机组升负荷至额定值。

机组继续升压升温直至带满负荷。锅炉燃烧主要完成从投粉到断油的过渡。汽轮机带初负荷后，锅炉产汽量已可全部进入汽轮机，炉膛温度和热风温度也已提高到较高数值，易于维持煤粉稳定着火，因此可相继投入制粉系统和煤粉燃烧器，逐渐增加燃料量，加快升负荷。

该阶段中，锅炉燃烧调整是按照升负荷速率控制的要求以及升压、升温曲线进行的。但升负荷速率和升温速率受制于汽轮机而不是锅炉。由于是滑参数启动，所以控制升负荷速率（即燃烧率）也就基本上控制了升压、升温过程。这一阶段，锅炉燃烧率、减温水量（或挡板开度）是改变升压、升温过程的基本手段。当负荷达到 60%～70%时可根据着火情况，逐渐切除油枪。汽温比汽压可能较早的达到额定值，汽压比负荷也可能较早的达到额定值，后者取决于滑参数升负荷时汽轮机调速阀的开度。若汽压先于负荷达到额定值，则应逐渐开大调速汽阀，锅炉继续增加燃料量，在定压情况下将负荷提升到额定值。

单元机组自然循环锅炉的一般启动程序如图 7-1 所示。

2. 热态启动

锅炉的热态启动过程与冷态启动过程基本相同，但热态启动时锅内存有锅水，只需少量进水调整水位。蒸汽管道与锅内都有余压与余温，升温升压与暖管等在现有的压力、温度水平上进行，因而可更快。锅炉点火后要很快启动旁路系统，以较快的速度调整燃烧，避免因锅炉通风吹扫等原因使汽包压力有较大幅度降低。冲转时的进汽参数要适应汽轮机的金属温度水平；冲转前需先投入制粉系统，以满足汽轮机较高冲转参数的要求。冲转时锅炉应达到较高的燃烧率，以保证能使汽轮机负荷及时带至与汽轮机缸温相匹配的水平，避免因燃烧原因使热态启动的机组在冲转、并网、低负荷运行等工况下运行时间拖延，从而造成汽缸温度的下降。机组极热态启动时必须谨慎，启动过程的关键在于协调好锅炉蒸汽温度和汽轮机的金属温度，尽可能避免负偏差，减少汽轮机寿命损耗。

汽轮机启动前后，要采取一切措施防止疏水进入汽轮机。过热器与再热器的出口联箱、后井下联箱及一、二次蒸汽管道上的疏水阀一直保持开启，再热器紧急喷水门则关闭。上述保持开启的阀门有的在冲转以后，有的则在带初负荷以后才能关闭。在此之前视情况可以关小。并网后，当负荷增加到冷态滑参数启动下汽轮机汽缸壁温所对应的负荷工况时，可按冷态滑参数启动曲线进行，直到带满负荷。

二、自然循环锅炉的停运

1. 正常停炉

自然循环锅炉正常停炉至冷却多采用滑参数停炉。其一般步骤包括停炉前准备、减负荷、停止燃烧和降压冷却等几个阶段。

停炉前准备：对锅炉各级受热面进行一次彻底吹灰；中储式制粉系统要控制粉仓粉位，使在停炉过程中能把煤粉烧光；检查启动燃油系统、油温、油压正常；检查有关阀门及旁路系统的状况，做好准备工作。

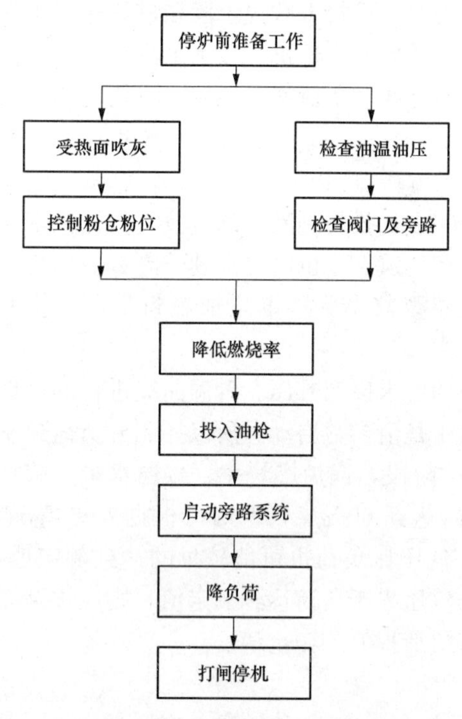

图 7-2 自然循环锅炉的一般停运程序

减负荷：逐步降低锅炉的燃烧率，按照一定的速率（如 1.5%MCR/min）降低机组负荷。随着负荷的降低，汽压和汽温也逐渐下降。各种煤粉燃烧器或磨煤机按照拟定的投停编组方式减弱燃烧。在减弱燃烧的同时可投入相应的油枪，以防止灭火和爆燃。最后完成从燃煤到燃油的切换。随着燃料量的不断减少，送风量也应当减少，但最低风量不应少于总量的 30%。当机组负荷降至某一较低负荷时，启动旁路系统继续降负荷，锅炉可暂停调节燃烧。借助汽轮机调节汽门和旁路汽门的配合调节，汽轮机逐渐降低负荷而机前汽压和汽温保持基本不变，主蒸汽和再热汽都保持有 50℃以上的过热度。锅炉负荷减至 5%左右即可停止燃烧，汽轮机打闸停机。或可继续利用余热所产蒸汽发一小部分电之后停机。自然循环锅炉的一般停运程序如图 7-2 所示。

锅炉停止燃烧后，即进入降压与冷却阶段。这一阶段总的要求是保证锅炉设备的安全，所以要控制好降压与冷却速度。关闭一、二级旁路系统，将过热器、再热器出口联箱各疏水门打开一段时间后关闭，以防止汽压、汽温回升并控制降压与冷却速度。在维持 5～10min 的炉膛吹扫后，停掉送、引风机，并关严炉门和各烟风道风门、档板，以避免停炉后降压冷却过快。何时恢复通风，依停炉目的而定。对停炉热备用的锅炉，不需要通风冷却；正常停炉冷却时，可以进行自然通风；对于紧急抢修的锅炉，应强制通风。回转式空气预热器需待烟温降至规定值以下后才能停止运转。停止上水后，开启省煤器再循环门。根据放水时的压力和温度要求，当锅水温度降至一定值后，可以将锅水放掉。

2. 热备用停炉

对于自然循环汽包锅炉，热备用停炉时应尽量维持较高的锅炉主蒸汽压力和温度。减负荷过程汽轮机调节门逐渐关小以维持主蒸汽压力不变。汽温将随锅炉燃烧率的降低而降低，但应始终保持过热汽温有不低于 50℃的过热度，否则应适当降低主蒸汽压力。机组负荷降至一定值后锅炉熄火，主蒸汽阀关闭。熄火后应紧闭炉门和各烟风道风门、挡板，以免锅炉急剧冷却。但由于熄火时蒸汽参数较高，应监视受热面金属壁温，防止超温。对分离器外置式直流锅炉，热备用停炉时不必投入启动分离器。其余则与正常停炉一样。

3. 事故停炉

(1) 故障停炉。

锅炉本体或关键辅机设备发生故障，如承压部件泄漏、过热器严重超温无法恢复正常、锅炉汽水品质严重恶化、严重结渣等，但还能维持运行一段时间，一般采用逐步减负荷直至炉膛熄火，其步骤与正常停炉相同，但速度要加快。

（2）紧急停炉。

因发生重大事故，如锅炉灭火、炉膛爆炸、大面积爆管、严重缺水或满水及其他危及设备和人身安全的事故等，必须立即停炉。紧急停炉时应立即切断送入炉膛的燃料，关闭锅炉出口的主汽门，开启汽轮机旁路，若汽压升高，则对空排汽。在发生锅炉灭火停炉时，应采取吹扫等措施防止因煤粉在空气预热器内（以及电除尘器）沉积而可能引发的二次燃烧。自然循环锅炉应注意保持汽包内的正常水位并开启省煤器的再循环门。停炉后，在安全范围内加强通风和进水、放水，实现锅炉的快速冷却。

第二节　控制循环锅炉的启停过程

控制循环锅炉是在自然循环汽包锅炉的循环回路中加上循环泵构成的，其结构与自然循环汽包锅炉区别不大，故启停方式与自然循环汽包锅炉基本相同，但因其水循环属强制流动，所以又有一些不同之处。由于多了一套循环泵系统，因此启停中增加了循环泵系统的操作内容。

一、锅水循环泵的启停

1. 锅水循环泵冷却水系统的作用及组成

锅水循环泵电机的定子和转子用耐水的绝缘电缆作为绕组，绕组浸沉在冷却水中，电机运行时产生的热量通过冷却水带走，并且此冷却水通过电机轴承的间隙，因此它既是轴承的润滑剂，又是轴承的冷却介质，该冷却水称之为一次冷却水（也称高压冷却水）。一次冷却水分别取自凝升泵出口的低压水源和给水母管的高压水源。

一次冷却水系统是个闭合的循环回路，冷却水温度升高后，需采用另一股冷却水来把它的热量带走。用来冷却一次冷却水的冷却水，我们称之为二次冷却水（也称低压冷却水）。二次冷却水取自机组公用的轴封冷却水系统，机组轴封冷却水为闭合循环系统，能够实现恒定温度和进、回水稳定差压的自动调节。一、二次冷却水系统见图 7-3。

2. 锅水循环泵的启动（以上锅 1025t/h 锅炉为例）

锅水循环泵启动前应做好检查及一、二次冷却水系统的冲洗和充水工作。对一、二次水系统进行冲洗的过程中应注意各阀门操作的先后次序，待冲洗完毕，经化验水质合格后可分别对二次水系统和一次水系统进行充水投用。

完成上述工作，满足下列条件后可启动锅水循环泵：①汽包上水至＋200mm；②确认锅水循环泵有足够的净正吸入压头后对泵壳进行排空气；③锅炉上水时能保持锅水循环泵连续充水；④高压回路无泄漏；⑤电动机内水温在 20℃，测量电动机的绝缘值大于 200MΩ，可送上电源；⑥二次冷却水流量充足；⑦开启泵出口阀，检查电动机内腔温度泵壳与锅水间的温差值应在规定范围内；⑧检查电动机无异常情况。

锅水循环泵的启动操作步骤如下。

（1）对于大修后启动：①合上锅水循环泵的操作开关，锅水循环泵启动，运行 5s 后，立即停止泵的运行（即为点动泵）。电动机转到全速大约需 1min，如果 5s 后电动机仍不转，应立即按停止按钮，且在 20min 内不准再次启动。在冷却期间，应查找启动失败的原因，

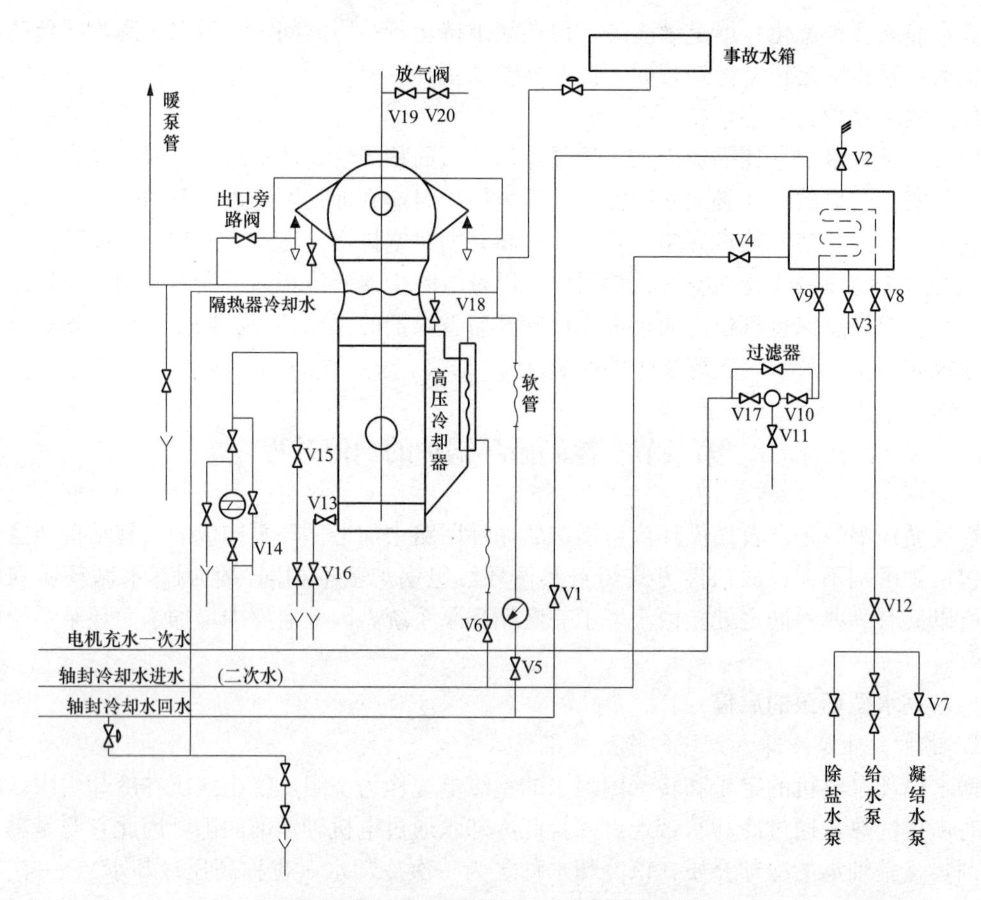

图 7-3　锅水循环泵一、二次冷却水系统

V1、V2、V3、V4—一次冷却器二次水出水阀、空气阀、放水阀和进水阀；V5、V6—高压冷却器二次水侧空气阀、进水阀；V7—一次充水总阀；V8、V9—一次冷却器一次进水阀和出水阀；V10—过滤器入口阀；V11—过滤器放水阀；V12—一次水进水总阀；V13—电动机充水隔绝阀；V14—电动机充水一次门总阀；V15—电动机充水二次阀；V16—电动机放水阀；V17—过滤器出口阀；V18—高压冷却器一次管路空气阀；V19、V20—锅水泵泵体空气阀

予以纠正。②隔 15min 后，再次启动电动机，使锅水泵转 5s，在转动期间检查电流、差压和泵旋转方向。③暂停 15min 后，再次启动电动机运行 20min，在此期间应进行下列检查：振动值大小；有无摩擦声；电动机电流、电压及内腔温度、一次水温是否在正常范围内；电动机法兰、一次冷却水管路及冷却器有无泄漏等。

（2）如果是备用泵启动，只要在确认启动条件成立的情况下，按下列步骤进行。

1）冷态启动。①启动电动机；②按上述锅水循环泵的启动第③条中的要求和项目进行检查；③当锅水所含杂质的浓度达到允许值时，可停止对锅水循环泵电动机的清洗。

2）热态启动。在锅炉已带有压力的情况下启动锅水循环泵时必须使泵在热备用状态下进行启动，在按启动前全面检查各项目之后，按下述要求进行：①打开出口旁路阀以预热泵壳；②启动电动机；③关闭旁路阀。

3. 锅水循环泵的停运

锅水循环泵的正常停运：①将电动机操作开关置“停止”位置（锅水循环泵惰走时间约为

2.5s)；②锅水循环泵停运后，继续保持二次冷却水的正常运行，并监视高压冷却器及隔热器来的二次冷却水的温度，应不超过规定值。如电动机温度不正常升高时应查明原因进行处理。

二、锅水循环泵的正常运行维护

1．锅水循环泵运行中的监视项目

主要监视项目有电动机充水温度、低压冷却水流量和温度、锅水循环泵及电动机振动值、泵壳与锅水温差、锅水循环泵进出口压差和锅水循环泵电动机电流值。

2．锅水循环泵运行中注意事项

（1）为了确保锅水循环泵电动机冷却水不受污染，在下列情况下，锅水循环泵电动机要进行连续充一次水：①锅炉酸洗或水洗时；②电动机高压冷却水有泄漏时；③电动机温度高时；④锅水压力低时。

（2）当锅水循环泵电动机法兰及高压水阀门、管路有泄漏时，泵侧的高温高压锅水将经轴颈间隙倒入电机中，电动机的温度就会不正常地升高，严重时电动机会很快烧坏。这时在进行锅水循环泵电动机高压水冲洗时，要注意充水高压水压力值必须高于锅炉的汽包压力时方能进行充水。若发现高压充水装置跳闸时，应迅速关闭电动机的充水隔绝阀，防止高温高压锅水倒回至低温电机腔内（虽有止回阀，但有时止回阀会失灵或发生泄漏）。

（3）二次冷却水必须保持充足，以保证冷却效果。

（4）一台锅水循环泵运行可带60%MCR负荷，两台循环泵运行可带100%MCR负荷，在点火初期，锅水温度变化较快，为了不使泵壳温度和入口锅水温度之差大于规定值，在点火初期，锅水循环泵应轮换运行。在锅炉冷态下启动锅水循环泵，电动机电流接近额定值，但随着锅炉汽温汽压的升高，电动机电流会逐渐减小。因此锅炉冷态下可投入两台或三台泵运行，以减少锅水循环泵的轮换次数。

三、控制循环锅炉启停特点

控制循环锅炉启停特点如下：

（1）控制循环锅炉在锅水循环泵推动下，整个启动过程中能保持低参数、大流量的水循环，大大改善了加热条件，使汽包受热比较均匀，尤其是汽包采用了夹层结构，水冷壁出来的汽水混合物自上而下流入分离器，因此汽包上下壁温差很小，升温升压率受汽包温差限制，只要符合汽轮机的升温升压要求即可，从而大大缩短了启动时间。

（2）点火时炉膛内热负荷的不均匀不会影响水冷壁的安全。这是因为启动初期的循环倍率较大，管内有足够的水流动，而且锅炉经循环泵混合后进入水冷壁，锅水温度较均匀。因此控制循环锅炉点火启动过程中，无需采取特殊的改善水冷壁受热情况的措施就能保证水冷壁的安全。

（3）因控制循环锅炉领先锅水循环泵对省煤器进行强制循环，由于循环水量大，保护可靠，故在低负荷时省煤器再循环阀可保持全开状态。在25%～30%额定负荷之后，再关闭再循环阀。

（4）锅炉启动前上水时应上至汽包最高可见水位，这是因为在第一台锅水循环泵启动以前，水冷壁出口联箱到汽包这一管段的上部管内是没有工质的，第一台锅炉循环泵启动后，将要由一部分锅水来充满这一管段，然后整个水循环才能连续进行，这样势必造成汽包水位有个陡降，使水位跌至正常水位附近。

（5）因控制循环锅炉的水循环主要是由循环泵提供动力，故运行中汽包水位低一些不会

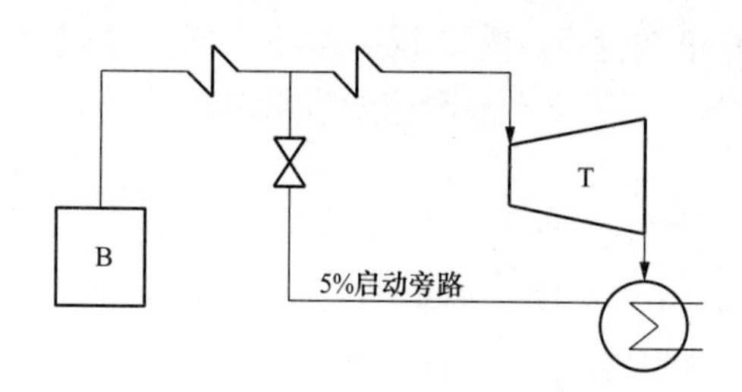

图 7-4 控制循环锅炉 5%启动旁路

影响水循环的安全。

(6) 过热器旁路系统作为锅炉的旁路，启动时通过改变过热器出口的流量来控制汽压、汽温，满足提高运行灵活性、缩短启动时间的要求。过热器旁路系统是在垂直烟道包覆过热器下环形联箱接出一根管路至凝汽器，并在管路上装设控制阀构成(如图 7-4 中的过热器旁路所示)。其设计流量通常为锅炉最大连续负荷的 5%，亦称 5%旁路。开大 5%旁路，可以降低汽压，提高汽温；关小 5%旁路，可以提高汽压，降低汽温。

目前国内引进美国 CE 公司技术制造的控制循环锅炉，在过热器系统中设有一套 5%旁路系统，在启动过程中该旁路全开，直到汽轮发电机组并网后才关闭，起到加快机组启动速度和对过热器系统进行疏水的作用。

第三节 汽包锅炉启停过程的关键问题

一、汽包锅炉启动过程的关键问题

锅炉点火前必须对炉膛和轻油、重油、天然气和输粉管道进行认真吹扫，清除可能残存的可燃物，以防止点火时发生炉内爆燃。炉膛爆燃必须满足三个条件：炉膛或烟道内有一定浓度的燃料和助燃气体积存；积存的燃料和空气混合物达到爆燃的浓度范围，具有易燃易爆性；具有足够的点火能源（例如炉内有明火）。防止爆燃主要是设法防止可燃混合物积存在炉膛或烟道中，所以，防止炉膛爆炸，关键是防止可燃物在炉内积存。

自然循环汽包锅炉在启动初期间断上水，停止给水时，省煤器内局部可能有水汽化，如蒸汽不流动，可能使局部管壁超温。而继续给水时，该处温度会迅速下降，使管壁产生交变热应力。为保护省煤器，在启动初期应注意省煤器再循环的运行。汽包锅炉启停过程中各受热面的安全问题及措施已在第六章中阐述，本节不再重复。

升负荷过程也就是锅炉增加燃烧、增加蒸发量和汽轮机增加进汽、增加输出功率的过程，所以升负荷过程除了要继续控制好金属的升温率外，锅炉要做好给水、汽温和燃烧调节，尤其是控制好炉内燃烧过程，主要应注意以下几个问题：

(1) 严格控制好各点温度。机组并网前，锅炉蒸发量小，易出现受热面流量不均，要控制炉膛出口烟温不得大于规定数值（有的机组规定为 538℃），尤其是采用 5%旁路启动时更应注意。启动过程中要严密监视过热器、再热器壁温，防止超温。严格按启动曲线升温升压，控制主、再热器两侧温差小于 20℃，过热器与再热器汽温差小于 50℃。

(2) 合理控制燃料量。对于采用中间仓储式制粉系统的机组，负荷较小变化时，可采用调整给粉机转速的方法来调节；较大的负荷变化，应采用投/停燃烧器来解决。投入燃烧器前，先要调整好一次风，吹管后再启动给粉机，并开启相应的二次风，观察火焰是否正常。给粉机应保持合理的转速，转速过高，煤粉浓度过高可能产生燃烧不完全；转速太低（尤其是低负荷下炉膛温度不高时）可能着火不稳，发生炉膛灭火。此外，需要注意在太高的转速下，给粉机的给粉量可能会反而下降，调整转速应平稳，任何短时的过量或给粉中断都可能导致灭火。对于直吹式制粉系统机组，负荷响应比中间仓储式系统慢，增加负荷时，可先适当增加磨煤机的通风量，先吹出磨中存粉以适应负荷需要。不管哪种系统，投入燃烧器应尽量保持对称，以防止火焰偏斜，炉内温度场不均匀，引起受热面热偏差，出现局部超温、结渣，甚至爆管。

（3）控制好风量、风速和风率。保持合理的风煤比，合理的一、二、三次风出口风速和风率，是保证正常着火和经济燃烧的必要条件。例如，一次风速过高会推迟着火，过低可能会烧坏喷口，或引起一次风管积粉；二次风速过高、过低都会影响火焰的稳定性。一次风率增大将着火延迟，对低挥发分燃料的燃烧不利，应根据本机组的特性经燃烧试验确定合理的风速和风率。改变燃烧器的配风，还可调整火焰中心位置。例如，减少上排二次风量，增加下排二次风量，可使火焰中心上移。风煤比的确定以满足一定的过量空气系数为前提，应参考氧量指示和火焰颜色进行调整。

（4）控制好燃烧器的运行方式。为保持正确的火焰中心位置，避免火焰偏斜，应使燃烧器尽量分配均匀、对称。在能维持着火和燃烧过程稳定性的前提下，宜尽可能减少每个燃烧器的燃料供给量，采用多燃烧器对称运行方式。燃用挥发分较低的煤粉时，应考虑调整配风率，增加煤粉浓度的运行方式。低负荷时炉内热负荷低，首先要注意燃烧的稳定性，调整燃料和风量要均匀，避免风速波动大，必要时投油助燃。高负荷时，着火和燃烧比较稳定，应考虑燃烧经济和避免因高温结渣。火焰中心的调整应考虑有利于燃料燃尽和降低汽温，停、投或切换燃烧器必须全面考虑对燃烧和汽温的影响。

二、汽包锅炉停炉过程的关键问题

汽包锅炉停炉过程应注意以下几个问题：

（1）在汽包锅炉停炉过程中，应根据滑参数停炉曲线及汽轮机要求控制降温、降压、降负荷速率。严格控制降温、降压速度，不同的阶段蒸汽参数下降速度不同，但应保持降温率始终不大于1～1.5℃/min。开始阶段汽压汽温下降速度可快一些；负荷较低时，汽压汽温的下降速度应缓慢，以保证金属温度平稳变化。汽包上、下壁温差应当小于规定值，否则应当放慢降压、降温速度。

（2）停炉过程中蒸汽参数控制。停运过程中，主蒸汽温度应保持50℃的过热度。保证蒸汽的过热度，以免引起汽轮机水冲击事故。降温降压过程中，应保持主、再热蒸汽温度一致，使主蒸汽与再热蒸汽温差不超过10℃。停机过程不允许汽温大幅度的上升或下降，若汽温在10min内直线下降50℃，要立即打闸停机。若发生故障不能滑停时，可按紧急停运操作进行。待汽轮机打闸后，为保护过热器、再热器，开启一、二级旁路，30min后关闭。

（3）尾部受热面的保护。停炉过程中，随着烟气温度的下降，尾部受热面容易发生低温腐蚀。所以停炉后注意监视排烟温度，并且需要检查尾部烟道，防止自燃。滑停过程中，当煤、油混烧时，空气预热器吹灰应改为连续吹灰，防止积灰。

第四节　汽包锅炉的启停曲线

某660MW机组的德国BABCOCK-2208t/h自然循环锅炉冷态滑参数启动曲线示于图7-5。由曲线可以看出，冷态启动过程经历时间很长（7h），大致可分为三个阶段：

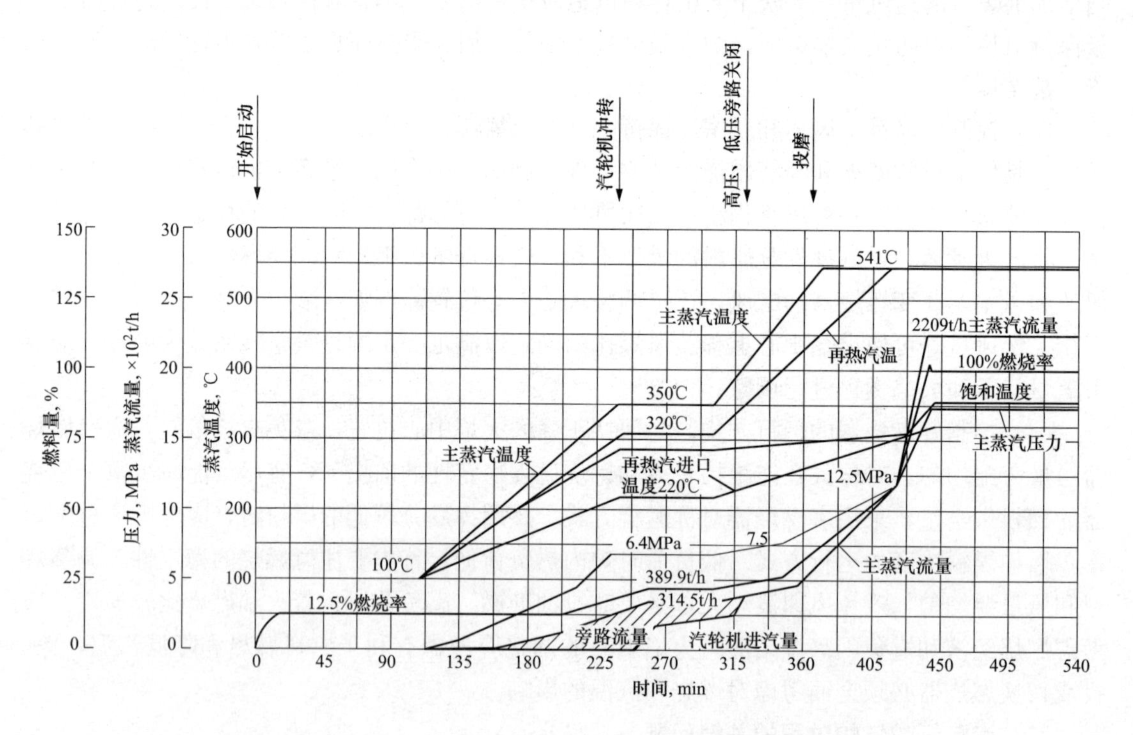

图 7-5 德国 BABCOCK－2208t/h 自然循环锅炉冷态滑参数启动曲线

第一阶段从点火开始逐渐升温、升压直到冲转。从点火到起压需要 100min。从起压到冲转需要 150min。在升压的初始阶段，升压速度很低，1h 内汽压升高仅为 1.1MPa，此阶段升压率只有 0.018MPa/min，以后逐渐加快，冲转前 1h 内汽压升高为 3.6MPa，升压率为 0.06MPa/min。当压力升到 6.4MPa，主蒸汽、再热蒸汽温度按不变速率升到 350℃、320℃时，开始冲转汽轮机。这一阶段，饱和温度的变化率维持 1.3℃/min 左右。

第二阶段是从汽轮机开始冲转到并网（即同步），再继续暖机一段时间。此时高压旁路转为定压控制方式，汽压、汽温维持在稳定值 6.4MPa、350℃/320℃。锅炉燃料量增至 389t/h 后维持不变，汽轮机调节门渐渐开大增加进汽，高压旁路调阀开至最大开度的 50%后逐渐减小、关闭（图中阴影线部分为旁路流量，阴影线以下部分为汽轮机进汽量），机组进行滑压升负荷。这一阶段，汽轮机主要是升速和暖机，需要 1h 左右。但在实际上，根据汽轮机的要求，这一阶段需要的时间可能会长一些。

第三阶段是继续升温升压并增加负荷。汽温比汽压提前达到额定值，汽压与负荷同时达到额定值。这一阶段中，虽然锅炉与汽轮机都要限制温度变化率，但后者的限制更严，所以在时间要求上起了决定作用。这段时间为 2h，占启动总时间的 1/3～1/4。

图 7-6 示出了德国 BABCOCK-2208t/h 锅炉热态和极热态化参数启动曲线。由图可见，不同启动状态选定了不同的冲转参数。由于热态启动时锅炉部件温度较高且温升幅度较小，故允许的升压、升温速度比冷态启动快得多，且整个启动时间大为缩短。热态、极热态的启动时间分别为 1.5h 和 1.2h。

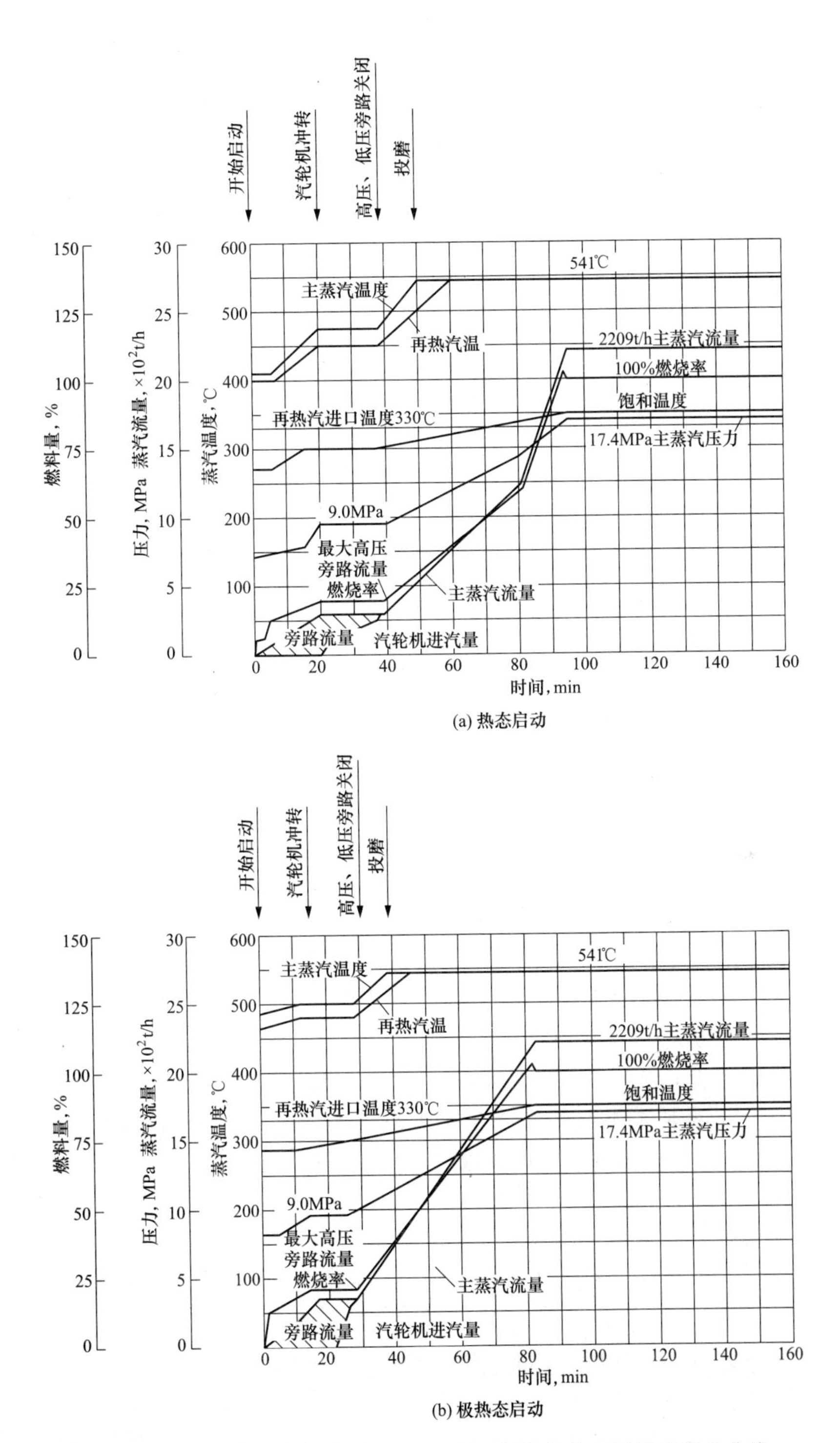

(a) 热态启动

(b) 极热态启动

图 7-6　德国 BABCOCK-2208t/自然循环锅炉热态和极热态启动曲线

第八章　超临界压力锅炉启停

第一节　超临界压力锅炉启动旁路系统

直流锅炉的汽轮机旁路系统与汽包锅炉单元机组相同。但锅炉旁路系统则完全是针对直流锅炉的启动特点（主要是建立启动流量、汽水分离和工质膨胀等）而专门设计的。它的关键设备是启动分离器。启动分离器的作用是在启动过程中分离汽水以维持水冷壁启动流量的循环，同时向过热器系统提供蒸汽并回收疏水的热量和工质。

根据实际需要，启动系统还可设置保护再热器的汽轮机旁路系统。但近年来为了简化启动系统，实现系统的快速、经济启动，并简化启动操作，有的启动系统不再设置保护再热器的旁路系统，而以控制再热器的进口烟温和提高再热器的金属材料的档次，保证再热器的安全运行。

一、启动系统的作用

启动系统的作用如下：

（1）保持直流锅炉在启动过程中必要的锅水循环，尤其是保证水冷壁的足够冷却和水动力的稳定性。

（2）实现工质和热量的回收，主要针对锅炉启动初期排出的热水、汽水混合物、饱和蒸汽以及过热度不足的过热蒸汽。

（3）实现锅炉各受热面之间和锅炉与汽轮机之间工质状态的配合。

（4）配合汽轮机旁路系统保护再热器。

（5）有适当的回路进行启动前的清洗工作，保证锅炉和汽轮机的安全。

（6）满足机组安全、快速、可控地启停。

二、启动系统的分类

美国、俄罗斯、瑞士以及日本等世界各国所采用的直流锅炉启动系统不尽相同，若按分离器正常运行时分离器是否参与系统工作，可以分为：内置式分离器启动系统（Internal separator startup system）和外置式分离器启动系统（External separator startup system）两种。

1．内置式分离器启动系统

内置式分离器一般用于螺旋管圈型直流锅炉，分离器与水冷壁、过热器之间没有任何阀门。从水冷壁出来的汽水混合物在分离器中分离，蒸汽被送进过热器，分离器疏水被回收，热量排入大气。若从水冷壁出来的全部是蒸汽，通过分离器送入过热器，这时分离器仅起连接通道作用。

根据分离器疏水系统的不同又可将内置式分离器分为扩容式、疏水热交换式及带再循环泵的内置式分离器3种。对其进行简单比较（见图8-1），可以看出疏水热交换式和带再循环泵的启动系统具有良好的极低负荷运行和频繁启动特性，适用于带中间负荷或两班制运行；扩容式（大气式和非大气式）低负荷和频繁启停特性较差，但初投资较前者少，适用于带基本负荷的电厂。

	大气扩容器	非大气扩容器	疏水热交换器	再循环泵
系统	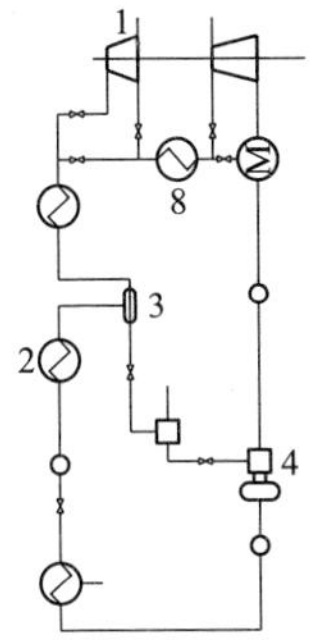	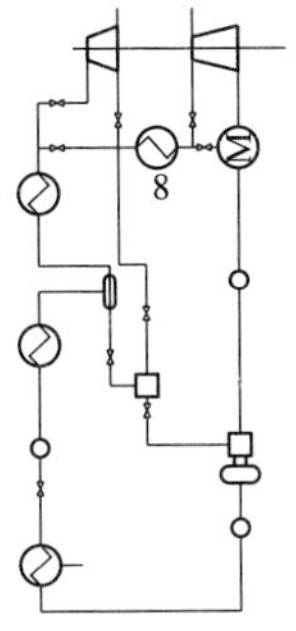	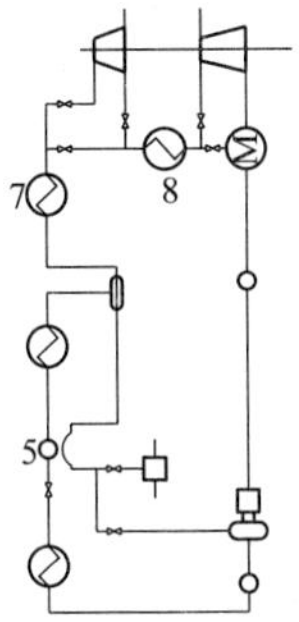	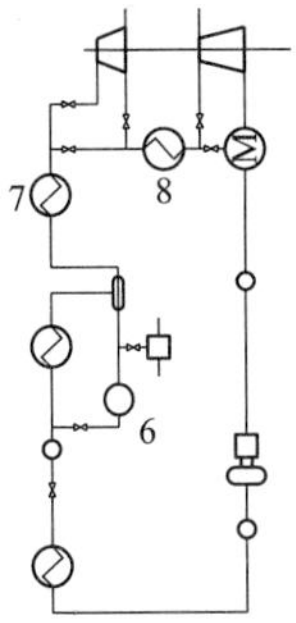
低负荷	差	差	中	良
频繁启停	差	中	良	良
投资	良	良	中	中

图 8-1　几种内置式分离器启动系统的比较

1—汽轮机；2— 炉膛；3— 分离器；4— 扩容器；5—启动疏水热交换器；6—再循环泵；7—过热器；8—再热器

（1）带再循环泵的启动系统。

通过再循环泵将分离器疏水打回给水系统，减少给水流量。若疏水不合格时可送入凝汽器或通过扩容器排放。这种启动系统适用于低负荷运行或具有频繁启动特性的机组使用，在系统中根据再循环泵与锅炉给水泵的布置分为并联和串联两种布置方式。两者的简单比较见图 8-2。

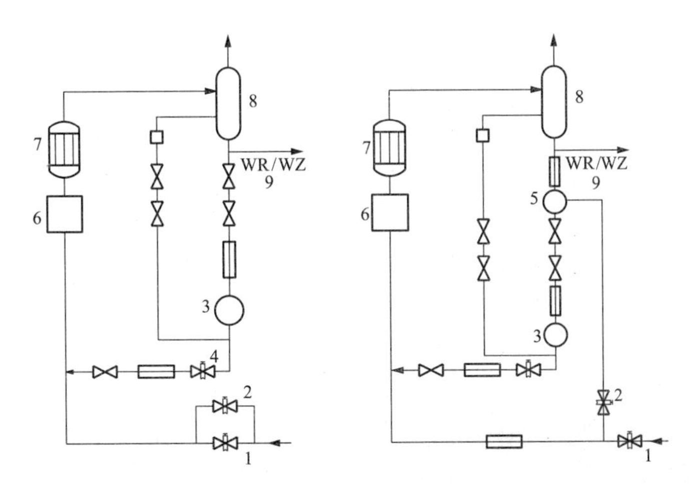

图 8-2　两种再循环泵启动系统的布置

1—给水调节阀；2— 旁路给水调节阀；3— 再循环泵；4— 流量调节泵；5—混合器；6—省煤器；7—水冷壁；8— 启动分离器；9— 疏水和水位调节阀

再循环泵与锅炉给水泵并联布置方式不仅可用于变压运行的超临界压力机组启动系统中，还可应用于亚临界压力机组部分负荷或全负荷复合循环（又称低倍率直流锅炉）的启动系统中。

（2）带扩容器的启动系统（大气式和非大气式）。

这种启动系统初期投资较少，不适合以极低负荷运行或频繁启停的机组，否则将有较大的热损失和凝结水损失。特别是带大气式扩容器的启动系统，汽水分离器中压力较高的疏水进入压力为大气压的扩容器后，扩容为压力为一个大气压的饱和蒸汽与饱和水，前者直接排入大气，造成启动过程中比较大的工质和热量损失。由 SULZER 公司设计的上海石洞口第二电厂 2×600MW 超临界压力直流锅炉的锅炉启动系统（见图 8-3）便采用了大气扩容器。

由图 8-3 可见锅炉启动系统主要由除氧器、启动分离器、给水泵、大气式扩容器、高压加热器、疏水回收箱、疏水回收泵、冷凝器等组成。过热器出口不安装安全阀门，再热器进出口安装 100%容量的安全阀门。汽轮机旁路系统由 100%MCR 容量的高压系统和 65% MCR 容量的低压旁路组成。高压旁路运行由 SULZER 公司 AV6 高压旁路控制系统控制，低压旁路运行则由 ABB 公司 PROCONTROLP 低压旁路控制系统控制。

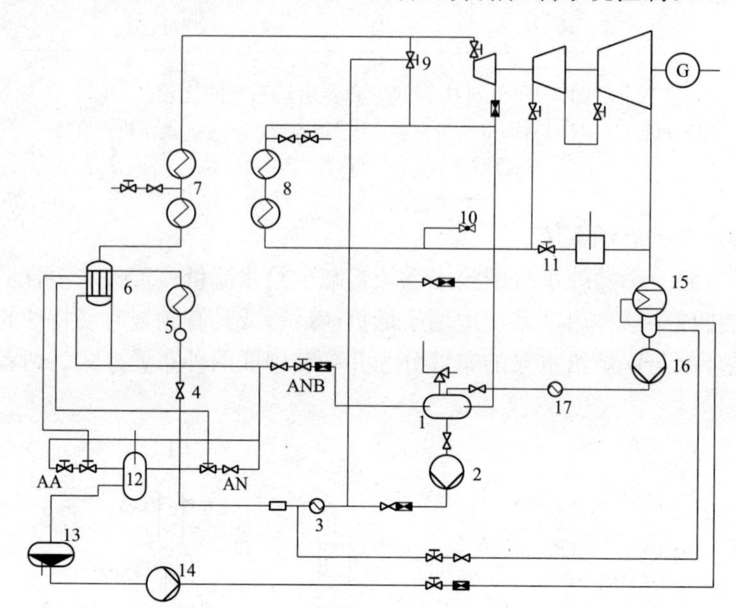

图 8-3 石洞口二厂 2×600MW 超临界压力直流锅炉的启动系统

1—除氧器水箱；2— 给水泵；3—高压加热器；4— 给水调节阀；5— 省煤器；6—启动分离器；7— 过热器；8—再热器；9—高压旁路阀；10— 再热器安全阀；11—低压旁路阀；12—大气式扩容器；13—疏水回收箱；14—疏水回收泵；15—冷凝器；16—凝水泵；17—低压加热器

启动过程中，当汽水分离器处于湿态运行时，汽水分离器疏水一部分经 ANB 阀流入除氧器进行工质和热量的回收；另一部分经 AN 阀、AA 阀流入大气式扩容器扩容成饱和蒸汽直接排入大气，剩下的饱和水流入疏水箱。随着燃料投放量的增加，水冷壁出口工质成为微过热蒸汽，汽水分离器转入干态运行，此时 AA 阀、AN 阀及 ANB 阀成关闭状态，锅炉为直流运行方式。

1）系统功能。保证各种启动工况（冷态、温态、热态）所要求的汽轮机冲转参数。采用的100%MCR高压旁路和65%MCR的低压旁路，再加上100%MCR容量的再热器进出口安全门，能够满足各种事故工况处理，允许在低负荷下运行。

2）ANB、AN、AA阀的设计原则。

AA阀：在冷态、温态启动和水质不合格时将汽水分离器中产生的疏水排至大气扩容器中；防止汽水分离器满水，保护过热器及汽轮机的安全。

AN阀：辅助AA阀排放疏水；当AA阀关闭后，由ANB阀和AN阀共同排放分离器疏水，并控制水位。

ANB阀：在锅炉最低稳定负荷时，能将分离器疏水送入除氧器水箱回收工质和热量，保持分离器最低水位。

AA阀、AN阀和ANB阀的开度均受汽水分离器水位控制，当除氧器压力过大或汽水分离器压力过大时，还要关闭ANB阀，以减少进入除氧器的热量。

（3）带疏水热交换器的启动系统。

我国平顶山姚孟电厂3、4号机组上所采用的就是SULZER公司设计的第一代带疏水热交换器的启动系统，见图8-4。由图可见，启动过程中汽水分离器的疏水通过启动疏水热交换器后分为两路：一路经ANB阀（汽水分离器水位控制旁路阀）流入除氧器水箱；而另一路经过并联的AN阀（汽水分离器水位控制阀）和AA阀（汽水分离器疏水阀）流入冷凝器之前的疏水箱并进入冷凝器。在启动疏水热交换器中，进入省煤器及水冷壁的给水与吸收了烟气热量的汽水分离器疏水进行热交换，从而减少了疏水热损失。

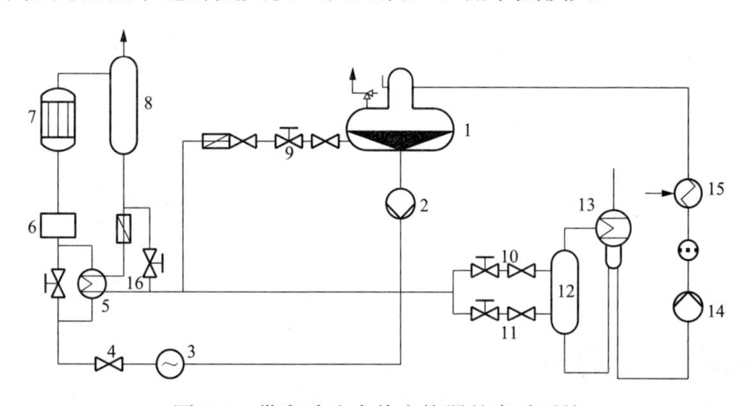

图8-4　带启动疏水热交换器的启动系统

1—除氧器水箱；2—给水泵；3—高压加热器；4—给水调节阀；5—启动疏水热交换器；6—省煤器；7—水冷壁；8—启动分离器；9—分离器水位控制旁路阀（ANB阀）；10—分离器水位控制阀（AN阀）；11—分离器疏水阀（AA阀）；12—疏水回收箱；13—冷凝器；14—凝水泵；15—低压加热器；16—旁路隔绝阀

主要阀门的功能如下：

1）ANB阀：回收工质和热量，即在冷态启动工况下，只要水质合格并满足阀门开启条件，即可将汽水分离器疏水通过ANB阀送入除氧器。ANB阀同时保证汽水分离器最低水位。

2）ANB+AN阀：在温态和热态下排放汽水分离器疏水。如果水质达不到规定值而不能进入给水箱，此时由AN阀单独排至冷凝器。

3）AA 阀：在冷态（无压启动）和温态（水质不合格）时能将汽水分离器的疏水排至冷凝器。

有一点要特别注意，压力很高的启动分离器与低压运行的除氧器仅用 ANB 阀和电动隔绝阀隔开，一旦出现误操作或阀门泄漏，会严重危及除氧器等设备的安全。石洞口二厂采取了在 ANB 阀关闭后，立即切除电动隔离阀电源的方法来防止危险发生。另外，此系统只能回收 ANB 阀排出的疏水热量却无法回收 AA 阀、AN 阀排出的疏水热量，故工质热损失比较大。

2. 外置式分离器启动系统

图 8-5 为 1000t/h 亚临界压力直流锅炉外置式启动旁路系统的示意。这种系统的启动分离器放在低温过热器和高温过热器之间。机组启动时，低温过热器出口门 25、26 关闭，工质经水冷壁、包覆管、低温过热器之后，进入启动分离器，也可以提前经启动调节门 21 进入启动分离器，在分离器中汽、水分离。汽的出路有：去过热器、去再热器、去高压加热器、去除氧器、去凝汽器。水的出路有：去除氧气、去凝汽器、去地沟。

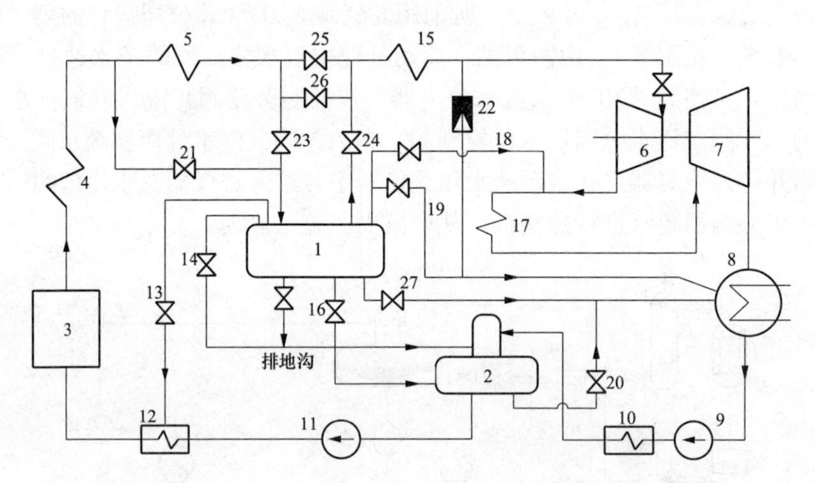

图 8-5　1000t/h 亚临界压力直流锅炉外置式启动旁路系统

1—启动分离器；2—除氧器；3—锅炉；4—水冷壁、顶部过热器、包覆过热器；5—低温过热器；6—汽轮机高压缸；7—汽轮机中低压缸；8—凝汽器；9—凝升泵；10—低压加热器；11—给水泵；12—高压加热器；13—分离器至高压加热器的汽管路；14—分离器至除氧器的汽管路；15—高温过热器；16—分离器至除氧器的水管路；17—再热器；18—分离器至再热器的汽管路；19—分离器至凝汽器的汽管路；20—除氧器至凝汽器的放水门；21—启动调节门；22—大旁路；23 低温过热器出口入分离器的调节门；24—分离器出口入高温过热器的通汽门；25—低温过热器出口门；26—低温过热器出口门的旁路门；27—分离器至凝汽器的水管路

借助调节门 21 或 23 的节流，可使启动分离器的压力低于锅炉本体（指分离器之前的受热面）的压力，这样，本体保持高的启动压力有利于水动力稳定并减小工质的膨胀量，而启动分离器内的压力（即输出蒸汽的压力）则可灵活地根据汽轮机进汽参数要求和工质排放能力加以调节。

外置式分离器启动系统解决了锅炉、汽轮机对启动工况不同要求的矛盾，它既能保证锅炉的启动压力和启动流量，又能送给汽轮机一定流量、压力和温度的蒸汽，同时还能回收启动中排放的工质和能量。该系统的缺点是锅炉汽温较难控制；水冷壁工质在启动阶段一直处于高压状态；不适宜快速启停。由于其系统复杂，运行维护难度较大，目前国内直流锅炉的启动系统大多数采用内置式分离器启动系统。接下来的内容主要是围绕加装内置式启动系统的机组来讨论。

3. 汽水分离器水位调节与运行参数

汽水分离器水位的调节主要是通过锅炉的储水罐或阀门来调节的。

以阀门为主调节的汽水分离器水位随负荷的变化特性如图 8-6 所示。当机组负荷超过 500MW 时，汽水分离器的工作压力达到 22.5MPa，工质温度达到 401℃。汽水分离器的工质温度已经跨过临界压力的相变点，不能分辨汽和水，此时分离器的水位指示实际上已经失去意义。水位指示将逐渐上升，达到满水位。

汽水分离器工作压力与工质温度的关系如图 8-7 所示，汽水分离器工质温度与负荷的关系如图 8-8 所示，汽水分离器工作压力与负荷的关系如图 8-9 所示。

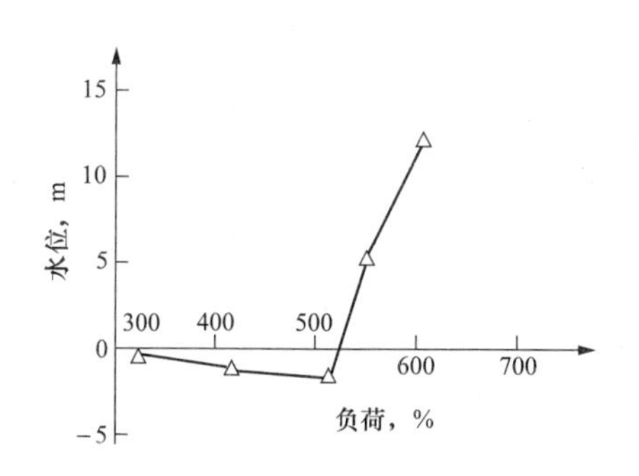

图 8-6　汽水分离器水位随负荷的变化特性

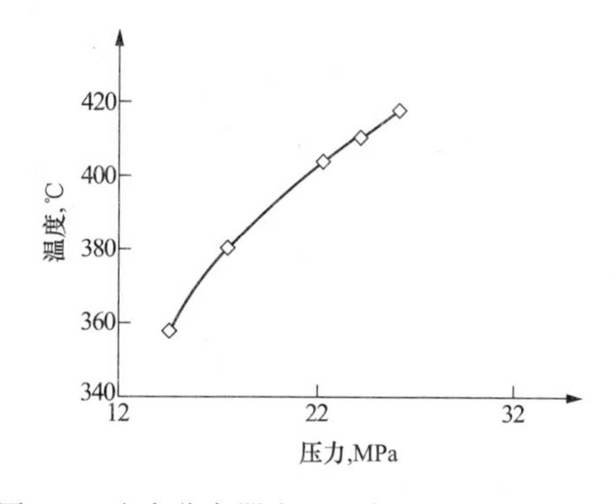

图 8-7　汽水分离器出口温度和压力的对应关系

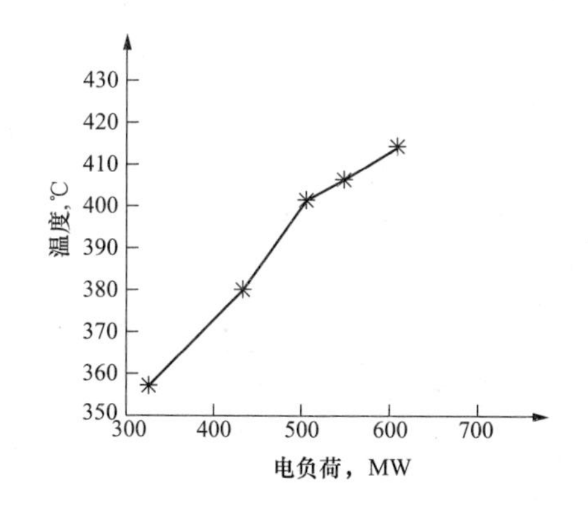

图 8-8　汽水分离器工质温度与负荷的关系

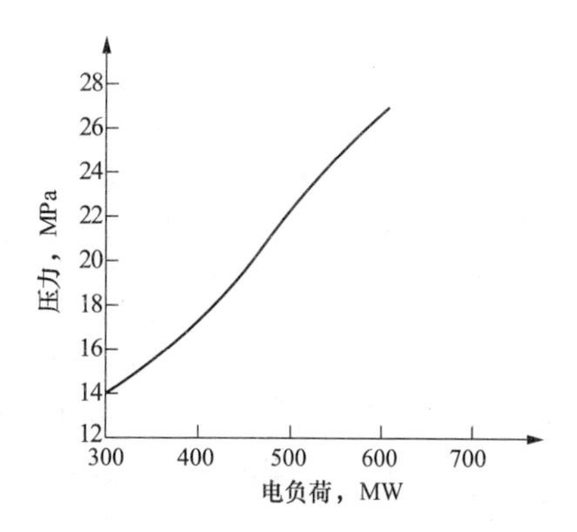

图 8-9　汽水分离器工作压力与负荷的关系

不同形式的启动系统，采用不同的启动和停运的操作方式。直流锅炉的启动和停运操作的实际过程比较复杂，其详细内容可参看有关机组的运行规程。

第二节 超临界压力直流锅炉启动过程

一、启动前清洗

与汽包锅炉不同，直流锅炉给水中的杂质不能通过排污加以排除，其去向有两个：小部分溶解于过热蒸汽带出锅炉，其余部分则都沉积在锅炉的受热面上。因此，直流锅炉除了对给水品质要求极其严格以外，启动阶段还要进行冷态和热态的清洗，以便确保受热面内部的清洁和传热安全。

在锅炉点火前，隔绝汽轮机本体，机组作低压系统清洗（通称小循环）和高压系统清洗（通称大循环）。小循环流程为：凝汽器—凝结水泵—低压加热器—除氧器—凝汽器。大循环流程为：凝汽器—凝结水泵—低压加热器—除氧器—给水泵—高压加热器—省煤器—水冷壁—炉顶包覆管过热器—启动分离器—凝汽器。一般要求分离器出口水质含铁量大于500μg/L时进行排放，小于500μg/L时进行回收利用，含铁量小于100μg/L时结束清洗。

二、启动流量、压力的建立

由于直流锅炉没有自然循环回路，所以冷却受热面的方法是从点火开始就不间断地上水，并保持一定的压力与流量。直流锅炉受热面中，工质的稳定流动必须依靠具有一定压力水头的给水，因此在锅炉点火之前就必须建立一个足够高的启动压力。启动压力的选择与水动力稳定性、膨胀现象、分离器进口阀的性能有关。为了确保直流锅炉受热面在启动时的冷却要求，锅炉应保持足够大的启动流量。在一定的启动压力下，启动流量越大，则流经受热面的流速越大。这对受热面的冷却、水动力稳定性以及防止汽水分层都有好处。但启动流量大导致启动时间延长，工质损失及热量损失也将增加。此外，启动旁路系统的设计容量也要加大，使设备投资费用增加。相反，如果启动流量过小，则受热面的冷却及工质流动的稳定性将得不到保证。因此，选择的原则是在受热面能得到可靠冷却的前提下，启动流量尽量选得小些。

当启动流量一定时，启动压力高，则汽水密度差小，对改善水动力特性，防止脉动、停滞及减少启动时的汽水膨胀量等有利。但启动压力高将使给水泵耗电量增大。

直流锅炉的启动流量由水冷壁安全质量流速决定。机组启动时，可调节电动给水泵的转速，维持一定的给水流量，调节给水旁路门开度保持给水泵出口的安全压力。

三、锅炉点火、升温升压

在锅炉点火前，应将引风机和送风机投入，维持炉膛负压。点火前总风量通常为35%额定风量，吹扫炉膛时间不少于5min。在点火初期，过热器和再热器内尚无蒸汽通过，要根据钢材限制这两个受热面前的烟温，同时还需控制管系的升温速度，因此，要以低燃烧率维持一段时间。

对于采用旋流燃烧器的机组，用燃油升温升压期间，因没有一次风投入，可能因油火嘴根部风量不足而影响燃油燃烧效果。这时可以适当提高炉膛负压，并打开对应燃烧器一次风的冷却风门，让风从一次风管“漏”入炉内以保证燃油有效燃烧。

启动分离器内最初无压，随着燃料量的增加，当启动分离器中有蒸汽时，即开始升压。随着继续增加燃料量，分离器内的压力逐渐升高，由启动分离器和高温过热器出口联箱的内、外壁温差决定着直流锅炉的升压速度。

四、热态清洗

随着工质温度上升，工质中的含铁量增加，如果含铁量超过100μg/L（酸洗后或试运间很有可能），则必须进行回路中管系的热态清洗。热态清洗结束时，省煤器进口水的含铁量应小于50μg/L。

五、旁路系统的运行与升温升压

在机组启动阶段，高压旁路不仅是蒸汽的通道，而且也是控制升压过程的一个重要装置。高压旁路有启动阶段、定压阶段和滑压阶段。每个阶段中，高压旁路按不同的方式工作。

锅炉点火前，高、低压旁路系统必须投入并保持正确位置。将高压旁路的最大和最小阀位设置好。最大阀位设定开度应能满足锅炉启动时35%额定流量的要求，最小阀位设定应满足再热器有一定的蒸汽流量。选择“启动方式”和投入“自动”后，高压旁路阀门将被强制开启并保持在最小开度。在“启动方式”运行状态下，当主蒸汽压力达最低压力且高压旁路减压阀达到设定的开度后，主蒸汽压力设定值随主蒸汽压力上升而增加，即进入“滑压方式”。这一阶段，是用控制升压的速度来控制升温速度的。当压力变化率高于设定值时，旁路减压阀开大，以防止压力和温度变化率过高。随着燃料量逐渐增加，主蒸汽压力达到冲转压力，高压旁路自动转入“定压方式”。高压旁路自动维持稳定的冲转压力，而锅炉调整燃烧使主蒸汽温度参数满足汽轮机冲转的要求。

在锅炉点火前应将低压旁路投入自动位置，低压旁路调节阀自动开启并维持最小开度，以保证再热器的冷却。随着燃料量的增加，低压旁路开始进入维持最小再热器压力控制方式，低压旁路调节阀开度随再热器通汽量增大而开大。锅炉点火后到汽轮机开始冲转之前，系统为纯旁路运行，锅炉产生的蒸汽全部经过高压旁路、再热器和低压旁路，最终排入凝汽器。

如前所述，超临界压力机组过热汽温具有辐射特性，加之启动过程中，因汽水分离器里疏水量大而过热蒸汽流量小，在升温升压过程中存在着主蒸汽汽温超温问题。启动过程中，如用喷水使过热器减温，应注意喷水量不能太大，以防喷水不能全部蒸发而积在过热器管内，形成水塞从而引起超温，或将水带入汽轮机。

六、汽轮机冲转、暖机带初负荷

调节燃料量，锅炉继续升温升压。当蒸汽温度、压力均达到冲转参数时便可冲转汽轮机，并在规定转速下暖机。随着汽轮机升速，需要的进汽量增多，转速升高的过程也是汽轮机各部分金属温度升高的过程，所以要保证转速均匀升高。转速升至3000r/min，机组并网，并且带初负荷。机组并网后，旁路控制系统仍然维持主蒸汽压力为冲转压力。随着机组升负荷，汽轮机高压调节汽门逐步开大，高压旁路逐步关小，将旁通蒸汽转移到高压缸。高压旁路关闭后，DEH可以投入遥控，由汽轮机主控调节汽轮机调节汽门的开度来稳定主蒸汽压力。

七、汽水分离器的干湿态转换

锅炉启动时，保证直流锅炉水冷壁的最小流量，即启动流量运行。只要锅炉产汽量低于启动流量，就会有剩余的饱和水经汽水分离器和储水罐排入凝汽器。也就是说，只要锅炉产汽量低于启动流量，进入汽水分离器的就是饱和水与饱和汽的混合物，分离器在有水的状态下运行，称为湿态运行。此时给水控制方法为分离器储水罐水位控制和最小给水流量控制，

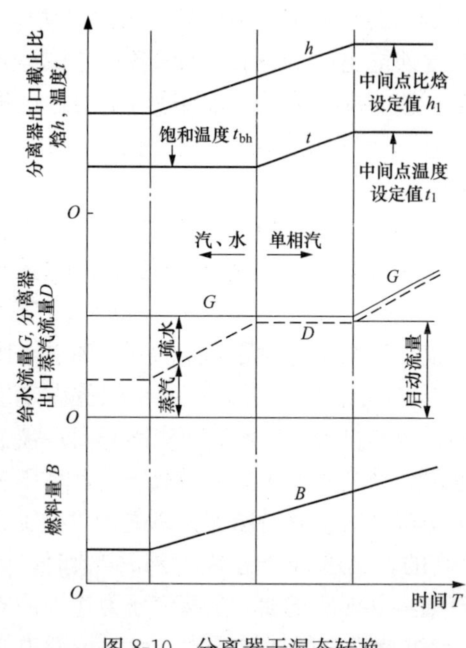

图 8-10　分离器干湿态转换

类似于汽包锅炉给水控制。当机组负荷上升到锅炉蒸发量等于最小给水流量时，进入汽水分离器的是干饱和蒸汽或微过热蒸汽，分离器在无水的状态下运行，称为干态运行，为直流运行方式。此后采用煤水比控制给水流量，即根据燃料量决定给水流量，并用中间点温度作为煤水比的校正信号。分离器干、湿态转换如图 8-10 所示。

锅炉的干、湿态转换宜平稳进行，因为直流锅炉的过热蒸汽温度与给水流量有十分密切的关系，若转换不好，易引起过热汽温剧烈波动。要平稳地实现转换，应首先稳步增加燃料量，而保持给水流量基本不变，提高水冷壁的蒸发量，使分离器进入干态运行。进入干态运行初期，分离器出口蒸汽过热度还很低时，给水流量和燃料量扰动很容易使系统返回湿态。因为湿态时，给水流量等于蒸汽流量加分离器疏水流量，有一部分热量要由疏水损失掉；干态时，给水流量等于蒸汽流量。故在同样的燃烧率下，由湿态进入干态后，主蒸汽压力和负荷都要升高。但是，如果煤水比失配，一旦由干态返回湿态，又有部分热量经疏水损失，必然引起主蒸汽压力和机组负荷下降。而压力下降又引起给水流量自发增加，导致水冷壁汽水温度下降、锅炉蒸发量相对下降，疏水量增加，蒸汽流量下降，过热汽温上升。这可以看成是一个正反馈过程。这将使压力、温度和负荷产生大幅波动，使水冷壁金属和蒸汽温度经历一次交变，对锅炉的安全运行是不利的。

所以这期间必须平稳控制好燃料量和给水量，应尽量保持给水流量稳定，特别要防止有关操作引起给水流量的大幅波动，并使燃料量适当多于给水量，以平稳度过过渡期。在分离器温度具有一定过热度后，就可以利用给水控制系统来调节煤水比了。对于 600MW 超临界压力机组，一般负荷在 150～200MW 期间转为干态运行。

八、升负荷至额定值

在负荷升至 35%MCR 左右，转入纯直流运行。分离器切换到干态运行，自动控制由分离器水位控制转变为工质温度（中间点温度）控制。此后，进入分离器的流量随燃烧率的逐渐增大而不断增加，蒸汽压力、温度不断提高，在约 70%MCR 后转入超临界压力运行，直至 MCR 负荷，启动过程结束。

对外置式分离器系统转入纯直流运行时要进行切除分离器的操作，切除分离器应遵循“等焓切分”的原则，即保持低温过热器出口的工质比焓与分离器出口饱和蒸汽比焓在数值上相等，以保证主蒸汽温度的稳定和前屏过热器安全。切分后分离器退出运行，锅炉继续升温升压升负荷至额定值。

第三节　启动过程中的关键问题

超临界压力锅炉直流锅炉在启动过程中存在着很多需要注意的问题，其中热应力、机械应力等问题与汽包锅炉类似，而另外一些问题在超临界压力锅炉上较为明显。例如，超临界直流锅炉没汽包，启动一开始就必需不间断地向锅炉送进给水，则有必要设置专门的回收工质与热量的系统。该问题在本章第一节中已详细叙述，这里不再说明。除此之外，直流锅炉启动与汽轮机的启动密切配合、汽水膨胀问题以及启动过程中的水动力不稳定性、脉动和热冲击都是值得关注的。下面围绕这几个方面展开讨论。

一、直流锅炉与汽包锅炉汽水行程的差别

汽包锅炉由于汽包的存在，在汽包与水冷壁之间形成循环回路，其循环动力不是依靠给水泵的压头，而是依靠下降管中锅水密度与蒸发受热面间汽水混合物的密度差形成的压力差。汽包锅炉中的汽包将整个汽水循环过程分隔成加热、蒸发和过热三个阶段，并且使三个阶段受热面积和位置固定不变。汽包在三段受热面间起隔离和缓冲作用。汽包水位的正常变化不会影响三段受热面积的改变。

对于直流锅炉，给水在给水泵的作用下一次性地流过加热、蒸发和过热段。其加热、蒸发和过热三个阶段之间没有明显的分界线。当燃料量与给水流量的比例发生变化时，三个受热面积都发生变化，吸热比例也随之变化。其结果势必直接影响出口蒸汽参数，尤其是出口蒸汽温度的变化。通常当燃烧率增加时，加热与蒸发过程缩短，过热段加热面积增加，致使过热器出口蒸汽温度升高。当直流锅炉煤水比失去平衡时，将引起出口蒸汽温度发生较大的波动，因此在启动运行过程中必须注意保持燃料量与给水流量之间的比例关系，即在适应负荷变化过程中，同时改变燃烧率和给水流量才能维持过热器出口蒸汽温度的稳定。采用喷水降温的方法会加剧煤水比的失调，为了减小维持过热器出口蒸汽温度的难度，应注意通过保持煤水比来控制汽水流程中某一点（即中间点）温度或焓值。稳定了该点的温度或焓值，即可间接地控制过热器出口蒸汽温度，必要时再辅以喷水减温手段以达到稳定蒸汽温度的作用。

二、防止水动力不稳、脉动和热冲击

直流锅炉的水动力特性是指在一定热负荷下，强制流动的蒸发受热面中工质流量与流动压降之间的关系。当水动力不稳定时，同一管壁各平行管在同一压差下会有不同的流量。由于流量的不同，各管出口工质的状态也不同，因此会引起并联各管道出口的工质状态参数产生较大变化。发生不稳定流动时，通过管道的流量经常发生变动，蒸发点也随之前后移动，这将使蒸发点附近的管壁产生金属疲劳而损坏。

脉动将引起水流量、蒸发量及出口汽流的周期性波动，使加热、蒸发、过热区段的长度发生变化，因而不同受热面交界处的管壁交变地与不同状态的工质接触，致使该处的金属温度发生周期性的波动产生金属疲劳损坏。

由于水蒸气在水冷壁流动动力不同，导致了直流锅炉启动过程中的一些特殊问题。在汽包锅炉中，汽水混合物在水冷壁中流动动力是水、汽的密度差，水冷壁吸热越强的地方，产生的蒸汽越多，水、汽的密度差越大，汽水混合物流动越快，水循环效果越好，即自然循环锅炉有自补偿特性，能够减少热偏差的影响。直流锅炉中，汽水混合的流动靠的是水冷壁入、出口压力差，平行管束两端的压力差是相等的。受热越强的水冷壁管，内部产生的蒸汽越多。由于流动阻力与比体积成正比，产生蒸汽越多的管束，流动阻力越大，蒸汽流动越困难，在某种情况下可能发生流动停滞甚至倒流。其结果为产生水动力的不稳定，受热越强的水冷壁管中流量越小，越容易发生局部超温，而受热较弱的管束流动反而通畅。可见，直流锅炉蒸发受热面吸热不均匀不但会引起热偏差，而且还会通过对流量不均匀的影响而扩大热偏差。所以，直流锅炉要保证一定的启动压力，以减小蒸汽生成量，防止因蒸汽流动阻力过大而发生滞流；其次，要设计较高的流速和足够的流量，以利于带走水冷壁的热量；同时，要使水冷壁平行管束的受热尽可能均匀，如采用螺旋管束，以防止受热不均而产生滞流。

在运行过程中，要特别注意锅炉水冷壁的热偏差，监视其温度差值不超过50℃。

三、汽温控制

对于直流锅炉，在接近满负荷区域内，如果煤水比发生较大偏差时，就有可能引起超温。当热负荷很高时，如果水冷壁管内的流速较低，则传热系数会急剧下降，造成管壁温度剧烈升高，会出现类似膜态沸腾的现象，此时也会引起水冷壁下部较低温度处的壁温迅速上升。为此必须引起足够的认识。

由于直流锅炉没有汽包，会给运行操作带来一定的困难。这是因为汽包锅炉水冷壁始终处于饱和温度之下，蒸发量只同燃料量有关。而直流锅炉的水冷壁温度同给水量和燃料量有关，煤水比稍有变化就会影响水冷壁出口温度，造成主蒸汽温度超限。因此，运行时必须严格保持燃料量和给水流量之间的比例关系，即保持煤水比。为了更直接地控制这个比值，通常选择中间点温度作为监视手段。

四、汽水膨胀

锅炉点火后，随着燃烧的进行，工质温度上升，当水冷壁内工质温度升至相应压力下的饱和温度时，工质开始膨胀。工质膨胀过程中分离器水位升高，疏水量增大。

直流锅炉工质膨胀现象过去一直是一个复杂的问题，同时也是直流锅炉启动过程必然存在的现象。因为在锅炉注水后的点火初期，总要经历一个由水变成蒸汽的体积膨胀过程。这是因为在直流锅炉启动过程中，出口工质的状态不断变化。在送出汽水混合物或饱和蒸汽期间，会发生短暂的但比较急剧的压力升高。由于点火或升压较快时，炉膛内热量骤增，使水冷壁的受热比对流受热面快得多，故水冷壁中短时间内产生了大量蒸汽。工质由水变成蒸汽，比体积猛增，致使水冷壁内局部压力升高。当这些蒸汽通过后面的受热面时，将其中未蒸发的水挤向出口，出口工质变成汽水混合物，一段时间内大大超过给水量。这种现象就称为膨胀现象或喷出现象。

膨胀开始时刻、膨胀量和膨胀持续时间与启动分离器在汽水流程中的位置、给水温度、启动时的工质压力（启动压力）、燃料投入速度等有关。膨胀现象可以从分离器疏水量和水位的变化中观察到。当膨胀出现时，分离器疏水量将明显增加。此时应控制燃料投入速度不宜过快、过大，调节分离器储水箱各排放通道的排放量，以防止启动分离器水位失控。当进入启动分离器前的受热面出口温度达到其压力下的饱和温度时，膨胀高峰已过；当工质开始过热时，膨胀结束。

由于汽水分离器储水罐的疏水能力显著提高近年新建机组中，汽水膨胀对分离器储水箱水位的影响已明显减小。

第四节 超临界压力锅炉的启动曲线

这里以华能巢湖电厂600MW超临界压力锅炉启动为例进行说明。

华能巢湖电厂 600MW 超临界压力锅炉冷态启动曲线如图 8-11 所示。由图可以看出，锅炉的冷态启动过程经历的时间较长，约为 7.5h。从图上看，超临界压力锅炉的冷态启动过程大致可分为三个阶段：

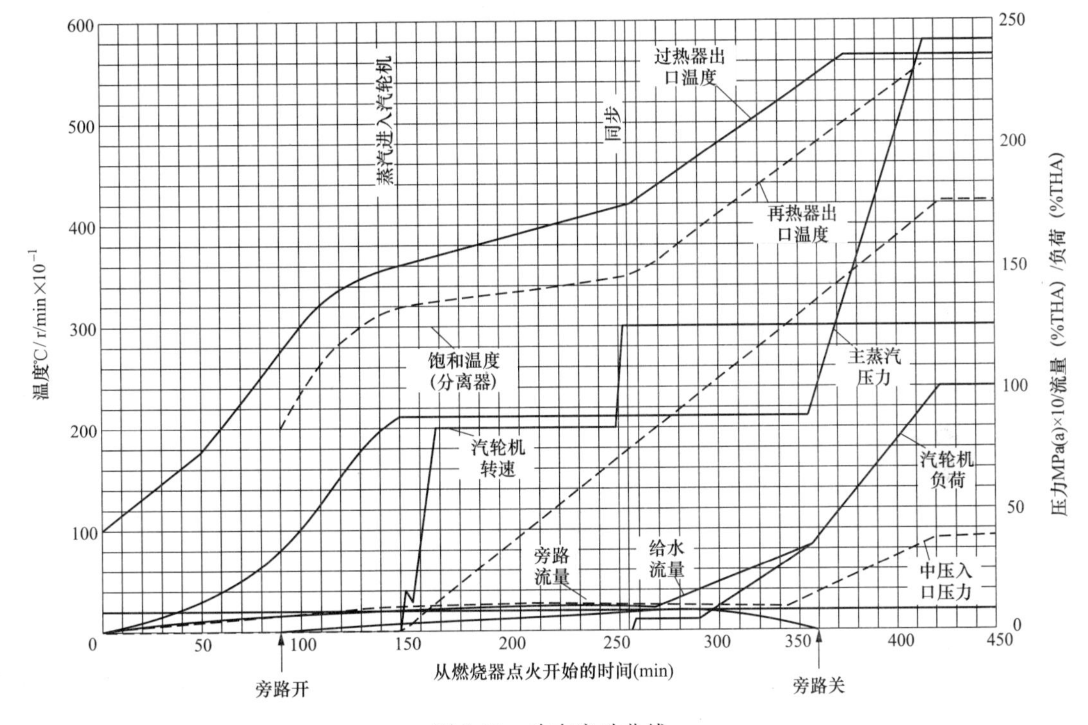

图 8-11　冷态启动曲线

第一个阶段锅炉点火逐渐升温升压直到冲转。从点火到冲转总共耗时 150min。在升压的初始阶段，升压速度很低，1h 内汽压升高约为 1.25MPa，升压率为 0.021MPa/min，以后逐渐加快。在大概距离点火 90min 后，旁路系统打开，再热器开始工作。冲转前 1h 内汽压升高约为 6MPa，升压率为 0.1MPa/min。过热器出口温度和再热器出口温度逐渐升到 360℃、320℃时，蒸汽开始进入汽轮机，进行冲转（即 150min 处）。

第二阶段汽轮机开始冲转到并网（即同步），此过程中的汽压由高压旁路控制保持不变，维持在 8.92MPa。冲转开始时，汽轮机转速在短时间内迅速增大，并维持在一定值。此阶段中，过热器出口温度和再热器出口温度的升温速度较前一阶段更低。这一阶段，汽轮机主要是升速和暖机，约 1.5h。当过热器出口温度和再热器出口温度达到 420℃、355℃时，汽轮机开始并网。

第三阶段升负荷至额定值。在并网时，汽轮机转速达到额定转速。在汽轮机负荷升至 40%后，循环泵自动停运，转入纯直流运行。此时，旁路系统关闭，主蒸汽压力迅速升至额定压力。在此阶段中，过热器出口温度以及再热器出口温度逐渐升至额定值，汽轮机负荷也升至额定值。到达 MCR 负荷时，启动过程结束。

图 8-12 和图 8-13 给出其温态启动、热态启动曲线。

图 8-14 给出了某 600MW 超临界压力直流锅炉停机曲线。

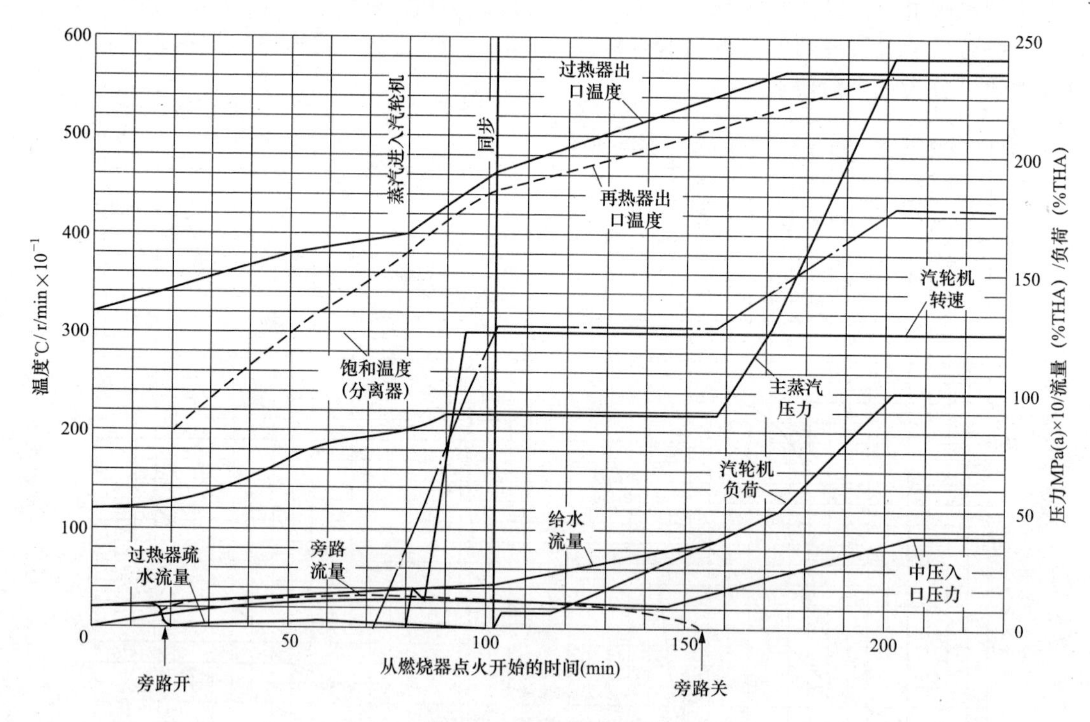

图 8-12 温态启动曲线

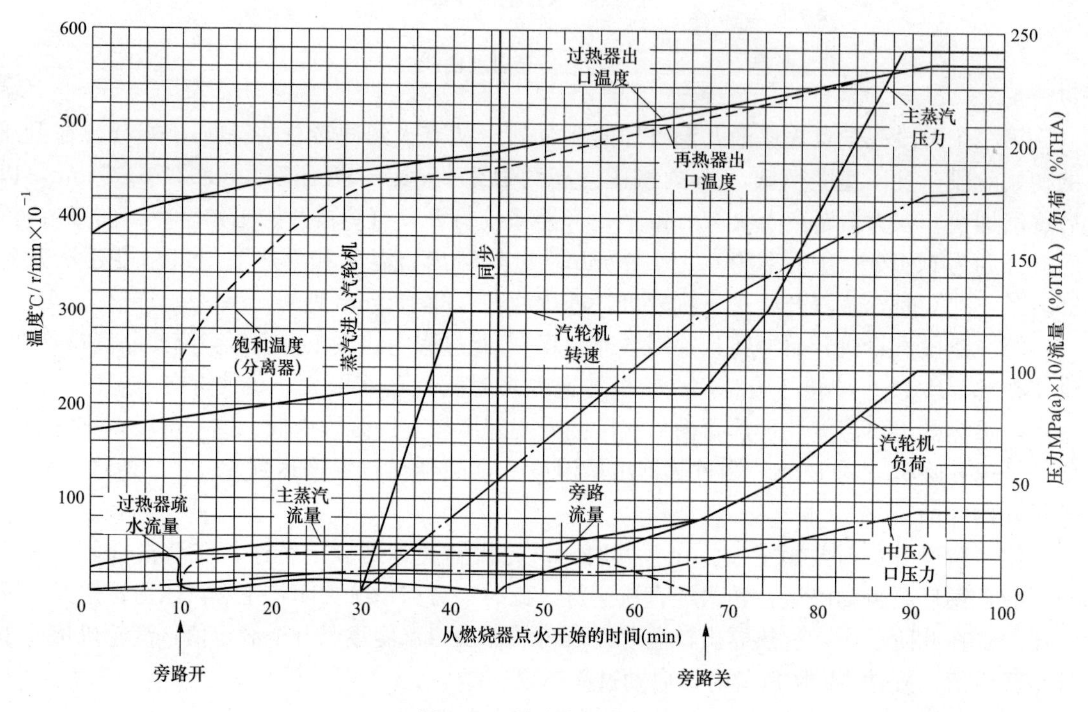

图 8-13 热态启动曲线

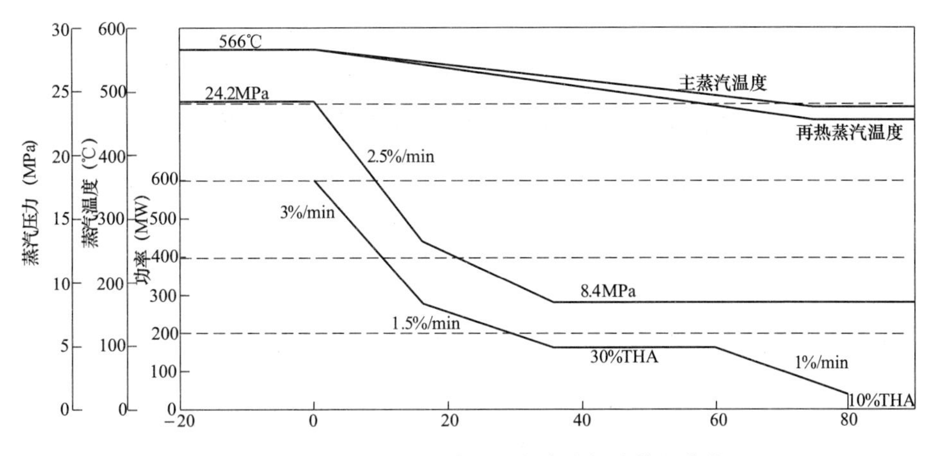

图 8-14　某 600MW 超临界压力直流锅炉停机曲线

第九章　制粉系统的运行特性

我国现代大型锅炉一般采用煤粉燃烧，制粉系统是锅炉设备的一个重要系统。制粉系统可以分为中间储仓式和直吹式两种。中间储仓式制粉系统是将磨好的煤粉先储存在煤粉仓中，然后再按锅炉负荷的需要，用给粉机将煤粉仓中的煤粉送入炉膛中燃烧；而直吹式制粉系统是把煤经过磨煤机磨成煤粉后直接送入炉膛中燃烧。

在直吹式制粉系统中，磨煤机磨制的煤粉全部送入炉膛内燃烧，因此在任何时候制粉系统的制粉量均等于锅炉的燃料消耗量。这说明制粉系统的工作情况直接影响锅炉的运行工况，要求制粉系统的制粉量能随时适应锅炉负荷的变化。

在制粉系统中，通常使用热风对进入磨煤机的原煤进行干燥，并将磨煤机磨制好的煤粉输送出去。根据风机的位置不同，中速磨煤机直吹式制粉系统又分为负压和正压两种。在负压直吹式制粉系统中，风机装在磨煤机之后，整个系统处在负压下工作；在正压式直吹式制粉系统中，风机装在磨煤机之前，整个系统处在正压下工作。负压系统的优点是磨煤机处于负压下工作，不会向外冒粉，工作环境比较干净，但负压系统中风机叶片易磨损，降低了风机效率，增加了通风电耗；另一方面也使系统可靠性降低，维修工作量加大。在正压系统中，不存在风机叶片的磨损问题，这就克服了负压系统的缺点。但是，在正压系统中，由于磨煤机和煤粉管道都处在正压下工作，如果密封问题解决不好，系统将会向外冒粉，造成环境污染，因此，必须在系统中加装密封风机。在正压系统中，一次风机可布置在空气预热器前，也可布置在空气预热器后。布置在空气预热器之后的一次风机称为热一次风机，该种布置方式将使风机效率下降，可靠性也较低；布置在空气预热器之前的一次风机称为冷一次风机，该种布置由于进入冷一次风机的空气介质较为洁净且温度较低，因此可减少风机的磨损，提高风机效率。

单进单出的筒式钢球磨煤机一般配中间储仓式制粉系统，而双进双出筒式钢球磨煤机以及中速磨煤机多采用直吹式制粉系统，下面分别讨论它们的运行特性及启停。

第一节　中间储仓式制粉系统的运行特性及调节

一、中间储仓式制粉系统的运行特性

筒式钢球磨煤机的工作特性是本身的空载功率很大，随着磨煤出力的增加，磨煤功率增加极小，因而磨煤出力越大，磨煤单位电耗就越小。所以保持钢球磨煤机在额定出力下工作，对提高制粉系统的经济性作用很大。

筒式钢球磨煤机出力除与设备类型、筒体转速、煤种性质等有关外，还与钢球装载量与规格、筒内载煤量、通风量等有关。

1. 钢球装载量与钢球规格

筒式钢球磨煤机的钢球装载量是用钢球充满系数 ψ 来表示的。其表达式如下：

$$\psi=\frac{G}{\rho_{gp}V} \tag{9-1}$$

式中　G——筒内钢球装载量，t；

V——钢球磨煤机筒体容积，m^3；

ρ_{gp}——钢球堆积密度，取 4.9t/m^3。

实验证明，钢球装载量越大，磨煤出力也越大，它们的关系为

$$\frac{B_{M1}}{B_{M2}}=\left(\frac{\psi_1}{\psi_2}\right)^{0.6} \tag{9-2}$$

在一般情况下。随着钢珠装载量 G 增加，磨煤出力 B_M 增加，磨煤功率 P_M 也增加。筒体内不同层的钢球，其磨煤能力是不相同的，紧贴筒壁的最外层钢球磨煤能力最大。内外层钢球数量的比例与钢球充满系数 ψ 有关，随着 ψ 值增大，内层钢球数量增多。因此，从整体上讲，磨煤出力仅与 $\psi^{0.6}$ 成正比。同时，随着 ψ 值增加，整个钢球载荷的重心将更接近于筒体的旋转中心。这样钢球载荷惯性矩有所降低，因而消耗功率的增加比钢球量增加的慢些，然而功率消耗起决定作用的仍是钢球的重量。所以总体上讲 $P=f(G)$ 近似为直线关系，实际功率消耗约与 $\psi^{0.9}$ 成正比。

由此可得磨煤单位电耗 $E_M=\dfrac{P_M}{B_M}$ 正比于 $\psi^{0.3}$，运行中当磨煤出力能满足需要时，减少钢球的装载量是可以提高钢球磨煤机的运行经济性。

试验研究指出，当护甲结构和钢球尺寸不变时，每一筒体转速下有一个最佳钢球充满系数 ψ_{zj}。对装有波浪形护甲的钢球磨煤机，在 $\psi=10\%\sim30\%$范围内，ψ_{zj} 与 n/n_{lj} 间有如下实验关系式：

$$\psi_{zj}=\frac{12}{\left(\frac{n}{n_{lj}}\right)^{1.75}}\% \tag{9-3}$$

式中　n——钢球磨煤机筒体工作转速，r/min；

n_{lj}——钢球磨煤机筒体临界转速，r/min。

为了保证钢球磨煤机在最经济工况工作，应该以最佳充满系数运行。最佳钢球充满系数（装载量）可以通过试验来确定，也可按经验公式来选用，一般最佳充满系数在 0.20～0.35 范围内。

钢球的直径应根据电耗和金属损耗的总费用为最小的原则来选择，它与煤的可磨性系数、粒度（颗粒直径）、钢球的材质等有关。在一般情况下，可以选用直径为 30～40mm 的钢球为宜。在同样的钢球装载量下，钢球直径小，则由于撞击次数增加，磨煤出力可增大，但是金属损耗量也随之增加。钢球直径小，其钢球撞击力小，磨制可磨系数低的硬煤比较困难。当磨制可磨系数低的硬煤、煤的粒度大、煤中硫化铁多或钢球质量较差时，可选用直径为 50～60mm 的钢球，以加大撞击力和减少金属损耗。

在运行过程中，钢球逐渐被磨损，直径变小，以致筒内钢球充满系数变小，使磨煤出力减小，因此必须定期添加新钢球，以保持筒内钢球充满量。此外，每隔一段时间还应筛选筒内钢球，把直径小于 15mm 的钢球筛选掉，补充部分直径合格的钢球。

2. 载煤量（筒内存煤量）

一般情况下，增加筒内载煤量，磨煤出力会相应增加，但增加到一定限度后，磨煤出力

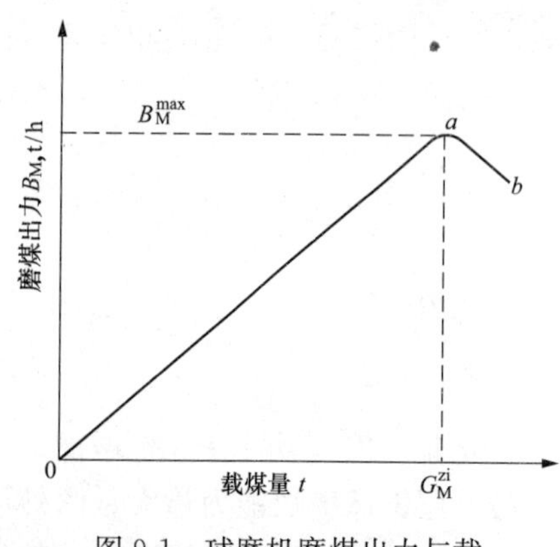

图 9-1　球磨机磨煤出力与载煤量的关系曲线

不再增加，反而降低，其关系表示在图 9-1 中。

图上的关系曲线可分为三个部分，即 oa 段、a 点和 ab 段。在 oa 段，载煤量相对小些，筒内钢球装载量相对较多，钢球落下的动能只有一部分用于磨煤，另一部分能量消耗在钢球的空载磨损上。随着载煤量的增加，磨煤能量增加，钢球空载能量相对减少，磨煤出力也随之增加。当筒内载煤量增加到 a 点时，钢球的动能得到最充分的利用，磨煤出力达到最大值 B_M^{max}，这时的载煤量称为最佳载煤量 G_M^{zj}。再增加载煤量，进入 ab 段，在该区域，由于筒内载煤量大，钢球有效下落高度减小。另外由于钢球间煤层加厚，一部分能量消耗于煤层变形，使钢球能量并未得到充分利用，磨煤出力随筒内载煤量的增加而降低。如果继续加大载煤量，则导致磨煤机堵塞而无法工作。

由此可见，为了提高磨煤出力、降低磨煤电耗，维持筒内为最佳载煤量的数值应通过磨煤机试验来确定。而运行中，筒内载煤量的大小常根据钢球磨煤机进出口的差压来控制的。

3. 通风量

为了从钢球磨煤机内把磨制的煤粉带出去，必须保持足够的通风量。通风量过小只能带出细煤粉，有些合格煤粉仍会留在筒内被无益地磨制成更细的煤粉，导致磨煤出力降低，磨煤单位电耗 E_M 增加，通风量过大，把不合格的粗粉也带出，经粗粉分离器，又返回磨煤机重磨，造成无益的循环，以致通风单位电耗量增加。同时通风量增大，使通风速度增大，加大了通风阻力，也会使通风单位电耗 E_f 增加。

综上可知，随着通风速度的增加，制粉的单位电耗初始是下降的，然后又上升。这样就存在一个最佳通风速度 v_{tf}^{zj}。煤种不同，要求的煤粉细度也不同，挥发分越小的煤，要求煤粉越细，因而最佳通风速度也越低。一般建议：

无烟煤 $v_{tf}^{zj}=1.2\sim1.7$m/s；

烟煤 $v_{tf}^{zj}=1.5\sim2.0$m/s；

褐煤 $v_{tf}^{zj}=2\sim3.5$m/s

以上建议数值，并不保证煤粉细度为经济细度，在运行中还要进行煤粉细度调节。煤粉细度是用粗粉分离器折向门挡板位置（角度）进行调节，当然也可用通风量来调节。但通风量调节时，其经济性较差。因此，一般采用在最佳通风速度下，用分离器挡板来调节至经济细度。

4. 系统漏风

冷风漏入制粉系统，不仅增加了系统的通风电耗，还对制粉过程和锅炉运行带来不良的影响。

储仓式制粉系统的漏风部位一般在钢球磨煤机前的给煤机、落煤管，钢球磨煤机入口、出口颈部以及钢球磨煤机后管道上的法兰、检查孔以及防爆门、锁气器等处。

钢球磨煤机前的漏风，使筒内通风量增大，干燥介质温度降低，因而造成煤粉变粗，煤粉水分增加，磨煤机出口温度下降。为了保持磨煤机出口温度，只有减少给煤量，降低磨煤出力，增加磨煤单位电耗，并增大排粉机负荷及通风电耗；钢球磨煤机后的漏风也会增大排粉机负荷和通风电耗，加大一次风量并降低一次风温。漏风增大至排粉机最大出力时，迫使磨煤出力下降，磨煤电耗增加。

细粉分离器前漏风严重时，使细粉分离器内介质流速过大，导致通过排粉机的气流（乏气）中带粉量明显增加，加速排粉机的磨损。同时增大了排入炉膛的不可调节的供粉量（特别是乏气送粉系统），影响锅炉的正常运行。细粉分离器下锁气器处漏风，更容易破坏细粉分离器工作，而使细粉分离器后的气流大量带粉。

制粉系统的漏风情况可用钢球磨煤机入口负压大小来反映，入口负压过小，甚至到达正压，会使磨内煤粉外冒，导致损坏磨煤机的“大瓦”；入口负压过大，制粉系统漏风量会有显著增大。因此磨煤机入口负压值要控制在一定的范围内，其控制值一般为负压200～400Pa。

二、中间储仓式制粉系统的运行调节

中间储仓式制粉系统的具有以下运行特点，可以相对独立地进行制粉和调节，与锅炉的负荷变化没有直接的关系。因此，这种系统的监视与调节比较方便，且可始终保持在最佳的工况下（通常为最大出力）运行。在正常运行过程中，主要监视的项目为：磨煤机出口温度、磨煤机进出口压差及进口负压，磨煤机、排粉机、给煤机及给粉机等的工作电流等。而需要调节的，除了磨煤机出力与煤粉细度外，在运行参数方面，则是磨煤机出口温度、磨煤机进出口压差及入口负压。应该指出的是，这三个参数是伴随给煤量和通风量的增减而变化的。

1. 系统的出力调节

由于筒式钢球磨煤机的单位磨煤电耗是随着出力的增加而降低的（因为筒式钢球磨煤机电耗几乎等于它的空载损耗，即筒内有煤或无煤，其电耗几乎相同），因此，为了提高筒式钢球磨煤机的运行经济性，宜在最大出力下运行。

调节制粉系统的出力总是要相应调节给煤量、通风量以及磨煤机进口冷、热风量。当需要增加出力时，应增加给煤量和通风量（有时还需要提高磨煤机进口风温）；反之，降低出力时，要相应减少给煤量和通风量（有时亦需降低磨煤机进口风温）。因此制粉系统出力调节是通过对给煤量、通风量及磨煤机进口风温的调节来实现的。

中间储仓式筒式钢球磨煤机的制粉系统出力的调节，需要考虑以下两个方面：

（1）从磨煤出力概念可知，进入磨煤机的给煤量应等于由通风带出的煤粉量，即给煤量与出粉量之间应该平衡。如果不平衡，就会使磨煤机内的存煤量（即磨煤机圆筒内的煤位）发生变化。如果给煤量大于通风带出的煤粉量，磨煤机内存煤量将增加，由于煤位上升，磨煤机中的流动阻力增大，磨煤机进出口压差增大，通风量减少，磨煤机出口温度下降。这种情况继续发展下去，会导致磨煤机堵塞（满煤）。

反之，如果给煤量小于通风带出的煤粉量，磨煤机内存煤量将逐渐减少。由于磨煤机内煤位下降，磨煤机中的流动阻力减少，磨煤机进出口压差减少，通风量增加，出口温度上升，情况发展下去会引起磨煤机严重缺煤。

制粉系统运行中，筒式钢球磨的给煤量和带出煤粉量是否相平衡，可以从磨煤机进出口风压差、磨煤机出口温度以及磨煤机运转声音和电流等变化情况进行判断。如果由于通风量不够而引起带出煤粉量和给煤量之间不平衡时，应增加通风量。但通风量增加后，磨煤机出力增加，煤粉变粗，因此要注意煤粉细度是否符合要求，如果因为煤质变硬（可磨系数下降）而引起磨煤机出力下降，则应适当减少给煤量，并适当增加再循环风量。如果因为钢球装载量不够而引起的磨煤机出力下降，则应添加适量的钢球。

（2）在制粉系统运行中，往往会遇到磨煤风量、干燥风量及一次风量不平衡的问题。

磨煤风量对磨煤出力及煤粉细度有很大影响，通过磨煤机的风量大，则磨煤出力大，带出去的煤粉变粗；反之，风量小、磨煤出力小，煤粉变细。在运行中，一般都将煤粉细度调节在经济细度值上，如果风量过小，则使合格煤粉吹不走而在磨煤机内反复磨制成极细煤粉，会造成磨煤机出力不足和磨煤电耗增加，这是不经济的；若风量过大时，会使过粗的煤粉从磨煤机内吹出，又经粗粉分离器分离后返回磨煤机，作无益的循环。同时为了要保证煤粉细度，粗粉分离器要关小折向门档板，增加了阻力；而且煤粉流速加快，磨煤机及管道的通风阻力也增加，因而通风电耗增加，这也是不经济的。应通过实际试验，找到一个合适的通风量，在这个通风量下，能保证磨煤出力、经济细度以及最小的磨煤电耗（磨煤电耗与通风电耗之和的最小值）。

干燥风量取决于原煤的水分和干燥剂的初始温度。而磨煤机出口温度受煤粉防爆的要求的限制，水分高的煤需要干燥热量大。煤干燥热量是由磨煤机进口的干燥剂（热风、再循环风等）提供的，它取决于干燥剂的量和温度。

一次风量的大小取决于煤种，煤的挥发物含量越高，一次风量占总风量的百分比（一次风率）也越大。

但是磨煤风量、干燥风量和一次风量的需要数值往往不相等，有时相差甚远。为此，必须根据不同的煤种，采用不同措施和系统，使三者都能达到要求，此即为风量协调。

燃用无烟煤或贫煤时，一般水分少、挥发分也少，因而三种风量都应少些。由于燃用无烟煤、贫煤时，一般都选用仓储式制粉系统热风送粉，用热风作为一次风，所以，一次风配合不用考虑。而磨煤风量和干燥风量的矛盾可以用改变热风温度或利用乏气再循环的方法加以解决。燃用低挥发分煤时，热风温度高而煤的水分低，磨煤风量大于干燥风量。一种方法可以利用冷风来降低干燥剂的温度，以加大干燥风量，使之与磨煤风量平衡，但是由于冷风不经过空气预热器，而使锅炉排烟温度升高，导致锅炉经济性下降；另一种方法是利用乏气再循环，可将排粉机后干燥剂的一部分引入磨煤机的进口，由于乏气的温度较低，使进入磨煤机干燥剂的温度降低，从而达到干燥风量与磨煤风量相配合的目的。

燃用烟煤时，往往是水分少而挥发分高，因为挥发分高，则需要一次风量大。同时煤粉的经济细度 R_{90} 可以较大，亦即煤粉可允许粗些，所以磨煤风量也较大，主要问题在于水分少，因而干燥风量要求小些。

这个问题的性质与前面所说的相似。对于中间储仓式制粉系统，烟煤采用乏气送粉，首先应满足乏气送粉对一次风量的要求，磨煤机的磨煤风量与干燥风量的协调，则采用热风加乏气再循环或加部分冷风来解决。而对于直吹式制粉系统用加冷风降低干燥剂温度及提高干燥剂量的方法来解决。

燃用褐煤时，煤的挥发分高、水分亦高。挥发分高，则其磨煤风量和一次风量都大。但褐煤水分很大，因而需要的干燥风量特别大。这样，干燥风量大于磨煤风量。要解决这个矛盾，较好的方法是提高干燥剂的温度（提高热量），以相应可降低干燥风量。为此，可从炉膛上部抽取一部分烟气作为干燥剂（用炉烟加热风）。有的锅炉采用热烟气（炉膛出口烟气）

加冷烟气（省煤器出口烟气）作为干燥剂，干燥剂中掺入炉烟对挥发分高的褐煤的防爆有利。

燃用洗中煤时，一般水分较高，而挥发分高低不等，变化范围较大。如果要求的干燥风量大，而掺炉烟的方法又会影响炉膛内燃烧时，可采用干燥剂在排粉机后分两股，一股作为一次风送煤粉进入炉膛，另一股作为三次风送入炉膛，如果煤种挥发分不高，则干燥剂可作为三次风送入炉膛。

如果干燥风量远远超过磨煤风量和一次风量时，可在磨煤机前装一短管，将煤用烟气预干燥（用过的烟气排入大气），这样进入磨煤机的煤就比较干燥，风量的矛盾可以得以解决。这种方法对仓储式或直吹式制粉系统都可采用。

2. 煤粉细度的调节

所需煤粉细度应视煤质及炉内燃烧工况而变，虽然按设计工况取用一定的煤粉细度，然而实际中总是在非设计工况下运行。且在制粉过程中亦不可能始终生产出所需的煤粉细度，因而必须进行煤粉细度的调节。

在锅炉运行中，当燃煤的挥发分含量减少时，着火燃烧比较困难，故煤粉应细一些；反之，则煤粉可允许粗一些。当锅炉负荷较低时，由于炉内燃料燃烧量小，炉膛温度低，燃烧不够稳定，因此煤粉应磨得细一些；负荷高时，炉膛温度高，燃烧比较稳定，则煤粉可允许粗些。

锅炉运行中，采用变更粗粉分离器折向门档板（调节挡板）的开度（角度）及系统的通风量等方法来调节煤粉细度。增大折向门挡板开度或增大通风量，会使煤粉变粗；关小折向门挡板开度或减小通风量，可使煤粉变细。此外，在筒体内钢球量不足的情况下，补充一些钢球（要在最大允许钢球装载量范围内）也能使煤粉变细。

在调节煤粉细度时，应综合考虑煤质、锅炉负荷等因素以及磨煤机出力、磨煤机出口温度和制粉系统的风压等各方面的影响。必要时应进行其他相应的调节工作，以使制粉系统的运行保持稳定和安全。

3. 磨煤机出口温度、进出口差压及进口负压的调节

（1）磨煤机出口温度的调节。磨煤机出口温度是一个反映磨煤机干燥出力、保证煤粉水分含量的主要参数，亦是防止煤粉自燃及气粉混合物爆炸的重要安全指标。为此。在运行中须严格监视磨煤机出口温度。挥发分高的煤，此温度控制低些，而挥发分低的煤，此温度可允许高些。磨煤机出口（或粗粉分离器后）干燥剂的温度见表 9-1。

表 9-1　磨煤机出口气粉混合物温度　℃

燃料	储仓式		直吹式	
	$W_{ar}<25\%$	$W_{ar}>25\%$	非竖井式	竖井式
页岩	70	80	80	80
褐煤	70	80	80	100
烟煤	70	80	80	130
贫煤	130		130	—
无烟煤	不限制		不限制	—

制粉系统保持在额定出力下运行时，有时给煤机供煤不足或煤的水分变化，导致磨煤机出口温度变化。当磨煤机出口温度降低时，则应开大热风调节门，必要时可稍关冷风门（或压力冷风门）或乏气再循环门。在调节磨煤机出口温度过程中，还必须注意筒内存煤量的多少，如发现筒内存煤量过多（磨煤机进出口压差增大）而出口温度又过低时，可采用减少给煤量的方法来提高磨煤机出口温度，使之恢复到规定值。

（2）磨煤机进出口压差的调节。筒式钢球磨煤机筒内应维持最佳存煤量，而存煤量的多少可通过磨煤机进出口压差的大小来反映。当系统在最大出力下运行时，由于相应的通风量，亦为最佳通风量值，则磨煤机的进出口压差也具有相应的数值，这个数值需通过制粉系统的调整试验来确定。

当磨煤机进出口压差过大时，表明筒内存煤量过多，此时应适当减少给煤量，以使磨煤机进出口压差恢复到正常数值；反之，压差过小，表明筒内存煤量过少，应增加给煤量。在监视和调节磨煤机进出口压差过程中，必须注意防止发生满煤和堵塞事故。

（3）磨煤机入口负压的调节。对于中间储仓式制粉系统，从磨煤机入口至排粉机入口的所有设备及系统管道均处在负压下工作。为了减少漏风和避免冒粉，磨煤机入口处的负压应控制在－200～－400Pa之间。负压的下限定得比较大的原因是：当给煤不稳定或筒内工况多变导致磨煤机入口处负压波动较大时需留有余度，以防止磨煤机冒粉而损坏磨煤机两端的轴瓦事故。

当磨煤机入口负压发生变化，且超过规定范围时，其具体的调节方法将视不同情况而异。从原则上讲，当磨煤机入口负压过小时，应开大排粉机的抽风门。如果此时磨煤机的进出口差压变大，则可通过适当减少给煤量的方法来调整（实际上，有时入口负压变化往往就是由给煤量的变化而造成筒内存煤量变化所引起的）。如果此时磨煤机出口温度过高，则可关小热风门的办法来调节入口负压和磨煤机出口温度；反之，采取上述的方法的反向调节。

4. 磨煤机、排粉机、给煤机和给粉机的电流监视

低速筒式钢球磨煤机电流的变化，表明磨煤机内部运行工况，如电流表指示值减少，说明筒内钢球量或载煤量减少；反之，电流增大，则是钢球量或存煤量过多。由于钢球的磨损是缓慢的，而定期添加的钢球量也不很多，因此电流的变化主要是反映筒内存煤量的变化。为了使运行人员能了解磨煤机的空载特性，在磨煤机的调整试验中，必须绘制钢球装载量与电流之间的关系曲线，以利于运行调整。

排粉机的工作电流是随系统通风量和气粉混合物浓度变化而改变，因而它能直观反映出系统出力的大小及风煤的配比。当磨煤机内载煤量增多时，由于筒内阻力增加而使通风量减小，因而进入排粉机的风量也相应减小，且此时从筒内携带出的煤粉变细，出力也相应降低，于是排粉机电流会因负荷的减少而降低。当磨煤机满煤时，由于通风量、通风阻力增加及煤粉量的大大减少而使排粉机电流明显下降；反之，当给煤量减少时，排粉机电流上升。如果在运行中大幅度地调节给煤量，就会使排粉机的电流变化十分明显。此外，如细粉分离器的下部堵塞时，分离器效率急剧降低，乏气的含粉量明显增多，大量煤粉将通过排粉机或部分回至磨煤机（乏气再循环），使流入排粉机的煤粉浓度大大增加，于是排粉机的工作电流会明显增大，甚至会过负荷（电流超限）。

运行中，除需监视磨煤机和排粉机的电流外，还应注意给煤机和给粉机的电流及其变化。在调节过程中，要注意它们之间的变化是否符合规律（即出力与电流之间的关系）。给

煤机和给粉机的电流是随着出力的增加而增加的，而对于给粉机的出力与电流之间应呈线性关系。但目前国内部分给粉机特性很难达到这个要求，使给粉量调节呈非线性关系，即在某一转速范围内，出力随电流变化较大，而在某一转速范围内，出力随电流变化较小，这种特性对给粉量调节极为不利。当给粉机因过载而发生安全销被切断情况时，首先反映出的现象是相关的给煤机电流突然降低至零（此时给煤机的电机为空载运转）。

第二节　中速磨直吹式制粉系统的运行特性及调节

一、中速磨直吹式制粉系统运行特性

制粉系统运行，生产一定数量和质量（煤粉细度、干度）煤粉的同时，应尽力降低磨煤电耗和通风电耗等，以提高锅炉机组与制粉系统的综合经济性。要完成上述任务，必须进行合理调整，使磨煤出力、干燥出力、通风出力配合一致，磨煤单位电耗要小。

中速磨煤机提高磨煤出力可以降低制粉单位电耗。随着磨煤出力 B_M的增加，磨煤功率和通风功率都是上升的，煤粉细度也随之变粗，而制粉单位电耗随 B_M的增加而有所降低。

中速磨煤机的磨煤出力不但与煤种、转速有关，而且与通风量、碾磨装置紧力、磨盘上的煤层厚度及煤的颗粒度等因素有关。

1. 磨煤出力与通风量

通风量的大小对中速磨的磨煤出力和煤粉细度有影响。风量增加，煤粉变粗，磨煤出力提高。有时风量过大，即使用分离器调整，也不能保证煤粉细度；风量过低，不但出力低，而且较粗煤粉无法被风吹走，而掉入石子煤箱内，严重时会堵塞磨煤机。因而对于中速磨煤机，风环中的风必须保持一定速度。实践证明，当通风量与煤量的比例（风煤比）不变时，磨煤机工作稳定，磨煤出力与干燥出力保持平衡，合适的通风量为每千克煤需要1.8～2.2kg 的空气。煤粉细度调整，应该用分离器的折向门挡板，而不应用改变通风量的方法来调整。

中速磨煤机直吹式制粉系统运行实践证明，用于磨煤机的功率和用于通风的功率大致相同，并随着磨煤出力的增大几乎是呈线性上升关系。煤粉细度的特性曲线也有着与此相类似的规律。但制粉系统的电耗率反而随着磨煤出力的增长而下降。如图9-2 所示，图中 P_B为通风功率，P_M为磨煤功率，ΣE 为通风、磨煤的总电耗率（kWh/t）。

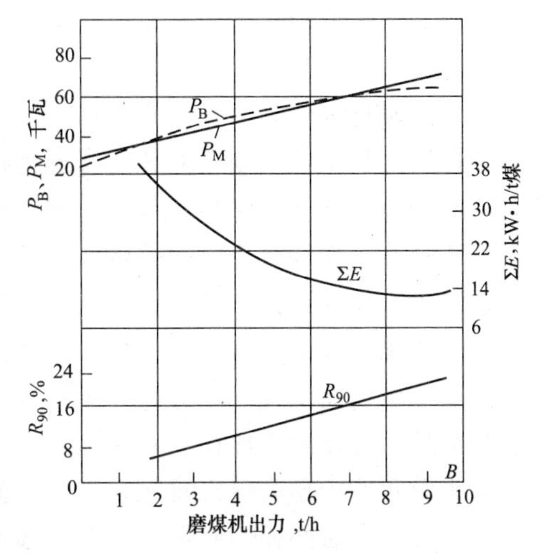

图 9-2　中速磨的运行特性

辊式磨煤机负压直吹式制粉系统，通风功率占制粉系统总功率消耗的比例往往会更高，达50%或以上；而对于 E 型磨煤机则有着较大的空载电耗，可达满载电耗的 20%。因此，使中速磨煤机经常处于额定出力或高出力工况运行，应当是中速磨煤机直吹式制粉系统运行控制的原则性要求，这不仅是降低制粉系统电耗的十分重要的途径，而且也是保证锅炉经济燃烧和减轻磨煤机碾磨部件磨损所必需的。

中速磨煤机低出力运行的不良后果主要表现在：

（1）不利于锅炉经济燃烧。因为制粉系统在低出力运行时，一次风量也相应降低，这就使燃烧器出口的一次风速偏离设计值，从而使原设计的良好燃烧的工况受到干扰甚至被破坏。同时，由于一次风量的减少，送往燃烧器的送粉管道（一次风管）内的气粉混合物流速降低。为了避免送粉管道堵塞，往往人为地加大风量，从而造成一次风量偏大，煤粉浓度偏低，制粉系统风煤比失调，对锅炉经济燃烧有不良影响。因此，当制粉系统出力降低到一定限度时，就应当切除其中的一组或几组的制粉系统，使运行的制粉系统保持高出力运行。但目前有的电厂由于考虑断煤或给煤机发生故障，宁愿比实际需要多投一台磨煤机，以留有较大的余地，而让各磨煤机均处于低出力状态下运行，这种运行方式是不经济的。按照不同的锅炉负荷，编排多台磨煤机不同组合的运行方式是很有必要的。

（2）加大了磨煤机磨制每吨煤的金属消耗。由于磨煤机碾磨部件的磨损主要取决于运转时间，不必要地增加磨煤机的运转时间，会造成碾磨部件损耗，从而使磨煤机单位磨耗率增高。

2. 运行方式

由试验结果得出，中速磨煤机当磨煤出力降低到额定值的70%时，磨煤电耗变化不大，而一次风机电耗却相对升高50%，由于一次风机电耗占制粉总电耗约60%，这样使制粉电耗增加30%左右。为了使制粉系统能处于较经济状态下运行以及保持炉膛着火的稳定性，希望各台磨煤机的出力均能保持在50%额定负荷以上。

另外中速磨煤机的稳定运行，其关键问题是在磨碗（盘）的风环上部空间处于悬浮状态的煤粉能否保持平衡状态，即由风环喷嘴喷出的高速气流将自磨碗（盘）中溢出的煤粉及时地带入磨腔空间进行离心分离和重力分离，而后再带入分离器内进行离心分离，这一流动过程将消耗整个磨煤机阻力的80%左右。如果流动过程遭到破坏，将会使石子煤量增多，风环阻力增大，致使风量减小，回粉量增加，磨碗（盘）内煤层加厚，引起磨煤机电流晃动幅度增加，磨煤机磨碗内溢出煤量增多。如此恶性循环结果，使石子煤量剧增，导致磨煤机堵塞。因此，在加减给煤量的同时，必须相应调节一次风量，保持一定的风煤比例，这对中速磨煤机经济安全运行是极为重要的。

二、风煤比的调节

中速磨煤机直吹式制粉系统的合理运行，是通过稳定磨煤机的通风量（一次风量）和给煤量，并使风煤比（风量与煤量的比例）控制在合适的范围来实现的。而通过磨煤机的一次风量是用装在一次风机进口的孔板或皮托管等装置测量的，风量与测得的动压（全压与静压之差）的平方根成正比，该动压可以反映磨煤机的通风量。同时，在中速磨煤机直吹式制粉系统中，磨煤机进、出口的静压差（即磨煤机的通风阻力）在通风量一定的情况下只随磨煤机的给煤量变化而变化，因此该静压差也反映出给煤量的多少。由此可见，只要控制一次风动压与磨煤机静压差之比在一定范围，实际上就是控制了风煤比。

对于给定的中速磨煤机直吹式制粉系统，风煤比的选定对制粉系统本身的运行工况和锅炉运行状况均有着明显的影响。风煤比选定应考虑以下几种因素：

（1）满足磨煤机本身的空气动力特性要求；

（2）满足原煤的干燥要求；

（3）保持送粉管道内有一定的流速，以确保煤粉气力输送的可靠性和经济性；

（4）适应锅炉煤粉燃烧器的设计要求。

磨煤机和一次风机的电动机电流表的指示值，不仅直接显示设备的出力状况，而且还能显示这些设备的运转状况。因此，当制粉系统为人工控制时，运行人员需要监视和控制这些设备的电流大小，还应监视和控制磨煤机出口温度。在磨煤机的变工况下，如启动、停止、出力改变及煤质变化时，磨煤机出口温度则将列为主要的监视控制参数。

在人工控制时，要稳定磨煤机的压差，首先必须保证给煤在各种运行条件下均能畅通；其次应根据锅炉负荷，及时准确地调节给煤量。当磨煤机的通风量一定时，磨煤机的磨煤出力在一定的范围内与磨内的煤量成函数关系。但对按碾磨原理工作的中速磨煤机，最经济有效的碾磨，只有在保证煤与磨辊间摩擦力的条件下，才能在落煤层上达到。过量的给煤以期提高磨煤出力弊多益少，有时不仅降低磨煤机的经济性、甚至可能导致磨煤机堵塞，石子煤排放量增多等异常现象发生。

当采用空气预热器出口的热风和送风机出口的冷风（或炉烟）作干燥剂时，不仅干燥剂的总量要适应磨煤机的要求，还必须进行混合物干燥剂各组分比例的调节，使磨煤机出口温度在规定值范围内。这些调节与中间储仓式制粉系统的磨煤机调节相似。

当中速磨直吹式制粉系统实行自动控制时，常采用包括有给煤量调节及磨煤机出口温度调节的自动调节系统。图 9-3 所示的是中速磨正压直吹式制粉系统的自控系统的一例。在该系统中，锅炉负荷调节器根据锅炉负荷来调整给煤机的转速，从而改变给煤量。热风量则是根据孔板测得的数据并经过温度修正的结果，用挡板 5 作相应的调整。而冷风挡板 4 则根据磨煤机出口温度的高限值来进行调整，以改变冷风的掺加量。

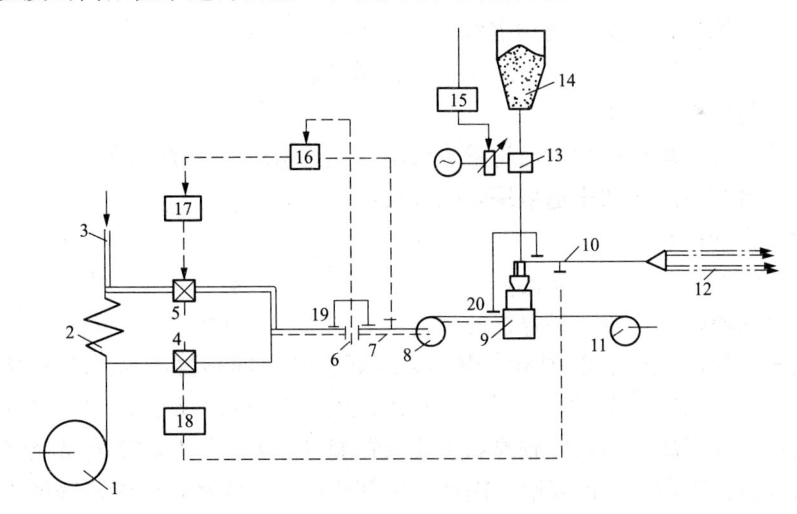

图 9-3　中速正压直吹式制粉系统自动调节系统示意

1—送风机；2—空气预热器；3—去燃烧器的热风；4—冷风挡板；5—热风挡板；6—测量孔板；7—温度表；8—一次风机；9—磨煤机；10—温度表（磨后温度测量用）；11—密封风机；12—送粉管道；13—给煤机；14—原煤仓；15—锅炉负荷调节器；16—乘除器；17、18—调节器；19—板前后差压测点；20—磨煤机前（后）风压或差压测点

在这个系统中，用给煤机的转速值作为给煤量的信号，如果实际煤量与给煤机转速值不符，或者转速信号不变而实际煤量有波动，这就会激起整个制粉系统工况的波动，从而会对锅炉燃烧工况造成不利的影响。

中速磨正压直吹式制粉系统的自动调节系统的另一个实例是基于使一次风的动压差与磨煤机进、出口两端的压差相匹配而工作的。在这种控制系统中，两个压差同时送入双冲量调节器中并在其中进行比较。调节器的运行要使两压差间维持预定的比值，调节器的输出经由手动/自动操作机构调节给煤机的转速。该系统是这样运行的：如果磨煤机的给煤量增加，磨煤机两端的压差也相应增大，这就使一次风动压差和磨煤机压差之比减小，于是调节器就发出调节脉冲降低给煤机的转速，使两个压差之比回复到预定值，以便在一定的一次风量条件下保持固定的磨煤出力。每个磨煤机调节系统都装有上述差压比值的偏置整定器。

当该台磨煤机调节系统接到锅炉需要量信号时（这个信号是用通过磨煤机的一次风量给出的），用一次风机进口挡板改变一次风量，适应锅炉的需要。由于中速磨煤机的出力与其通风量是成正比的，故一次风量改变时，磨煤机的出力相应变化以满足锅炉燃料量的要求。

该调节系统中磨煤机出口温度由一双冲量调节器进行调节，其输出可调热风挡板和冷风挡板。同样也装有偏置整定器，给定磨煤机出口温度，使运行人员能按需要改变热风与冷风之间的比例。磨煤机出口温度还设有保护装置，当磨煤机出口温度大于最高允许温度（防止煤粉爆炸温度），该保护动作，停止相应磨煤机。

中速磨直吹式制粉系统的风煤比一般保持在（1.8～2.2）：1（按质量计）；磨煤机出口温度的高限值应由煤种的挥发分大小来决定，即由防爆条件来定。

上述控制系统如用人工控制方式，当制粉系统投运的组数一定时，随锅炉负荷变化控制制粉系统运行的原则是：

（1）锅炉增加负荷时，首先增加炉膛负压，提高通过磨煤机的一次风量，再增加给煤量，增加送风量，恢复炉膛负压至预定值。

（2）锅炉降低负荷时，首先减少给煤量，再减少通过磨煤机的一次风量，相应减少送风量和引风量，保持炉膛负压不变。

（3）如果投运的磨煤机的出力已达最大或最小允许值时，锅炉负荷变动幅度又较大，则应以启动或停止磨煤机的方法来适应锅炉的需要。

三、碾磨装置的调整

中速磨煤机碾磨装置的工作状况，对磨煤机运行性能具有决定性的影响。E型磨煤机的碾磨压力、风环气流速度，辊式磨煤机的碾磨压力、磨煤面间隙和风环气流速度等，是中速磨煤机碾磨装置工况的主要影响因素。碾磨装置调整的目的是保持这些工况参数在正常范围内。

风环气流速度随风环磨损（特别是石子煤活门易于磨损）、间隙变大而降低，石子煤量增加，对磨煤经济性亦有一定的影响。因此，风环间隙也应定期调整至最佳值。

对于辊式磨煤机（RP和HP浅碗式磨煤机），其碾磨部件的加载装置有弹簧式及油压式两种。弹簧式加载装置是利用弹簧压力通过曲柄机构传给磨煤机的磨辊，当空载运转时，用一个制动器防止磨辊接触磨碗的衬板，在空载时磨辊与磨碗衬板的间隙调整到3～4mm。间隙过大，循环倍率过大，风环上部煤粉浓度过高，而导致石子煤量增多，粉碎能力降低，影响磨煤机出力；当间隙过小而相碰时，在空载和低出力会发生巨大冲击振动，这对电动机、齿轮箱轴承、碾磨部件寿命不利。为此，其间隙控制是在碾磨件不相碰的前提下越小越好，通常在10mm以内，对碾磨性能不会有显著的影响。因为在磨煤机处于正常负荷时，磨辊下煤层厚度将远远超过此数值，此厚度是随出力及煤粉细度的不同而变化的。间隙的调整是通过磨辊轴颈定位螺栓（实际调节弹簧力）及摇臂轴承的偏心套的位置改变来达到。当辊套和衬板（衬圈）由于磨损间隙增大时，一方面调节定位螺栓将磨辊压下，另一方面改变偏心套的转角，使之辊套母线与衬板保持平行。磨辊压力调整理论上与煤质有关，但实际上当遇到可磨系数低的煤时，若出力不变，其循环倍率会增加，磨碗内的煤层厚度增加，磨辊下的煤层厚度也增加，相应提高了弹簧压缩量，使之提高对煤层压力而得到补偿，即煤质改变时，所需压力改变与弹簧压缩量是相符的。

对于大型碗式磨煤机的磨辊则用液力-气动悬吊装置加压（见图 9-4）。磨辊压力能通过控制器在机外进行调整。磨煤面间隙将随碾磨元件磨损而增大，并对磨煤机运行性能有着明显影响。

（1）对磨煤出力的影响。磨煤出力随磨煤面间隙增大而降低，它们之间的相互关系如图 9-5 所示。由图可见，当磨煤面间隙在 14mm 以内，磨煤出力可达额定出力的 100%；当间隙增大至 30mm，出力降至 90%；当间隙增大至 50mm 时，出力仅为额定出力的 70%。实际曲线与预期性能曲线趋向是一致的，向下平移是由于磨煤机工作条件与预定设计数据有不同所致。

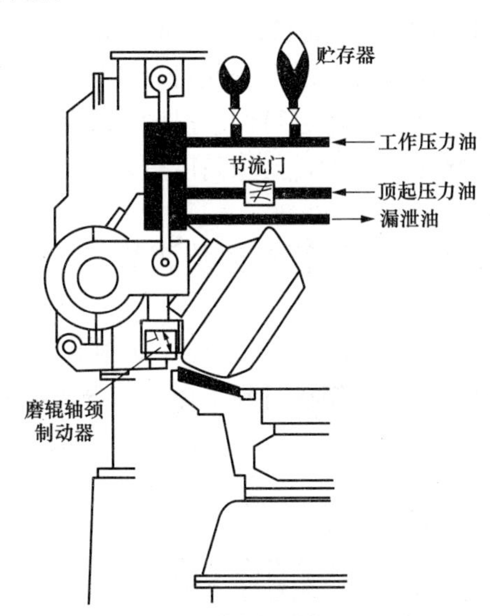

图 9-4 式磨液力-气动磨辊轴径悬吊系统

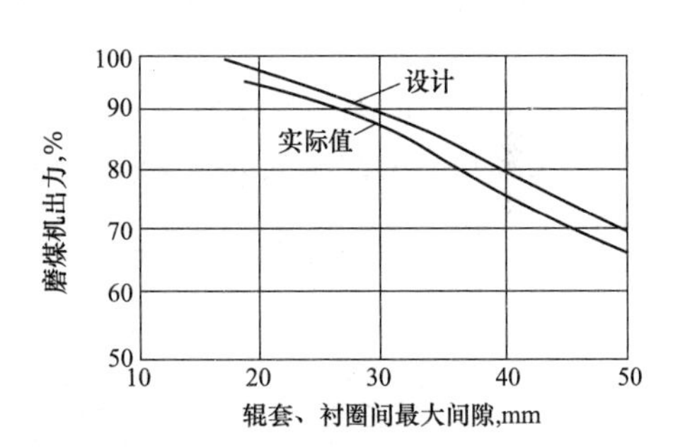

图 9-5 间隙与磨煤出力关系

（2）对磨煤电耗的影响。磨煤电耗随磨煤面间隙增大而升高，这一方面是由于随着煤层加厚，碾磨效果有所降低，重复碾磨量增大；另一方面由于磨煤面间隙增大，磨煤出力降低，为了保持磨煤机出力和煤粉细度基本不变，要相应调整分离器折向门开度，但制粉系统通风电耗会有较大幅度增加。

（3）对石子煤量的影响。磨煤面间隙增大，石子煤量增加且组分改变，多为细颗粒；反之，石子煤量减少，且其组分多为块状，确属难以碾磨的矸石等，其中煤的颗粒很少。

（4）对煤粉细度的影响。磨煤面间隙在小的范围内增减，煤粉细度近乎不变。但在实际运行中，由于磨煤面间隙增大，为满足磨煤出力不变的要求，煤粉细度会适当变粗。

四、分离装置的调整

中速磨煤机的煤粉分离装置均采用离心式分离器，但其中平盘磨一般采用回转型分离装置。回转型离心式分离器的分离效率，取决于转子的回转速度和气粉混合物的容积流量。磨煤机通风量一定时，转速愈高，分离器输出的煤粉愈细。通风量改变时，要保持煤粉细度不变，必须相应调节转速。当通风量增加时，分离器转速也相应予以提高，反之亦然。带折向门的离心式分离器，其调整手段为改变折向门的开度（或角度）和改变出粉口套筒位置的高低。改变折向门角度来调整煤粉细度一般具有这样的特性：在折向门全开度范围内（即角度由 0°至 90°），煤粉细度与折向门角度并非全部保持着线性关系。在小角度范围内（如 0°至 30°间），减小折向门角度，不仅会使分离器通风阻力增大，而且会使煤粉变粗。这是由于通风量一定时，折向门开度过小，要流过折向门通道的流体受到很大阻力。此时只有其中一部分流体通过折向门，而其余的气粉混合物未经旋转分离，将从折向门下部缝隙流至出粉口套筒而输出。而在大角度范围内（如由 75°至 90°），尽管折向门角度继续增大，煤粉细度基本不变，只是分离器通风阻力稍有降低。这是由于在此角度范围内，气流旋转强度改变不大，离心分离效果变化不大。因此，一般分离器折向门有效调整范围大致在 40°至 70°之间，在该区间内，煤粉细度与折向门角度近乎线性关系。

此外，分离器通风量及回粉口密封状况等，虽不是分离器运行性能的调整手段，但它们对分离器运行性能有着明显的影响。当分离器通风量改变时，煤粉细度基本按线性关系变化，通风电耗也相应增减。运行中不可调整的回粉口处锁气装置的严密性对分离器运行性能的影响是十分显著的，由于锁气装置运行工况不理想或失常，尽管可调手段同时使用，仍不能将分离器输出的煤粉细度控制到预定水平的情况是屡见不鲜的，必须高度重视。

第三节　双进双出钢球磨直吹式制粉系统的运行特性及调节

国内 300MW 以上大机组较多使用双进双出钢球磨配直吹式制粉系统，如图 9-6 所示。它由两个相互独立的回路组成。原煤由煤仓经给煤机送入混料箱进行预干燥，与分离器分离

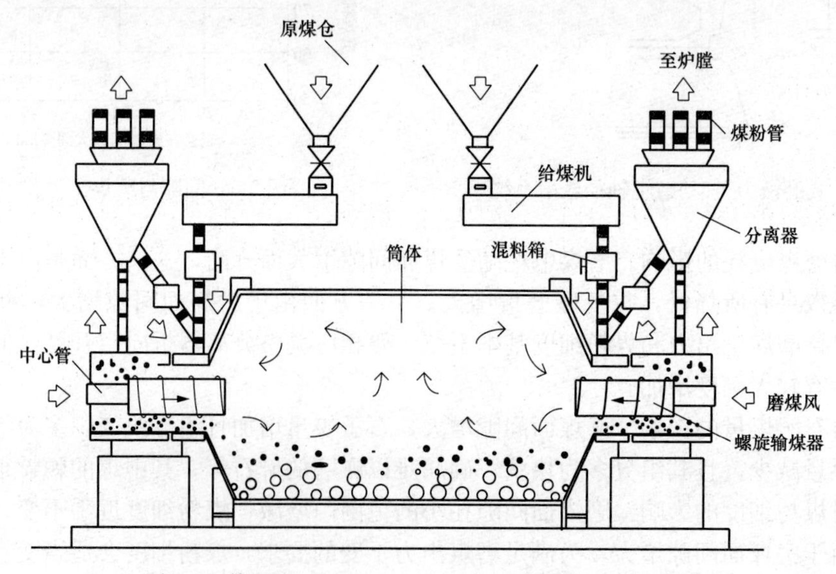

图 9-6　德国 BABCOCK 双进双出钢球磨煤机制粉系统

出的回粉汇合后到达磨煤机进煤管的螺旋输煤器，从两端进入筒体。热风经中心管进入磨煤机筒体，在充满煤粉的筒体中对冲后返回，完成煤的干燥、携带过程。携带煤粉的磨煤风与旁路风汇合后进入分离器。磨煤一次风（为磨煤风、旁路风、密封风之和）携带细煤粉离开分离器，通过煤粉管送往锅炉燃烧器。图 9-7 为它的风量调节系统。

双进双出钢球磨与单进单出钢球磨的运行监督和调节的内容、方法基本相同，其主要区别在于制粉系统出力、煤位控制及煤粉管一次风速的调节方式。

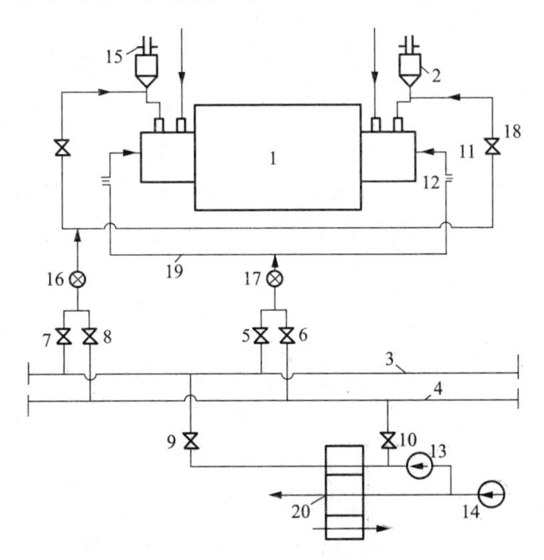

图 9-7　BABCOCK 双进双出磨煤机的风量调节系统

1—磨煤机；2——分离器；3—热一次风母管；4—压力冷风母管；5——次风热风调节门；6——次风冷风调节门；7—旁路风热风调节门；8—旁路风冷风调节门；9——次风热风调节总门；10—压力冷风调节总门；11—旁路风量控制挡板；12——次风量关断挡板；13——次风机；14——次风机；15—燃料关断门；16—旁路风流量测量装置；17——次风流量测量装置；18—旁路风；19—磨煤风；20—空气预热器

一、磨煤机出力调节

直吹式系统的最大特点是磨煤机的出力与锅炉负荷必须一致。因此磨煤机经常处于变动负荷运行的状态，而不可能一直维持满出力运行。与其他形式的磨煤机不同，双进双出钢球磨运行中的磨煤出力不是靠调节给煤机转速直接控制的，而是借助调节通过磨煤机的一次风量来控制的。由于筒体内存有大量煤粉（这是煤位控制的结果），因此当加大一次风后，风的流量和其携带的煤粉流量同时增加，粉在风中的浓度几乎不变。由于出粉量增加（同时，煤粉也粗些），故筒体内的煤位下降。煤位自控装置根据煤位下降信号自动增加给煤机转速，以维持恒定的料位，从而使给煤量与出粉量相等，磨煤出力提高。由此可见，磨煤机的出力只决定于通过磨煤机的一次风量的大小。给煤机的控制是依据磨煤机筒体的实际煤位来调节给煤机转速的。图 9-8 为某 D-10-D 型双进双出磨煤机出力与磨煤风量关系曲线。

一般来讲，在调节磨煤机的通风量时，不应使通风量增加到超过最佳通风量；也不应使通风量降低到不能保证足够一次风速的限度以下，或者由于通风速度低而降低分离器的效率。但有特别需求时（如追求最大磨煤出力），也允许在最大通风量下运行。

一次风量的调节，一是可以调节磨煤机进口管路上的一次风调节挡板（见图 9-7 中 9），

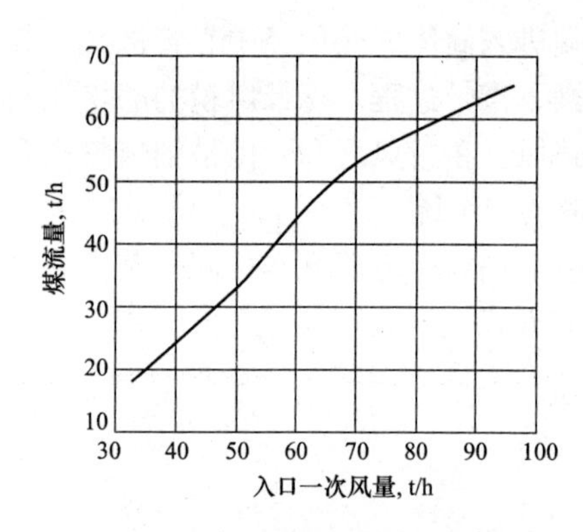

图 9-8 D-10-D 型双进双出磨煤机出力与磨煤风量关系曲线

也可以利用磨煤机的热风挡板（见图 9-7 中 5）和调温风挡板（见图 9-7 中 6）。在投用自动的情况下。热风挡板和调温风挡板能够做同向联动调节，在调节磨煤机出口温度的同时，改变磨煤机通风量（磨煤出力）。在只需要调节磨煤机出口温度的情况下，热风挡板和调温风挡板能够做反向联动调节，保持一次风量不变。

这种负荷调节方式，制粉系统能很快响应锅炉负荷的变化，相当于燃油锅炉。此外，当低负荷时煤粉更细，有利于燃烧稳定，且风煤比基本不变。至于煤粉管一次风速，则可利用旁路风的调节维持相对稳定。这些都是双进双出钢球磨的独特优点。

二、煤粉管一次风速和风温监视与调节

煤粉管一次风速和风温监视与调节对煤粉送粉的安全和燃烧稳定是十分必要的。煤粉管道内的一次风速低，不足以维持煤粉的悬浮，煤粉会在管内沉积造成煤粉管道堵塞，并引起自燃着火。流速过高则不经济，且磨损管道、降低煤粉浓度影响着火稳定。一次风温（分离器出口温度）也不能过低、对于低挥发分煤一般规定为 160～180℃，以便稳定煤的着火和燃烧。

煤粉管一次风速的调节是借助于制粉系统旁路风的调节而实现的。当磨煤机低出力运行时，通风量减小较多，使煤粉管一次风速降低。为维持不太低的一次风速（最低允许值一般为 18m/s）。自控系统将开大旁路风量控制挡板（见图 9-7 中 11），增加旁路风量，补充一次风量的减少，使分离器和一次风管道的风速维持较高，保证煤粉分离效果并防止煤粉管堵塞。双进双出钢球磨的通风量、旁路风量及锅炉一次风量与磨煤机出力的关系如图 9-9 所示。由图可看出，随着负荷降低，出粉管内的流速仍是降低的，这主要是考虑维持一定煤粉浓度的要求。负荷低于 L 点以后，则旁通风量的调节应使一次风速维持定值、此时煤粉浓度降低较多。磨煤机通风量与旁路风挡板开度的关系如图 9-10 所示。

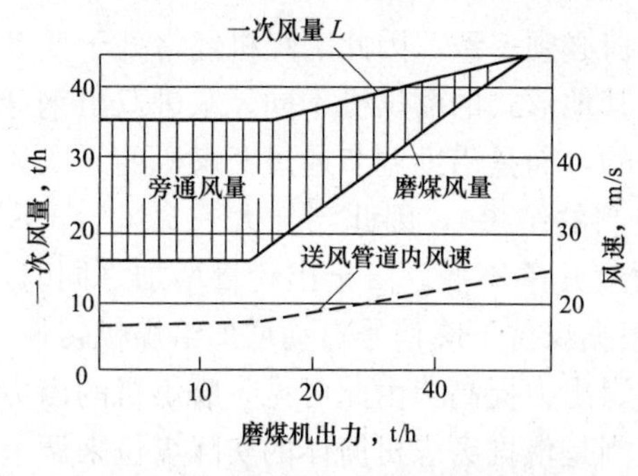

图 9-9 一次风量与负荷的关系

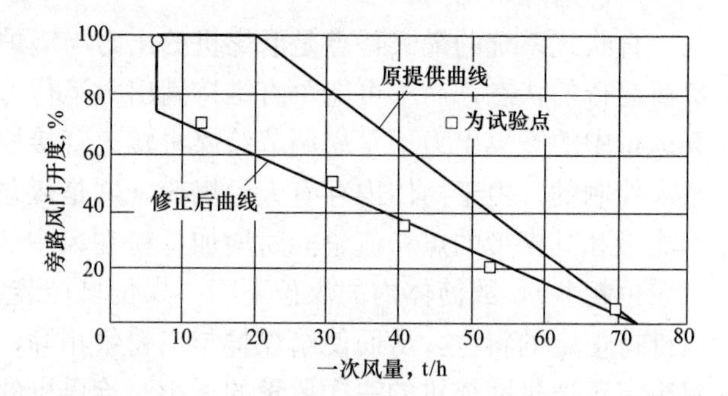

图 9-10 调整前后的旁路风门开度曲线

进入燃烧器的一次风温度由旁路风系统的风量和温度加以调节，由图 9-7 可知，当旁路风的冷风挡板全关时，旁路风温达到最高值，它等于空气预热器的出口一次风温（300～350℃）。因此旁路风具有足够的调温能力。当磨煤出力降低时，旁路风量增加，旁路风与磨煤机通风量的比例增大。要求适当降低旁路风温度，以维持一次风温恒定。此时，自控系统

将自动关小旁路风热风挡板（见图 9-7 中 7），相应开大旁路风冷风挡板（见图 9-7 中 8），并同时调节旁路风量控制挡板增加风量，使风温和风量同时满足一次风粉输运和燃烧的要求。

三、料位监督与控制

双进双出钢球磨煤机的料位（存煤量）是影响磨煤机安全经济工作的重要监控参数。磨煤机内的存煤量，代表了筒体内参与磨制的煤的数量多少。因此，在一定的通风量下，存煤量越多，磨煤出力越大。对于双进双出钢球磨，磨煤出力还受到磨煤通风量的控制。存煤量和通风量对磨煤出力的影响如图 9-11 所示，图中 b_1、b_2、b_3 分别代表存煤量。由图可知，在维持小存煤量（低料位）运行时，必须增大风量，使煤粉变粗，才能达到与较高煤位时相同的磨煤出力。这不仅增加了通风电耗，也使燃烧损失增加，运行不经济。因此维持一个较高的粉位是保证双进双出磨煤机经济运行的必要前提，但过分提高煤位则会影响磨煤机的运行安全性。

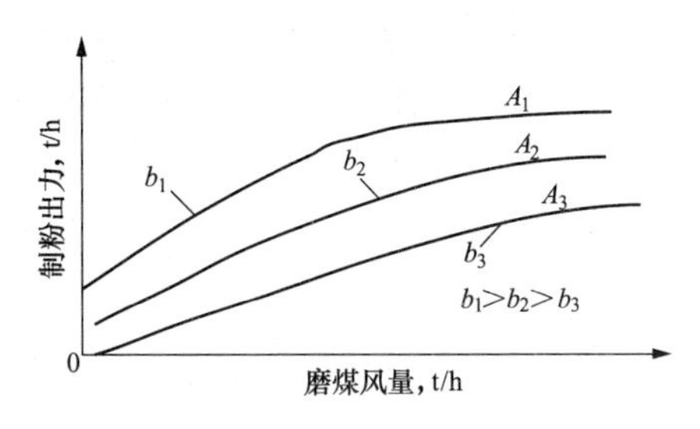

图 9-11　磨煤出力与料位、一次风量的关系

为保证与任意给定通风量相应的最大磨煤出力，双进双出钢球磨均装有一套粉位自动控制系统。图 9-12 为一种以压差作为信号的煤位自控系统的示意。磨煤机内的风压由参考管摄取。当磨煤机运行并有一定存煤量时，粉位升高将封住粉位的信号管出口，输出一个风压信号。该信号与参考管的风压信号相比较所输出的压差可大致反映粉位至信号管口的重位压差，根据这一压差，可指示粉位的高低。

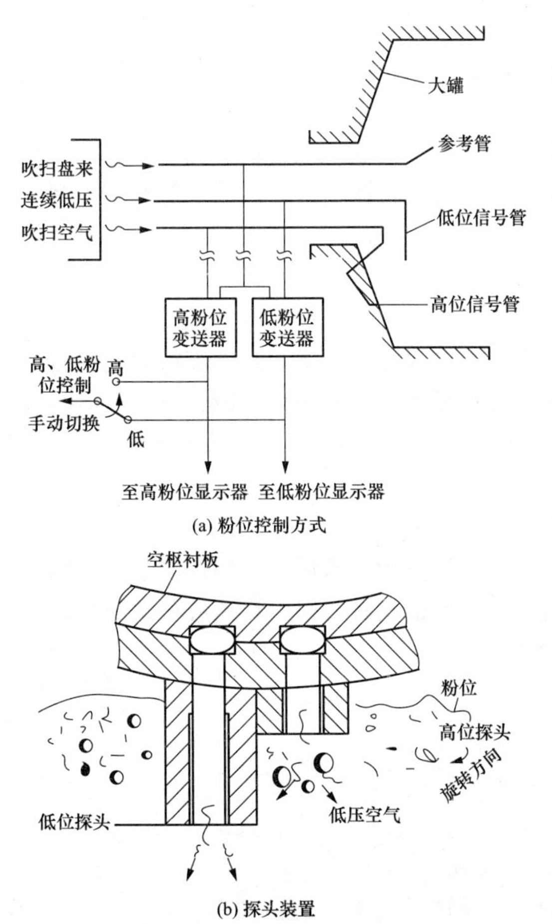

图 9-12　粉位控制系统原理

给煤机的给煤量只能靠高粉位或低粉位信号控制，两个粉位信号不同时投用，可互相切换。当高粉位投入时，筒体内的燃料量和燃料体积增加。在一定的给煤量下，燃料在筒体内停留时间相对延长，煤粉被反复磨制，煤粉变细，且由于通风量低些（与低粉位相比），通风电耗减小。当低粉位投入时，情况正好相反。锅炉燃用挥发分较高的煤时，煤粉允许磨得粗些。可采用低粉位运行，不易堵磨，且枢轴密封也更为可靠。若煤的挥发分较低，则宜采用高粉位运行、制粉单耗低，经济性好些。

运行中双进双出钢球磨煤机的料位控制由料位控制系统完成。当实际煤位高于设定煤位时，输出正的煤位差信号，使给煤机转速减小，减小给煤量。当实际煤位低于设定煤位

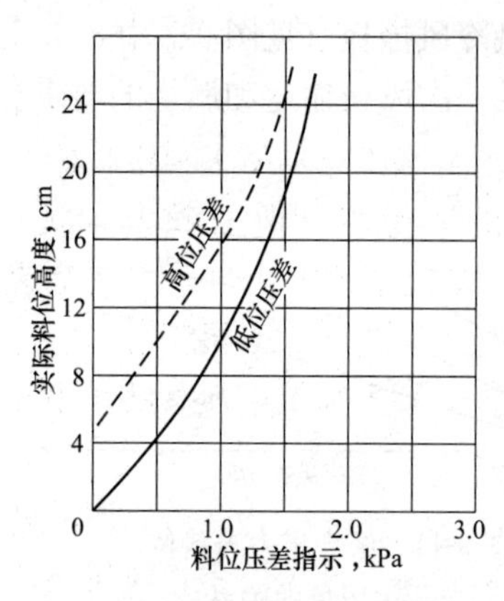

图 9-13 实际煤位与高、低位压差的关系

时，输出负的煤位差信号，使给煤机转速增大，加大给煤量。正常运行时，无论投自动还是手操，均可人工设定料位差压（即设定料位高度）。D-10-D 型双进双出磨的料位实际高度与料位差压的关系见图 9-13。在同样压差下投低位比投高位时的实际煤位低 60mm。根据 FW 公司的推荐，料位压差一般应设定在 0.2～0.37kPa。稳定运行中的磨煤机，当出力变化时煤位将相应变化，与设定值比较后输出正信号或负信号去控制给煤机的转速，使煤位返回到设定值。因此，除变负荷期间外，煤位基本稳定不受磨煤机出力的影响。

当磨煤机刚开始加煤时，基准管和信号管都反映大罐压力，此时料位压差信号应该是零。磨制数分钟后，细煤粉逐渐增多，并淹没低位信号管口，低位差压信号在煤位显示表上开始显示；继续增加给煤，高位差压信号也将有显示。根据实际经验确定给煤速度与达到煤位出现所需时间的关系。为确保筒体内粉位在所有运行工况下不变，应注意监视高、低粉位差信号。正常情况下，无论高粉位信号还是低粉位信号，一般在 150Pa 左右。如果偏离正常值，说明信号管线堵了，应手动调节总一次风量，和给煤机控制（磨煤机运行切换为手动）。利用压缩空气依次吹扫信号管。直至压差恢复正常值。

将粉位控制在设定值，一方面在任何负荷下有大的存煤量，便于负荷调节，另一方面也可避免筒体内煤里超过饱和存煤量而发生堵磨事故。粉位控制信号亦可用磨煤噪声控制，其控制原理与压差控制相仿。

四、双进双出磨煤机的煤粉细度调整

煤粉细度不仅影响锅炉燃烧，也影响到磨煤出力。合适的煤粉细度（经济煤粉细度）与很多因素有关。负荷高、煤质硬、煤挥发分高时，经济煤粉细度增大，即煤粉细度的运行控制值可大些；反之煤粉则需磨得细些。运行中煤粉细度的调节有三种手段：

(1) 煤粉分离器转速。当风量和煤位不变时，增加分离器转速可以使煤粉变细、降低分离器转速则使煤粉变粗。但调节分离器电机转速时会影响磨煤出力。因此应同时对磨煤风量也作相应调整，因而使出力—风量特性曲线有所变化。

(2) 磨煤机通风量。当分离器转速和煤位不变时，随着通风量的增加，携带粗粉的能力增加，分离器的循环倍率减小，煤粉变粗而磨煤机通风最又是与锅炉负荷成正比的，故高负荷时煤粉变粗，低负荷时煤粉变细（分离器转速一般不经常调整）。

(3) 煤位。在一定的通风量和给煤量下，高料位运行可延长煤在磨内的停留时间，使煤反复磨制，煤粉变细；而低料位运行情况正好相反，煤粉变粗。

图 9-14 是双进双出磨煤机煤粉分离器的调节特性。它给出了磨煤机出力、煤粉细度、磨煤机通风最与分离器电机转速的关系。可用于指导运行中调节煤粉细度。须经专门的试验给出具体的曲线关系。

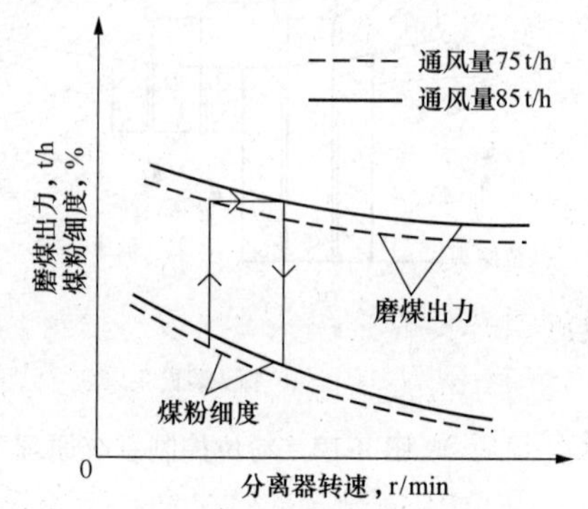

图 9-14 分离器的调节特性

如果运行中的实际煤粉细度达不到设计煤粉细度，

可以通过适当增加装球量（或更换新球）。筛除碎球等办法便煤粉细度达到要求。

五、几个运行控制问题的分析

（1）密封风压差及风量控制。控制密封风压差的目的是使密封风压总是高于制粉系统风压一个恰当的数值，保证磨煤机的工作安全。密封风压差的运行监控值一般为1.0～1.5kPa。其大小对磨煤机的安全性和经济性都有影响。若该压差低于监控值过多，会造成煤粉向外泄漏，细粉进入枢轴处会很快损害轴承。因此，当密封风压差低于低限值时，磨煤机跳闸进行保护。若该压差过高，不仅使风机电耗无谓增大，也使密封风量增多，其作用相当于中储式系统中的磨煤机漏风增多，使排烟温度升高。

密封风总量用各密封风调节风门控制，一般不超过总风量的10%左右。恰当地调节各密封风量可以使给风系统的总能耗最低，这是因为在输送同量风量下，高压的密封风机将消耗更多的功率。

（2）煤位控制分析。双进双出磨煤机可实现高、低料位控制，实际上，料位也可分别在高、低料位定值的附近变动。相同出力（给煤量）下，采用低料位运行，煤粉变粗、风量及风煤比增大；高料位运行，煤粉变细，风量及风煤比减小。分析图9-11中曲线的关系，在相同风量下，增加料位可以提高出力（同时煤粉变粗）。在相同出力下，高料位对应小风量、细煤粉、通风电耗低。低料位则对应大风量、粗煤粉、通风电耗高。在恒定料位下，出力与风量基本是直线关系，风煤比差不多不变。

（3）一次风母管压力控制。若一次风母管压力控制过高，会使管道阻力及一次风机电流增加，空气预热器漏风增大，排烟损失增加，并且磨启停时对炉膛负压的影响较大；反之，若一次风母管压力过低，则热、冷风调节挡板的调节特性恶化、不利于控制进口一次风温，也影响各煤粉管的风量分配均匀性。因此，一次风母管运行的压力设定值最好是通过调整试验予以确定。

第四节　制粉系统的启动和停运

一、制粉系统启动前的检查和准备工作

制粉系统各设备在启动前要做好检查、试验及准备工作。具体如下：

（1）在启动磨煤机之前彻底检查系统中的所有元件，确保清洁。检查所有必需的回路断路器的闭合。检查磨煤机机壳及分离器无漏焊、破裂之处。各机械装置连接可靠，螺丝固定好，密封完善不漏。

（2）根据制造厂说明书，检查顶轴和润滑系统中油箱油位正常，油箱内清洁无杂物，且润滑系统准备投运，各个阀门处在正确的位置。清洗滤网。检查驱动齿轮润滑系统并准备投运。检查齿轮有无充分的润滑，系统是否有充足的润滑油。系统中有无适当的空气压力。

（3）检查并吹扫磨煤机的控制管。其液压机构的功能应符合要求，动作正常。取样煤管及旋塞开关要处在全关位置。密封良好观察孔清洁。

（4）检查马达，轴承有足够的润滑油。减速齿轮和轴承润滑恰当。检查一次风机及其轴承有足够的油润滑及可靠的冷却介质。

（5）检查燃烧器和油枪，准备投运。

（6）检查所有一次风及调温风的电动和汽动阀门，一次风隔离挡板，一次风流量调节，

辅助风及密封风挡板，燃烧器隔离阀门及所有的挡板起跳正常并处在合适的开度位置。检查手动，给煤机密封风调节挡板应该同第一次整定时一样的开度。

（7）检查惰化消防系统处在合适的位置，并处在备用状态。

（8）检查给煤机内部无杂物，调节挡板灵活，传动装置及各部件完整。皮带给煤机的托辊完整，皮带无损坏，接头良好。检查原煤仓中有足够的煤，进煤管和落煤管阀门处在合适的位置。

（9）检查监测仪表，报警、跳闸信号装置应该完好，试验正常确认无误。各部油压、油量、油位、油质正常，符合设计值。各检查完毕后，检查试运转一次风机、密封风机。并经过 8h 试运，各部件合格。检查试运转给煤机，并调整分步试运转。

各检查一切正常后，按规定启动一次风机、密封风机进行有关风压试验。检查各部无漏风无漏粉现象，符合要求。

（10）对检修后的制粉系统启动前，应做下面的试验：拉合闸试验、故障按钮试验、连锁装置试验、各旋转部件试运行。

二、制粉系统的启动

当制粉系统检查、试验、准备就绪，炉内燃烧稳定正常，锅炉带一定负荷，一般在炉膛出口烟温达 500℃以上，空气预热器出口风温在 150℃以上，即可启动制粉系统。具体如下：

首先确认原煤仓内有足够的煤供应，打开原煤仓至给煤机的闸板，打开给煤机和磨煤机之间的给煤阀。在完成启动前的检查和准备工作之后，确认送风机和引风机在运转，再准备启动磨煤机。磨煤机启动前，检查所有人孔门全关，磨煤机内无火源，检查一次风调节挡板。手动检查各磨组对应各个燃烧器的隔离阀全关。

在磨煤机启动检查完成后，检查被选磨组对应的油枪投入，燃烧器挡板在点火位置。

启动一次风机，打开风机的出口挡板，维持一次风的风箱压力。由于磨煤机盘积煤，为防止煤粉爆炸，在一次风投入前应投入消防蒸汽吹扫 6～10min。

燃烧器辅助风挡板切换为自动，对所有煤管和燃烧器吹扫冷却至少 5min。

启动润滑油泵。当减速机油池油温低于 25℃时，先启动低速泵，同时电加热器开始工作。减速机油池油温高于 28℃时，油泵由低速切换到高速，切断加热器。当供油压力大于 0.13MPa，减速机油温达到 28℃，推力瓦油池油温低于 50℃时，表明润滑程序已完成启动条件。以上过程通过油系统控制柜控制，自动完成。

启动密封风机，投入密封空气。在启动密封风机前，应具备以下条件：

磨煤机进口一次风门关闭；磨煤机冷风门关闭；给煤机密封风挡板门打开；原煤斗闸门打开；磨煤机出口煤粉隔绝门打开；一次风机启动并且一次风压建立；盘车装置脱开；液压关断门打开；热工保护系统正常。

启动密封风机后，要使密封风压和一次风压差值达到要求值。

启动磨煤机。磨煤机启动后应做下列检查：

减速齿轮系统必须运转适当，并且润滑油位正常；轴承应该有足够的润滑，并且油在其表面的分布均匀；监视轴承的温度；检查磨煤机的马达工作是否正常；检查外端输煤管轴承运转是否正常。

打开热一次风风门，调节冷、热一次风风门的挡板以获得给定磨煤机出口温度值。

启动给煤机。操作给煤机控制键盘，设置一个最低出力，给煤机以该速率自动给磨煤机供煤，当磨煤机出口温度达到其设定值时，再增加给煤机的给煤速率。

当给煤量满足机组要求后，给煤机投入自动运行。

三、制粉系统的停止

1. 正常停机

磨煤机停机前，应先将自动改为手动，并做好停止制粉系统的准备。在正常停机期间，要求将磨煤机冷却到正常运行温度以下，并走空磨煤机内的煤，停机前的冷却温度为60℃。

（1）将给煤机出力减少到最低值以减少磨煤机负荷。这是通过对给煤机设置偏压控制或手动操作控制来实现的。给煤量以10%的速率递减。在每次给煤量减少之后，需进行下一次递减之前，应让磨煤机出口温度恢复到设定值。磨煤机一次风控制投自动。

要监测磨煤机出口温度，不允许其超过设定值8℃。需要注意的是，火焰着火能量的大小必须可调以保证煤粉气流着火稳定。

（2）当给煤量达到最小值时，关闭热一次风门以降低磨煤机出口温度。冷一次风风门应自动打开以维持所需的一次风量。

（3）当磨煤机分离器出口温度降到60℃时，停掉给煤机。

（4）提升磨辊，让磨煤机至少再运行10min以消除磨盘上的煤。

（5）停磨煤机，磨辊下降复位。

（6）关小冷一次风风门，留下约5%的开度，让一部分冷风继续吹扫和冷却磨煤机。磨煤机出粉管阀门仍然保持打开状态。要注意的是，在机组初次启动期间，必须设置一个自动停止装置，使冷一次风风门停在最小开度位置上。在磨煤机启停整个期间，必须始终保持最小冷一次风量。

（7）保持系统润滑油。如果冬天磨煤机停运时需要关闭润滑油系统，则冷油器中冷却水必须关闭。如果管子结冰，则在启动时必须仔细检查以确保管子没有破裂，油没有被冷却水污染。

2. 紧急停机

当锅炉发生下列情况时紧急停机：锅炉安全保护动作；一次风量小于最低风量的85%；磨煤机分离器出口温度≤55℃或≥120℃；磨辊油温≥120℃；电动机停止转动。

紧急停机时，下列设备必须同时操作：紧急关闭磨煤机进口热风隔绝门；关闭冷热风调节门；停止给煤机；停磨煤机；开防爆蒸汽。

磨煤机紧急停机后必须打开冷却至环境温度，并进行手工清扫。

如果紧急停机1h后，仍无法排除故障，要进行以下操作：①磨煤机空载运行，将磨盘上积煤燃尽，避免自燃；②关闭密封风、润滑油站、高压油站。

3. 紧急停机后的启动

紧急停机之后，磨煤机冷却至环境温度，并打开进行了清扫，磨煤机的再次启动要进行以下操作：①检查磨煤机及辅助设备；②排渣，然后按正常启动程序进行。

需要注意的是，紧急停机后重新启动磨煤机时，出粉管阀门必须关闭，否则炉膛烟气会贯入煤粉管道而进入磨煤机；重新启动磨煤机时，尽可能一次一台，先至少开足十分钟以吹扫人工清扫时未清理的煤粉；当磨煤机重新启动吹扫残余煤粉时，出粉管阀门必须打开以便气流通过。

第十章　锅炉受热面异常工况特性及处理

在锅炉的各类异常工况中，受热面（省煤器、水冷壁、过热器、再热器、空气预热器）泄漏、爆破等最为普遍，约占各类异常工况总数的30%。锅炉受热面一旦发生泄漏或爆破，大多均须停炉后方可处理，由此造成巨大的经济损失。当受热面发生泄漏时，由于大量汽水外喷将对锅炉运行工况产生很大的扰动，泄漏侧烟温将明显降低，使锅炉两侧烟温偏差增大，给参数的控制调整带来了困难。水冷壁发生爆管时，还将影响锅炉燃烧的稳定性，严重时甚至会造成锅炉熄火。当受热面发生泄漏或爆破后，如不及时处理，还极易造成相邻受热面管壁的吹损，并对空气预热器、电除尘器、引风机等设备带来不良的影响。因此，发生受热面损坏后应认真查找原因，制订防止对策，尽量减少泄漏或爆管事故的发生。

一、锅炉受热面异常工况的主要原因

锅炉受热面发生泄漏或爆破等异常工况，主要有如下原因：

(1) 制造质量方面的原因。受热面材质不良，设计选材不当或制造、安装、焊接工艺不合格。

(2) 设计、安装方面的原因。受热面支吊或定位不合理，造成管屏晃动或自由膨胀不均，管间或屏间相对位移、相互摩擦损坏管子，吹灰器喷嘴位置不正确造成管壁吹损。

(3) 材质变化方面的原因。给水品质长期不合格或局部热负荷过高，造成管内结垢严重，垢下腐蚀或高温腐蚀，使管材强度降低。由于热力偏差或工质流量分配不均造成局部管壁长期超温，强度下降。由于飞灰磨损造成受热面管壁减薄或设备运行年久、管材老化所造成的泄漏和爆管事故也较为常见。此外，对于直流锅炉而言，如发生管内工质流量或给水温度的大幅度变化还将造成锅内相变区发生位移，从而使相变区壁温产生大幅度的变化导致管壁疲劳损坏。

(4) 运行及其他方面的原因。造成炉管泄漏或爆破的原因是多种多样的，其中有设备问题也有运行操作上的问题。如吹灰压力控制过高或疏水不彻底造成的管壁吹损，由于燃烧不良造成的火焰冲刷管屏以及炉膛爆炸或大块焦渣坠落所造成的水冷壁管损坏等。此外，受热面管内或水冷壁管屏进口节流调节阀或节流圈处结垢或被异物堵塞，使部分管子流量明显减少、管壁过热而造成的设备损坏，运行中也较为常见。

实例1某厂1000t/h直流锅炉在大修中对炉本体进行了酸洗工作，大修后首次启动投运，当锅炉蒸发量达800t/h时，突然发生水冷壁某管屏温度超温且在短期内上升至720℃左右，由于当时各屏流量无测量手段，因而无法确定是否是由于流量偏差所造成，在燃烧调整和核对温度表的过程中发生了水冷壁爆管。停炉后加装了各屏流量表，测得该管屏流量特别小。经割管发现，该屏的进口节流圈被一块直径约20mm的异物堵住。

实例2某厂单炉体双炉膛布置的1000t/h直流锅炉，小修后启动，在进行轻油切重油操作的过程中，由于重油回油管路阻塞，加上油量表不准，造成锅炉燃油量瞬时增加约10t/h，燃烧器附近的水冷壁中工质首先膨胀，引起包覆出口压力突升，使锅炉进水发生困难。在加强进水过程中又发生某侧主给水阀门无法打开，当另一侧主给水阀门开启后即发生该侧给水流量瞬间中断，当包覆压力恢复正常后，该侧突然大量进水，数分钟后，炉膛内发出爆破声。经检查发现双面水冷壁爆破，被迫停炉处理，事后经金相分析，确系管壁严重超温引起。

二、锅炉受热面损坏的常见现象和处理原则

锅炉受热面损坏时炉膛或烟道内可听到泄漏声或爆破声，锅炉各参数处于自动调节状态，虽基本保持不变，但给水流量却不正常地大于主蒸汽流量，锅炉两侧烟温差、汽温差明显增大，受热面损坏侧的烟温大幅度降低，炉内燃烧不稳，严重时甚至造成锅炉熄火。在炉膛负压投自动的情况下引风机开度将自行增大，电流增加。在引风未投自动时，炉膛负压将偏正，此时应立即手动开大引风，维持炉膛负压正常。

当受热面泄漏不严重尚可继续运行时，应及时调整燃料、给水和风量，维持锅炉各参数在正常范围内运行。给水自动如动作不正常时应及时切至手操控制，必要时还可适当降低主蒸汽压力或降低锅炉负荷运行，严密监视泄漏部位的发展趋势，做好事故预想，申请调度停炉并做好停炉前的准备工作。

如受热面泄漏严重或爆破，使工质温度急剧升高，导致管壁严重超温，不能维持锅炉正常运行或危及人身、设备安全时，应立即按手动紧急停炉进行处理。停炉后为防止汽水外喷，应保留引风机运行，维持正常炉膛负压，直至泄漏或爆破处蒸汽基本消失后方可停用引风机。为了防止电除尘器极板积灰，应立即停止向电除尘器供电，保持电除尘器连续振打方式。为了防止灰斗堵灰，应将电除尘器、回转式空气预热器、省煤器灰斗内的积灰放尽。

此外，还应做好泄漏或爆破点附近及周围（如省煤器灰斗等）防止汽、水喷出伤人的安全措施。若受热面爆破引起锅炉全熄火或角熄火时，则应按锅炉熄火 MFT 处理。由于受热面损坏引起主蒸汽温度、再热蒸汽温度过高、过低或两侧偏差过大时，还应结合汽温异常的有关要求进行处理。

三、锅炉炉管泄漏监测系统

很多电厂锅炉配有炉管泄漏监测系统，用于实时监测过热器、再热器、省煤器、水冷壁等锅炉承压受热面管道的早期水、汽泄漏。系统通过固定安装在锅炉炉膛水冷壁、水平烟道、尾部竖井及锅炉大包内的传感器，将锅炉炉管泄漏的声音等信号转化成电信号，经前置放大和信号处理后，在置于室内的显示报警机柜的彩色显示器上显示泄漏情况及泄漏报警。

锅炉炉管泄漏监测系统一般由波（声）导管、传感器、信号处理单元、监测仪主机、监视显示器、键盘或鼠标、打印机等组成，并具有与 DCS（或 SIS）系统硬接线及通信接口。系统的参数监视、报警和自诊断功能高度集中在 LCD 上显示和在打印机上打印，并有历史数据存储、检索和泄漏统计报表功能。锅炉炉管泄漏监测系统采取有效措施，以防止各类计算机病毒的侵害和锅炉炉管泄漏监测系统存储器的数据丢失。

测点的布置及数量设置能满足对锅炉主要受热面的泄漏检测和定位要求。为保证锅炉泄漏无盲区以及更加准确缩小泄漏点的定位半径，单台锅炉测点数为 30～50 个。整个锅炉炉管泄漏监测系统可利用率至少为 99.9％。

锅炉炉管泄漏监测系统能在显示器上以棒状图、频谱图、模拟图等形式，显示各点传感器的信号和在炉本体上的分布，并能以不同的颜色实时显示各点的正常运行、报警、故障的状态。通过对监测到的声音强度、频率和持续时间的分析及判断，发现、定位和显示锅炉的泄漏点，根据趋势图监视其发展和变化。

锅炉炉管泄漏监测系统应能对泄漏点进行至少 90 天的发展趋势记录，并可以追忆查询至少一年的历史趋势数据，在此时间区域内，可任意设置时间段，并显示该时间段的泄漏趋势曲线，采样周期不大于 1min，瞬时采样周期为 1s，为运行人员判断锅炉运行状态提供依据。

通过扬声器和屏幕上软选择开关，可以听到炉膛内各个传感器测点的声音并录音，音量可调。

锅炉炉管泄漏检测系统能实现下列功能：

（1）锅炉泄漏早期报警；

（2）判定泄漏区域位置；

（3）采用自动小波分析技术，显示泄漏噪声小波图谱；

（4）跟踪泄漏发展趋势；

（5）实时监听炉内噪声并录音；

（6）监视吹灰运行工况（气源压力，旋转吹扫，是否卡涩）；

（7）传导管堵灰及系统其他故障的自动判别；

（8）传导管吹扫（采用电磁阀控制压缩空气气源吹扫）；

（9）装置系统自检测试；

（10）历史数据存储、检索和泄漏统计报表打印；

（11）留有和 DCS（或 SIS）系统的接口方式，采用硬接线和通信方式。

第一节　氧化皮产生及剥离特性与防治

一、氧化皮产生及剥离特性

1. 氧化皮的产生

1929 年，Schikorr 研究得出，在无溶解氧的水中，铁和水反应生成 Fe_3O_4 并放出氢，这一机理得到广泛应用。20 世纪 70 年代，德国的科学家通过电子显微镜的观察，又进一步确定了铁水反应的就位氧化过程。金属表面的氧化膜并非由水汽中的溶解氧和铁反应形成的，而是由水汽本身的氧分子就位氧化表面的铁所形成的。反应式如下：

水对钢直接氧化的电化学方程

$$3Fe \rightarrow Fe^{2+} + 2Fe^{3+} + 8e^-$$

$$4H_2O \rightarrow 4OH^- + 4H^+$$

$$Fe^{2+} + 2Fe^{3+} + 4OH^- \rightarrow Fe_3O_4 + 4H^+$$

$$4H^+ + 4H^+ + 8e^- \rightarrow 4H_2$$

$$3Fe + 4H_2O \rightarrow Fe_3O_4 + 4H_2$$

从此反应式可知，氧化膜的形成过程中，并无溶解氧参加反应。氧化膜的生长遵循塔曼法则：$d_2 = Kt$（d 为氧化皮的厚度，K 为与温度有关的塔曼系数，t 为时间），氧化膜的生长与温度和时间有关，某电厂 1 号机组在以前的历次大修检查过程中没有发现氧化皮，而是在锅炉累计运行 30 703h 才发现过热器、再热器管内有氧化皮。氧化膜的生长速度与蒸汽压力有关，蒸汽压力低比压力高时生长速度快，某发电厂再热器产生氧化皮的量比过热器要多。不同材质蒸汽侧氧化皮生长速度是不一样的，某发电厂二级屏式过热器、三级屏式过热器、二级对流过热器、二级对流再热器的材质为12Cr18Ni12Ti，这种不锈钢属于奥氏体粗晶粒钢；其蒸汽侧氧化皮生长速度较快。过、再热器管内氧化皮的外观如图10-1和图10-2所示。

图10-1　过热器管内氧化皮外观

图10-2　再热器管内氧化皮外观

2. 氧化皮的剥离

钢表面在蒸汽中生成氧化膜是个自然的过程，在开始时膜形成很快，一旦膜形成后，进一步的氧化便慢了下来，氧化膜生长厚度与时间呈抛物线关系。在某些不利的运行条件下，如超温或温度压力波动条件下，金属表面的双层膜就会变成多层膜的结构，这时氧化膜和时间就变成直线关系。双层膜先是变为两个双层膜，再进一步发展成为多个双层膜的氧化层结构，然后便开始会发生剥离。这种多层膜的形态如图10-3所示。

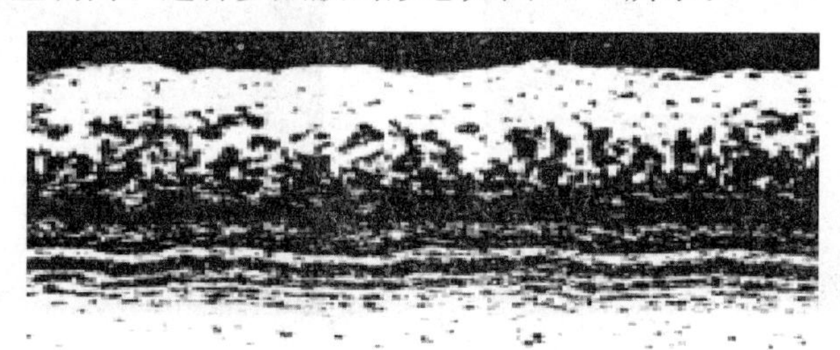

图10-3　钢在蒸汽中形成的多层氧化

二、氧化皮的产生和剥离对机组运行的影响

（1）氧化皮剥离造成受热面超温爆管。大型电站锅炉的高温过热器和再热器多为立式布置，每级过热器和再热器由数百根竖立的U形管并列组成，因为进出口有50℃以上的温差，这种过热器出口侧直管段的氧化皮数量明显大于进口侧。机组在停机和启动时，以及负荷、温度和压力变化较大时，锅炉受热面上达到剥离条件的氧化皮开始逐渐剥离下来，堆积在锅炉过热器蛇行管受热面底部。从U形管垂直管段剥离下来的氧化皮垢层，一部分被高速流动的蒸汽带出过热器，另有一些会落到U形管底部弯头处。当某一根管子开始有了一些脱落物堆积，由于流动阻力增加，它的管壁温度就会比周围的管子高，由于底部弯头处氧化皮剥离物的不断堆积，使得管内通流截面减小，造成流动阻力增加，导致管内的蒸汽流通量减少，使管壁金属温度升高。当堆积物数量较多时，造成管壁超温引起爆管。

（2）氧化皮对汽轮机产生固体颗粒侵蚀，造成汽轮机喷嘴和叶片侵蚀损坏。从过热器和再热器管剥离的氧化皮，很大一部分被极高流速的蒸汽携带出过热器和再热器，这些被携带的氧化皮剥离物颗粒具有极大的动能，它们源源不断地撞击汽轮机喷嘴和叶片，使汽轮机的喷嘴和高压级叶片受到很大的损伤，使通流部分效率下降，机组出力损失，同时也缩短了检修周期，增加了检修费用。某电厂的1、2号机，在运行了4万h后，就发现叶片受到硬质颗粒高速撞击的痕迹：在高压调速级及第1～4级、中压前几级，叶片的正对汽流面，有不少凹陷的小坑，凹陷点表面较光滑，边缘直径0.5～1.5mm不等。运行了12万h后，叶片的损坏已经相当严重，如图10-4所示。

(3) 氧化皮的产生容易导致主汽门卡涩，造成机组停机时主汽门无法关闭，威胁机组安全运行。

(4) 氧化皮剥离容易堵塞疏水管，威胁机组安全运行。进入汽轮机内的氧化皮被蒸汽携带一起流动。在机组启动阶段，汽轮机的各种疏水处于开启状态，氧化皮随着蒸汽进入疏水、抽汽系统；降压扩容后，流速下降到无法携带氧化皮的程度时，氧化皮开始逐渐沉积在系统死角，容易对细小管道、疏水阀门、止回门等进行堵塞，使系统产生潜在隐患。

(5) 氧化皮的产生影响金属换热。金属表面形成0.2～0.5mm厚度氧化皮相当于1500～3500g/m^2垢量，影响机组运行的经济性。

(6) 氧化皮剥离严重污染水汽品质。被高速蒸汽带出过热器和再热器的氧化皮剥离物颗粒，在汽轮机内完成对叶片的撞击和冲蚀以后，颗粒本身会破碎、变小、变细，并增加了一些叶片本身被冲蚀形成的产物，使水汽中铁含量增加，造成锅炉受热面沉积速率增加。

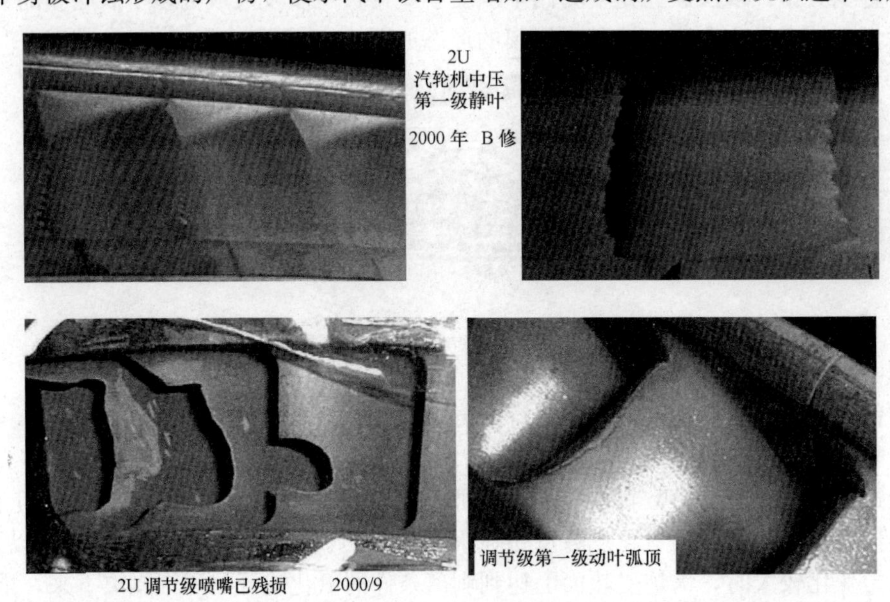

图10-4 某电厂汽轮机叶片受到来自过热器和再热器的剥离物颗粒的损伤

三、防范氧化皮的措施

(1) 正确选材是解决氧化皮脱落最根本的措施。在锅炉设计或投运以后的改造中，对高温过热器和再热器采用抗高温氧化性能更好和抗剥离性能好一些的材质，可以使氧化皮厚度显著减薄，是一项减缓高温氧化皮剥离危害最根本的措施。大量的研究和试验工作表明细晶TP347FG钢管在550℃以上时的抗蒸汽氧化性能较强，其蒸汽侧氧化皮生长速度较低，已在国内外电厂开始应用。

（2）做好氧化皮定期检测工作。在大中修期间采用氧化皮监测仪对过热器、再热器进行氧化皮检测，同时对管材进行寿命评估并及时更换氧化较严重的管材。

（3）机组启动时严格按规程控制好升温速度，防止运行中超温；尽可能减缓机组温度变化的速率；尽量避免紧急停炉；严禁停炉后通风快速冷却，以防止氧化皮脱落；机组大修停炉时快速停炉冷却，使氧化皮尽快脱落，以便在大修期间清除。

（4）做好停炉防腐工作，防止过热器、再热器弯头积水造成停运腐蚀。

（5）采用汽轮机启动旁路系统对氧化皮进行吹扫。在机组启动初期利用机组本身的一、二级旁路系统对锅炉过热器、再热器进行蒸汽吹管，通过监测凝结水中铁含量的变化判断是否有氧化皮脱落。

（6）做好主汽门定期维护和检查工作。大中修期间彻底清除主汽门上的高温氧化皮，确保主机汽门不发生卡涩，保证机组安全运行。

第二节　炉内结渣与水冷壁高温腐蚀特性及其防治

一、炉内结渣特性及防治

产生结渣的先决条件是呈熔融状态颗粒与壁面的碰撞。煤粉炉内的颗粒随气流运动，由流场决定气流向壁面的冲刷程度及灰粒与壁面碰撞的概率。此外较大尺寸的颗粒容易从转向气流中分离出来，与壁面碰撞，因此急剧的气流转向与粗的煤粉细度是容易导致结渣的。低的灰粒熔融温度和高的壁面温度使灰粒与壁面碰撞之际易呈熔融状态；粗的灰粒也因分离速度大，碰撞壁面前经历的分离时间短，冷却不易而呈熔融状态；不清洁的水冷壁，吸热能力弱，区域温度高，对灰粒的冷却能力弱，使灰粒在碰撞之际易呈熔融状态。灰的熔融特性温度是与所处环境气氛相关的，若为氧化性气氛则高，还原性气氛则低，因此炉内的过量空气系数也影响到炉内的结渣。

（一）煤灰的结渣特性

煤灰并不是一个单一的物质，其熔融特性随着它的组分而异。煤灰从固态转变为液态是一个连续的过程，熔融温度不是一个单值，只能以它处于不同熔融状态下的几个温度值来表明。一种被广泛接受的方法是以煤灰试样在受热升温过程中，变形到几个特定形态时的相应温度来表达，如变形温度、软化温度和熔化温度（流动温度）。煤灰的试样是用煤灰工业分析方法得到的灰，按规定的制备方法制作成的灰锥。因此，由此得出的结果是集无数灰粒于一体的煤灰熔融倾向的总体特性。这种试验和表达方法是在早期为研究层燃炉的结渣问题而建立的，但对于燃烧过程是处于各个煤粉或灰粒分离状态的煤粉炉则并不充分。在煤粉炉中，颗粒间的相互分离使煤灰的熔融特性或结渣倾向只取决于各单个煤粉颗粒的行为。煤粉在磨制过程中会产生一定的离析，各个煤粉颗粒的含灰量及其组分并不相同，使得各颗粒灰分间的反应只限于颗粒之内，其熔融特性也随颗粒而异，难以用一个总体特性来表达，必须辅之以一些其他的补充指标。又鉴于煤及其灰分的复杂性，以及与燃烧间的复杂关系，迄今人们对于结渣行为与煤灰特性之间的关系还所知甚少，因此这些补充指标还带有一定的探索性，迄今尚未统一。现择其使用较广的介绍如下。

1. 煤灰的熔融特性温度

目前在各个不同的国家和地区都是采用目测灰锥样在升温过程中的形态改变到一定程度

时的温度来表征的，但在测量方法和表征的具体规定中又各有不同，充分说明了煤灰熔融特性本身的复杂性。

我国的煤灰的熔点温度按GB/T 219—2008《煤灰熔融性的测定方法》进行测定。标准所规定的测定方法要点是：将煤灰样制成一定尺寸的正三角锥，在一定的气体介质中以一定升温速度加热，观察灰锥在受热过程中的形态变化；测定它的三个熔融特性温度—变形温度（DT）、软化温度（ST）和流动温度（FT），并定义变形温度为灰锥顶部开始变圆或弯曲时的温度（见图10-5中DT）。软化温度按灰锥变形到图中ST所示三种形态之一时的温度决定。软化温度是锥体弯曲到端部接触底板，灰锥变形到呈球形，或高度等于底长的半球形时的温度。流动温度是指灰锥熔化呈液体状，或展开成厚度在1.5mm以下的薄层，或锥体逐渐缩小最后接近消失时的温度（图中的FT）。测定方法中所说的灰锥是指用煤灰工业分析方法中烧灼成灰的方法所得到的灰；所说的灰锥是由在上述灰样中掺加10%的可溶性淀粉，经在模型中挤压成的高20mm、底边长7mm的正三角锥；一定的气体介质是指弱还原性气氛。

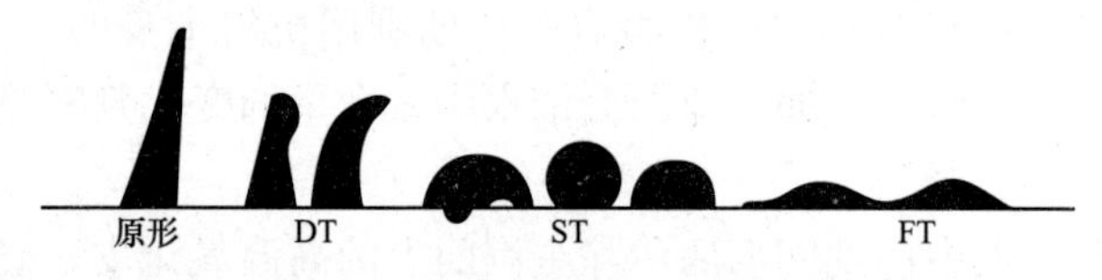

图10-5 灰锥熔融特性温度示意图

2. 煤灰结渣性的常规判别准则

煤灰的组分随煤种或产地有相当的差别，尤其是在排除SiO_2及Al_2O_3后进行对比时。对于极大部分煤种来说，SiO_2及Al_2O_3都是煤灰分的最主要成份，且相对变化不大。显然大部分SiO_2和Al_2O_3是在煤的成煤过程中，以及其后的采掘、输送过程中混入或夹杂进去的砂、石类的外来物料。从处于分离状态的纯SiO_2及Al_2O_3而言，都具有很高的熔点温度，在炉内的温度下不致呈熔融状。对煤灰熔融特性的影响表现为与其他组成物间的反应，一些单项指标基本上是据此提出的。

从煤灰的组成可以看出，其中的SiO_2、Al_2O_3、TiO_2等是酸性氧化物，从表10-1可以看出它们各自都具有高的熔点温度。组分中的Fe_2O_3、CaO、MgO、Na_2O、K_2O是碱性氧化物，除钾、钠氧化物会在不高的温度下升华外，其他氧化物也都具有高的熔点温度。如果酸碱两种物质间并不产生反应，那么煤灰的熔点温度可以按其组分与各自的熔点温度通过加权平均的方法计算得出。但实际上它们将在达到不同温度时产生反应，并生成熔点温度相对更低的复合盐。表10-1中列出了这些灰组分及其所生成的复合盐的熔点温度。

表10-1 煤灰中各种组分及其复合盐特性

元素	氧化物	熔点温度（℃）	酸或碱	化合物	熔点温度（℃）
Si	SiO_2	1716	酸	Na_2SiO_3	877
Al	Al_2O_3	2043	酸	K_2SiO_3	977
Ti	TiO_2	1838	酸	$Al_2O_3Na_2O\cdot 6SiO_2$	1099
Fe	Fe_2O_3	1566	碱	$Al_2O_3\cdot K_2O\cdot 6SiO_2$	1148
Ca	CaO	2512	碱	$FeSiO_3$	1143
Mg	MgO	2799	碱	$CaO\cdot Fe_2O_3$	1249
Na	Na_2O	1227（升华）	碱	$CaO\cdot MgO\cdot 2SiO_2$	1391
K	K_2O	349（分解）	碱	$CaSiO_3$	1540

这些组成物间的反应、复合盐的生成，使煤灰的熔点温度下降，熔融特性变得复杂，并与各组成物组分间的比量相关。国内有的科研单位用弱还原性气氛下的软化温度 ST 作为煤种结渣性判别指标，即 ST>1390℃为轻微结渣煤；ST=1260～1390℃为中等结渣煤；ST<1260℃为严重结渣煤。用煤灰成分比例也可以进行煤种结渣性的辅助判别。

（1）碱酸比（B/A）。

$$\frac{B}{A}=\frac{Fe_2O_3+CaO+MgO+Na_2O+K_2O}{SiO_2+Al_2O_3+TiO_2}$$

$B/A<0.5$ 为低结渣倾向；$B/A=0.5\sim1.0$ 为中等结渣倾向；$B/A>1.0\sim1.75$ 为严重结渣倾向。

（2）硅铝比（SiO_2/Al_2O_3）。$SiO_2/Al_2O_3<1.87$ 为轻微结渣煤；$SiO_2/Al_2O_3=2.65\sim1.87$ 为中等结渣煤；$SiO_2/Al_2O_3>2.65$ 为严重结渣煤。

（3）铁钙比（Fe_2O_3/CaO）。$Fe_2O_3/CaO<0.3$ 为不结渣煤；$Fe_2O_3/CaO=0.3\sim3.0$ 为中等或严重结渣煤；$Fe_2O_3/CaO>3.0$ 为结渣煤。

（4）硅比（G）。

$$G=\frac{SiO_2}{SiO_2+Fe_2O_3+CaO+MgO}\times100$$

其中当量 $Fe_2O_3=Fe_2O_3+1.11FeO+1.43Fe$（当量值）。

$G>72$ 时，不易发生结渣；$G<65$ 时，可能发生严重结渣。

（5）碱金属总量（Na_2O+K_2O）。如同前述，钠和钾同属煤灰分中的碱金属。钠和钾在不高的温度下会升华，也会与灰中的其他组分反应生成低熔点温度的化合物。因此，碱金属在煤灰中的含量会影响煤灰的熔融温度。熔融温度随碱金属总量的增大而降低，结渣倾向增大。因碱金属升华后，凝结下来的细粒黏附性强，积灰倾向也随之剧增。因而这是一个与结渣及积灰倾向都相关的指标值。

实际情况表明在不同的场合引用这类单项指标，对结渣进行预测的准确程度并不相同，换言之，没有一个或一组单项指标能对所有场合都做出准确的预测；反之也都有一定的正确机率。最终的原因可能是迄今人们还对煤灰的特性缺乏认识，对结渣与煤灰特性间的关系还尚欠研究。煤灰分在煤中的存在，在燃烧过程中的变化历程，形成灰的物理特性等迄今的了解还是粗略的，不少结论是推理性的。颗粒在炉内的运动还未能做出确切的描述，或者说即使有也是在大量简化假定后的结果，温度的情况更是如此。由于炉内的结渣是不均匀的，更缺乏规律性，对于炉内结渣程度只能用低、中、高、严重做抽象描述，更难定量分析。

（二）受热面的结渣特性

受热面的结渣可以产生于水冷壁上，也可以产生于靠近炉膛出口区域的屏式过热器。水冷壁受热面的结渣使水冷壁的吸热能力降低，蒸发量减小，炉膛出口烟温增大，并导致过热汽温、再热汽温超过额定值。炉膛出口受热面的结渣也在降低这些受热面吸热量的同时，阻碍烟气的流动，导致烟道通流阻力与各并列管屏间的偏流程度增大和受热面热偏差增大。

1. 受热面结渣的基本成因

前面已经指出，受热面的结渣发生于呈熔融状态的灰粒与壁面的碰撞，从而被黏附在壁面上。因此产生结渣的条件首先是二者间的碰撞，其后灰粒呈熔融状态具有黏附在壁面上的能力。构成煤粉或飞灰的各颗粒具有不同的灰的组分和熔融温度。炉内具有一定的温度分布，一般在煤粉炉火焰中心区域的烟温很高，有相当一部分灰粒呈熔融或半熔融状态；在靠近炉壁区域则烟温较低。炉内的煤粉或灰颗粒会随气流而运动，或从气流中分离出来。在分离的过程中，颗粒的温度会随它从高温区域到达壁面的运动速度、环境温度条件而改变。如果存在足够的冷却条件，那些原属熔融状态的颗粒将重新固化，失去黏附能力，失去产生结渣的条件；反之，产生结渣的程度变大，这就是受热面产生结渣的基本成因。它是与煤灰特性、炉内的速度场、温度场、煤粉或灰粒的粒度等密切相关的，以及前面提到煤粉炉内的结渣总不可避免，问题只是程度或是否迅速剧增。

2. 影响受热面结渣的基本因素

从上述的结渣基本成因可以看出，影响结渣的基本因素有三个：①炉内的空气动力场、煤粉或灰的粒度和密度，这影响到烟气和灰粒在炉内的流动。②灰粒从烟气中分离出来与壁面的碰撞，既与煤粉细度又与煤灰的选择性沉积有关。③由煤的燃烧特性、锅炉负荷及炉内空气动力场所构成的炉内温度场以及煤灰的熔融特性，这影响到与壁面撞碰的灰粒是否呈熔融状态具有黏结的能力，这也是与受热面的热负荷、受热面的清洁程度相关联的。

3. 结渣层的形态和煤灰特性

人们对结渣机理的大体认识是：首先在受热面或其他壁面上形成一层初始的沉积层，其结果是壁面温度升高，熔融灰粒在接近壁面过程中的冷却条件变差。当其黏附到壁面上之后，因温度降低成为固体，或相对坚实的呈塑性状态的沉积物。随着这层沉积物的增厚，热阻增大，结渣层表面温度进一步升高，结渣层的塑性逐渐增大，呈现处于流动状态的渣层。这一处于不同状态的渣层厚度，从理论上说是可以从受热面的热流、灰渣层的导热系数以及灰渣的熔融特性温度作出预计的。即处于DT温度以下的灰渣是固态的；DT与FT之间呈不同的塑性；FT以上是可流动的。温度高于T25的灰渣，因不同灰粒的熔融特性而不同，并不一定同相，从而使诸如导热系数之类的基本数据变得复杂化。因此对整体熔融特性而言结渣层形态与煤灰熔融特性关系中，应考虑选择性沉降问题（流动或碰撞条件取决于灰粒的粒度和密度）。

大体而言，DT低的煤种容易产生结渣；DT与FT相差大的煤种，容易产生厚的塑性熔融渣层；FT低煤种容易产生淌渣；FT与T25相差大的煤种容易产生厚的淌渣层。DT与T25相差小的煤种，即使产生结渣，也只能在壁面上形成一层很薄的渣层，除可能对受热面产生腐蚀外，不至于引起实质性的或大的结渣问题，这就是常说的长渣煤种和短渣煤种。DT与FT或T25相差小的称短渣煤种，相差大的称长渣煤种。

呈塑性状态的熔融渣是最难对付的，既不易破碎，相互间又能黏结成团，更不易排出炉外。当其熔合成大块时，因重力从上部落下，导致砸坏冷灰斗、水冷壁。相同温度下的灰粒可以是固态的、不同塑性的、流动态的。当各比重级灰的熔融温度差异很大时，灰渣层就可能成为由“饴糖”和“芝麻”按不同比例构成“芝麻糖”（灰渣层）。如果起塑性和流动作用的“饴糖”比例很小，积渣层的性质将接近易碎裂的固体；反之如果很大，那么也相对容易呈流动态，固体部分也易随可流动部分运动。塑性状态的熔融渣既能粘捕固体颗粒，自身又缺少或没有流动性，形成类似于坚韧的灰渣层。

一种可供借鉴或参考用的灰渣特性与结渣层的关系是苏联的研究结果。他们认为结渣从前述的初始层向塑性第二层的发展和构成是与沉积层的灰渣组分（不是指煤灰的组分）相关的。对将开始形成这第二层的表面温度称之为“开始结渣温度”t_{is}。根据有人对苏联煤种结渣情况的调查研究结果公式进行分析，t_{is}可根据灰渣中钾、钠、钙、铁的质量分数计算得出。

$$t_{is} = 1025 + 3.57(18 - K)$$

$$K = (Na_2O + K_2O)^2 + 0.048(CaO + Fe_2O_3)^3$$

公式表明：t_{is}随灰渣中钾、钠、钙、铁含量的增大而下降，亦即结渣的倾向增大。运行资料表明实际结果与这一说法基本相符。

（三）结渣的防治

预防结渣主要从不使炉温过高、火焰不冲墙和防止灰熔点降低着手。

（1）防止受热面壁面温度过高。保持四角风粉量的均衡，使四角射流的动量尽量均衡，尽量减少射流的偏斜程度。火焰中心尽量接近炉膛中心，切圆直径要合适，以防止因气流冲刷炉壁而产生结渣现象。

（2）防止炉内生成过多的还原性气体。首先要保持合适的炉内空气动力工况，四角的风粉比要均衡，否则有的一次风口由于煤粉浓度过高而缺风，出现还原性气氛。在这种气氛中，还原性气体使灰中 Fe_2O_3 还原成 FeO，灰熔点降低。而 FeO 与 SiO_2 等形成共晶体，其熔点远比 Fe_2O_3 低得多，有时会使灰熔点降低 150～200℃，将引起严重结渣。

（3）做好燃料管理，保持合适的煤粉细度。尽可能固定燃料品种，清除石块，可减少结渣的可能性。保持合适的煤粉细度，不使煤粉过粗，以免火焰中心位置过高而导致炉膛出口受热面结渣，或者防止因煤粉落入冷灰斗而形成结渣等。

（4）做好运行监视。要求运行人员精力集中，密切注意炉内燃烧工况，特别炉内结渣严重时，更应到现场监察结渣状况。利用吹灰程控装置进行定期吹灰，以防止结渣状况加剧。

（5）采用不同煤种掺烧。采用不同灰渣特性的煤掺烧的办法对防止或减轻结渣有一定好处。对结渣性较强的煤种，在锅炉产生严重结渣时，掺烧高熔点结晶渣型的煤，结渣会得到有效控制。不过，在采用不同煤种掺烧时，应知晓掺配前后灰渣的特性及选择合适的掺配煤种或添加剂。

二、水冷壁高温腐蚀

受热面金属表面的高温腐蚀是燃料中的硫在燃烧过程中生成腐蚀性灰污层或渣层以及腐蚀性气氛，使高温受热面金属管子表面受到侵蚀的现象。其内部原因主要是燃料中的硫，外部原因是水冷壁管处于高温烟气的环境中，金属壁面温度又很高。当火焰贴近炉墙时，金属壁面邻近的区域中形成还原性气氛，使灰的熔点温度降低，加剧金属管子表面的积灰或结渣过程，使管子表面产生高温腐蚀。腐蚀严重的现象通常出现在燃烧器区域或过热器区域。

高温腐蚀的过程十分复杂，目前对高温腐蚀的认识还不十分成熟。主要的看法是：水冷壁高温腐蚀大致有三类，第一类是硫酸盐型高温腐蚀，第二类是硫化物型高温腐蚀，第三类是炉内的 SO_3、H_2S、HCl 气体对水冷壁产生高温腐蚀。

1. 水冷壁的高温腐蚀机理

（1）硫酸盐型腐蚀。硫酸盐型腐蚀主要有两种途径，一种是灰渣层中的碱金属硫酸盐与 SO_3 共同作用产生腐蚀；另一种是碱金属焦硫酸熔盐腐蚀。

硫酸盐与 SO_3 一起对水冷壁管子的腐蚀过程可用图 10-6 来描述。

1）在水冷壁管壁金属表面生成薄氧化层（Fe_2O_3）和极细灰粒沾污层。

2）冷凝在管壁上的碱性金属氧化物与周围烟气中的 SO_3 发生化学反应生成硫酸盐，化学反应如下：

$$Na_2O + SO_3 \rightarrow Na_2SO_4$$

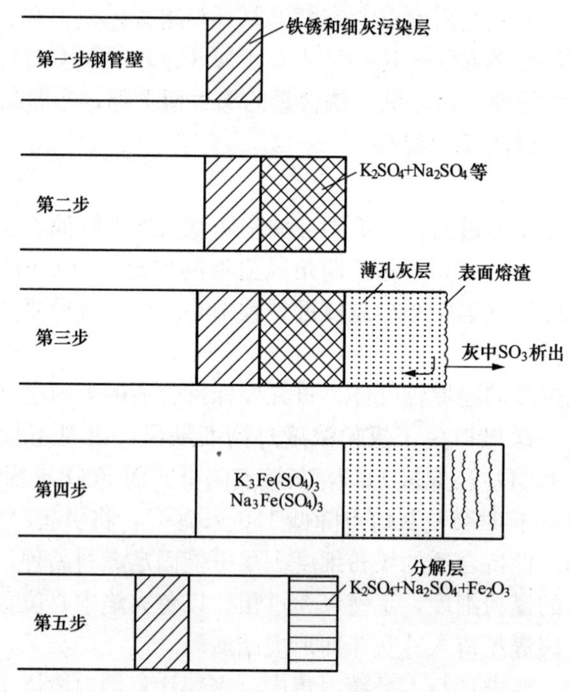

图 10-6　硫酸盐与 SO_3 对水冷壁的腐蚀过程

$$K_2O + SO_3 \rightarrow K_2SO_4$$

3）水冷壁管壁金属表面的硫酸盐层增厚，热阻增大，表面温度升高，灰渣熔化，促使黏结烟气中的飞灰形成疏松的灰渣层。硫酸盐熔化时释放出 SO_3，并向内外扩散。

4）硫酸盐释放出的 SO_3 和烟气中的 SO_3 会穿过疏松的灰渣层向内扩散，进行反应，即

$$3Na_2SO_4 + Fe_2O_3 + 3SO_3 \rightarrow 2Na_3Fe(SO_4)_3$$
$$3K_2SO_4 + Fe_2O_3 + 3SO_3 \rightarrow 2K_3Fe(SO_4)_3$$

上述反应使管壁上的 Fe_2O_3 保护层被破坏。而 $Na_3Fe(SO_4)_3$ 和 $K_3Fe(SO_4)_3$ 则熔化，并与铁发生反应产生腐蚀，即

$$10Fe + 2Na_3Fe(SO_4)_3 \rightarrow 3Fe_3O_4 + 3FeS + 3Na_2SO_4$$
$$10Fe + 2K_3Fe(SO_4)_3 \rightarrow 3Fe_3O_4 + 3FeS + 3K_2SO_4$$

反应生成的 Na_2SO_4 和 K_2SO_4 通过循环的化学反应使铁的腐蚀不断进行。

5）运行中管壁外层灰渣层因为清灰或灰渣层过厚而脱落，使 $Na_3Fe(SO_4)_3$ 等暴露在高温火焰辐射中，发生分解反应，即

$$2Na_3Fe(SO_4)_3 \rightarrow 3Na_2SO_4 + Fe_2O_3 + 3SO_3$$
$$2K_3Fe(SO_4)_3 \rightarrow 3K_2SO_4 + Fe_2O_3 + 3SO_3$$

这样出现新的碱金属硫酸盐层，在 SO_3 作用下使管壁不断受到腐蚀。

碱金属焦硫酸盐的熔点很低，在一般的壁温下就呈现熔化状态。如果在灰渣附着层中存在焦硫酸盐时会形成反应速度更快的熔盐型腐蚀。焦硫酸盐与氧化铁保护膜的反应方程式如下：

$$3Na_2S_2O_7 + Fe_2O_3 \rightarrow 2Na_3Fe(SO_4)_3$$
$$3K_2S_2O_7 + Fe_2O_3 \rightarrow 2K_3Fe(SO_4)_3$$

下面的反应与前面讲的类似。

熔融硫酸盐积灰层对金属壁面的腐蚀速度比气态硫酸盐要快得多。当温度为600℃左右时，熔融硫酸盐的腐蚀速度约为气态时的4倍。炉内水冷壁温度通常在600℃以下，所以熔融硫酸盐的腐蚀速度随着管壁温度增高而加快。高参数锅炉的水冷壁管壁温度高，高温腐蚀快，因而容易发生爆管事故。

（2）硫化物型腐蚀。

在水冷壁管子附近，呈现还原性气氛并且有硫化氢（H_2S）存在时，就会产生硫化物腐蚀，它的反应过程如下。

1）黄铁矿硫粉末随着高温烟气流过水冷壁的管壁，在还原性气氛下受热分解，即

$$FeS_2 \rightarrow FeS + [S]$$

当水冷壁管子附近有一定浓度的 H_2S 和 SO_2 的时候，有如下反应，即

$$2H_2S + SO_2 \rightarrow 2H_2O + 3[S]$$

2）在还原性气氛中，由于缺氧自由硫原子可以存在，当水冷壁管壁温度达到350℃时，会有硫化反应，同时还有硫化亚铁与氧化亚铁的反应，即

$$Fe + [S] \rightarrow FeS$$

$$FeO + H_2S \rightarrow FeS + H_2O$$

3）硫化亚铁（FeS）的熔点为1195℃，在温度较低的时候可以稳定存在。在温度比较高的时候，FeS将被氧化成 Fe_3O_4，使管壁腐蚀，即

$$3FeS + 5O_2 \rightarrow Fe_3O_4 + 3SO_2$$

（3）SO_2和SO_3的生成及腐蚀。

煤中的黄铁矿 FeS_2 和有机硫化合物燃烧时生成 SO_2，即

$$4FeS_2 + 11O_2 \rightarrow 2Fe_2O_3 + 8SO_2$$

$$S + O_2 \rightarrow SO_2$$

由 SO_2 转化为 SO_3 的过程有以下几种方式：

1）在高温下，SO_2 与烟气中的自由氧原子反应，生成 SO_3。而自由氧原子可以由如下三种方式产生：

① 氧气在炉膛内的高温条件下分解；

② $CO + O_2 \rightarrow CO_2 + [O]$；

③ $H_2 + O_2 \rightarrow H_2O + [O]$。

2）催化反应生成 SO_3。当高温烟气流过水冷壁积灰层的时候，由于有灰层中的五氧化二钒和氧化铁的催化作用，产生了下列反应，即

$$V_2O_5 + SO_2 \rightarrow V_2O_4 + SO_3$$

$$2SO_2 + O_2 + V_2O_4 \rightarrow 2VOSO_4$$

$$2VOSO_4 \rightarrow V_2O_5 + SO_2 + SO_3$$

3）煤中的硫酸盐热解产生 SO_3，反应方程如下：

$$CaSO_4 \rightarrow CaO + SO_3$$

SO_2和SO_3的存在，除能促使硫酸盐型和硫化物型腐蚀发生外，他们本身也会直接对水冷壁发生腐蚀。三氧化硫气体可以穿过灰层直接与壁面的氧化铁膜反应生成硫酸铁，即

$$Fe_2O_3 + SO_3 \rightarrow Fe(SO_4)_3$$

硫酸铁与氧化铁的混合物结构疏松，为进一步腐蚀创造了条件。

2. 防止高温腐蚀的措施

（1）在水冷壁金属表面喷涂耐腐蚀材料，或采用耐腐蚀金属材料。

（2）采用低氧燃烧技术，降低二氧化硫向三氧化硫的转化率，降低三氧化硫浓度。

（3）合理配风和强化炉内气流的湍流混合过程，避免出现局部还原性气氛，以减少 H_2S 和硫化物型腐蚀。

（4）加强一次风煤粉气流的调整，尽可能使各燃烧器煤粉流量相等，使燃烧器内横截面上煤粉浓度均匀分布，以保证燃烧器出口气流的煤粉浓度均匀分布。

（5）避免出现水冷壁局部管壁温度过高现象。

（6）采用烟气再循环，可以降低炉膛内火焰温度和烟气中的 SO_3 浓度，减轻高温腐蚀。

（7）采用贴壁风技术，在水冷壁壁面附近形成氧化气氛的空气保护膜，避免高温腐蚀。

（8）在燃料中加入添加剂，改变煤灰结渣特性。

第三节 超临界压力直流锅炉水冷壁超温

随着工质压力的升高，饱和温度升高，汽化潜热减小，当压力升高至 22.12MPa 时，水在 374.15℃直接变为蒸汽，汽化潜热为零，该相变点温度称为临界温度。工质压力超过临界压力后，相变点温度相应升高，与压力对应的相变点温度称为拟临界温度。工质低于拟临界温度时为水，高于拟临界温度时为汽。汽、水在相变点的热物理性质全部相同。

一、水冷壁系统特性

1. 工质物性变化特性

（1）大比热容特性。

超临界压力下工质的大比热容特性如图 10-7 所示。由图可见，超临界压力下，对应一定的压力，存在一个大比热容区。进入该区后，比热容随温度的增加而飞速升高，在拟临界温度处达到极值，然后迅速降低。将比热容超过 8.4kJ/(kg·℃) 的温度区间称大比热容区。压力越高，拟临界温度向高温区推移，大比热容特性逐渐减弱。

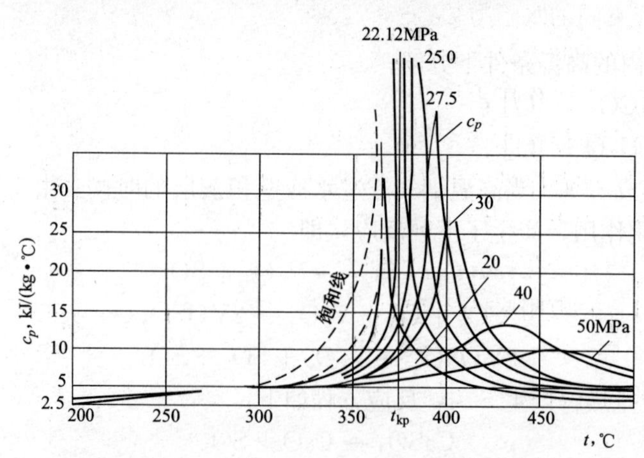

图 10-7 超临界压力下工质的大比热容特性

（2）其他特性。

如图 10-8 所示，在超临界压力的大比热容区内，工质比体积、黏度、导热系数等也都剧烈变化，离开大比热容区后则变化趋缓。除了比热容以外，上述参数的变化都是单方向的，随着温度的升高，比体积增大，黏度、导热系数降低。

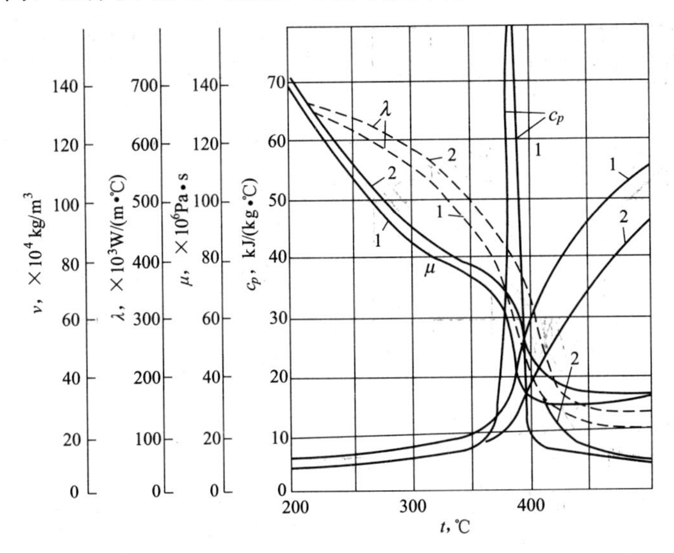

图 10-8　水和蒸汽的热物理性质与温度的关系

1—p=25MPa；2—p=30MPa

2. 超临界压力下的水力特性

(1) 水动力多值性。

直流锅炉的水动力多值性是指平行工作的水冷壁管内，同一工作压差对应三个不同流量的情况。一旦发生水动力不稳定，运行中一些管子流量大，另一些管子则流量很小，且交互变化。由于质量流量减小，流量小的管子出口工质已是过热蒸汽，“蒸干”点也提前至炉内高温区，会导致管壁超温。

直流锅炉产生水动力多值性的主要原因是水预热段与蒸发段具有不同的水阻力关系式。当汽和水的密度差大以及水冷壁入口水的欠焓超过一定值时即会出现。因此，工作压力越低，水冷壁入口水温越低，水动力多值性越严重。质量流速的提高则可改善水动力的稳定性。对于超临界压力的水冷壁，虽然没有汽水共存区，但由于在拟临界温度附近工质比体积变化极大，因此水平管圈水冷壁（重位压差在总流阻中的比例小）也有流动多值性的问题。图 10-9 表示了超临界压力下水平管圈质量流速和进口比焓对流动多值性的影响。

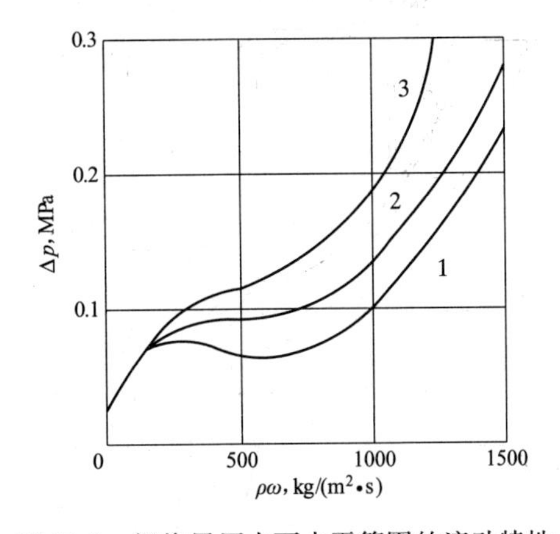

图 10-9　超临界压力下水平管圈的流动特性

(p=29.4MPa，L=200m，d=38×4，Q=837kW)；曲线 1—h_1=837kJ/kg；曲线 2—h_1=1045kJ/kg；曲线 3—h_1=1256kJ/kg

由图 10-9 可知，要保持特性曲线有足够陡度，必须使水冷壁进口工质比焓 h_1＞1256kJ/kg。但在低负荷或高压加热器切除时，水冷壁的进口工质比焓仍会下降，由图中曲线可知，当水冷壁的进口工质比焓小于 837kJ/kg 时，会有流动多值性的问题。但锅炉只要保持最低质量流速大于 700～800kg/(m² · s)，即可避免出现水动力多值性。

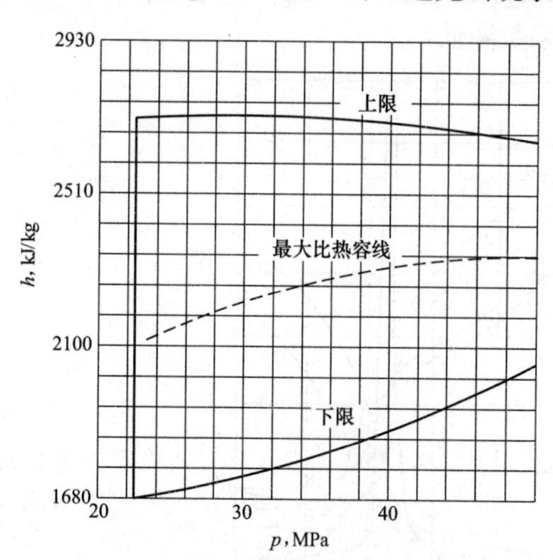

图 10-10　大比热容区的范围

[c_p>8.4kJ/(kg · ℃)]

(2) 吸热偏差引起流量不均。

直流锅炉的水冷壁管在蒸发时（低于临界压力）或大比热容区中（超临界压力），介质比体积将随加热偏差而急剧增大，偏差管中的介质流量可能明显低于平均值而导致偏差管出口温度可能非常高。超临界压力下，当管件平均的出口工质比焓落在大比热容区的范围内时（见图 10-10），或者低于临界压力，管件进口的含汽率小于 0.85 时，此时会明显出现介质比体积急剧增大、个别管子出口介质温度很高的现象。

管屏的吸热不均系数、管屏平均焓增以及工质的进口比焓对水力不均及管子出口汽温的影响如图 10-11 所示。由图可知，当介质出口比焓落在大比热容区之外时，流量偏差和壁温偏差都很小（见图中曲线 1、2）。但对于在大

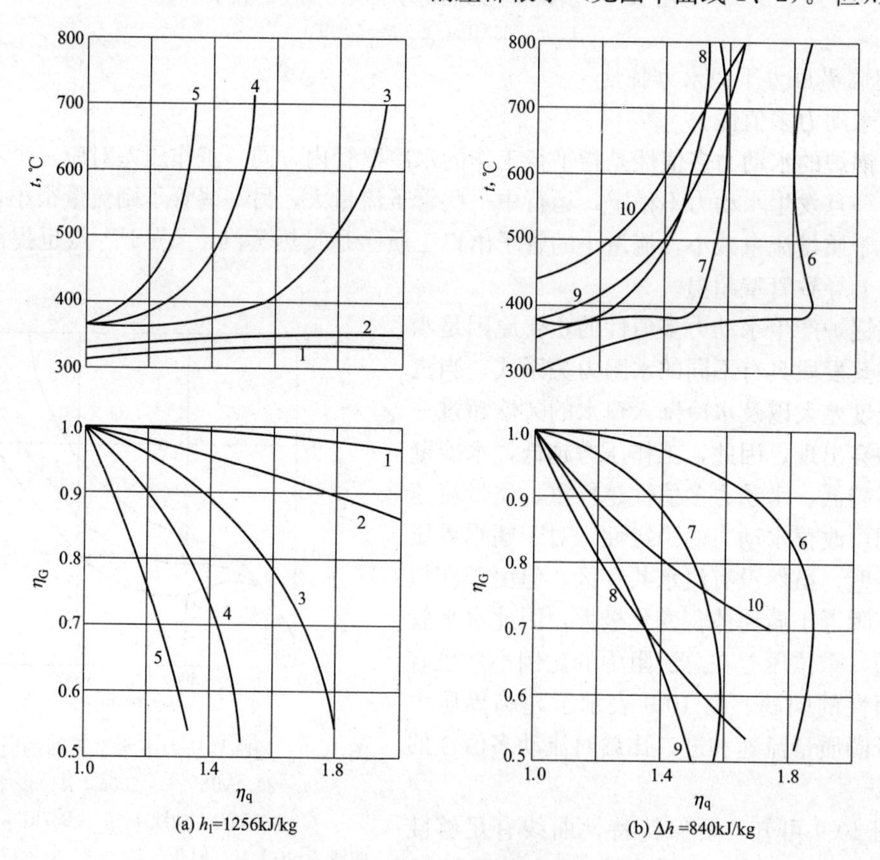

图 10-11　p=24MPa 时的流量偏差特性

1—Δh=210kJ/kg；2—Δh=420kJ/kg；3—Δh=630kJ/kg；4—Δh=820kJ/kg；5—Δh=1050kJ/kg；6—h_1=420kJ/kg；7—h_1=840kJ/kg；8—h_1=1260kJ/kg；9—h_1=1680kJ/kg；10—h_1=2100kJ/kg

比热容区工作的水冷壁，吸热不均的影响极大（见曲线 3、4、5）。而且管屏平均焓增 Δh 越大、吸热不均系数越大，流动不均越厉害（即 η_G越小），出口汽温变化也越大。工质的进口比焓 h_1对流动不均的作用有一极值，在实用的范围内，水力不均随工质进口比焓的升高而恶化。超临界压力下，随着工作压力的升高，大比热容区介质的比体积变化趋缓，热力不均对流量偏差的作用减弱，管件出口的温度不均也小得多。

超临界压力机组在 75%MCR 以下负荷运行时为亚临界压力运行，随着压力的降低，汽水密度差增大，重位压头的作用削减，吸热不均的影响会更大些。因此当超临界压力机组在低负荷下运行时，同样的吸热偏差就要引起更大的流量降低，此时更应注意炉内火焰的均匀性。例如 600MW 超临界压力锅炉水冷壁为螺旋管圈，曾经因为燃烧调整不好，火焰向后墙偏斜，在 50%MCR 以下的负荷范围内运行时，出现较多数量的管壁超温，其原因既有管屏间吸热不均引起的流量不均问题，也可能有较低压力下出现的流动不稳定现象，二者都会造成水冷壁管内的工质流量减小，质量流速降低，使各水冷壁的完全汽化点不同程度地提前。机组负荷高于 60%MCR 后，火焰偏斜程度改善，水冷壁整体质量流量增大，超温现象逐渐减缓。

3. 水冷壁的壁温工况

超临界压力水冷壁管组的工作特点与亚临界压力锅炉不同，正常情况下水冷壁温度不再维持恒定值，而是随吸热量的增加而提高。在一定压力下，水冷壁管壁温沿管长不断升高，但在大比热容区工质温度提高得比较缓慢，有些类似于亚临界压力下的汽化区段。运行中水冷壁的金属温度受到煤水比、锅炉负荷和工作压力的影响，也与炉内的吸热不均有关。

超临界压力下，随着煤水比的增大，单位工质的炉内辐射吸热量增加，水冷壁任意位置的工质焓升增大，壁温升高。水冷壁管的热流密度与锅炉负荷成比例增加，故当负荷增加时，壁温与工质温度之差增大。因此壁温随负荷的增加很快升高。在相同的煤水比情况下，同一水冷壁高度上的工质温度将随压力的上升而增加。这是因为随着压力的升高，水的比热容降低。我国引进 CE-SULZER 型超临界压力机组当负荷从 68%MCR 上升至 84%MCR 时，工作压力从亚临界向超临界过渡，此时相应单位负荷增长具有最大的壁温升高率，如图 10-12 所示。原因是在大比热容区，不同压力下的比热容差别较大，并且物性差随温度变化剧烈。管子中心工质温度与贴壁工质温度之差形成较大的物性差异，使壁面对工质的表面传热系数降低。因此，运行中应注意控制该负荷阶段的升负荷率低于其他负荷区间，以免引起水冷壁的热疲劳损伤。

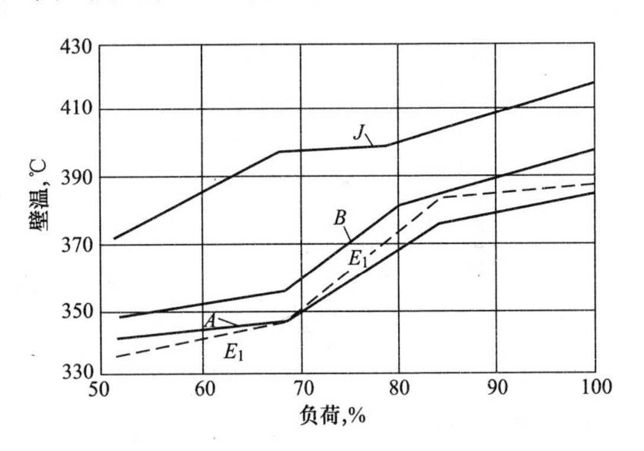

图 10-12　后墙水冷壁各段壁温与负荷对应关系
A、B—A 段、B 段各测点壁温均值；
E_1—E 段 1 号测点壁温；J—后部悬吊管测点

对于管件承担较大焓升的水冷壁，更应注意热力不均的影响。此种情况下热力不均匀性稍有一点增大，水力偏差以及管件出口的工质温度就会急剧增大，即使在这种条件下短时间的工作也是危险的。

4. 超临界压力下的传热恶化

超临界压力下的传热恶化包括两种情况：一是当热流密度过高或质量流速过低引起的传热恶化，也称类膜态沸腾，它一般发生在拟临界温度附近的大比热容区；另一种传热恶化与管子入口段边界层的形成过程有关，例如，位于分配联箱以后的管段上，对于热负荷 q 较大的管子，当 $q/(\rho\omega)>0.42$ 时就可能出现传热恶化。

在大比热容区以外，水或蒸汽壁的表面传热系数 α_2 与亚临界下的单项水、汽几乎无差别。在大比热容区内，当壁面热负荷 q 较小和工质流速 $\rho\omega$ 较高时，水冷壁壁温接近于工质温度，即该区域内 α_2 仍很大，且在最大比热容点附近，水冷壁管内工质温度基本不变。但在 q 较大和 $\rho\omega$ 较小时，在大比热容区内出现壁温峰值，即该区域内 α_2 突然减小。当 $q/(\rho\omega)$ 的数值超过一定值以后，α_2 降低非常厉害，造成壁温飞升和传热恶化，称为“类膜态沸腾”。

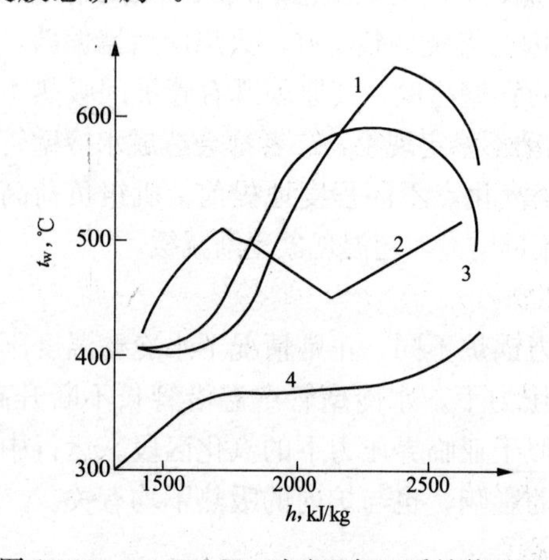

图 10-13 $p=24$MPa 时壁温与工质焓值关系
1—$q=410\text{kW/m}^2$，$\rho\omega=1000\text{kg/(m}^2\cdot\text{s)}$；
2—$q=350\text{kW/m}^2$，$\rho\omega=1000\text{kg/(m}^2\cdot\text{s)}$；
3—$q=250\text{kW/m}^2$，$\rho\omega=600\text{kg/(m}^2\cdot\text{s)}$；
4—$q=200\text{kW/m}^2$，$\rho\omega=600\text{kg/(m}^2\cdot\text{s)}$

超临界压力下水冷壁管内可能发生的类膜态沸腾，主要是由于在管子内壁面附近流体的黏度、比热容、导热系数、比体积等物性参数发生了激烈变化而引起的。管子中心处流体的温度与管子壁面处的温度不同，尽管温差不大，但在超临界压力下较小的温度差别也会导致流体黏度等参数的较大差异。在管子壁面热负荷较大时就可能导致传热恶化。这种由于物性参数变化而引起的传热恶化类似于亚临界参数下的膜态沸腾，故称为“类膜态沸腾”。其壁温飞升值取决于管子热流密度和质量流速的大小，如图 10-13 所示。

类膜态沸腾的传热恶化判据通常用极限热负荷 q_{jx} 表示，当管子的热负荷大于极限热负荷时，类膜态沸腾发生。在压力为 23～30MPa 的范围内，q_{jx} 可按式（10-1）计算，即

$$q_{jx}=0.2(\rho\omega)^{1.2}\ \text{kW/m}^2 \tag{10-1}$$

由上式可见，质量流速越高，极限热负荷越大，发生传热恶化的可能性越小。另外，压力对传热恶化也有影响，提高压力可减弱工质物性的变化梯度，因而可以在较高的热负荷下不出现传热恶化。

超临界压力锅炉在设计和运行中，以控制下辐射区水冷壁吸热量的办法避免或减缓类膜态沸腾，尤其是将下辐射区水冷壁出口的工质温度控制在对应工质压力的拟临界温度以下，使工质的大比热容区避开受热最强的燃烧器区域。例如，800MW 超临界参数锅炉，下辐射区水冷壁出口的工质压力约为 31.5MPa，这一压力对应的拟临界温度为 410℃，为防止相变点下移到高温的燃烧器区域，运行中控制下辐射区水冷壁出口的工质温度不超过 410～430℃。主要目的是防止水冷壁发生类膜态沸腾，其次是防止工质比体积急剧变化导致的水动力多值性以及过热器超温。

为了防止第二种传热恶化，要求在水冷壁入口段（$L\leqslant 2$m）内工质保持有足够高的质量流速，入口焓值越高，热负荷越大，所要求的质量流速 $\rho\omega$ 值也越大。如图 10-14 所示，在热负荷和质量流速一定的情况下，适当降低水冷壁进口水温对于防止传热恶化是有利的。

二、水冷壁的安全运行措施

超临界参数直流锅炉为防止传热恶化、降低管壁温度，主要采取以下措施。

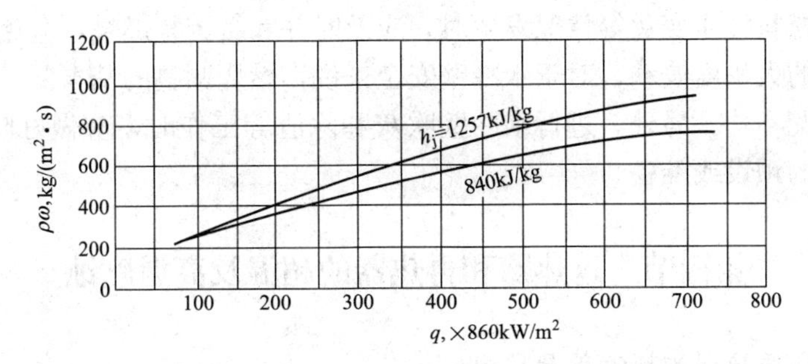

图 10-14　超临界压力下管子入口段中工质的最小质量流速

1. 采用内螺纹管或交叉来复线管

在可能发生传热恶化的区段采用内螺纹管，其机理是引起流体的旋转，迫使水压向内壁，在亚临界压力下运行时，可以将汽挤到管子中心，将“蒸干”点推迟至燃烧较弱区域，减小壁温的飞升值。在超临界压力运行时，可减小管子中心与管壁附近的温度差，从而抑制工质各物性沿径向的过大差异，提高内壁对管内流体的表面传热系数。

2. 提高工质的质量流速和定压运行方式

在管内工质呈泡状、柱状、环状流动时，提高质量流速 $\rho\omega$ 可以提高界限热负荷，防止膜态沸腾的发生。而在发生膜态沸腾或类膜态沸腾后，提高 $\rho\omega$ 可以显著提高膜态沸腾表面传热系数，把壁温限制在允许范围以内。额定负荷下水冷壁管内的质量流速，由设计的结构条件确定。垂直上升管屏采用多次上升、螺旋管圈水冷壁控制管圈管数等，都是针对提高质量流速而采取的方法。锅炉低负荷运行时，质量流速按比例降低，水冷壁工作安全性受损，如果需要，则应根据传热恶化和壁温升高的程度，对锅炉的最低允许负荷做出限制。

复合变压运行的直流锅炉，在高负荷段采用定压方式，也可大大减小出现传热恶化的可能性。定压运行可保持水冷壁相对较高的工质压力，增大水柱压差与流动阻力的比值，改善吸热不均对水力偏差特性的影响以及减小工质比体积的变化幅度，使壁温的升高得到控制。

3. 限制水冷壁出口和进口工质温度

设计和运行中，控制下辐射区水冷壁出口的介质温度，使工质大比热容区避开热负荷较高的燃烧器区域，以避免吸热最强区域中工质热物理特性的剧烈变化。水冷壁进口工质温度过高会引起较大的水力不均。在低于临界压力运行时，由于欠焓太小，也易使分配联箱上的各管子内汽量多少不一，增大流量分配的偏差。进口欠焓过大则有可能导致传热恶化，因此对进口水温也应恰当加以控制。

4. 变工况运行时的水冷壁保护

（1）汽压变化速度。低负荷运行时，由于质量流速减小、工作压力降低，工质流动的稳定性相应变差。负荷变动中，若压力变动过快，有可能使原为饱和状态的水发生汽化，使汽段流阻增加，蒸发开始点压力瞬间升高，进水流量小于出口流量，产生管间流量的脉动和水冷壁温的交替变化。因此，工况变动时应注意维持汽压的相对稳定，不可急速变化。

（2）煤水比控制。在工况变动时，应始终保持适宜的煤水比，避免出现减温水量过大而给水量偏小的不正常情况，否则将引起出口壁温的不正常升高。无论何种情况下，给水流量均不得低于启动流量。

（3）燃烧调整。在工况变化时如加减负荷、投停高压加热器、投停燃烧器、启停制粉系统、风机切换、燃料性质变化等情况发生时，应及时并和缓调整燃烧，避免运行参数、水力工况和燃烧工况的大幅度波动；对于水冷壁安全来说，燃烧调整的基本要求是最大限度地减小炉膛热负荷分配不均。另外，进行水冷壁吹灰和除渣等工作时，应做好防止大焦块脱落、局部热负荷突增的预设或准备。

第四节 过热器和再热器的超温及高温腐蚀

一、过热器和再热器的热偏差及超温

锅炉受热面管子长期安全工作的首要条件是保证其金属温度不超过该金属的最高允许温度。管内工质温度和受热面的热负荷越高，管壁温度就越高；而表面传热系数提高，可以使金属管壁温度降低。表面传热系数的大小与管内工质的质量流速有关。提高蒸汽的质量流速，可以加强对管壁的冷却作用、降低管壁温度，但是将增大压力损失。

由于过热器和再热器中工质的温度最高，同时所处的区域烟气温度高，因而热负荷也很高，但是蒸汽的表面传热系数比较小。所以，过热器或再热器是锅炉受热面中金属工作温度最高、工作条件最差的受热面，它的管壁温度已经接近钢材的最高允许温度。因此，必须避免个别管子由于设计不良或运行不当而超温破坏。

过热器由许多并列管子组成。管组中各根管子的结构尺寸、内部阻力系数和热负荷可能各不相同。因此，每根管子中的蒸汽焓增也就不同，工质温度也不同。这种现象称为过热器（或再热器）的热偏差。焓增大于平均值的管子称为偏差管。

热偏差系数越大，管组的热偏差越严重。偏差管段内的工质温度与管组工质平均温度的偏差越大，该管段金属管壁平均温度就越高。因此，必须使过热器（或再热器）管组中最大的热偏差系数小于最大允许的热偏差系数，即管壁金属温度到达最高容许值时的热偏差，否则将会使管子因过热而损坏。

随着火电厂锅炉容量的增大以及参数的提高，锅炉相对宽度减少，对流过热器的蛇形管的管圈数也相应增多。可见对于整个管组，不仅存在屏间的热偏差，同时存在同屏热偏差。由于屏式过热器位于炉膛出口的高温区，受热面的热负荷很高，如果屏间和同屏的热偏差过大，必将导致局部管子发生过热损坏。根据国内有关文献介绍，同屏热偏差是影响屏可靠工作的最主要因素，必须予以足够的重视。

由于过热器（或再热器）并列工作的管子之间受热面积差异不大，产生热偏差的主要原因是烟气侧的吸热不均和蒸汽侧的流量不均。显然，对于过热器来说，最危险的是热负荷较大而流量又比较小，因而汽温又较高的管子。

1. 烟气侧热力不均（吸热不均）

过热器管组的各并列管是沿着炉膛宽度方向均匀布置的。因此，锅炉炉膛中沿着宽度方向烟气的温度场和速度场的分布不均匀，是造成过热器并列管子热力不均匀的主要原因。这些原因的产生，可能是由于结构特性引起的，也可能是由于运行工况的因素导致的。

由于炉膛四周布置有水冷壁，因此，靠近水冷壁的烟气温度比火焰中心温度低，烟气流速也低。因而炉膛中四个壁面的热负荷各不相同，就是对于某一个壁面，沿着其高度和宽度的热负荷差别也很大。同时，当燃烧工况组织不好、火焰中心偏斜、燃烧器负荷不一致、炉膛部分水冷壁严重结渣、炉膛上部或过热器局部区域发生煤粉再燃烧时，都会造成炉内烟气

温度不均，并且将不同程度地在对流烟道中延续下去，从而引起过热器的吸热不均。

由于设计、安装及运行等因素造成的过热器管子节距不同，从而使个别管排之间有较大的烟气流通截面，形成烟气走廊。这些地方由于烟气流通阻力较小，烟速较快，对流传热增强。同时，由于烟气走廊具有较厚的辐射层厚度，又使辐射吸热增加，而其他部分管子吸热相对减少，造成热力不均。

此外，受热面污染也会造成并列工作管子吸热的严重不均。显然，结渣和积灰较多的管子吸热减少；对流烟道部分堵灰或结渣时，其余截面因为烟气流速增大，因而吸热增加。

最后应当着重指出，吸热多的管子由于蒸汽温度高，比体积大，流动阻力增加，使工质流量减少，这更加加大了热偏差。

2. 工质侧水力不均匀（流量不均）

在并列工作的过热器蛇形管中，流经每根管子的蒸汽流量主要取决于该管子的流动阻力系数、管子进出口之间的压力差以及管子中蒸汽的比体积。

并列蛇形管一般与进、出口联箱连接，这些联箱称之为分配联箱和汇集联箱。因而各个管子进、出口压差与沿联箱长度的压力分布有关，而后者取决于过热器连接方式（见图 10-17）。下面以过热器 Z 形连接方式为例说明。

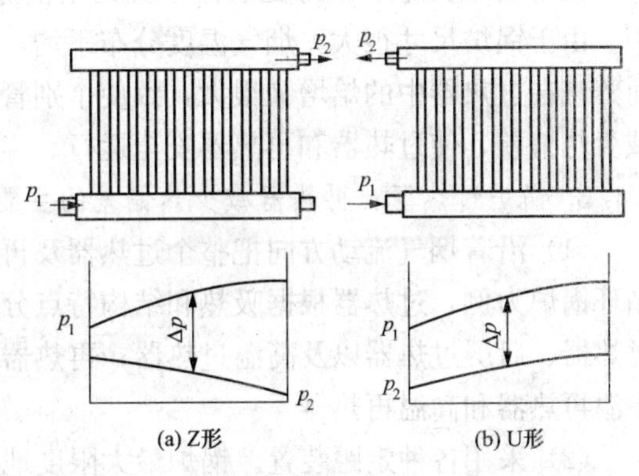

图 10-17　过热器的 Z 形连接和 U 形连接方式

蒸汽由分配联箱左端引入，从汇集联箱右端流出。在分配联箱中，沿着联箱长度方向工质流量因为逐渐分配给蛇形管而不断减少。在联箱的右端，蒸汽流量下降到最小值。它的动能逐渐转变为压力能，即动能沿联箱长度方向逐渐降低而静压逐渐提高，见图 10-17（a）中的 p_1 曲线。与此相反，在汇集联箱中，静压沿联箱蒸汽流动方向逐渐降低，见图 10-17（a）中的 p_2 曲线。由此可知，在 Z 形连接管组中，管圈两端的压差有很大差异，因而在过热器的并列蛇形管中导致了较大的流量不均。两联箱左端的压力差最小，因而左端的蛇形管的工质流量最小，右端联箱间的压力差最大，所以右端蛇形管中工质流量最大，中间的蛇形管的流量介于两者之间。

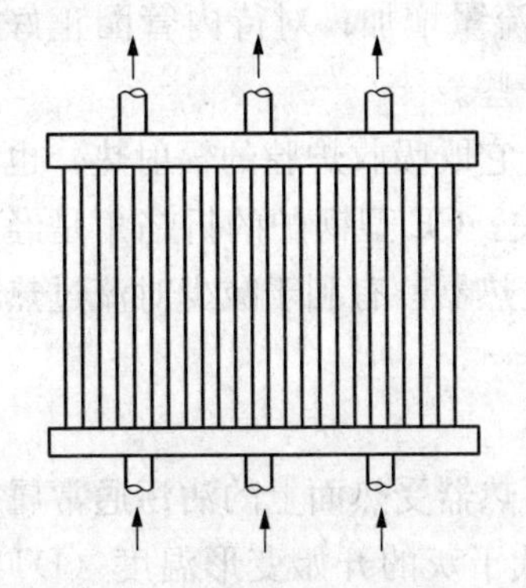

图 10-18　过热器的多管连接方式

在 U 形连接管组中［见图 10-17（b）］两个联箱内静压变化方向相同，因此各蛇形管两端的压力差相差较少，使管组的流量不均有所改善。

很显然，如果采用多管均匀引入和导出的连接方式（如图 10-18 所示），可以更好地消除过热器蛇形管之间流量不均的现象，但是要增加联箱上的开孔数量。

实际运用中，多采用从联箱端部引入或引出，以及从联箱中间径向单管或双管引入和引出的连接系统。这样布置的原因是具有管道系统简单、蒸汽混合均匀和便于安装喷水减温器等优点。

实际上，即使沿联箱长度各点的静压相同，也就是各并列管圈两端的压差相等，也会产生流量不均现象。

对于过热蒸汽，重位压头所占的压差份额是很小的，可以不予考虑。

即使管圈之间的阻力系数完全相同，也就是说管子的长度、内径、粗糙度相同，由于吸热不均引起工质比体积的差异也会导致流量不均。并且在吸热不均的情况下，过热器各并列工作的管内工质流动的阻力不等，各根管子的流量也就不等。阻力小的管子蒸汽流量大，阻力大的管子蒸汽流量小。流量小的管子蒸汽温度高，比体积大，流动阻力进一步增大，使管子中的蒸汽流量更小，这样流动不均更加严重。由此可见，过热器并列管子中吸热量大的管子热负荷较高（$q>1$），工质流量又较小，因此，工质焓增大，管子出口工质温度和壁温也相应较高，更加大了并列蛇形管之间的热偏差。在并列工作的管子中，吸热量大的管子，其工质比体积也大，管内的工质流量就小。这是强制流动受热面的流动特性。

由于锅炉实际工作的复杂性，要完全消除热偏差是不可能的。特别是在近代大型锅炉中。由于锅炉尺寸很大，烟气温度分布不均，炉膛出口处烟气温度的偏差可达200～300℃。而蒸汽在过热器中的焓增又很大，致使个别管圈的汽温偏差可以达到几十度。因此，要设法减少热偏差，使过热器和再热器安全运行。

3. 锅炉过热器、再热器减少热偏差的主要措施

（1）沿着烟气流动方向把整个过热器及再热器分级。以东方锅炉厂生产的300MW自然循环锅炉为例，过热器根据吸热和结构特点分成顶棚及包覆管过热器、低温过热器、分隔屏过热器、后屏过热器以及高温过热器；再热器被分为布置在炉膛内的壁式再热器、对流式的中温再热器和高温再热器。

（2）采用各种定距装置。锅炉最大限度地采用了蒸汽冷却定位管、各种形式的夹紧管以及其他定距装置，用以保证屏间的横向节距及管间的纵向节距，并防止其在运行中摆动，有效地消除管、屏间的“烟气走廊”，减少吸热不均。

（3）采用合理的蒸汽引入和引出方式。这样可以有力地消除由于联箱中静压的变化引起的热偏差。例如对于过热器的进出口联箱采用中间进汽、出汽方式。

（4）采用不同管径和不同壁厚的蛇形管圈。根据管圈所处的热负荷来选择管径，取得与热负荷相适应的蒸汽流量。以部分锅炉的分隔屏为例，由于外圈所处热负荷高，而且管圈又长，所以采用内径和外径均大一些的管圈，这样使外管圈的流量增加；对待内管圈正好相反，由于热负荷小，管圈短，采用内径小的管圈，使流量小一些。

（5）设计合理的折焰角。屏式过热器是半辐射式过热器，它既吸收炉膛的辐射热，也吸收烟气的对流热。对流换热量的大小与烟气流动的均匀性有关。CE型锅炉的折焰角是经过模拟实验确定的，设计比较合理，能使烟气均匀地冲刷屏式过热器，有利于减少对流过热器的热偏差。

二、过热器与再热器沾污的特点及影响

布置在炉膛上部和水平烟道中的屏式和对流式过热器或再热器受热面上的沾污通常属高温烧结性积灰。正常运行时该处烟温约为700～1100℃，已低于灰的开始变形温度（DT），不会产生熔渣黏结。但是，在此温度下，在燃烧过程中升华的钠、钾等碱金属氧化物尚呈气态，遇到温度稍低的过热器或再热器即凝结在管壁上，形成白色薄灰层。冷凝在管壁上的碱

金属氧化物与烟气中的三氧化硫反应生成硫酸盐，然后与飞灰中的氧化铁、氧化铝等反应生成复合硫酸盐，如 $Na_3Fe(SO_4)_3$、$K_3Fe(SO_4)_3$、$Na_3Al(SO_4)_3$和 $K_3Al(SO_4)_3$等。复合硫酸盐在 500～800℃范围内呈熔融状，会黏结飞灰并继续形成黏结物，使灰层迅速增厚。当燃料中硫及碱金属含量较高时易在高温过热器或再热器发生较严重沾污。该熔融灰渣层会被高温烧结，形成有较高机械强度的密实积灰层。烟温越高，烧结时间越长，灰渣的强度越高，越难清除。因此，及时对过热器和再热器进行吹灰相当重要。

过热器与再热器沾污层中含有熔点较低的硫酸盐，将产生熔融硫酸盐型高温腐蚀。由于高温过热器和再热器的管壁温度高，高温腐蚀速度快，容易引起爆管。这也是过热器爆管事故比例较高的原因之一。

过热器或再热器沾污结渣后，管排间阻力增加，烟气流速减小。而在未沾污或沾污较少处烟气流速增大，传热增强。再加上被沾污管的传热能力下降，造成管排间的吸热不均匀，从而产生较大热偏差，引起过热器出口处管壁超温。

过热器或再热器沾污后吸热能力下降，会造成出口汽温下降和出口烟气温度上升，导致锅炉排烟温度上升，从而使机组的热经济性降低。

三、过热器与再热器的高温腐蚀及防治

过热器与再热器受热面上的高温烧结性积灰中含有低熔点复合硫酸盐，将产生硫酸盐型高温腐蚀，其腐蚀机理与水冷壁的高温腐蚀类似。不同的是过热器与再热器的管壁温度比水冷壁高，处在硫酸盐型腐蚀速度高的温度范围。虽然采用合金钢管，但腐蚀严重时，管壁减薄速度可达每年 1mm 左右。

在使用油点火或掺烧油或燃用含钒煤时，会对过热器或再热器引起钒氧化物型腐蚀。当燃料中含有钒氧化物（如 V_2O_3）时，在燃烧过程中会进一步氧化生成 V_2O_5，其熔点在 675～690℃。当 V_2O_5与 Na_2O 形成共熔体时，熔点降至 600℃左右。易于黏结在受热面上，并按下列反应生成腐蚀性的 SO_3和原子氧，对管壁进行高温腐蚀。

$$Na_2SO_4 + V_2O_5 \rightarrow 2NaVO_3 + SO_3$$

$$V_2O_5 \rightarrow V_2O_4 + [O]$$

$$V_2O_4 + 1/2O_2 \rightarrow V_2O_5$$

$$V_2O_5 + SO_2 + O_2 \rightarrow V_2O_5 + SO_3 + [O]$$

钒氧化物型腐蚀的特点是：

（1）当灰中的钒—钠比（V_2O_5/Na_2O）为 3～5 时，灰熔点降低，高温腐蚀速度最快。

（2）发生腐蚀的壁温范围是 590～650℃，通常只在高温过热器和高温再热器中发生。

燃料中难免含有硫、钠、钾和钒等成分，要完全避免高温腐蚀是有困难的。通常可能采取的防止措施有：

（1）控制管壁温度。因硫酸盐型和钒氧化物型腐蚀都在较高温度下产生，且温度越高，腐蚀速度越快。降低管壁温度可以防止和减缓腐蚀。目前主要采用限制蒸汽参数来控制高温腐蚀。国内外大部分锅炉过热蒸汽温度与再热蒸汽温度趋向定为 540℃。同时蒸汽出口段不布置在烟温过高处。图 10-19 所示为高温腐蚀发生区域与烟温及壁温的经验关系，可供设计时参考。

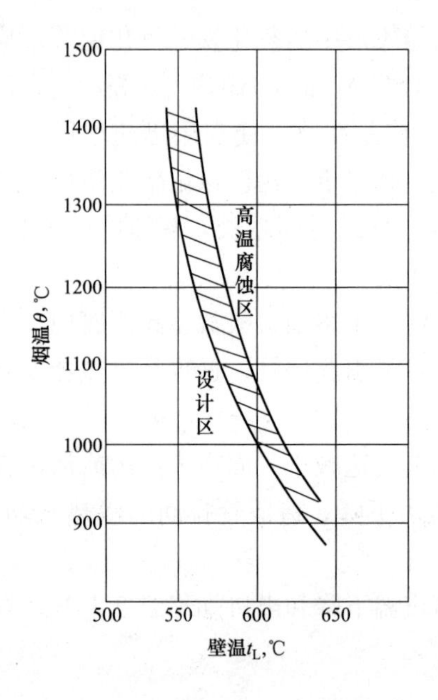

图 10-19　高温腐蚀区与烟温及壁温的关系

(2) 采用低氧燃烧技术。降低烟气中 SO_3 和 V_2O_5 的含量。试验表明当过量空气系数小于 1.05 时，烟气中的 V_2O_5 含量迅速下降，且烟气温度越高，降低过量空气系数对减少 V_2O_5，含量的效果越显著。

(3) 选择合理的炉膛出口烟温，以及在运行过程中避免出现炉膛出口烟温过高现象，以减少和防止过热器与再热器结渣及腐蚀。

(4) 定时对过热器和再热器进行吹灰，清除含有碱金属氧化物和复合硫酸盐的灰污层，阻止高温腐蚀发生。当已存在高温腐蚀时，过多的吹灰使灰渣层脱落，会加速腐蚀的进行。

(5) 合理组织燃烧，改善炉内空气动力及燃烧工况，防止水冷壁结渣、火焰中心偏斜或后移等可能引起热偏差的现象发生，减少过热器与再热器的沾污结渣。

第五节　省煤器的磨损和防磨措施

进入尾部烟道的飞灰由于温度较低，具有一定的硬度，因此随烟气冲击受热面管排时，会对管壁产生磨损作用。特别是省煤器，进口烟温已降至 450℃左右，灰粒较硬，且采用小直径薄壁碳钢管，更易受到磨损损坏。磨损也正是省煤器爆管在锅炉四管爆破事故中占的比例较高的原因之一。

含有硬粒飞灰的烟气相对于管壁流动，对管壁产生磨损称为冲击磨损，也称冲蚀。冲蚀有冲刷磨损和撞击磨损两种基本类型。两种磨损的金属流失过程的微观形态是不完全相同的。

冲刷磨损是灰粒相对管壁表面的冲击角较小，甚至接近平行。灰粒垂直于管壁表面的分力使它楔入被冲击的管壁，而灰粒与管壁表面相切的分力使灰粒沿管壁表面滑动，两个分力合成的结果起一种对管壁表面切削的作用。如果管壁经受不起合力的切削作用，就有金属颗粒脱离母体而流失。在大量飞灰长期反复切削作用下，管壁表面将产生磨损。

撞击磨损是指灰粒相对于管壁表面的冲击角度较大，或接近于垂直，以一定的运动速度撞击管壁表面，使管壁表面产生微小的塑性变形或显微裂纹。在大量灰粒长期反复的撞击之下，逐渐使塑性变形层整片脱落而形成磨损。

一般在锅炉受热面的磨损过程中，飞灰对受热面的冲击角度范围为 0～90°，因此锅炉受热面的磨损是上述两类磨损的综合结果。

1. 管壁磨损量的近似计算方法

综合考虑各种因素的影响，锅炉受热面管束受含灰烟气冲击磨损的最大磨损量可按下列经验公式近似计算：

$$E_{max}=\alpha\eta M\mu k_{\mu}\tau\left(\frac{k_{w}\omega}{2.85k_{D}}\right)^{3.3}R_{90}^{2/3}\left(\frac{s_{1}-d}{s_{1}}\right)^{2} \tag{10-2}$$

式中　E_{max}——管壁最大磨损厚度，为便于判别管壁的磨损程度，常用磨损厚度来表示磨损量，mm；

α——与煤灰磨损特性及管束结构有关的磨损系数，α 通过试验确定，可近似选取 14×10^{-9} mm・s^3/(g・h)；

k_w，k_μ——烟气速度场和飞灰浓度场不均匀系数，当管束前烟气作90°拐弯时，取 $k_w=1.25$，$k_\mu=1.2$，当作180°拐弯时，取 $k_w=1.6$，$k_\mu=1.6$；

μ——在管束计算断面处烟气中的飞灰浓度，g/m^3；

ω——管束间最窄截面处的平均烟气流速，m/s；

τ——锅炉运行时间（磨损时间），h；

k_D——锅炉额定负荷时烟速与平均运行负荷下烟速的比值，对于蒸发量 $D\geqslant$ 120t/h锅炉，$k_D=1.15$，$D=50\sim75$t/h锅炉，$k_D=1.4\sim1.3$；

M——管材的抗磨系数，碳钢管 $M=1$，合金钢管 $M=0.7$；

R_{90}——飞灰细度，%；

d——受热面管子外径，mm；

s_1——管束横向节距，mm；

η——灰粒碰撞管壁的频率因子。

式（10-2）中的 $\left(\frac{s_1-d}{s_1}\right)^2$ 项是考虑管束节距变化的修正项。当计算第一排管的磨损量时不必乘该修正项，同时烟气流速取烟气进入管束前的平均烟速。

灰粒不可能全部撞上管壁，总有部分灰粒随烟气绕流，没有碰撞管壁，碰撞频率因子 η 小于1。η 值的大小与准则数 St 有关。可从图10-20所示 $\eta=f(St)$ 曲线查得

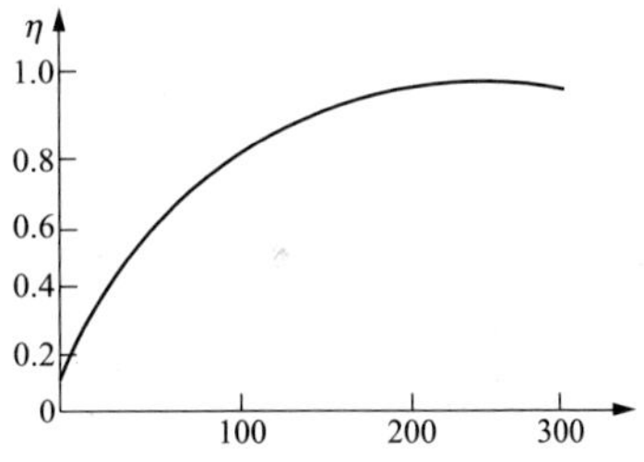

图10-20　$\eta=f(St)$ 曲线

St 的定义式为

$$St=\rho_h d_h^2 w/\rho\nu d \tag{10-3}$$

式中　ρ_h，ρ——灰粒和烟气的密度，kg/m^3；

d_h，d——灰粒和管子直径，m；

ν——烟气的运动黏度系数，m^2/s；

w——烟气速度，m/s。

飞灰的颗粒组成为宽筛分，将飞灰用筛子筛分成几挡，分别计算各挡灰粒的平均粒径 d_h、St 和 η 值，然后按重量加权平均方法计算平均灰粒撞击频率因子 $\bar{\eta}$，将更有代表性，即

$$\bar{\eta}=\sum^{n}\eta_i R_i/\sum^{n}R_i \tag{10-4}$$

式中　η_i——各挡灰粒的碰撞频率因子；

R_i——各挡筛子的筛余量，g。

一般省煤器管壁允许磨损量为2mm，若确定了省煤器使用小时数，也可用式（10-3）来估算省煤器的允许最大烟气流速。

2. 飞灰冲击磨损的影响因素

(1) 烟气速度的影响。受热面管壁的磨损量与飞灰动能和飞灰撞击管壁的频率成正比。灰粒动能与它的速度成二次方关系，撞击频率与其速度的一次方成正比。所以管壁的磨损量与飞灰的冲击速度成三次方关系。当含灰气流绕流受热面时，灰粒与烟气之间存在较大的滑移速度，很难求得灰粒的冲击速度。为方便起见，采用烟气速度代替。试验研究表明冲击磨损量与烟气速度的3.3次方成正比，且n大于3，烟速在9～40m/s范围时，n为3.3～4.0。锅炉尾部受热面的烟气流速较低，因此式(10-2)中n取3.3。由此可知烟气流速的提高将导致磨损量的迅猛增加。

(2) 管子排列方式的影响。对于错列布置的管束，第二排每根管子正对第一排两管之间。灰粒流入管束后，由于流通截面的减小，随烟气一起被加速后直接冲击在第二排管子上。因此，第二排管的磨损量约为第一排管的两倍。以后各排的磨损量也大于第一排，但小于第二排。对于顺列管束，由于后排管受到前排管的遮挡，第一排管磨损较严重。当含灰烟气流均匀冲刷圆管时，由于周界各处受到的冲刷磨损和撞击磨损各不相同，因此沿管壁周界各处的磨损量也不均匀(见图10-21)。对于顺列或错列第一排管，最大磨损位置在迎风面两侧圆心角θ等于45°～60°之间。管径大，θ角也大。对于错列第二排管，最大磨损位置在θ等于30°～45°之间。管径大，θ角小；且灰粒直径越大，θ角越小。

(3) 飞灰粒径的影响。如图10-22所示，当飞灰粒径很小时，管壁的冲击磨损量很小。随着灰粒直径的增大，磨损量随着增大。当灰粒直径大到某一临界值后，磨损量几乎不增加或增加缓慢。其原因是：在相同的飞灰浓度下，灰粒直径越大，则单位容积内颗粒数越少；虽然大颗粒冲击磨损能力大，但由于冲击到管壁的数目降低，因此管壁的磨损量增加不大。

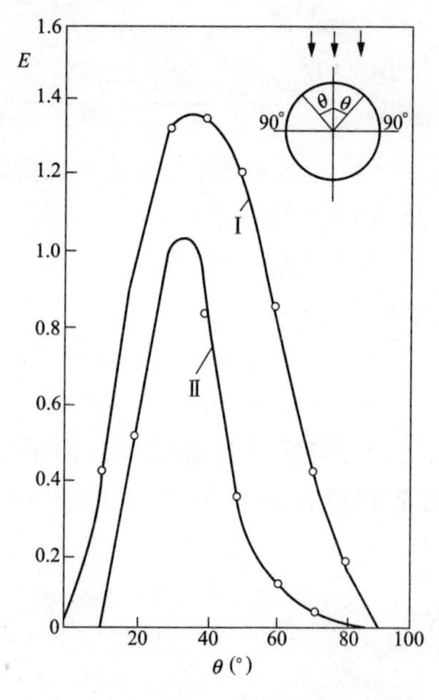

图10-21 磨损量随圆心角θ的变化

Ⅰ—计算结果；Ⅱ—实验数据

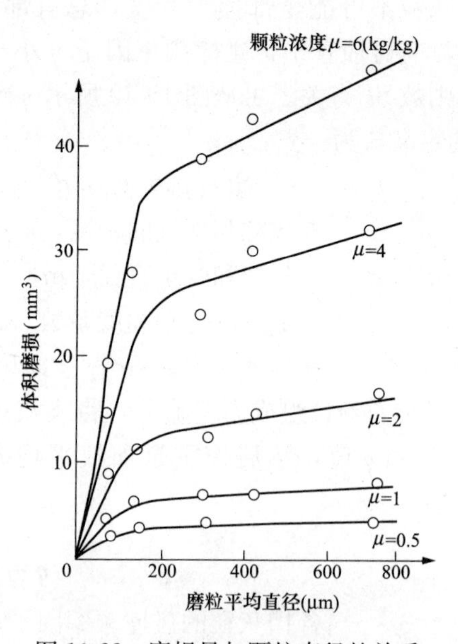

图10-22 磨损量与颗粒直径的关系

（4）飞灰浓度的影响。如果飞灰浓度高，单位时间撞击管壁的灰粒就多，磨损增加，因此管壁磨损量与烟气中飞灰浓度成正比。

（5）管壁材料硬度的影响。管壁的磨损量与被磨损材料硬度 H_b 和灰粒硬度 H_h 的比值有关。当 H_b/H_h 较小时，磨损量较大，当 H_b/H_h 超过一定值后，磨损量迅速降低。当 H_b/H_h 小于 0.5～0.8 时，称硬磨料磨损，灰粒的硬度远远大于管壁硬度，管壁极易被磨损。此时管壁材料硬度改变，对磨损量大小影响不大。当 H_b/H_h 大于或等于 0.5～0.8 时，称软磨料磨损，此时增加管壁的硬度会迅速提高耐磨性。

（6）管壁温度的影响。由于管壁表面存在一层氧化膜，其硬度大于管子金属，且随着温度升高，氧化膜硬度增大。因此，随着管壁温度的升高，磨损量降低。如图 10-23 所示。当壁温上升过高时，由于氧化膜与金属的膨胀系数不同，部分氧化膜有可能与金属分离或剥落，磨损量又会有所增加。图 10-23 试验曲线表明：20 号碳钢管最低磨损壁温为 350℃左右，12CrMoV 合金钢管最低磨损壁温为380～400℃。

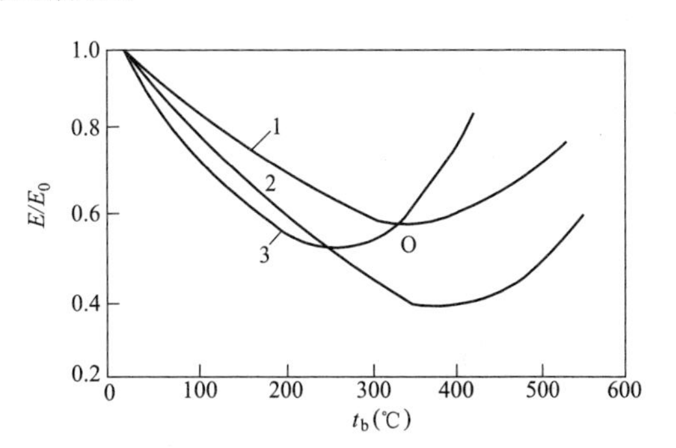

图 10-23　相对磨损量 E/E_0 随管壁温度 t_b 的变化
1—20 号碳钢管；2—12CrMoV 合金钢管；
3—其他研究者的实验

（7）气流方向的影响。当烟气由上向下流动时，因受重力作用，灰粒不断加速，从而加剧了对受热面的冲击磨损；相反，当烟气自下向上流动时，重力作用使灰粒速度逐渐降低，灰粒越大，速度降低越明显，从而降低了灰粒对管壁的磨损。因此，受热面采用烟气上行布置时可以延长使用寿命。

（8）烟气成分的影响。当烟气中含有腐蚀性气体，如 SO_2、O_2、H_2O、H_2S 等时，在烟温低于 250℃时，腐蚀性气体将对管壁产生腐蚀作用。当壁温在 300℃以上，烟气中的 O_2、SO_2 也可能与壁面的氧化铁层作用生成 SO_3，对管壁产生硫酸盐型腐蚀。这些腐蚀产物较容易被灰粒冲刷掉，暴露的金属表面再进行腐蚀。因此，腐蚀与磨损交替进行，使总的磨损速度加快。试验表明，在腐蚀性气氛的烟气中比在中性烟气中金属表面的腐蚀速度快 4～5 倍。

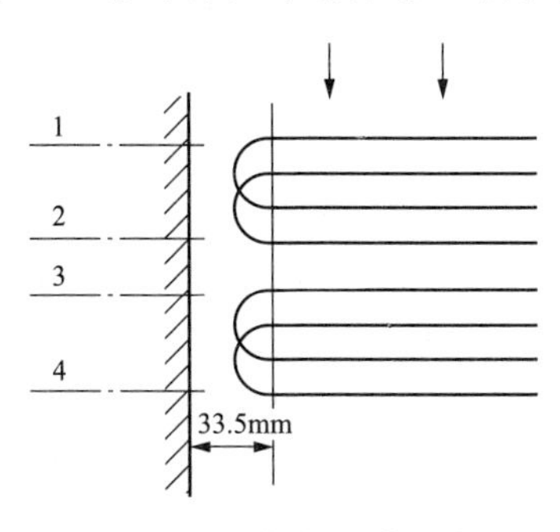

图 10-24　烟气走廊示意
$s_1/d=3.3$；$s_2/d=2.43$

（9）烟气走廊。在布置对流受热面时，由于考虑热膨胀等原因，蛇形管弯头与炉墙之间有几十毫米的间隙，见图 10-24。间隙处阻力小，烟气流速远大于截面平均流速。该间隙即称为烟气走廊。对烟气走廊的研究表明，不但进口处烟速大于截面平均烟速，而且沿烟气走廊烟气流速不断增加。对省煤器管束的模型试验发现，第八排处的烟气流速是第一排的 1.5 倍，第十六排处差不多是第一排的 2 倍。参见表 10-2。

烟气走廊增加的烟气流量既来自走廊进口处烟气的横向流动，又来自管束间的烟气横向流动。横向流动是因为气流流经受热面管束时，管束的阻力系数大于走廊的阻力系数，在管束与走廊之间产生静压差，从而使得有一部分烟气从受热面管束不断流向烟气走廊，走廊内的烟速不断增加。综上所述，烟气走廊进口烟速取决于走廊进口的阻力系数和烟道横截面流速的不均匀程度。烟气走廊内的烟速由走廊进口烟速及管束间烟气横向流动速度决定。横向流动速度与管束及烟气走廊的结构有关。

表 10-2　　烟气走廊中各排管处的最大流速

测点对应的管排数	1	4	5	8	9	12	13	16
八排管时最大流速（m/s）	12.70	16.20	17.20	19.12	—	—	—	—
十六排管时最大流速（m/s）	10.59	14.12	15.00	17.93	17.50	19.42	19.46	20.30

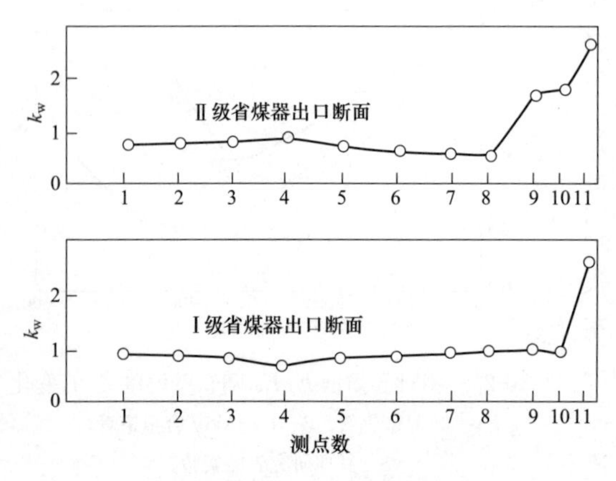

图 10-25　125MW 机组省煤器出口烟速分布

图 10-25 所示为 125MW 机组省煤器出口截面烟气流速分布测量结果。图中烟速不均匀系数是指烟道截面任意点处的烟速与同一截面上烟气流速平均值的比值。图中横坐标中的 6 点为烟道中心，11 为靠近炉壁处。由图可见，在贴炉壁烟气走廊处的烟速不均匀系数很大，约为 1.5～3.0。

由于磨损量与烟速的 3.3 次方成正比，所以烟气走廊两侧的受热面磨损特别严重。

3. 尾部受热面的防磨措施

我国动力燃料以煤为主，且大部分是劣质煤，所以锅炉飞灰量多，尾部受热面的磨损不可避免，加强防磨十分重要。下面讨论受烟气横向冲刷的受热面为减少和防止飞灰磨损采取的措施。

（1）设计时应合理选择烟气流速。由式（10-2）知，磨损量与烟速的 3.3 次方成正比，若烟速增加 1 倍，磨损量将增加约 10 倍。所以合理选择烟速将对减轻磨损起主要作用。一般锅炉尾部受热面的烟速为 6～9m/s。近年来国外燃煤锅炉在防磨对策方面主要是采用较低的烟气速度，从根本上减轻磨损。例如，德国一台 300MW 燃用磨损性很强的褐煤的锅炉省煤器烟速仅为 5.4m/s。波兰华沙动力研究所对燃用灰分为 25%～30%的褐煤锅炉的省煤器平均烟速的推荐值为 6.2m/s。

（2）降低速度分布不均匀和飞灰浓度分布不均匀。由式（10-2）知，磨损量也与速度分布不均匀系数 k_w 的 3.3 次方成正比，而且有时往往是烟气速度和飞灰浓度的分布都不均匀，而且速度较大处也是飞灰浓度最大处，因而造成局部受热面严重磨损。例如 Π 形布置锅炉的尾部竖井烟道靠后墙侧的烟气流速和飞灰浓度都较大，可在烟道转弯处加装导向板装置，使流速和飞灰浓度尽可能均匀。又如烟气走廊的流速增加很多，飞灰浓度也会有相应的增加，可按图 10-26 所示加装梳形管和护瓦。在烟气走廊进口处装梳形管能明显改善走廊进口处的烟速分布，在蛇形管弯头处装置图 10-26 所示形式的护瓦可较好降低管束间烟气的横向流动，阻止走廊内烟速的增加，两者组合则能更好的降低烟气走廊处的烟速和磨损。

（3）在磨损严重部位装置防磨装置。许多布置在尾部烟道的低温过热器、低温再热器和省煤器，在每级的第一、二排管的烟气迎风面装置护瓦，或在贴炉墙处或弯头等易产生局部磨损部位装置护帘、护瓦等防磨装置。图 10-27、图 10-28 所示为典型的防磨装置。

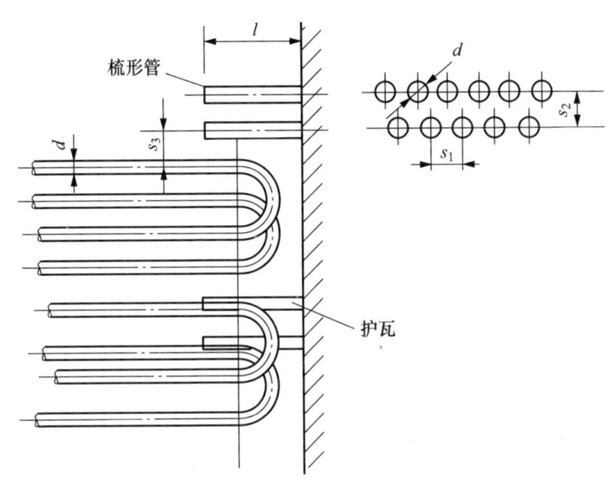

图 10-26　梳形管和护瓦的布置

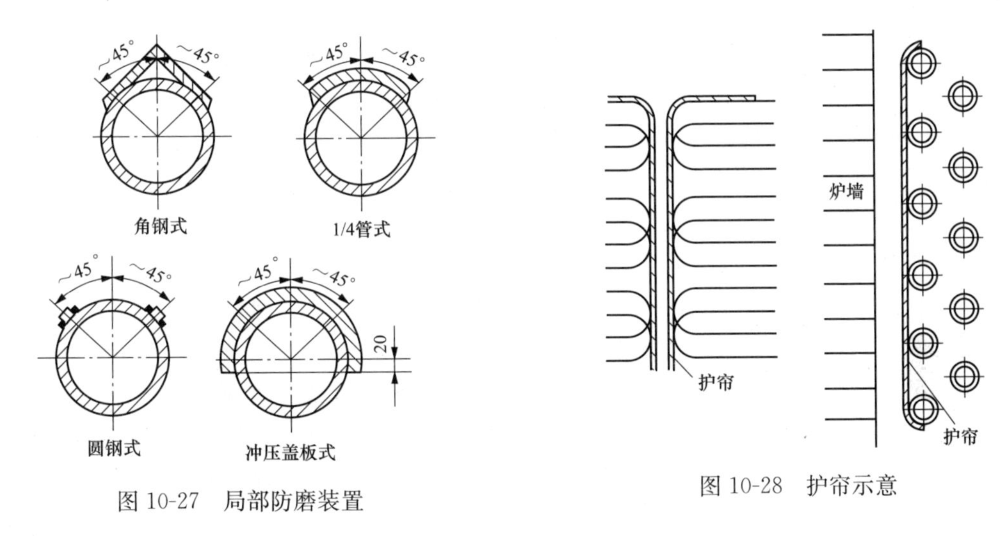

图 10-27　局部防磨装置

图 10-28　护帘示意

（4）局部磨损严重的管排改用厚壁管。延长被磨损时间，从而使整个受热面的使用寿命增加。

（5）降低烟气中飞灰浓度。在锅炉内装飞灰除尘器，使烟气在进入尾部烟道前除去一部分飞灰，特别是大颗粒飞灰，对减轻尾部受热面磨损非常有效。炉内除尘器有沉降式灰斗、冲击式粉尘分离器、百叶窗除尘器等多种形式。

（6）采用膜式省煤器或鳍片管式省煤器可以减轻磨损。①膜式省煤器或鳍片管式省煤器传热性能好，比光管省煤器钢管耗量少，可减少省煤器的管排数，降低烟气流速，减少磨损。②烟气在膜式壁的夹层中流动时，由于金属壁面的粗糙度和烟气的黏性作用，在膜式壁壁面形成一个稳定的附面层，使灰粒对金属壁面的冲击能量降低，磨损减少。③烟气流经鳍片与省煤器管连接处时将产生绕流，由于灰粒质量大，绕流过程中将向流道中间集中，这也将减轻对管壁的磨损。使用膜式省煤器的问题是：带有鳍片的省煤器管弯管工艺较复杂，以及燃用易黏结灰煤种时易在鳍片根部产生积灰，使传热性能下降。

（7）采用较大的管排横向节距，增大烟气流通截面积，使烟气流速降低。

(8) 采用较低的过量空气系数及减少炉膛和烟道的漏风量，使尾部烟道中烟气流速降低。

(9) 减小灰粒直径。采用较细的煤粉细度，使飞灰粒径减小，降低灰粒冲击磨损能力。

(10) 采用自下向上的烟气流动方式。燃用含灰量高、磨损性大的燃料时，锅炉采用塔式或半塔式布置，使烟气流经尾部受热面时流动方向为自下而上，降低灰粒撞击管壁的速度，使磨损量减少。

第六节 回转式空气预热器的低温腐蚀和积灰

一、回转式预热器的低温腐蚀

对于电站锅炉而言，低温对流受热面烟气侧腐蚀主要发生在空气预热器的冷端。回转式预热器发生低温腐蚀，不仅使受到腐蚀部分的传热元件表面的金属被锈蚀掉，而且还因其表面粗糙不平，且覆盖着疏松的腐蚀产物而使通流截面减小，从而会引起传热元件与烟气、空气之间的传热恶化，导致排烟温度升高，空气预热不足；同时还会导致受热面发生积灰和送、引风机电耗的增加。若腐蚀情况严重，则需停炉检修，更换受热面，这样不仅增加检修工作量，降低锅炉的可用率；还会增加金属和资金的消耗。

由于预热器发生低温腐蚀会对锅炉造成很大危害，因此必须注意低温腐蚀的预防，为此有必要了解产生低温腐蚀的机理。

1. 低温腐蚀的机理

燃料中的硫在燃烧后生成二氧化硫（SO_2），其中有少量的 SO_2（只占 SO_2 的1%左右）又会进一步氧化形成三氧化硫（SO_3）。由于三氧化硫在烟气中存在，则使烟气的露点温度大为升高，即三氧化硫和烟气中水蒸气化合，生成硫酸蒸汽，露点温度大为升高。当含有硫酸蒸汽的烟气流经低温受热面（空气预热器），受热面金属壁温低于硫酸蒸气露点时，则在受热面金属表面凝结硫酸露（也即在预热器低温冷端波纹板上凝结硫酸露），并腐蚀受热面金属。

蒸汽开始凝结的温度称为露点，通常烟气中水蒸气的露点称为水露点；烟气中硫酸蒸气的露点，称为烟气露点（或酸露点）。

水露点取决于水蒸气在烟气中的分压力，一般为 30～60℃，即使煤中水分很大时，烟气水露点也不超过 66℃。一旦烟气中含 SO_3 气体，则使烟气露点大大升高，如烟气中只要含有 0.005%（50ppm）左右的 SO_3，烟气露点即可高达 130～150℃或以上。

烟气露点的提高，就意味着有更多受热面要受到酸的腐蚀。因此，烟气露点是一个表征低温腐蚀是否发生的指标，烟气露点的高低与烟气中三氧化硫的浓度、烟气中水蒸气含量等因素有关。燃料含硫越多，烟气中的二氧化硫就越多，因而生成的三氧化硫也将增多。烟气中的 SO_3 与 H_2O 的含量增多，则烟气露点增高。目前还没有计算烟气露点的理论公式，暂时可用下述经验式来计算含硫烟气的露点温度 t_{ld}：

$$t_{ld}=t_n+\frac{201\sqrt[3]{S_{ar,zs}}}{1.05\alpha_{fh}A_{ar,zs}}\text{℃} \tag{10-5}$$

式中 t_n——按烟气中水蒸气分压力计算的水蒸气凝结温度（水露点）；

$S_{ar,zs}$、$A_{ar,zs}$——工作燃料的折算硫分、折算灰分；

α_{fh}——飞灰所占燃料灰分的份额，对固态排渣煤粉炉，取 α_{fh}=0.85～0.9。

2. 影响腐蚀速度的主要因素

根据对流受热面腐蚀过程的研究，硫酸的腐蚀速度与受热面上凝结的硫酸量、硫酸浓度和壁温等有关，凝结酸量越多，腐蚀速度越快。但当酸量足够大时，对腐蚀的影响减弱；腐蚀处金属壁温越高，腐蚀速度亦越高。硫酸浓度与腐蚀速度之间的关系比较复杂，试验表明，随着硫酸浓度的增加，腐蚀速度增大，当达到某一值（56%左右）时，腐蚀速度为最大，超过这一浓度后，腐蚀速度急剧下降，一直到浓度为70%～80%以后才基本不变。图10-29所示为含碳0.19%的碳钢腐蚀情况，对于其他钢材，数值上虽有所不同，但规律是一致的。

金属温度对腐蚀速度的影响如图10-30所示。显然，温度越低，化学反应速度越慢，腐蚀速度也降低。

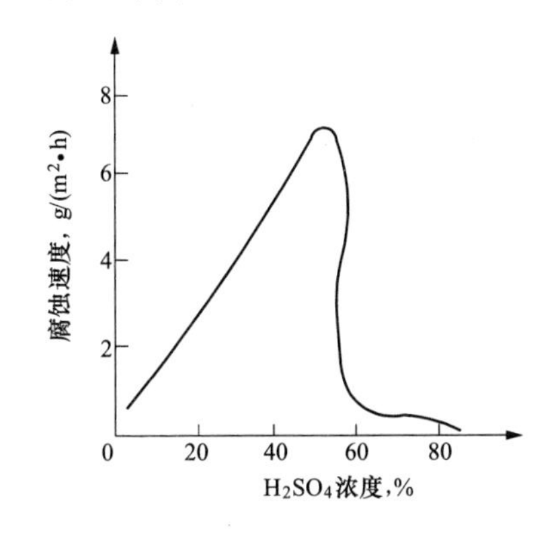

图10-29　腐蚀速度和硫酸浓度的关系
（温度一定，碳钢C=0.19%）

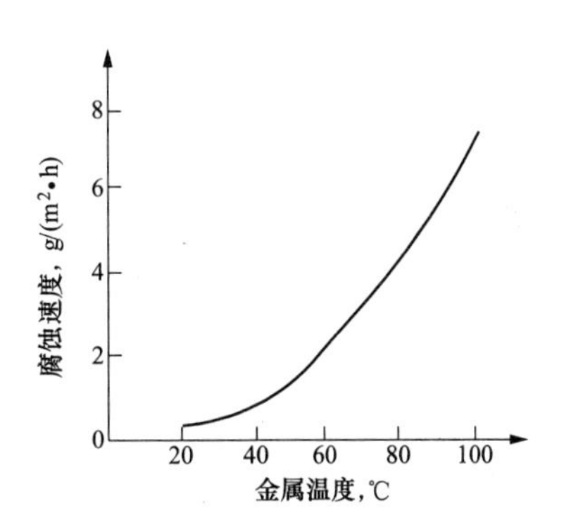

图10-30　腐蚀速度与金属温度的关系

实际上，当受热面遭受低温腐蚀时，其腐蚀速度将同时受到壁温、硫酸凝结量和硫酸浓度以及其他因素的共同影响。因此，沿着烟气的流向，在受热面上所发生的腐蚀速度的变化是比较复杂的。图10-31所示的为腐蚀速度随壁温的变化情况，其解释如下：

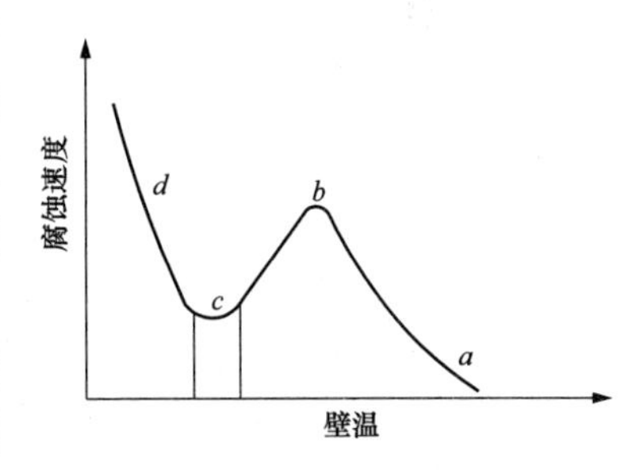

图10-31　锅炉尾部受热面腐蚀速度与温度的关系

当烟气流经的受热面金属壁温达到酸露点（a 点附近）后，硫酸蒸汽开始凝结并发生腐蚀。但由于此处凝结下来的硫酸浓度很高（在80%以上），且凝结量也较少，故壁温虽较高，但腐蚀速度却不高。沿着烟气流向，随着金属壁温的逐渐降低，虽然凝结出的硫酸浓度仍较高（>60%），它对腐蚀速度的影响并不大，但因凝结出来的酸量增多，且此处的金属壁温仍较高，使得腐蚀速度不断增大，直至 b 点达到最大值。此后，酸的浓度仍较高，使腐蚀速度主要受壁温所限，故随着壁温的降低，腐蚀速度也逐渐降低，直到 c 点。沿着烟气流向再往后，壁温继续下降，此时虽壁温较低，但由于酸的凝结量更大，尤其是形成的酸液浓度接近56%，因而使腐蚀速度又趋上升。到 d 点壁温到达水露点，烟气中大量水蒸气凝结成水，使烟气中的二氧化硫 SO_2 直接溶解于水膜中，形成亚硫酸（H_2SO_3），亚硫酸对金属的腐蚀作用也很大。此外，烟气中的氯化氢（HCl）也可溶于水膜中起腐蚀作用，因而 d 点后，腐蚀速度急剧上升。

图中所示 a、b、c、d 各点壁温值及相应的腐蚀速度，随具体条件的不同而各不相同。通常最大腐蚀点的壁温比露点低 20～50℃。

大量的研究结果表明，严重腐蚀分别发生在受热面壁温略低于酸露点和水露点以下的两个区域内。

3. 预防和减轻低温腐蚀的主要措施：

由上述可知，减轻和防止低温腐蚀的途径有两条：一是减少三氧化硫的量，这样不但露点温度降低，而且减少了酸的凝结量，使腐蚀减轻；二是提高空气预热器冷端的壁温，使其壁温高于烟气酸露点温度，至少应高于腐蚀速度最快时的壁温。实现前一途径有燃料脱硫，低氧燃烧，加入添加剂等方法；实现后一途径的方法有热风再循环，加装暖风器等方法。

(1) 采用热风再循环系统。

采用热风再循环的目的在于提高冷端传热元件的金属壁温，以使烟气露点温度低于冷端传热元件的金属壁温，不使烟气出现结露，从而能防止或减轻金属的腐蚀。

对于回转式空气预热器，冷端传热元件壁温可用下式近似计算：

$$t_b = 0.5(\theta_{py} + t'_{ky}) - 5\ ℃ \tag{10-6}$$

式中 θ_{py}——排烟温度，℃；

t'_{ky}——空气预热器进口空气温度，℃。

由上述可知，提高排烟温度可使金属壁温提高。但只用提高排烟温度来提高金属壁温，以减轻金属的低温腐蚀，则将使排烟热损失大为增加，使锅炉的效率明显降低。因此，除锅炉设计时选用适当的排烟温度外，还必须采用的方法是提高预热器的进风温度。采用热风再循环就是这种方法之一。

热风再循环系统是利用热风道与送风机的引风管之间的压差，将空气预热器出口的热空气，经热风再循环管送一部分热风回到送风机的入口，以提高空气预热器的进口空气温度。热风再循环只宜将预热器进口的风温提高到 50～65℃，否则会使排烟温度升高和风机耗电量增加，使锅炉经济性下降。

热风再循环方法在 600MW 机组中很少应用。

(2) 在预热器进口装设暖风器。

目前，对于大容量锅炉，尤其是燃用含硫量较高的煤种，常采用暖风器预先加热空气的方法来提高空气预热器的进风温度。600MW 机组的锅炉也都装置了暖风器。每台预热器装设 1 台暖风器，一台 600MW 锅炉有 2 台暖风器。

暖风器为汽一气热交换器，它是利用蒸汽（在管内流动）的热量来加热进入空气预热器的冷风（在暖风器管外流动），使之达到所要求的温度。通常使用暖风器可将空气温度提高到 80℃左右（实际上没有加热到此温度），在一般情况下，已能对预防低温腐蚀产生良好的效果。

采用暖风器，空气预热器进口风温可提高，冷端传热元件的壁温会升高，可减轻低温腐蚀的程度，但它同样地会使排烟温度升高，锅炉效率降低。但由于所用的加热蒸汽为汽轮机的抽汽（或辅汽系统），因此减少了汽轮机的冷凝损失，提高循环的热效率，则可部分补偿锅炉效率降低的损失。增设暖风器，会增加空气侧流动阻力，使送风机的电耗有所增加。

在前面的分析中已得出：要避免腐蚀现象的产生，必须将冷端传热元件的壁温提高到烟气的酸露点以上，但这又会使锅炉效率降低。实际上仅要求能控制金属的腐蚀速度，使受热面具有一定的使用寿命即可。

CE公司的经验曲线如图10-32所示，它是根据锅炉燃用煤种的含硫量，在合理选择排烟温度的前提下，得到冷端壁温值，以控制金属的腐蚀速度。例如燃用煤种 $S_{ar}=1.5\%$，由图查得冷端传热元件壁温为67℃，也就是说冷端传热元件实际壁温应不低于67℃。如果锅炉排烟温度为137℃，则按回转式预热器冷端壁温的近似计算公式，可求得预热器的进口风温约不低于零下1℃。如果 $S_{ar}=2\%$，排烟温度 $\theta_{py}=110℃$，按上述计算方法，得出预热器入口风温应不低于43℃。

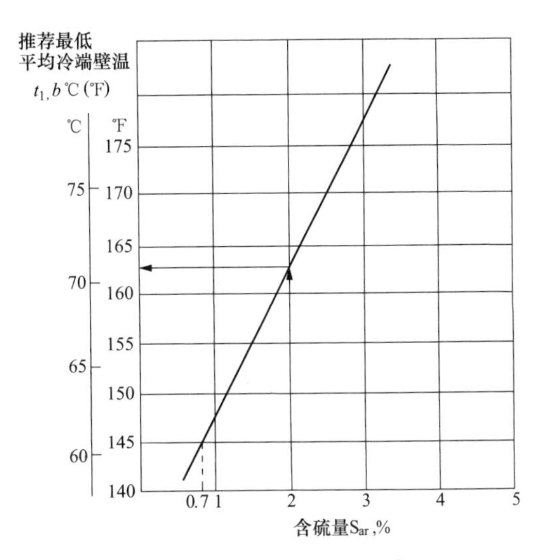

图10-32　回转式空气预热器冷端金属壁温的选择

显然，随着锅炉用煤含硫量的增大及锅炉出力的降低（排烟温度随之降低），为防止低温腐蚀的发生，要求进入预热器的风温应相应提高。

（3）采用耐腐蚀较好的金属材料。

如前所述，在预热器的转子结构中，除将传热元件沿转子高度方向分作三层（即热端层、中间层及冷端层）布置，以使易遭酸腐蚀的冷端传热元件便于翻转和调换使用外，还采用了厚度为1.2mm的耐腐蚀及耐磨的柯坦（Corten）钢，制作成冷段传热元件，以增加其抗腐蚀的性能。

（4）装设吹灰器。

受热面壁上发生积灰，它将会吸附烟气中的水蒸气、硫酸蒸气以及其他有腐蚀性气体，将使它们有充分的时间进行化学反应，导致腐蚀的加剧。因此，装设吹灰器并合理进行吹灰可减轻受热面的积灰，从而对改善低温腐蚀起到一定的辅助作用。

二、回转式预热器波纹板上积灰

预热器受热面波纹板上积灰后，由于灰的热阻大，因而使波纹板传热变差。积灰同时使波纹板之间的气流通道变小，引起流动阻力及风机电耗增大，限制锅炉出力。此外，积灰还会加剧受热面的腐蚀。严重积灰会堵塞转子的一部分气流通道，迫使锅炉降低出力运行，甚至会被迫停炉检修，疏通预热器。

1. 积灰的机理

对于固态排渣的煤粉炉，烟气中含有大量的飞灰，飞灰的粒径一般小于200μm，大部分为20～30μm。当携带着飞灰的烟气流经预热器的传热元件波纹板时，由于以下原因使飞灰沉积在受热面上，形成积灰。

（1）当含灰烟气冲刷波纹板时，在板的背风面会产生涡流区。大颗灰粒由于其惯性大，不易卷入涡流；而小灰粒（小于30μm，尤其是小于10μm的细灰粒）则易进入涡流区。此时，它们中的一部分灰粒碰到金属壁后，由于受到分子吸力及静电引力的作用，使部分灰粒吸附在波纹板上，形成疏松的积灰。

（2）由于波纹板金属壁的凹凸不平（尤其在发生低温腐蚀的情况下，壁表面更显得粗糙和不平），在摩擦力的作用下，亦能挂住部分微小的灰粒，此时所形成的积灰也是疏松的。

（3）当受热面壁温较低时，使烟气中的水蒸气或硫酸蒸气在受热面上发生凝结时，潮湿的表面会将部分灰粒粘住，此时积灰被“水泥化”，形成低温黏结灰。

2. 减轻预热器转子中积灰的措施

（1）控制流经转子的烟气流速及空气流速。提高烟气流速及空气流速可以减轻积灰，但会加剧磨损和增大流动阻力损失。这是因为烟气流速高，在波纹板上不易积灰，而提高烟气及空气的流速，还能增强自吹灰能力。为了使积灰不过分严重，对回转式预热器，在锅炉最大连续蒸发量下，烟气流速一般不小于8～9m/s，空气的流速不小于6～8m/s。

（2）提高空气预热器传热元件的壁温，以防止结露。干燥的壁面有助于改善积灰的情况，但将会降低锅炉的效率。

（3）装设效良好的吹灰装置，并定期进行吹灰。

参 考 文 献

[1] 樊泉桂. 锅炉原理. 2 版，北京：中国电力出版社，2014.
[2] 黄新元. 电站锅炉运行与燃烧调整. 2 版，北京：中国电力出版社，2007.
[3] 金维强. 锅炉原理，北京：中国电力出版社，1998.
[4] 张磊. 锅炉原理，北京：中国电力出版社，2012.
[5] 李青，高山，薛彦廷. 火电厂节能减排. 节能技术部分，北京：中国电力出版社，2013.
[6] 王汝武. 电厂节能减排技术，北京：化学工业出版社，2008.
[7] 华东六省一市电机工程（电力）学会. 锅炉设备及其系统，北京：中国电力出版社，2006.
[8] 胡荫平. 电站锅炉手册. 北京：中国电力出版社，2005.
[9] 牛卫东. 单元机组运行. 3 版. 北京：中国电力出版社，2014.
[10] 林文孚. 单元机组热力设备运行，北京：中国水利水电出版社，2008.
[11] 汪祖鑫. 超临界压力 600MW 机组的启动和运行，北京：中国电力出版社，1996.